suhrkamp taschenbuch 3115

»Wer es aufschlägt, entdeckt Sternschnuppen der Weisheit«, schrieb *Der Spiegel* über Blumenbergs *Die Vollzähligkeit der Sterne,* eine Sammlung astronoetischer Glossen. »Astronoetik« ist Blumenbergs ironische Antwort auf die Frage, die immer wieder gestellt wurde, als Ende der fünfziger Jahre der erste falsche Komet, der piepende Kunstmond »Sputnik«, die Erde umkreiste und den nach ihm benannten Sputnik-Schock auslöste: Und was haben wir Vergleichbares? Die Texte dieses Buches sind in fast drei Jahrzehnten entstanden, als leise Ausbildung einer Umkreisung des Begriffs von Theorie aus der instrumentellen Ohnmacht und dem Schwund des Spektakulären heraus: Wie befand man sich in dieser Welt der Welten und zu ihr? Was blieb den Daheimgebliebenen der Astronautik?

Hans Blumenbergs Interesse gilt dem Firmament, dem Sternenhimmel, der Galaxis mit all ihren Sonnen – und nicht nur beiläufig der Frage, was sich geändert hat, seitdem vor 30 Jahren der erste Mensch den Mond betrat.

Hans Blumenberg (1920-1996) veröffentlichte im Suhrkamp Verlag: *Die Legitimität der Neuzeit* (Erstausgabe 1966), erneuerte Ausgabe 1988 und 1996 (stw 1268); *Die Genesis der kopernikanischen Welt,* 1975 und 1982 (stw 352); *Arbeit am Mythos,* 1979; *Die Lesbarkeit der Welt,* 1981 und 1986 (stw 592); *Lebenszeit und Weltzeit,* 1986; *Höhlenausgänge,* 1989 und 1996 (stw 1300); *Schiffbruch mit Zuschauer. Paradigma einer Daseinsmetapher,* 1979 (stw 209) und 1990 (BS 1263); *Das Lachen der Thrakerin. Eine Urgeschichte der Theorie,* 1987 (stw 652); *Die Sorge geht über den Fluß,* 1987 (BS 965); *Matthäuspassion,* 1988 (BS 998); *Paradigmen zu einer Metaphorologie* (Erstausgabe 1960), 1997 (stw 1301).

Hans Blumenberg
Die Vollzähligkeit der Sterne

Suhrkamp Verlag

Umschlagfoto: Pete Turner / The Image Bank

suhrkamp taschenbuch 3115
Erste Auflage 2000
© Suhrkamp Verlag Frankfurt am Main 1997
Suhrkamp Taschenbuch Verlag
Alle Rechte vorbehalten, insbesondere das
des öffentlichen Vortrags, der Übertragung
durch Rundfunk und Fernsehen
sowie der Übersetzung, auch einzelner Teile.
Kein Teil des Werkes darf in irgendeiner Form
(durch Fotografie, Mikrofilm oder andere Verfahren)
ohne schriftliche Genehmigung des Verlages reproduziert
oder unter Verwendung elektronischer Systeme
verarbeitet, vervielfältigt oder verbreitet werden.
Druck: Pustet, Regensburg
Printed in Germany
Umschlag nach Entwürfen von
Willy Fleckhaus und Rolf Staudt

1 2 3 4 5 6 – 05 04 03 02 01 00

Inhalt

I. Brunnentiefe und Himmelshöhe

II. Fallstudien

III. Das überschießende Leben – die Überdehnung des Lebens

IV. Auf Sendung und auf Empfang

V. Rückblick auf Erdbewohner

VI. Unter dem Mond

VII. Neue, auch falsche Planeten

VIII. Raumlust – Vor dem Abheben

IX. Einstein

X. Leben mit Kometen

XI. Kosmologisches Pathos

XII. Der verschärfte Blick ins All

XIII. Genau wie bei uns – oder ganz anders?

XIV. Rückblick und Rückkehr

XV. Alles wie vorher – alles wie immer?

XVI. Die untergegangenen Futurologen – Warnung vor den kommenden

XVII. Was bleibt, ist die Umwelt

XVIII. Gleichgültigkeit beiderseits

XIX. Mondphysik

XX. Im Zentrum der Vernunft

XXI. Auf treibenden Schollen

XXII. Was ist Astronoetik?   545

I. Brunnentiefe und Himmelshöhe

Zwei Nachtlieder

Zarathustras »Nachtlied« beginnt so: *Nacht ist es: nun reden lauter alle springenden Brunnen.* Das wäre schön, einladend zur Erinnerung, wie die Nacht mit dem Zurücktreten und Verstummen aller vordringlichen Laute und Geräusche das darin untergegangene Immergleiche hervortreten läßt, als käme es zurück aus einer Vergessenheit.

Das wäre schön, wollte uns Zarathustra nicht sogleich belehren, was es zu bedeuten hat: *Und auch meine Seele ist ein springender Brunnen.* Bleibt zu ergänzen, daß auch sie, diese Seele, der Nacht bedarf, um lauter zu Wort zu kommen.

Ein Nachtlied ist auch Hans Carossas Gedicht »Der alte Brunnen«, das in den bleibenden Besitz der deutschen Lyrik eingegangen ist. Nur ist hier alles umgekehrt wie bei Zarathustra. Dieser Brunnen liegt bei einsamem Haus, und wer unter dessen Dach schläft, muß sich an sein helles Plätschern erst gewöhnen, gewöhnt sich aber auch und so sehr, daß er erwacht, wenn der Ton aussetzt, und vom Gastgeber beruhigt werden muß, nicht zu erschrecken: ein nächtlicher Wanderer hat den Strahl mit der hohlen Hand unterbrochen, um zu trinken. Erfahrung in der Einsamkeit, daß sie nicht endgültig ist. Nächtliche Wanderer kommen noch viele und geben ihr Zeichen der kurzen Stillung des Rauschens und gehen weiter.

Das Nachtlied ist nicht von Anfang an eines gewesen.

Im letzten Vorkriegsjahr 1913 war Carossa in Italien, hatte danach die Praxis von Passau aufs Land nach Seestetten zurückgezogen. »Doktor Bürgers Ende« ist gerade erschienen. Da notiert er am 25. August, er sei bei grauem Himmel vormittags zuhause geblieben: *Murmeln des Brunnens vor dem Hause. Wenn er für einige Augenblicke verstummt, so weiß man, daß jetzt jemand trinkt.* Da ist schon das ganze Motiv – nur die Nacht nicht und nicht das Erschrecken.

Das ›offizielle‹, weil vom Dichter selbst angegebene, Entstehungsjahr des »Alten Brunnens« wird erst 1923. Um eine Vor- oder Zwischenstufe zu fixieren, genügt nicht, daß überhaupt *vorm Hause mein Brunnen* plätschert; das ist zu unspezifisch, auch als Tröstung empfunden, wenn jene Rauschensunterbrechung fehlt, die den trinkenden Wanderer anzeigt – auch wenn es nur am Tage ist.

Wichtiger ist der Entstehungszusammenhang mit einem anderen Gedicht, dem schlichtesten Vierzeiler »Was Einer ist, was Einer war ...«,
der mit 1929 als Entstehungsjahr versehen ist, aber in Vorstufen der
dritten und vierten Zeile weit in die Kriegsjahre zurückreicht. Das
Gemeinsame ist: Stetigkeit eines Geräusches im Hintergrund, das erst
bemerkt wird, wenn es verstummt. Da ist zuerst – notiert im flandri-
schen Quartier – das Schaudern auch bei jenem summenden Ton, und
nur ein Mehr an Schauder, wenn es still wird. Es ist das ferne Getöse
der Front, das als Drohung alles Bevorstehenden nie ganz in die Ge-
wöhnung des Brunnens übergehen kann, aber seine Steigerung nicht
erfährt im Lauterwerden, sondern im Versiegen. *Du schauderst wenn
das Ewige summt, und mehr noch, wenn es dann verstummt.*
(15. 12. 1917) Im Jahr darauf, in der Woche nach Ostern, wiederum in
der Ruhestellung hinter der Front kurz vor dem Abmarsch nach vorn,
entstehen an demselben 5. April zwei neue Fassungen: *Wir horchen
auf, wenn große Weise summt und schaudern, wenn sie wieder jäh
verstummt.* ›Aufhorchen‹ ist falsch, das merkt sich sofort, denn es
erfordert einen Einsatz, während es doch auf das Stetige ankommt.
Die Differenz zu finden, ist viel schwieriger als beim Brunnengedicht,
weil das Frontgetön nicht zur freundlich-tröstenden Dauerhaftigkeit
verharmlost werden kann. Eine Intensität des Hörens muß bleiben,
wie in der anderen Fassung: *Wir lauschen, wenn die ewige Weise
summt / und schaudern, wenn sie wieder jäh verstummt* – Man spürt
auch, wie falsch das ›jäh‹ da ist, da doch das Aussetzen nur mit einer
wenn auch noch so kleinen Verzögerung als ›Mangel‹ am Hintergrund
empfunden werden kann. Das Jähe ist nicht dieser Moment des Ver-
stummens, sondern erst im Nachhall des letzten Tones in die Stille
hinein – eher erschlossen als erfahren.
Schon zwei Tage später ist eine weitere Fassung ins Tagebuch notiert,
die zwar noch eine Unbeholfenheit enthält, aber den bisher verfehlten
beschreibenden Komponenten nun aufhilft: *Wir hörens nicht, wenn
ewige Weise summt / Wohl aber schaudern wir, wenn sie verstummt.*
Inzwischen hat sich überm Nachbedenken der Text von seiner Ur-
sprungswahrnehmung so losgelöst, daß dieses Nichthören gegenüber
ewiger Weise eine Art von Zulässigkeit bekommen hat – wie die Sphä-
renklänge der Pythagoreer, die so ewig wie ungehört sind und bleiben.
Wie zur endgültigen Bestätigung des ›Erreichten‹ steht im flandri-

schen Tagebuch unterm 12. April vor dem erneuten Wort »Abmarsch«
noch einmal die innerlich umstrittenste erste Zeile: *Wir hören's nicht,*
wenn ewige Weise summt. Bei dieser Lösung ist es geblieben, obwohl
das Gedicht am Ende einen ganz anderen Bezug bekommt: den auf
das Scheiden eines Menschen, der uns erst in dieser Endgültigkeit
empfinden läßt, was er ist und was er (uns) war. Von dieser neuen
›Bestimmung‹ auf ›Einen‹ her, der ungegenwärtig wird, geht die Induktion auf eine ›Personalisierung‹ der ehemals ersten, jetzt dritten
Zeile: aus *ewige Weise* ist *Gottes Weise* geworden. Und das ist keine
fromme *conversio*, es ist aus der Zuwendung des Gedichts auf das
Persönliche entstandene Nötigung. Auch der Wanderer am nächtlichen Brunnen ist ›Einer‹, denn es dürstet ihn und er trinkt aus der
hohlen Hand – wie ›Einer‹.

Die Vollzähligkeit der Sterne

Mancher Leser mag gezögert haben, der Bleibendheit des »Alten Brunnen« ganz zu trauen, wenn er an die ›schwache Stelle‹ kam, die doch die Trostmacht des Gedichts in *einem* Satz auszudrücken hatte. Der Schläfer ist erwacht, beunruhigt von der Unterbrechung des Brunnengeräuschs durch den trinkenden Wanderer: – *dann mußt du nicht erschrecken! / Die Sterne stehn vollzählig überm Land* ...
War der Dichter da glücklich in der Wortwahl gewesen, den Erwachten zu beruhigen mit der Versicherung, die Sterne seien am Himmel ›vollzählig‹? Schon wer lesend und sprechend den Akzent auf dem Wort nicht ganz nach vorn ziehen kann, dem das *-zählig* so schwer oder schwerer wiegt als das *voll-*, wird nicht sogleich mit dem Gelesenen zurechtkommen. Dazu gibt es einen Brief von Carl Jacob Burckhardt an Robert Boehringer vom 17. Oktober 1973, worin er das Hemmnis für störend genug hält, eine Änderung vorzuschlagen: *Warum nicht einfach: ›Die Sterne stehen alle überm Land‹?*
Es ist keine Kleinigkeit, ein als so bedenkenswert erkanntes Gedicht mehr als ein halbes Jahrhundert nach seiner Entstehung, fast zwei Jahrzehnte nach dem Tod des Dichters derart ›umzulesen‹. Und sicher aus der inneren Nötigung, es zu ›retten‹. Doch würde man nicht die Annahme heranziehen dürfen, Carossa hätte diese so naheliegende Variante nicht auch erwogen.
Was wollte, was mußte er sagen? Dem beunruhigten Schläfer sollte eine starke Zusicherung gegeben werden, die Unterbrechung des Gleichmaßes, die Brunnenstörung, sei eingehegt von einer ungestörten und unstörbaren Weltordnung. Dazu wäre es, dem ersten Eindruck entgegen, zu schwach, *alle* Sterne überm Land stehen zu lassen. Der Allquantor läßt die Unbestimmtheit zu, daß *alle* Sterne da stünden, die noch übrig wären, wenn einer verglüht, erloschen oder gefallen wäre. Zwar ist *vollzählig* ungelenker, dafür metaphorisch kräftiger. Faktisch lassen sie sich nicht nachzählen auf beruhigende Vollzähligkeit; aber Zählbarkeit ist Gewähr der Konstanz. Es ist nicht wichtig, daß nachgezählt *wird*, doch daß nachgezählt werden *könnte*. So wäre *vollzählbar* das einzige, doch allzu gestelzte, dabei vollends den Vers störende Äquivalent. Es bedarf nicht einmal, um den Poten-

tialis mitzuhören, des kaum versäumbaren Hintergedankens an das Volkslied: *Weißt du wieviel Sternlein gehen?*, wo es vertrauensvoll ausweichend heißt: *Gott der Herr hat sie gezählet, / Daß ihm auch nicht eines fehlt / Von der ganzen großen Schar.* Wem das zu kindisch ist, hört nicht mehr den hundertsiebenundvierzigsten Psalm hindurch: *Er zählet die Sterne (kokâbim) und nennet sie alle mit Namen.*

Solche Zuflucht ist dem Dichter versperrt. Mit Recht läßt er auf sich beruhen, ob je gezählt würde und wer es täte – doch *wenn* es geschähe, wäre diese letzte aller anschaulich erreichbaren Garantien für den Weltbestand gegeben: *vollzählig* stände das für jede Störung Unerreichbare über dem einsamen Haus, seinem alten Brunnen und dem durstigen Wanderer wie dem erwachenden Schläfer.

Es ist ebenso beruhigend zu denken, daß der Schlaf des Dichters durch keinen Ratschlag mehr zu erreichen war, wie er es ein wenig besser hätte machen können.

Denn denkt man ihn wie Epimetheus aus dem langen Schlaf erwacht, müßte man ihn verwundert finden über des Tadlers *Warum nicht einfach …?* Denn *einfach* war dies schon, was da stand, vergleichsweise seinerseits zurücknehmend gegenüber einem anderen, *dem* Anderen, dessen Epigone zu sein Carossa nachgesagt, verübelt, verkleinernd angehängt wurde als sein ›Goetheanisieren‹, als das Unverzeihliche, Goethe nicht im Vergangenen entschwunden sein zu lassen. Die *Vollzählichkeit* der Sterne über dem Alten Brunnen ist nämlich durchaus Dichtertadel, die leise und unausdrückliche Anmahnung von Nüchternheit gegen Überschwang, wenn nicht Schwärmerei. Hatte Goethe nicht die Konnotationen der *Vollzählichkeit*, des genau und gerade Gemäßen, verschmäht und übergangen? Und Carossa kannte seinen Goethe und war sich bewußt, daß es keine Anmaßung war, den Maßstabsetzer der *Sprache* zurückzurufen vom Überschwang in der *Sache*, von der Idolatrie des Polytheismus der Natur. Ob das eine fromme Korrektur war, sei dahingestellt – es war jedenfalls eine Reduktion aus diesem Jahrhundert heraus am Protagonisten des vorherigen. Der greise Goethe hatte noch 1826 zu einem Stich, der die Allegorie «Schwebender Genius über der Erdkugel» (erläuternder Untertitel für die Nichtempfänger des Stichs und Nurbesitzer der Verse: *Mit der einen Hand nach unten, mit der andern nach oben deutend*) zum Geschenk für den nach fünfzig Jahren jubilierenden Großherzog zeigte, die Strophe gesetzt: *Und wenn mich am Tag die Ferne / Luftiger Berge sehnlich zieht, / Nachts das Übermaß der Sterne / Prächtig mir zu Häupten glüht* ... Und was tut der Dichter angesichts dieser Szenerie? Dazu noch, was die letzte Strophe aufs Komma folgen läßt: *Alle Tag' und alle Nächte / Rühm' ich so des Menschen Los; / Denkt er ewig sich ins Rechte, / Ist er ewig schön und groß.* Gedruckt wurde das erstmals im »Chaos« 1831, der ›Zeitschrift‹ der Schwiegertochter Ottilie, dann 1833 im siebten Nachlaßband mit vorangestellter Pathosminderung und Verdeutlichung der Beziehung auf den doppeldeutenden Weltgeist: *Zwischen Oben, zwischen Unten / Schweb' ich hin zu muntrer Schau* ... Goethe wußte, daß er sich durch die Dreistrophigkeit das Gedicht verdarb, mit ›Vermunterung‹ und Kleinmut; deshalb schrieb er großzügigen Empfängern auf den Stich nur die letzten beiden Strophen, die stracks zum *Übermaß der Sterne* kamen. An *einen* Adressaten, Schütte in Bremen, verdichtete er die drei Strophen zu einer und steigerte die ›Pathosformel‹ für die Sternenübermacht unter Weglassung alles Malerisch-Irdischen: *Wenn am Tag Zenit und Ferne / Blau ins Ungemeßne fließt, / Nachts die Überwucht der Sterne / Himmlische Gewölbe schließt* ... Erst jetzt, da der Blick nach oben von der *Überwucht* getroffen sich abwendet, findet er – entgegen dem im Untertitel zuerst *nach unten* weisenden Genius der Allegorie – zum Irdisch-Farbigen mit dem Vorzug des Grünen, da das Blaue doch fürs *Ungemeßne* schon verbraucht ist: ... *So am Grünen, so am Bunten / Kräftigt sich ein reiner Sinn, / Und das Oben wie das Unten / Bringt dem edlen Geist Gewinn.* In *dieser* Fassung ist das Gedicht 1827 zuerst gedruckt im »Bremischen Unterhaltungsblatt« – und wäre das nicht verdächtigerweise am Wohnort des bedachten Hofrats Schütte, dürften wir annehmen, es sei dies die von Goethe autorisierte Version, auch vermutungsweise gegen Ottiliens »Chaos«, wo dem Titel entsprechend redaktionelle Eigenwilligkeit nicht auszuschließen ist. Jedenfalls hatten die Herausgeber des 47. Bandes der Ausgabe letzter Hand, des siebten aus dem Nachlaß, den prometheischen Nachhall in seinen Varianten durch Rückbezug auf die Doppelweisung des allegorischen Genius, durch den Umweg über den bildlichen Anlaß aus der Unmittelbarkeit herausgenommen oder in ihr verschleiert.

Carossa, als Nachsprecher Goethes gedacht, hätte die Wahl zwischen *Übermaß* und *Überwucht* gehabt. Er brachte aufs Maß, auf die *Voll-*

zählichkeit der Sterne. Nur wenn man auf die Pathosformeln blickt, die ihm dargeboten waren, gewahrt man, daß er hier dem Psalmisten näherstand als Goethe – am nächsten, auf den Punkt genau, dem *eigenen* Sinn: Eigensinn auch unerachtet Goethens.

Stehen zum Gedicht

Weiß einer von der Scheu und Verhaltenheit Carossas, was ihm gelungen war, als er »Der alte Brunnen« schrieb? Es gibt wenig Anzeichen, Äußerungen schon gar nicht, um diese Frage zu beantworten.

Wer nach der Gebärde sucht, die sich anderen eingeprägt hat, findet sie vielleicht im winterlichen Rom des Jahres 1935. Carossa liest im Institut des Germanisten Gabetti, das der Palazzo Sciarra Colonna inmitten eines großen Parks beherbergt. In den »Aufzeichnungen aus Italien«, 1947 als erstes Nachkriegswerk erschienen, führt er den Leser bis an den Eingang, läßt ihn die herankommenden Zuhörer sehen, um dann die Veranstaltung zu umgehen mit einer Reflexion über das Recht des Dichters, öffentlich einem Auditorium *seine eigensten Gesichte und Bekenntnisse* anzuvertrauen. Goethe hatte es getan und würde es, wiederkehrend *aus der Totenwelt*, erst recht tun. Der Gedanke mag damals der letzte Anstoß für den Zögernden gewesen sein, sich unter die Leselampe zu setzen: *So wollen auch wir Nachgeborene uns ermutigen, den Freunden, die sich eines Abends freiwillig bei uns versammeln, ein Zeugnis unserer reifen Jahre zu widmen!*

Dann bringt der Schreibende sich erst wieder zum Vorschein, wenn er die Bücher signiert, die ihm vorgelegt werden, bis die Freunde kommen und ihn zur verdienten Mahlzeit entziehen. Unter den Freunden erwähnen die »Aufzeichnungen« außer dem Archäologen Ludwig Curtius auch den Dramatiker Felix Braun, damals Privatdozent für Germanistik in Palermo. Er hat viel später, nach Carossas Tod, diese Aussparung der Erinnerungen in seinen »Zeitgefährten« von 1963 ausgefüllt. Wir erfahren, wie und womit der Dichter seine Lesestunde geschlossen hatte: *Alles, was er vortrug, war schön, aber als er am Ende sich erhob und stehend sein vielleicht vollendetstes Gedicht »Der alte Brunnen« sprach, da gab er, was er sonst scheu verhehlte, frei und war der Dichter, der sich zu seinem Amt bekannte.* Wie nachhaltig der Eindruck dieser schlichten Gebärde, eines der Werke ›sich erhebend‹ im Doppelsinn vorzutragen, gewesen sein muß, läßt der sich Erinnernde wahrnehmen: *Noch sehe ich ihn vor uns dastehen im Nachhall seiner Verse, die er, der Bescheidene, nun selbst als seine Spende dankbar anerkennen mußte.* Der sich als Schenkender immer als den

Beschenkten gesehen hatte, konnte das über den Verdacht der Phrase
hinweg zur Anschauung bringen.

Aus dem eigenen Werk im fremden Land vorzulesen, war im Jahre
1935 schon der Preis dafür geworden, das Recht und die Mittel gewährt zu bekommen, über die Grenzen des Reichs zu fahren. Im Land
der von Goethe zu Lehen genommenen Sehnsucht zu sein, kam der
Dichter aus seiner Verborgenheit hervor, setzte sich den Blicken aus,
von denen er wußte, daß es *feindliche Gegenwart* darunter gab. Es ist
auch Trotz in diesem Aufstehen im Palazzo Sciarra Colonna mit diesem Gedicht von der Gewißheit des Überdauerns der Stille; es zer-
streute den Verdacht, es könne in irgendeinem Auftrag geschehen.

Brunnennachfolge

Als Carossa sein im Wortsinn ›aufrechtes‹ Bekenntnis zu seinem Gedicht im römischen Palazzo Sciarra Colonna manifestierte, gab es den alten Brunnen schon nicht mehr. Das konnten im folgenden Jahr, 1936, aufmerksame Leser dem neuen Werk »Geheimnisse des reifen Lebens« entnehmen, sofern sie mit der damals nicht abwegigen Aufmerksamkeit aufs Wörtliche lasen, was ihnen »Aus den Aufzeichnungen Angermanns« mitgeteilt wurde.

Welcher mit dem Gedicht Vertraute mußte nicht stocken, wenn er schon das zweite Stück dieser ›Auswahl‹ mit dem Satz beginnen sah: *Heute, zum ersten Mal, tranken wir Wasser aus dem neuen Brunnen.* Ein halbes Jahrhundert später denkt der Leser, mit diesem Satz hätte das Buch beginnen müssen. Aber Carossa war nicht auf das Epische aus, dessen Monument noch im Entstehen war und das gerade noch in Deutschland mit seinem ersten Band so bekannt hatte werden können, daß es im Ohr lag: *Tief ist der Brunnen der Vergangenheit.* Carossa erinnerte an den ›alten Brunnen‹, indem er von ihm schwieg, aber den neuen mit einem Detail vom Untergang seines Vorgängers vergegenwärtigte: Zwar wohnte Angermann mit seiner Frau Cordula im ›alten Haus‹, aber durch eine ›Stromstauung‹ ist die Umgebung entfremdet, ohne daß man's einsehen könnte: *Kein erfreulicher Anblick; aber was bedeuten ein paar kleine Verunstaltungen in dieser Zeit, wo so vieles untergehen muß?* Wer hatte da versagt, dem Dichter diese Apostrophe aufs größere Unheil zu streichen? Sein Angermann hatte Beschwerde beim Flußbauamt einlegen wollen, doch Frau Cordula war dagegen gewesen: *unsereiner sollte niemals gegen einen überlegenen Willen auftreten, meinte sie, man zöge damit nur Unheil heran.* Angermann fügt nur hinzu, er wisse, aus welchen Büchern sie solche Weisheit habe. Aber es ist – und wird erst recht alsbald sein – die eigene Maxime des Dichters, dem es oberflächlichen Trost gewährt, daß die Natur schon die Wunden der Veränderungen ringsum überwuchert. Nicht ohne pfleglich pflanzende Nachhilfe.

Doch bereitet diese Doppelung von Zurückweichen und Wiederbeleben nur den Trost vor, der aus der Tiefe kommen muß. Dahin gehört der ›neue Brunnen‹, aus dem die beiden wie einweihend ein Wasser

trinken, das trotz des Frevels sie als *rein und erquicklich frisch* überrascht und die Nachbarinnen herbeizieht zum Schöpfen. Denn diese Statisterie erst reflektiert den seit der Romantik mit einer Astgabel symbolisierten Tiefensinn des Doktor Angermann: *Immer noch bezweifeln sie's, daß ich die Quelle selbst mit der Wünschelrute gefunden habe und daß es einfach ein gegabelter Haselzweig gewesen sei.*
Das Wasser des neuen Brunnens, wenigstens dieses, ist wieder wie das des alten; so viele Quellen, so eins und einer der Tiefenstrom des Elements. Angermann findet seine Resignation vor der Übermacht bestätigt. Für das Gedicht mußte er aufrecht einstehen; es bewahrte das Bild des Brunnens ohne Rücksicht auf die Realität. Für den wirklichen alten Brunnen, der der regulierenden Veränderungsgewalt im Wege war, trat der neue ein, als wäre nichts gewesen.
Aber der neue Brunnen ist nicht der letzte Brunnen an Angermanns Weg, der ihn von der hinfälligen Cordula fortführt zu den Freundinnen Barbara und Sibylle, die in einer Welt zerbrechlicher Porzellane und verwundeter Tiere leben, als warteten sie auf den Spürsinn eines Mannes, der auch ihnen eine Brunnenquelle erschließen wird, die ihnen so fehlt wie das Kind ihrer künftigen Fürsorge, dessen Ursprung mit dem der Quelle auf nicht nur metaphorische Art zusammenhängt. Es ist der Strom in der Tiefe unter dem Fels, zu dem Angermann unverfehlbar hingezogen wird, wie es das Ungeborene ist, das die Liebenden vereinigt, nicht die kontingente Frucht ihrer Vereinigung wird: *Einsamen Mann, einsames Weib, wer lenkte sie / zusammen. Du. So kommst in unsere Menschenzeit.* Die erneute Wiederholung des Brunnenmotivs – die Indikation der Wünschelrute für den Lebensbezug – entzieht Angermanns Treuebruch gegenüber Cordula dem Triebausschlag. Carossa mußte nicht Schopenhauer gelesen haben, um zu dem Heilsgedanken hinzufinden, es sei das sein Lebensrecht beanspruchende Kind vom ersten Augenblick der Begegnung seiner noch dem organischen Akt ganz fernen Erzeuger an, das sie sich auf alles einlassen läßt.
Worauf Angermanns Brunnenerspürungen lenken, ist nicht die geläufige Beziehung von Wasserquelle und Lebensursprung, sondern die Sorge für das, was mit einem obsoleter werdenden Ausdruck ›Reinheit‹ genannt werden mag. Als Subjekt der Erzählung bleibt Angermann undeutlich; doch daß er schuldfähig ist – sensibel für das, was er jeder der drei Frauen und sogar schon dem werdenden Leben ›schul-

det‹ und ihm im Gedicht »An das Ungeborene« vor allem abträgt –,
gibt ihm eine von aller Disposition zum ›Sünder‹ weitab liegende Da-
seinsschwere. Es ist Cordula, die das Brunnenbündnis mit den ›Wald-
frauen‹ stiftet, und Angermann zögert nur wenig, an eine dämonische
Affinität zu rühren: *Wäre unsere brüchige Hütte würdig, daß Dämonen sie heimsuchten, so könnte man ab und zu meinen, eine dunkle
Gottheit gebe ihr ein, gerade das zu sagen, was andere Frauen schlau
für sich behalten . . . Sie war es auch, die gestern von der Wünschelrute
zu reden begann . . .* Als dann die Quelle erspürt und die Brunnenboh-
rung niedergebracht ist, versperrt der Granit den letzten Zugang,
obwohl der Strom unter dem Stein schon zu hören ist: *Worauf aber
beruht schließlich alles? Doch nur auf dem zweifelhaften kleinen Haselzweig und mehr noch auf einer empfindlichen, erschütterlichen und
einsamen Natur.* Unten, ins Brunnenloch hinabgelassen und dem
Quellrauschen nachhorchend, verdichtet sich eine langher kommende
Daseinsmetapher des Feinsinns für das Elementare. Nach dem Fest
der Hundertjährigkeit der von Barbara ererbten Porzellanmanufaktur
»Saldenhof« wird Angermann mit dem ersten Krug des Wassers aus
dem ›neuen Brunnen‹ begrüßt. Er hält ihn *gegen den hellen Abend-
himmel; der Inhalt war wirklich kristallklar, nicht mehr die leiseste
Trübung zu entdecken.* Und: *Wir leerten zweimal den gläsernen Krug.
Alle priesen das Wasser; auch der Finder empfing ein Lob.*

Der stillsten Sterne einer

Den »Alten Brunnen« hat Carossa auf das Jahr 1923 datiert. Hält man sich gegenwärtig, daß zu diesem Zeitpunkt das Krisenpathos des literarischen Expressionismus im Abklang und Abgang ist, ergibt das doch kein Argument gegen die Beanstandungen der ›Unzeitgemäßheit‹ des Brunnengedichts, es sei denn, die Gemeinsamkeit des Ursprungs in der elementaren Kriegserfahrung lasse eine Beziehbarkeit zu. Nun werden Vergleiche nur stichhaltig, wenn sich Leitmotive dort wie hier finden. Es ist so abwegig und überfordernd nicht, wenn man zu den Sternen über dem alten Brunnen nach einer symmetrischen Figur sucht. Systematisch zwingend wird der Erfolg der Suche nicht sein können: Sterne gehören eher in eine Welt traditionsnaher Motivik als in die der Aufschreie und Weltbeschwerden der Autoren im und nach dem Weltkrieg.

1917 sammelt Gottfried Benn seine frühe horreszible Lyrik in einem Bändchen der von Franz Pfemfert herausgegebenen Reihe »Die Aktionslyrik«, bezogen auf die laute Wochenschrift »Die Aktion«. Der Titel konnte noch gerade eben provozierend sein; er lautete »Fleisch«. Man wird sich nichts Kulinarisches versprochen haben. Das zahmst benannte Gedicht heißt »Synthese«. Es ist ein Nachtlied, und das läßt Sterne erwarten. Die erste Strophe erfüllt diese Erwartung: *Schweigende Nacht. Schweigendes Haus. / Ich aber bin der stillsten Sterne / ich treibe auch mein eignes Licht / noch in die eigne Nacht hinaus.* Das Ärgernis steht dem Leser erst in der zweiten Strophe bevor, die hier nicht einschlägig ist. Benn hat Carossas Gedicht kaum erahnen können, Carosssa hat Benns Gedicht kaum gekannt. Und doch ist da eine verblüffende Analogie. Aber auch eine aufreizende Antithetik. Die Sterne stehen nicht vollzählig-beruhigend über dem Haus, Weltvertrauen ausstrahlend. Dieses Sternenlicht kommt aus der Gegenrichtung, ist eignes Licht des Dichters, wie die Nacht seine eigene ist, in die er sein Licht hinaus *treibt*. Das Nachtlied Benns ist zentrifugal, projektiv. Wenn es Weltvertrauen gewährt – woran der Leser zweifelt –, fokussiert es sich kraft der Kraft des Autors. Sucht man nach einer Metapher für den Expressionismus, so ist es dieser Anspruch auf Weltmächtigkeit.

Es bedarf der Ausführung der Konfrontation nicht. Das ›Gegengedicht‹ war schon mehr als ein halbes Jahrzehnt da, als Carossa dem
durch Stille gestörten Schläfer die Beruhigung zusicherte, es sei mit
der Welt nichts Arges im Spiel, die Sterne ständen vollzählig über
allem, nichts mache den Schlaf zur Leichtfertigkeit.

Was bei Benn in der schweigenden Nacht über dem schweigenden
Haus steht, kann nicht die Vollzähligkeit der fremden Sonnen sein,
denn er erklärt sich als *der stillsten Sterne* (Genitivus partitivus) einen,
kraft eigenen Lichts in der eigenen Nacht. Das *Ohne mich* ist durch
selbstleuchtende Projektion allen anderen zugeschoben, die zu zählen
jedes Gottes unwürdig wäre – wie ihnen zu trauen des Dichters.

Wir haben seinen Stern gesehen

Von der Dunkelheit der Nacht und der Sichtbarkeit der Gestirne

Es verdient mehr Beachtung, als es gefunden hat, daß im zweiten Kapitel des Matthäusevangeliums zwei Grundformen von ›Wissenschaft‹ aufeinandertreffen, die nicht zum letztenmal Schwierigkeiten miteinander haben sollten: Von Osten her kamen ›Weise‹ (*magoi*), die ihre Aufmerksamkeit derart dem Sternenhimmel zugewandt hatten, daß ihnen eine Auffälligkeit dort nicht entgehen konnte; in Jerusalem, wo sie nähere Auskunft über das Himmelszeichen zu holen einkehrten, hatte man nichts bemerkt, weil die um den Tempel gescharten ›Gelehrten‹ (*grammateīs*) ganz in die Bücher vertieft waren und die ›Erzpriester‹ für die Gestirne nur den Vergötzungsverdacht ihrer babylonischen Erinnerungen hegten. So kam es zu dem Schreck des Unerwarteten, der nach Matthäus nicht nur den dynastisch besorgten König Herodes, sondern *mit ihm ganz Jerusalem* befiel, als die Fremdlinge ihre Suche nach dem *neugeborenen König der Juden* mit der Mitteilung begründeten: *Gesehen haben wir nämlich seinen Stern im Aufgang ...* Die, die nichts *gesehen* hatten, *wußten* doch sogleich, welchen Geburtsort der Prophet Micha dem neuen Hirten des Volkes bestimmt hatte, denn *so stand es geschrieben* – und so wurde es den Kindern im judäischen Bethlehem alsbald zum Verhängnis, für das es sonst keinen historischen Beleg gibt.

Ob die himmelskundigen ›Magier‹ – die auf keinen Fall ›Zauberer‹ (*goēteīs*) waren – sagen wollten, sie hätten den Stern von Osten her gesehen, oder ob sie meinten, sie hätten das Gestirn schon und sogleich bei seinem Erscheinen bemerkt, ist für den Scharfsinn aller Zeiten ebenso in schönster Unbestimmtheit geblieben wie die Art dieses Himmelsphänomens. Daß in Jerusalem nachgefragt werden mußte, steht unstimmig zu der die Bildphantasie beherrschenden Annahme eines Schweifsterns, der vor den Pilgern hergezogen und über dem Geburtsstall stehengeblieben sei. Obwohl ausdrücklich von diesem Stern gesagt wird, es sei noch derselbe gewesen, den sie ›im Aufgang‹ erblickt hatten, mußte doch jener vor allem der Deutung auf die Geburt des Davididen fähig gewesen sein, wie sie dem ›Gewerbe‹

der Magier nahelag. Dann konnte es nur eine astrologisch einschlägige und auffällige Konstellation gewesen sein, die den Wanderern ihr Ziel nicht zu so freudiger Gewißheit durch bloßen Stillstand zu bezeichnen vermochte.

Was auch immer es war – am Ausgang wie am Ziel dieser Huldigungsreise liegt alles am *Gesehenhaben*. Dies wird hier, beim ersten Eintritt von ›Ungläubigen‹ in die Heilsgeschichte, in Gebrauch genommen als Ausdruck für alle Zeugenschaft, deren Zuverlässigkeit die weit in der Zukunft liegenden Taten und Wunder des eben Geborenen seiner Gemeinde verbürgen sollte. Wahrnehmbar wurde den ›Magiern‹ das Ereignis, weil in *beiden* Büchern ›gelesen‹ worden war: dem des Himmels und dem der Prophetie.

Was sie gesehen hatten, mußte gesehen werden *können*. Darauf ist kein exegetischer Aufwand gerichtet worden – es ist, sofern erlaubt, die philosophische Frage zur Sache. Das Gesehene war das *Auffällige*, und dies setzt das *Gewöhnliche* voraus, dessen Vertrautheit den ruhenden Anblick begünstigt und nicht zu hastigem Aufbruch anstiftet. Wie es den Morgenländern geschah, die noch lange auf die Bestimmtheit ihrer Dreizahl und ihrer Würde als Könige warten mußten. Unter den von ihnen gehüteten Weisheiten einer alten Astralkultur fehlte es an allen Voraussetzungen für ein Erstaunen darüber, daß Sterne überhaupt – und eben unter diesen *sein Stern* – gesehen werden können. Alles hängt an dieser Differenz, daß am Himmel Sichtbares den höchsten Grad der Beständigkeit hat, den die Griechen als *kosmos* bezeichneten, und nur inmitten dessen das *Außerordentliche* erscheinen kann.

Hier wurde nicht eine Geburtsstunde auf die Konstellation der Gestirne bezogen, sondern umgekehrt der Blick vom Himmel auf den Stall heruntergezogen, dem *factum brutum* einer Geburt die Aura der Theophanie verliehen, die dem Gesichtssinn verborgen war. Insofern haben die ›Weisen‹ vom Osten her einen sokratischen Zug: Sie lenken den Blick nicht von der Erde zum Himmel, sondern holen ihn vom Himmel herab ins menschliche Gehäuse. Das dem Sokrates eingelegte Diktum *Quod supra nos nihil ad nos* könnte die den alten hinzugewonnene neue Weisheit sein, die man bei der traumbefohlenen Umgehung Jerusalems dessen Schriftgelehrten ersparte, mit der man aber ein Stück näher an die ungestellte Frage herankam, wie es zugehe, daß wir *dennoch* Sterne sehen.

Dieses Bedenken wird durch die griechische Metaphysik und die biblische Schöpfungsidee auch dann hintangehalten, wenn keine Anthropozentrik eingeschlossen ist: Wozu sonst, wäre da wohl entgegnet worden, sollten die Sterne dasein als zum Gesehenwerden? Auch wenn sie nicht in Dienstbarkeit der Zeit- und Zeichengebung für den Menschen gesehen werden dürften, müssen sie auch zum Ruhmerwerb ihres Schöpfers und Bewegers *wenigstens* sichtbar sein. Ganz zu schweigen vom Sichtbarkeitspostulat einer optisch unbewaffneten Astronomie, deren theoretische Vorbildlichkeit das ›Sichzeigen‹ ihrer Gegenstände zur Minimalbedingung hat.

Die Schritte zur Aufbrechung der endlichen Sichtbarkeitswelt sind im Volksbildungsbesitz. Noch bevor bedacht war, zu welchen optischen Konsequenzen das Universum Newtons mit homogener Verteilung leuchtender Massen im unendlichen Raum führen mußte, hatte die teleskopische Anreicherung der Sternenfülle gezeigt, daß die primäre Orientierung am Himmel auf dem schlichten Sachverhalt beruhte, *wie wenige* Sterne uns sichtbar sind. Eine selten gewürdigte Urleistung bestand in dem lückenlos über den Himmel geworfenen Netz von Bildern und Namen, die dem Betrachter Orientierungen und Konfigurationen boten. Man kann sich leicht einen Himmelsprospekt denken, der zwar immer noch sichtbare Einzelsterne darböte, aber dem Begehren nach der ›geordneten Unordnung‹ Resignation auferlegte. Das wäre sogar bei ausgebreiteter ›Rationalität‹ der Fall: Sterne von gleicher Helligkeit in gleichmäßiger Verteilung über den Nachthimmel – da bliebe nur dem Fadenkreuz und dem Gradraster die Chance, Objekte zu bestimmen und auf Besonderheiten abzusuchen. Nach der entgegengesetzten Seite könnte die ungeordnete Masse des Sichtbaren so groß werden, daß der Bildprägung jeder Raum für Konturen entzogen bliebe.

Aus dem Zentrum eines der kugelförmigen Sternhaufen in unserer Milchstraße mit einem Radius um die 30 Lichtjahre wären zwischen 50 000 und 100 000 Sonnen augenfällig – in kosmischen Quantitäten das Zehn- bis Fünfundzwanzigfache des terrestrischen Ausblicks in den Nahraum unseres System. Für die Magier aus dem babylonischen oder persischen Osten kein Feld mehr, in dem sich etwas ab- oder auszeichnen konnte, was sie abzureisen und zu sagen motiviert hätte: *Gesehen haben wir seinen Stern, und gekommen sind wir, ihm zu huldigen.* Die ordnungsfähige Unordnung am Himmel, durchlaufen

von wenigen Abweichlern und Sonderlingen, ist die Voraussetzung
für den so lange und weithin tragenden Glauben an lesbare Botschaft,
erschließbare Bedeutung für Schicksale und Ereignisse, auch und zumal dynastischer Tragweite. Mit Grund erschrak da Herodes und mit
ihm ganz Jerusalem, auch wenn man nur so verstohlen an Sterne
glaubte wie moderne Industriemagnaten. ⟶

Die Radikalität der Frage nach der Sichtbarkeitsbedingung der Sterne
ist erst aus dem Aspekt der entstehenden ›Kosmologie‹ akut geworden, als der Bremer Arzt Heinrich Wilhelm Matthias Olbers das nach
ihm benannte *Paradox* formulierte. Der seit 1781 in der Ersterspähung
von Kometen und Planetoiden höchst erfolgreiche Amateurastronom
veröffentlichte im »Astronomischen Jahrbuch für das Jahr 1826« ein
astronomisches Ergebnis der durch altersbedingte Sehschwäche anstelle der Observation getretenen Grübelei. Von einem zuvor weniger
beglaubigten Einsender wäre das kaum angenommen worden: »Über
die Durchsichtigkeit des Weltraumes«.

Was in Kants Jugendwerk von 1755, das für Olbers und seine Zeitge-
nossen verschollen war, bis es Helmholtz zur Hundertjährigkeit
wieder hochfeierte, nur den Ausgangszustand einer »Allgemeinen
Naturgeschichte und Theorie des Himmels« definierte: die homogene
Verteilung der Materie im absoluten Raum, durch die absolute Zeit in
Wellen von Welten sich umbildend – diese Weltvorstellung führte bei
Olbers zur augenscheinwidrigen Konsequenz, daß an jedem beliebi-
gen Standort der Himmel jederzeit und gleichmäßig hell sein müßte.
Es gäbe *keine* Sterne, wenn es *nur* Sterne gab. Man konnte das lesen,
als hätte der alte Sternkundige nachträglich seinem Gesichtssinn das
Vertrauen aufgekündigt. Eine schöne, doch kaum wahre Imagination:
Niemand *konnte* je einen Stern gesehen haben.

Die im Paradox enthaltene Voraussetzung der unendlichen Zeit für die
Ausbreitung des Lichtes macht Ernst mit Newtons Zeitbegriff, wie er
es sich mit Hilfe der biblischen Weltchronologie hatte ersparen können. Die homogene Massenverteilung entsprach der Rationalität eines
Weltmodells, das durch die Anziehungskräfte nicht instabil werden
durfte; sogar für Newton hatte das Geltung gehabt, weil seine Welt
ihrem Urheber zur Disposition stehen sollte und nicht immanent un-
tergangsträchtig sein durfte.

Noch Einstein sollte ein Jahrhundert nach Olbers die Stabilität als
Haupterfordernis eines rationalen Weltmodells anerkennen, als er

1917 seine ›kosmologische Konstante‹ einer die Gravitation aufwiegenden Gegenkraft ohne Nachweisbarkeitsanspruch postulierte, um
einem *endlichen* Ganzen von Massen Bestand zu geben. Da war Olbers' Gravamen durch ein anderes behoben. Zwar hatte sich Olbers
mit der Ausflucht interstellarer Dunkelmaterie beholfen, die genug
Licht absorbieren sollte, um an jedem Weltort einen Sternenhimmel
als *Rest* der Lichtüberfülle ›sich sehen‹ zu lassen. Aber um das Stabilitätserfordernis war es bei dieser Zuflucht schlecht bestellt: Wo blieb
die Energie des in unendlicher Zeit absorbierten Lichts? Mußten nicht
jene Dunkelmassen längst zu eigener Leuchtkraft aufgeheizt sein und
den gefürchteten Überhelligkeitseffekt konservieren?
Es stimmt immer melancholisch, die gewahrte Rationalität an ihren
Konsequenzen zerbrechen zu sehen. Aber es paßte nur zu genau in
das von Kant dem Erkenntnisprozeß vorgezeichnete Schema, sich mit
der Erscheinung gegen den Schein der Vernunft zu begnügen. So blieb
Olbers' Paradox in der ›Kosmologie‹ gegenwärtig. Die Welt *konnte*
nicht so sein, daß man keine Sterne zu sehen hätte. Als wäre das Wort
der ›Magier‹ zuverlässig wie Auge und Instrumentarium der Zeitgenossen.
Das rational bedenklichste Mittel, dem Olbers-Paradox zu entkommen, war die Preisgabe der Stabilität des Universums, und zwar in der
Gegenrichtung zu der nach Newton befürchteten. Unter dem Titel
der »Kosmologie« hat sich das der Astronomie zur ›Rettung der Erscheinungen‹ eigentümliche Wechselverhältnis von Observation und
Spekulation auf kürzeste Distanzen verdichtet. Im November 1917
gab Willem de Sitter in Leiden unter der Wirkung von Einsteins allgemeiner Relativitätstheorie dem Olbers-Paradox zuerst die Auflösung
des für jeden Beobachter expandierenden Universums, dessen Erscheinung sogar für den teleskopischen Beobachter die ›Lichtarmut‹
des Alls einschloß. Als 1929 Edwin P. Hubble die konstante Beziehung der Rotverschiebung zur Entfernung fremder Galaxien fand,
wagte Arthur S. Eddington die Behauptung der *realen* Expansion des
Ganzen der stellaren Systeme. Wenn die ›Fluchtgeschwindigkeiten‹
mit der Entfernung zu jedem Standort anwuchsen, gab es einen ›Erscheinungsschwund‹, die Grenze der empirischen Zugänglichkeit als
Preis für eine Neufassung des Erhaltungsprinzips: die Instabilität als
Mittel einer Stabilisierung ›im höheren Verstande‹.
Dann wäre die Schwärze des Himmels die Wiederkehr der objektiv

verdächtigen Begünstigung des Beobachters durch die annähernd
›mittlere‹ Zeitlage seines Erfahrungspunktes. Was darin lag, sprach der
englische Quäker mit eschatologischem Pathos im September 1932
gegenüber den zum Kongreß ihrer Weltunion in Cambridge (Massa-
chusetts) versammelten Astronomen aus: Sie sollten sich nicht auf die
Zeit verlassen, die sie noch vor sich wähnten, um die Probleme des
Weltalls zu lösen, denn wenn sie *bis jetzt der Überzeugung lebten, daß*
die Menschheit noch Milliarden von Jahren vor sich habe, um alles
herauszufinden, was sich herausfinden läßt, so stellt sich nunmehr das
Problem der Spiralnebel als ein recht dringliches dar. Auch wenn die
›Billionen‹ des als ›Liebhaber der großen Zahlen‹ apostrophierten
Mahners nur amerikanisch-russische waren, ändert das nichts an der
Dringlichkeit der theoretischen Grenzlage: *Beeilen wir uns, es zu er-*
gründen, ehe sie in der Ferne verschwinden!
Der Optimismus der menschheitlichen Langlebigkeit läßt die Phantasie zu, von den flüchtigen Gebilden könnte eines Tages nur noch
verständnislos in historischen Urkunden gelesen werden. Doch bleibt
der Trost, daß die Sterne unseres Nachthimmels allesamt der mit uns
bewegten Galaxie angehören.
Als Eddington 1944 starb, war sein ›Realismus‹ des Sichtbarkeits-
schwundes noch der letzten Steigerung gewärtig: des Sprunges in die
durch neue Teleskope (200-Zollspiegel von Mt. Palomar, 1948) erschließbaren Entfernungen und damit der Annäherung der Zentrifu-
galbewegungen an die Lichtgeschwindigkeit mit der endgültigen
Erklärung der Rotverschiebung als Energieverlust der Strahlung zum
Dunkelrand hin. Und es stand noch die dynamische Erklärung dieses
Drängens der kosmischen Massen an die Grenze der Sichtbarkeit und
über sie hinaus bevor, die mit der Entdeckung der 3-Kelvin-Hinter-
grundstrahlung verbunden sein sollte.
Als die Weltenflüchtigkeit Eddington die Frage eingab, *ob es nicht eine*
Größenordnung des Seins gebe, in welcher dies Universum in Tat und
Wahrheit nichts ist *als eine Rauchwolke,* wußte er noch nichts davon,
daß die absolute Metapher des Positivismus Machscher Prägung, die
Empfindungswolke, den Verdacht einer initialen ›Sprengung‹ implizierte. Auch Einstein blieb, als er 1955 starb, dieses Äußerste des dem
Atheisten Zuwideren erspart, der Max Borns Indeterminismus schon
entgegengehalten hatte, daß *Gott nicht würfelt.* Explodieren ließ er
dann erst recht nichts.

Inzwischen kommt die Bedrohung der Sichtbarkeit von Sternen nicht mehr aus den weitesten Fernen oder vom Übermaß des Lichtes draußen – sie kommt vom Lichtausstoß des Menschen, der die Observatorien auf kulturferne Stationen vertrieben hat oder in Orbitalbahnen hinaustreiben wird. In den zusammenwachsenden Metropolen mag es dann Generationen geben, die beim Anhören der Magierworte *Wir haben seinen Stern gesehen* sich betreten eingestehen werden, nie einen Stern gesehen zu haben. In welcher Provinz werden die leben, die Hans Carossas Verse auf eigene Anschauung beziehen können: *Finsternisse fallen dichter / Auf Gebirge, Stadt und Tal. / Doch schon flimmern kleine Lichter / Tief aus Fenstern ohne Zahl. / Immer klarer, immer milder, / Längs des Stroms gebognem Lauf, / Blinken irdische Sternenbilder / Nun zu himmlischen hinauf.* Vielleicht wollte der Dichter schon von etwas sprechen, was sich nicht von selbst verstand, weil es einem Weltvertrauen Ausdruck gab, durch das es dem verspäteten Leser zum dunklen Text, zum Unverstandenen im Verdacht unerlaubter Behaglichkeit wurde. Doch ist auch daran festzuhalten, daß der Dichter den Trost nicht kannte und nicht erwartete, der den wenig Späteren durch den Anblick der Erde aus dem Weltraum zuteil werden sollte – der Eigenplanet vor der reinen Schwärze des Himmels.

Der eigene und der fremde Stern

Wenn man sieht, wie leichthin Päpste gleich Kaisern und Königen ihre Astrologen beschäftigten, vergißt man, daß die Urfeindschaft der Theologie mit der Astrologie nicht auf den Antagonismus schlichter Gemüter zwischen Fatum und Vorsehung beschränkt war. Da konnte doch immer eine Art von Konvention, gar von ›prästabilierter Harmonie‹, von dienstbarer Zeichenbegleitung eingreifen. Diesem Ausweg sollte wohl auch die Deutung des Sterns von Bethlehem als astrologischer Konstellation nachhelfen. Nur paßt die astrologische Auslegung nicht auf den biblischen Text, der die ›Magier‹ sagen läßt: *Wir haben seinen Stern gesehen im Morgenland und sind kommen, ihn anzubeten.* Das trifft an der Profession des Astrologen vorbei; er braucht den Stern nicht zu *sehen*, er darf es nicht einmal, er muß den Sternenstand *vorhersehen*, sonst taugt seine Sache zu nichts. Als Astrologen hätten die (der Zahl nach bei Matthäus nicht bestimmten) Magier schon zur Stelle sein und bei der Herbergssuche mit Gold aushelfen müssen, als in Bethlehem die Geburt anstand. Mithin noch vor den Hirten, die ja als Unweise von den Engeln überrascht wurden. Der Sternseher kann nicht überrascht werden, wenn er sein Handwerk versteht.

Einige Gnostiker müssen das genauer begriffen haben. Für sie war der Stern von Bethlehem, sofern sie den Matthäustext gelten ließen, das Zeichen für die kosmische Störung, die mit dem Heilsereignis verbunden sein mußte. Von ihr kam die nötige Verstörung der kosmischen Mächte und Wächter, die für Ordnung zu sorgen hatten, damit in dieser Welt nicht auffallen konnte, daß sie ein Kerker für die Seelen oder deren innersten Kern, das *Pneuma*, sei. Jene am Himmel auffällige Störung war also Unheils- und Heilszeichen zugleich: Unheil für die Weltdämonen – die oft den alten Göttern glichen wie die Namen der Planeten und Sternbilder –, Heil für die von ihnen Getäuschten und Eingeschlossenen. Aber der Ausnahmefall, der damit begann, mußte der Astrologie erst recht ihre verführerische Zuverlässigkeit nehmen.

Das liefert sogar dem modernen Weltverächter, der keinen Heilsausweg kennt, Stoff zum Pessimismus. Er beruft sich auf einen gnostischen Text, in dem die Himmelfahrt Jesu zum Zweck hatte, die Sphärenordnung derart zu trüben, daß in den Sternen zu lesen nicht mehr möglich sein sollte. Welche andere Wendung könnte E. M. Cioran diesem Gnostizismus geben als die, sich ganz persönlich gemeint zu fühlen: *Was mag wohl bei diesem Durcheinander aus meinem armen Stern geworden sein?* Wer möchte und dürfte diesem schönen Anstoß zu fragen nicht nachgeben? Noch ist die Voraussetzung, daß jeder seinen Stern habe, als erfüllbar angenommen – sogar bei anhaltendem Bevölkerungszuwachs. Umgekehrt allerdings läßt der Gedanke erschrecken: Sollte jeder Stern noch darauf warten, der eigene eines Erdenbürgers zu werden?

Jesus war der, der keinen Stern gehabt hatte. Deshalb auch durfte der Stern, der dadurch schon auffiel, daß er einer zuviel war, erst aufleuchten, als die Stallgeburt geschehen war: Sonst hätten die Weltwächter des böswilligen Demiurgen die Sphärentore verschlossen und den Heilbringer vom ›fremden Gott‹ nicht eingelassen. Um *ihre* Welt war es mit dieser Geburt geschehen. Der Weltuntergang im genaueren Sinne stand nicht erst bevor, als Jesus himmelfahrend auf seine Wiederkunft vertröstete; worauf es an der Welt ankam, die Undurchlässigkeit ihrer Sphären, das war mit dem bethlehemitischen Stern ›untergegangen‹. Wenn Gnostiker die *ascensio* betonten, dann wegen des triumphalen Auszuges dessen, der es nicht mehr geheimzuhalten brauchte, daß er aus einer anderen Welt war und zu ihr zurückkehrte. Die durch ihn zur ›Erkenntnis‹ (*gnōsis*) ihrer Herkunft von ebendort erweckt worden waren, konnten fortan auf *ihren* Stern verzichten.

Unter den Zurückgebliebenen war es dem rumänisch-französischen Denker unbehaglich geworden: Zu viel war von dem Heil durch jene Weltverwirrung gesprochen worden, zu wenig war übriggeblieben, was nicht Weltverwirrung gewesen wäre.

Die Sorge, über die andere anderes zu sagen hatten, ließ nicht an den fremden, sondern an den eigenen Stern denken. Hatte das der vergessen, der es mit dem unbestimmten Artikel jeder Egozentrik zu entheben dachte: *Auf einen Stern zugehen ...*, hatte er geschrieben.

Sternberührung

Am 4. November 1905 notierte sich Hugo von Hofmannsthal, wie es sich in seinem Nachlaß fand: *Das kluge Kind.* »*Kannst du einen Stern anrühren*«, *fragt man es.* »*Ja*«, *sagt es, neigt sich und berührt die Erde.*

Nun, dies ist kein kluges, sondern ein altkluges Kind. Denn es tut etwas, was zur Bedingung hat, daß es etwas weiß, was man nicht wahrnehmen kann: daß die Erde ein Stern ist. Die Unähnlichkeit zwischen einem Stern und dem Erdboden, auf dem wir leben, ist im Wortsinn unendlich. Und dieses Kind sagt ja nicht etwas Angelerntes her, wie etwa »Die Erde ist auch ein Stern«, es macht vielmehr diese schöne, kaum noch denkbare Gebärde der Berührung. Das Hochabstrakte, das in der Behauptung von der Erde als Stern liegt, soll sinnhaft werden.

Hofmannsthal war ein altkluges Kind, und er mochte daher einem Kind viel zutrauen. Denn diese Anekdote ist nicht erlebt, sie ist erfunden. Das verrät sich weniger an der Art, wie sich das altkluge Kind verhält, vielmehr an der ihm gestellten Frage, die etwas Artifizielles hat: Wer sonstwo als in der Dichtungswelt von Hofmannsthal käme auf den Gedanken, ein Kind zu fragen, ob es einen Stern anrühren könnte. Weil es so unwahrscheinlich ist, darauf eine Kinderantwort zu bekommen, deshalb ist schon die Frage von äußerster Unwahrscheinlichkeit. Sie ist ein Ärgernis, ein *skandalon*.

Dies hat sich Hofmannsthal also ausgedacht und in Reserve genommen für eine Szene in einem seiner fragil-subtilen Stücke. Im Typus des barocken Welttheaters mit seinen belehrenden Intentionen wäre plötzlich diese Szene passungsgenau. Niemand brauchte da zu fragen, wie kindgemäß das Dialogstück sei, und dieser Dispens von der Angemessenheit geht nahtlos in die Aufklärung über, deren Vernunftbegriff in den die Mathematik sich organisierenden Kindern den präzisen Ausdruck findet: Wo die Vernunft einmal ist, da ist sie, sofern sie nicht verführt und beirrt wird.

Die Aufklärung war andersherum orientiert als die Kurzszene Hofmannsthals: Ihr galt, daß die Sterne auch Erden waren, bewohnbare und der Vernunftausübung dienliche Welten. Darin liegt nicht das Pathos der Barockwendung, die Erde sei der Stern, den zufällig jedes Kind berühren könne. Es ist zufällig, aber repräsentativ, daß dieses *eine* dem Ausdruck zu geben vermag. Deshalb fehlt auch der Verdacht, das kluge Kind habe in der Weltbelehrung durch eine unsinnig überspitzte Frage nur in Verlegenheit gebracht werden sollen. Das Interesse an der Unendlichkeit macht, wenn man es so sagen darf, jede Antwort richtig – noch im Geist der *coincidentia oppositorum*. Hätte das kluge Kind »Nein« gesagt und sich auf die Fußspitzen gestellt mit hochgereckten Armen, mit der Gebärde der Unerreichbarkeit jedes Sterns, wäre es der Wahrheit genauso nahe gewesen.

Keine der beiden Antwortgebärden gehörte in das, was wir »Lebenswelt« nennen.

II. Fallstudien

*Auch Gedanken
fallen manchmal unreif vom Baum.*

Wittgenstein 1937

Thales von Milet stürzte bekanntlich in eine Zisterne, als er die Sterne beobachtete, und wurde von einer Thrakerin verspottet, er wisse wohl am Himmel bescheid, nicht aber auf der Erde.

Das erscheint als unauflösbare Gegensätzlichkeit. Erst spät empfahl Francis Bacon die methodische Weisheit, die Sterne doch im Spiegel jenes Brunnens zu betrachten, in den sonst der Astronom zu fallen droht. Man hat schon den ersten Spiegel mit einem Transporter in den Orbit geschossen, um atmosphärisch ungestört die Sterne zu erforschen. Dazu kann der Astronom zu Hause bleiben und auf die Bilder warten.

Aber auch der irdische Realismus hat sich der einstmals höheren Wissenschaft zu bedienen gewußt, um seine niederen Ziele zu erreichen. Hebbel hat das geschmäht; dabei wußte er noch nicht, was in dieser Umkehrung möglich werden würde: *Den Menschen sind Verstand und Vernunft gegeben, um den Sternenhimmel zu erklären. Aber wenige von ihnen machen den Versuch, und die andern brauchen sie dann, um desto besser die fetten Würmer im Staube zu finden.*[1]

Kann man sich denken, woran er denkt?

---

1 Friedrich Hebbel, Letzte Brieftasche; Werke Band V, München 1967, 428.

Der Sturz: Die Weltsekunde

Die epische Bewegungsform ist horizontal. Alle können von allen auf Wegen erreicht werden, auch wenn es See- oder Luftwege sind. Sogar wenn der Held in die Unterwelt geht, überwindet er die Distanz nicht stürzend oder am Seil. Noch von Jesus kann nur erzählt werden, indem er wandert, nicht nur im Tempel sitzt und lehrt, was bloße Reden und Dispute übriggelassen hätten. Der Auferstandene geht den Jüngern voran nach Galiläa, wo es ihm besser ergangen ist als in Judäa. Deshalb fällt die Himmelfahrt als das vertikale Schlußereignis aus allem Rahmen der Erzählbarkeit; da kann er nur noch den Augen der Hinterdreinschauenden entschwinden. Bei allem Reichtum an psychischen Besonderheiten wird das Ekstatische dem Roman fremdbleiben, und die Dekadenz wird nur zur Metapher eines mählich gedehnten Ganges, eines Niedergangs besser als eines Verfalls. Entrückungen wie Verzückungen, Konversionen wie Revolutionen sind Episoden, die den epischen ›Breiten‹anspruch abweisen. Das gilt auch für die Expression im strikten Sinne; sie muß übersetzt werden ins Erzählbare, dessen bloßes Indiz sie ist.

Das Gattungswidrige, das in ihren Grenzen Unmögliche dennoch zu tun, ist der artistische Reiz, der sich in allen konsolidierten Formen aufbaut: die auf der Spitze stehende Pyramide, sobald neue Baumittel sie konstruktiv möglich machen. Gegenfunktionalität, nachdem das Kriterium der Funktion Langeweile erzeugt hat. Die kinematographische Errungenschaft der Zeitlupe hat das Unwahrnehmbare der Sekunde zum ›Vorgang‹ aufgefaltet, virtuell erzählbar gemacht, wie Jahre später die verfeinerte Zeitmessung in Kurzstreckensportarten ›dramatische‹ Situationen herstellte, von denen man sonst nichts gewußt hätte. Eine Mikrorealität der Zeit entstand, wie optisch schon lange eine der Räume und Körper entstanden war. Da in diesem Zwischenreich zwischen Fast-nichts und Ein-wenig Sinnfragen schon überflüssig sind, darf hier der Unsinn sogar kultiviert werden und aufblühen. So kam es, daß der Vorposten der Dada-Bewegung aus Böhmen in Prag, Melchior Vischer, 1920 einen Sekundenroman publizierte, als sei das nun einfach fällig gewesen: *Zu wenig Leute haben den Mut, vollkommenen Blödsinn zu sagen*, zitiert der Autor Carl

Einsteins »Bebuquin«, der schon 1912 als *absolute Prosa* bezeichnet
worden war. Vischer erreicht dieses ›Niveau‹, indem er die Zeit verhöhnt, seinen *unheimlich schnell rotierenden Roman* vom 40-Stock-
Sturz des Stukkatörs Jörg Schuh wegen der Verwirrung durch einen
erblickten *Bubusen* – rivalisierend, *als hätte ihn ein Stukkatör geformt*
– auf die Zeit ansetzt, daß es *erst zeitlich, dann über-, zuletzt unzeit-
haft, schnittiger Stahl: Epos* zu sein scheint oder sogar ist. Melchior
Vischer hatte in Prag außer Philosophie auch Mathematik studiert –
die Disziplin, die am wenigsten dadurch zu beirren ist, daß ihr Fragen
gestellt werden, *wozu* es gut sein soll: die Verwechselbarkeit von Sinn
und Blödsinn ist ihr unausgesprochener Stolz. Im letzten Leben vor
diesem nun zerschmetternden war Jörg Schuh Mathematikprofessor
gewesen.
Mit der Technik des Zeitlupenzeitgewinns verbindet sich die jahrtau-
sendalte Vorstellung, die letzte Lebensminute gewähre den totalen
Rückblick. So wird der stürzende Jörg Schuh Zeuge seiner Zeugung,
eher einer Zeugungspantomime, da die Beteiligten nicht viele Worte
machen: *Komm Jörg, schau zu, wie Du gemacht wirst.* Im Laufe des
Jahrhunderts wird es Psychohypertrophiker geben, die sicher zu sein
vorgeben, daß jeder an der Unterströmung seiner Zeugungserinne-
rung ein Leben lang zu tragen habe, wohl nicht immer mit Vergnügen.
Vor dem Hintergrund des zynisch überanstrengten Gedankens der
Lebensvision im letzten Augenblick formiert sich der Skandal der Zeit
für das Leben, es auseinanderzuzerren, es sich selber zu entziehen,
vorzuenthalten in der Kümmerlichkeit einer Erinnerung, die noch
dazu in der Gefährdung der Gefälligkeit befangen ist. Der absolute
Augenblick – hier als Hochhaussturz drastisch veranschaulicht – relativiert, mehr noch: vernichtet diese Lebenswidrigkeit der Zeit, über-
listet sie mit dem Aufwand der Katastrophe. Das ist möglich, weil es
nicht mehr um Erfahrung geht, die ihren Zeitbedarf hat, sondern um
Wiederholung, die für den Erlebenden Zeitraffung, für den Beschreibenden Zeitdehnung ist. Die Senkrechte des Sturzes, ungemessen an
der ihr entzogenen Zeitlichkeit, absorbiert und beschleunigt beliebig
die Waagrechte der Ortsversetzungen des ›Bildungsromans‹, der Parodie auf ihn. Etwa: Als er in Italien das Holzschnitzhandwerk erlernt
und des Meisters Frau geschwängert hat, schließt alles knapp: *Al-
penzu er schritt.* Der Stil nähert die Dimension des bildenden Wan-
derns dem Sturz an – alles im Dienst des auf dem St. Gotthard als

visitierender Abt einkehrenden Dadaisten: *Haha, dada, allelujah*.
Und natürlich, wie es sich für den Dada-Bildungsweg versteht, statt
des Seriösen das Serielle: *Ich bitte nicht drängen meine Damen!* Kon-
trastierend, wie zur Verklammerung von Sturzmoment und Weg-
strecke, die Standardfrage des Bestehens auf dem absolut Elementaren: mit gezogenem Hut im Goethe und Vischer verbindenden Teplitz
auf den Mathematiklehrer zugehend: *Was ist ein Punkt?*
Die ›Katastrophe‹ der Zeit im Sturz des Stukkatörs reißt auch Anfang
und Ende auf, weitet das erlöschende Bewußtsein über Zeugung und
Tod hinaus, über die Individualität dieses Jörg Schuh, *weil er plötzlich
vergaß, was Zeit sei.* Im Zentrum der komprimierten Erinnerung lau-
ert das Vergessen ihres Mediums, und jenseits davon das Untergehen
von Vergangenheit und Zukunft. Wenn er durch die Jahrtausende glei-
tet – *zurück oder vor?* –, singt ihm eine Stimme zu: *weißt Du denn
nicht, daß Du einmal vor Jahrtausenden, oder wird es erst sein? als
blasser Mann von einem Haus fielst, daß Dir der Schädel zerbrach und
alle Atome schüttrer Hirnsubstanz durch den Kosmos fegten?* Zur
theoretischen Demonstration dessen durch Bildung würdig geworden
zu sein, hält der inzwischen in Afrika gelandete Jörg vor König und
Ministern des *Kautschukstaates* in kannibalischer Sprache einen Vortrag über Relativitätstheorie und anderes. Was ihn hier wie sonst
weitertreibt, ist nicht Bildungstrieb, sondern der andere, der sich
leicht mit erzwungener Seßhaftigkeit verbindet.
Dies alles hatte Melchior Vischer seinen Helden träumen lassen können. Aber er traut dem Traum nicht, wie es der Surrealismus tut. Für
Vischer ist »Dada« die Stakkatoformel für die Simultaneität des durch
den Sturz komprimierten ›Realismus‹ strengster Observanz. In diesem ›Augenblick‹ gibt es die Deckung für Latenzen nicht. Carl
Einstein hatte programmatisch geschrieben: *Der Mensch muß, um
sich zu behaupten, die Dinge imaginativ vernichten.* Das war die Formel für die Konsequenz aus allen versuchten Verformungen und
Verfärbungen. Aber war es die äußerste Konsequenz? Genügte der
Schlaf zur Ausschaltung der Welt, genügte die Herrschaft des Traumes? Darauf richtet sich der Widerspruch in *Sekunde durch Hirn*:
Nur der Tod genügt, nur der letzte aller Augenblicke vor dem Auf-
schlagen des Stürzenden auf das Pflaster. Noch im selben Jahrzehnt
wird diese Aufzehrung des Möglichen zur Bestimmung der ›Existenz‹
als Sein zum Tode in Heideggers »Sein und Zeit«. Der Tod, dort wie

hier, als das Ganzseinkönnen des Lebens, die Absurdität der Koinzidenz von Vernichtung und Vollendung, der immer *auch* ästhetische Hintergedanke des Philosophen, der immer *schon* philosophische Hintergedanke des Dadaisten, der fragen läßt, was ein Punkt sei. Fast als ›naheliegend‹ erscheint es, daß die ausschweifende Erinnerung des Stürzenden auf dem Mond landet, nur um Pythagoras zu treffen, der sich ihm als *der einzige Bewohner des Monds* präsentiert und ihm sein *längst bedrückendes Geheimnis anvertrauen* will: *mein Lehrsatz ist falsch.* Den Mann von der Erde berührt das wenig; der denkt einen der ›praktischen‹ Heilsgedanken des Jahrhundertbeginns: den der ›Reformkleidung‹ zur Missionierung des Mondes, und wieder erinnert man sich des Philosophen, der in diesem Jahrzehnt noch das Katheder in Dr. Jägers Reformanzug ersteigen wird. Nicht zu denken an die weiteren Natürlichkeitswellen, die dem späten Jahrhundert bevorstehen, wie anderen zuvor. Der Mensch – um ihn wieder einmal zu definieren – ist ein zwischen Künstlichkeit und Natürlichkeit hin- und hergerissenes Wesen, auch wenn es in Babymanier »Dada« stockert, den flüchtigsten, wie von der Endlichkeit vorangetriebenen Ersatz für Zeigehandlungen.

Bevor sein Hirn aus der Schädelschale geschlagen wird wie das Dotter des zugleich aus dem Korb der Magd fallenden Eis, gibt Jörg – wieder zu seiner Grundmetapher zurückkehrend und dem Mondmann Pythagoras rechtverschaffend – ein wenig Geometrie: *Sehen Sie, ich machte mich einst auf, die Gerade zu verfolgen bis zu ihren Endpunkten, ich lief, schnellte, flog von Erde über Sonne zum Saturn jenseits der Zeit, durch andre Weltenräume, endlich jenseits des Raums, bis ich nach Myriaden hoch zur Myriadesten Erdenjahren wieder die Erde betrat, und da fand ich: es gibt überhaupt keine Gerade, es gibt nur Kreis. Das ist das letzte Geheimnis des Alls. Doch niemand will es glauben . . .* Dazu eben mußte man den Sturz machen und den Widerruf des Pythagoras gehört haben. Niemand außer dem Dadaisten würde es erfahren, der sich durch seinen Jörg selbst empfehlen läßt: *Wo doch Melchior Vischers dada-Spiele die Wohlfeilsten sind, was wir derzeit haben.* Doch wer wird es noch erfahren? *. . . Wind pfiff und Jörg lag am Pflaster, zerbrochenen Kopfs und Genicks:* Unbefragbar geworden, anders als Einsteins Dachdecker.

Wenn alles fällt, ist nur, was der Fall ist

Die Welt ist alles, was der Fall ist, beginnt bekanntlich Wittgensteins »Tractatus«. Ein zur paulinischen Mystik Neigender fragte mich vor vielen Jahren, ob dabei nicht an den Fall im Garten Eden gedacht gewesen sei, wenn auch nur im Hinter- oder Untergrund. Über der Komik dieser Frage, die zu stellen man nicht zu nah am *damaligen* Zeitgeist sein durfte, entging mir die Gesuchtheit der Formulierung, von der ich immer den Eindruck gehabt hatte, sie diene vor allem der Umgehung größerer Bestimmtheit und verschaffe dem Autor die in der Philosophie nie ganz leicht zu erlangende Freizügigkeit, allererst zu definieren, was man meinen werde.

Doch vielleicht war es enger und präziser, aber auch hinterhältiger gemeint gewesen. Der seinen Traktat – wie er meinte: alles, was er zu sagen habe – mit dieser Weltformel angesetzt hatte, zielte nicht nur auf das Zentrum aller Positivismen, wahre Sätze könne es nur in der Physik geben, überall sonst nur Sätze über Sätze – er war seiner Selbstauffassung nach ein Physiker, wäre beinahe noch Schüler von Boltzmann geworden, der sich ihm durch Freitod entzogen hatte. Als Physiker gab er eine kaschiert physikalische Bestimmung dessen, was weiterhin unter Welt zu verstehen sein solle. Wenn die Welt alles ist, was der Fall ist, so impliziert das eine Tatsachenbehauptung: Alles in der Welt ist im Fall. Im Grunde galt das seit Newton, der im Blick auf die Ellipsen der Planetenbahnen endgültig die antike Gewißheit ausgeräumt hatte, alles im Weltall bewege sich auf ›natürlichen‹ Bahnen und folglich in ewiger Stetigkeit im Kreis. Ausgenommen war, was sich auf der Erde und unter dem Mond befindet, denn dieses sei, sofern nicht in Ruhe oder gewaltsam befördert, im Fallen zu seiner natürlichen und damit endgültigen Lage. Der ›Fall‹ wäre also schon etwas für ein Paradies gewesen, das ein ›irdisches‹ von Anbeginn war und noch lange kein ›himmlisches‹.

Für die Kreisbewegung der Himmelskörper hatte Aristoteles bewegende ›Intelligenzen‹ nach dem Muster des beseelten Körpers benötigt und in letzter Instanz einen unbewegten Beweger, der durch eine einzige seiner Eigenschaften den mythischen Göttern des Olymps den philosophischen Abstraktionsgrad verschaffte: Er war absolut *autark*,

unbedürftig alles anderen, was es noch geben mochte. Sich selbst
durch Denken seiner selbst genug, aber darin auch sich schon notwendig, wie das spätere *ens necessarium*. Denn ohne zu sein, hätte er
nichts zu denken gehabt – *impossibile quia absurdum*. Dieser selbst-
genugsame Gott bewegte die Welt, ohne sie zu kennen; es genügte,
daß sie ihn kannte und von ihm nicht lassen konnte. Wenn man das so
sagt, kommt die Seltsamkeit heraus, die darin besteht, daß der bib-
lisch-christliche Gott seine ›Theologie‹ nach den Vorschriften jenes
unbewegten Bewegers zugeteilt bekam: Wo war etwas von Heiligkeit?
Wo etwas von Gerechtigkeit? Wo Allmacht und Allwissenheit? Von
Liebe zu schweigen. Nur eins verstand sich von selbst: Es war ein
Gott, der nichts fallen ließ. Das bedeutete: Wenn es den Fall gab,
konnte er es nicht sein, der dafür einzustehen hatte. Dieser Exkurs
dient nur der Verdeutlichung des sprachlichen Hiatus, der zwischen
dem Gott der antiken Metaphysik und einem anderen bestand, bei
dem auch nur gefragt werden konnte, ob eine Welt, die *alles, was der
Fall ist* wäre, *seine* Welt sein könnte.

Newtons Gravitation und ihre Universalisierung durch Beugung von
Raum und Zeit unter ihre Ubiquität durch Einstein lassen den laten-
ten Satz an der Schwelle des »Tractatus« zu: In der Welt ist nichts, was
nicht fällt. Alle Bahnen von Merkur bis zu den Kometen, die der
Subsysteme in den Übersystemen – also des Sonnensystems in der
Milchstraße und dieser in dem Galaxienverband, zu dem sie gehört –
durchlaufen einen von Gravitation gekrümmten Raum in durch
Massennähe relativierten Zeiten. Sie fallen sämtlich und immer – nur
sind es die raumzeitlichen Bestimmungsgrößen ihres Falls, die in einem langfristigen Verfahren der ›Selektion‹ die Umkreisungsbahnen
gleichsam überdauern lassen. Die Keplerschen Bahngesetze sind nicht
göttliche Errechnungen und daraus wohlweislich abgeleitete Verord-
nungen, sondern ›Resultate‹ in der Zeit, die gerade nur überleben läßt,
was genau den Bedingungen entspricht, eine der Kegelschnittbahnen
haben zu können.

Die Welt ist alles, was der Fall ist, weil es in ihr gar nichts anderes
geben kann als das, was fällt. So sei es nicht gemeint gewesen? Man
brauche nur nachzulesen, wie simpel es eingeführt werde? Gewiß,
eine Vermeidungsformel: zur Zeit der logischen Ratlosigkeit über Exi-
stenzialsätze die Umgehung eines solchen? Denn daß Sein kein reales
Prädikat sei, hatte Kant allen Gottesbeweisen zur Beweisnot gemacht

– aber war damit schon etwas gesagt, was es denn als ein nicht-reales
Prädikat irgendwo zu suchen und zu bedeuten habe?

Es sei keiner gezwungen, Metaphern dort zu akzeptieren, wo sie nicht
klar nachweisbar sind. Doch sollte man es sich nicht nehmen lassen,
an der Eingangsdefinition der Welt im »Tractatus« etwas nicht Selbst-
verständliches, eine gesuchte oder suchende Umständlichkeit wahrzunehmen. War Heraklits *panta rhei* eine Aussage über das Ganze
gewesen, so ließ sie sich umformen zu der, es könne etwas nicht die
durch den Kosmos verliehene Wirklichkeit haben, das seiner Liquidi-
tät entzogen sei. War das Ergebnis der neuen und neuesten Physik in
den ersten beiden Jahrzehnten des 20. Jahrhunderts, daß alles fällt, so
ließ sich auch hier die Umformung machen, es gebe keine Sätze über
etwas, was nicht fällt, da die Welt doch der Inbegriff dessen sei, worüber sich Sätze bilden lassen, zugleich also dessen, was stets ›im Fall‹
ist, hinsichtlich seiner logischen Qualität ›der Fall‹ ist.

Sogar Newtons Idealisierung der Trägheitsbewegung als des von Kräf-
ten unbeeinflußten Grundzustandes der Körper war verschwunden:
Wäre der Fall irgendwo geradlinig, wäre dies die Resultante des
Raumzeitzustandes bei unendlich fernen Massen.

Der Sturz des Ikarus

Aeronautik und Astronautik, das war für die Griechen kein großer Unterschied, wenn man einmal zu fliegen gelernt hatte. Denn der Himmel war immer nahe. Sonst hätte man Sonne, Mond und Sterne nicht sehen können, sonst wären keine Steine heruntergefallen. Es war eine enge Welt, und wer einmal flog, mußte sich hüten, daß er dem Himmel nicht zu nahe kam, auch wenn die Götter noch auf dem Olymp saßen.

Der Erbauer des Labyrinths für das menschenfressende Doppelwesen Minotauros auf Kreta galt als Erfinder von allem, was man zu können sich versagt wußte. Als König Minos ihn nach Vollendung des Bauwerks für das Unwesen nicht wieder freigeben wollte, verfertigte Daedalus für sich und seinen Sohn Ikarus Flügelpaare aus Federn und Wachs, küßt noch einmal das Kind und fliegt ihm voran wie der Vogel den Jungen, weiht ihn ein in die gefahrvolle Kunst, wie Ovid es sagt: *damnosasque erudit artes*. Die unten, die fischen, weiden und pflügen – der Erde Zugewandte –, sehen das Paar mit Staunen, wie die Philosophen anfangs die Gestirne angeschaut haben sollten, um die Metaphysik zu beginnen, und halten sie für Götter: *credidit esse deos*. Und wie ein Gott fühlt sich auch der unbotmäßige Ikarus im Höhenrausch, löst sich vom Vater und steigt hinauf in Begierde nach dem Himmel: *caelique cupidine tactus / altius egit iter*. Jedermann weiß, wie wenig gut das gehen konnte: vom Vater sich entfernen, den Sternen sich nähern. Das kann man nicht, ohne sich der Macht der Sonne auszusetzen, die das Wachs der Flügel erweicht, den Mechanismus zerstört und den Zudringlichen abstürzen läßt, der die Luft nicht mehr zu greifen vermag (*non ullas percipit auras*). Das wäre schon der Drohgebärde gegen den raumgierigen Übermut genug; doch läßt Ovid noch den Spott eines Vogels dazukommen, des Rebhuhns (*perdix*), das mit dem Daedalus noch eine alte Rechnung zu begleichen hat und nun mit Flügelschlag seine Schadenfreude bekundet: Gleichnis für ein Flugtier, das sich jedem Höhenflug verweigert: *non tamen haec alte volucris sua corpora tollit.*[2]

2 Metamorphoseon liber VIII, 215-256.

Das Bild des stürzenden Ikarus ist in die Bilderwelt eingegangen. Die
Emblematik hat ihn, da flugversessenen Zeitgenossen nicht zu drohen
war, gegen die Astrologie als ein Verfahren des hochfliegenden Übermuts gewendet. Andreas Alciat hat 1531 (und danach in vielen Auflagen) über den Holzschnitt des Zerfledderten ein *In astrologos* gesetzt
und die Moral abgeleitet: *Daß gschicht wol zu bedencken wer / Eimm
sternseher, das er seinn mund / In den himel setzt nit zu ser, / Zu hoch
gestelt ist nimmer gsund.*[3]
Solange das Weltall klein genug ist, um der Sonne ›zu nahe‹ kommen
zu können, bleibt die Frage, weshalb Ikarus abgestürzt ist, erledigt.
Auch ließ sich am Motiv der Hybris, der blasphemischen Herausforderung des inzwischen zum Gottessitz gewordenen Himmels, bis an
die Schwelle der Neuzeit festhalten. Aber schon ein Jahrhundert nach
Alciats Emblemen hat Francis Bacon die Frage *Weshalb ist Ikarus
gestürzt?* neu gestellt. Die neue Antwort zielt im Grunde nicht mehr
auf den Sohn, sondern auf den Vater. Nicht weil dieser wußte und
bewirkte, fliegen zu können, und nicht weil der Sohn es damit etwas
anmaßender trieb als der Vater, kam es zur Katastrophe. Daedalus
hatte die Kunst des Fliegens den Vögeln abgeguckt, weil er diese wie
jede andere Kunst nur als ›Nachahmung der Natur‹ für möglich hielt.
Für ihn wie für alle Griechen waren die Leistungen der Natur gebunden an Formen; unter den Bedingungen der Natur konnten deren
Leistungen durch Kunstfertigkeit (*technē*) nur erreicht werden, wenn
man die von der Natur gebildete Form so genau wie möglich nachbil-
dete.[4]
An diesem Sachverhalt erklärt Bacon, warum die Griechen mit ihrer
eminenten Theorie keine technischen Effekte hervorbringen konnten.
Ihre Metaphysik der ›natürlichen‹, der substantiellen ›Formen‹ fesselte ihren Begriff von dem, was der Mensch bewerkstelligen könnte.
Die Norm der *Mimesis* führte ›naturgemäß‹ zu Mißerfolgen, die Miß-
erfolge zur Resignation, die Resignation auf die Abwege der magischen Surrogate. Aus der Antike ging ein Kult der Unbegreiflichkeit
der Natur hervor, der die Menschheit zur Finsternis verdammte – was
in der Sprache der neuen Epoche das ›finstere Mittelalter‹ meinen

---

3 Andreas Alciatus, Emblematum Libellus. Paris 1542; Ndr. Darmstadt 1967, 123.
4 Francis Bacon, De sapientia veterum; Works. London 1857-74; Ndr. Stuttgart 1962,
XIII, 129-131; 157f.

wird. Dagegen stellt Bacon den als schlechthin ermutigend befunde-
nen Sachverhalt, daß Natur und Kunst sich nicht in der *causa formalis*
unterscheiden, wohl aber in der *causa efficiens*. Will man das weniger
scholastisch ausdrücken, kommt man auf die Formel: Verschiedene
Ursachen können gleiche Wirkungen haben, also auch die Natur dort,
der Mensch hier. Gerade dann aber wird die Norm der ›Nachahmung
der Natur‹ nicht aufgegeben, sondern erst vollstreckt, wobei das Imi-
tat prinzipiell dieselbe Chance hat wie sein Urbild. Daedalus konnte
die Idee des Fliegens nur von den Vögeln haben; aber er hätte seine
technische Fertigkeit zu demselben Ziel von den Mitteln abkoppeln
müssen, die die Natur verwendete. Bacon schreckt ab mit der
Autorität des Arztes Galen, der das irdische Feuer als Nachahmung
des Sonnenfeuers und folglich nur von diesem herleitbar bestimmt
hatte – zum Nachteil der Fiebernden. Prometheus war konsequent
nach dieser Prämisse, indem er die Menschen nicht lehren konnte, sich
das Feuer zu erzeugen, sondern es für sie vom Himmel stehlen mußte,
mit allen bekannten Folgen für ihn und für die dabei zu Hehlern am
Gottesraub Gewordenen.[5] So wichtig es ist, daß dies einmal gesagt
wurde, gemacht hat Bacon daraus kaum etwas. Etwa wenn er die Erfindung des Schießpulvers darauf zurückführt, daß Erdbeben und
Donnerkeile die Einbildungskraft erst auf die Idee der Explosion und
Schußkraft bringen mußten, ehe sie mit ihren ›Wirkursachen‹ daran
gingen, derartiges zu ›machen‹.[6] Von da aufs Fliegen des Ikarus zu-
rückzukommen, sollte noch zwei Jahrhunderte dauern.

5 Works IX, 66; VIII, 105.
6 Works VIII, 77.

Newtons Vergeßlichkeit

Kant trug in seiner Anthropologie-Vorlesung der neunziger Jahre eine Anekdote zum Phänomen der gelehrten Zerstreutheit vor. Newton sollte von einem Freund zum Spaziergang abgeholt werden. Als der Besucher im Speisezimmer eine Weile zu warten hatte, gewahrte er auf dem Tisch die noch zugedeckten Schüsseln mit dem Essen und verfiel auf den Gedanken, ein Experiment mit dem Freund zu machen, indem er das vorbereitete Mahl kurzerhand verzehrte. Als Newton schließlich hereinkam, bat er den Freund zu warten, damit er vor dem Ausgang sein Essen einnehmen könne. Als er die Schüsseln aufdeckte und leer fand, folgerte er daraus ohne Verzug, er müsse schon gegessen haben, genierte sich wegen seiner Vergeßlichkeit und sagte zu dem Freund: *Wir Gelehrte sind doch sehr vergeßsam.*[7]

Es spricht für Newtons Größe, so erstaunlich das klingen mag, daß er nicht nur diese Feststellung traf, sondern sich dabei seiner vermeintlichen Zerstreutheit schämte. Denn man darf leider nicht verschweigen, daß Zerstreutheit mit geringerer Wahrscheinlichkeit eine Begleiterscheinung der Gelehrsamkeit ist, als sie zum Ausweis dieser auch im Falle minderer Vorhandenheit benutzt wird. Vielleicht schämte sich Newton nicht nur, sondern war sogar erschrocken über die Feststellung, die er an sich selbst treffen mußte.

Dennoch hat die Szene auch etwas höchst Befremdliches. Ob man gegessen hat oder nicht, ist ja nicht nur eine Sache der Erinnerung und der Ermittlung an äußeren Gegebenheiten, wie gefüllten oder leeren Schüsseln. Man sollte denken, es gäbe keine stärkere Evidenz, wie wir nun einmal beschaffen sind, als die des konstatierten Zustandes, noch nicht gegessen zu haben und folglich darauf mit Lust und Bedarf eingestellt zu sein, so daß der Befund an Schüsseln dagegen zur Bedeutungslosigkeit wird. Aus der ganzen Geschichte der Menschheit ist uns kein Zug geblieben, der so eindeutig den Titel des ›Realismus‹ verdient, wie das Verhältnis zum Essen. Und da liegt nun wirklich eine Bedenklichkeit der gelehrten Spezies, daß ihr der dringliche und lustvolle Bezug zum Eßbaren sehr oft verloren gegangen ist. Die tüchtige

---

7 Akademieausgabe, Band XV, 227f., A. z. Refl. 525.

und einfallsreiche Hausfrau eines bedeutenden Gelehrten pflegte bekümmert zu sagen: Ob ich mir Mühe gebe mit dem Essen oder nicht, macht für meinen Mann keinen Unterschied; es schmeckt ihm alles gleich. Und auf dieser Linie liegt die Geschichte, die Kant seinem Auditorium von Newton erzählte: An sich selbst konnte er nicht merken, daß er noch nicht gegessen hatte.

Wer die Geschichte wegen Belanglosigkeit lieber nicht beachtet gesehen hätte, weiß offenbar nicht, daß das Problem über die engen Grenzen der Menschengruppe von Gelehrsamkeit hinausreicht. Der Zusammenhang von Eßlustfähigkeit und Realismus schafft gerade dort Verdächtigkeit der Indifferenz zum Eßbaren, wo auf den Realismus am wenigsten verzichtet werden kann. Hitler war ein lustlos in Vegetabilien stochernder Vertreter der pathologischen Realitätsdistanz. Je tiefer er in den Bunkern seiner Hauptquartiere versank, um so wichtiger wurden ihm Feststellungen darüber, was er nicht essen durfte und wollte. Die kleineren Weltveränderer, denen es auf ein paar Punkte am Lebensstandard nicht ankommt, wenn nur die Welt verbal zurechtgerückt werden kann, sind von Natur oder Neigung Repräsentanten der Eßindolenz. Wobei sie sicher sein können, daß die Kosten jeder Veränderung der Welt ihnen jedenfalls keine Minderung der einen Lust eintragen wird, die allemal und allezeit nichts kostet – zumindest, wenn man sich der Welt bemerkbar machen konnte, wodurch auch immer.

Um noch einmal zu Newton zurückzukehren: Kant hat aus seiner Quelle nicht mitteilen können, auf welches Lebensalter sich die Geschichte von der freundschaftlichen Eßprobe bezieht. Der alternde Newton, der die Aufklärung der Weltgesetze hinter sich hatte, neigte nicht mehr zur freundlichen Bewertung dieser Welt. Seine Gedanken kreisten um deren Untergang, wie sie zuvor auf den Anfangszustand ihrer Umläufe konzentriert gewesen waren. Eine Tagebuchnotiz von Hebbel aus dem Jahre 1862 hat dieser Lebenswendung den knappsten und scharfsichtigsten Ausdruck gegeben: *Newton beschäftigte sich in den letzten Jahren seines Lebens mit der Apokalypse; ein Beweis, daß ihm das bloße Auflösen der Erscheinungswelt nicht mehr genügte.*[8]

8 Werke Band V, 414.

Die Apfelgeschichte

Dua poma in una arbore non habent eundem aspectum ad coelum.

Duns Scotus, De rerum principiis

Als Voltaire 1728 aus England zurückkehrte, hatte er eine doppelte Konterbande bei sich, mit der er den Kontinent aufschrecken würde: die Dramen Shakespeares und die Physik Newtons. Zehn Jahre später wird er das Ergebnis seiner Anstrengung veröffentlichen, Newtons Werk zu verstehen und zur kontinentalen Philosophie ins Verhältnis zu bringen. Die »Élémens de Philosophie de Newton« sind der Marquise du Châtelet gewidmet, die dem Freund, Newton anzueignen, geholfen hatte. Ihr muß er schon im Dedikationsbrief zur zweiten Auflage von 1745 bestätigen, sie sei ihm im Höhenflug dieser Aufgabe uneinholbar enteilt.

Voltaire hätte gern den Eindruck authentischer Vertrautheit mit Newtons Geist und Werk erweckt, obwohl er doch eben noch zu dessen Beisetzung in London eingetroffen war. So muß er sich auf Newtons Nichte berufen, wenn er von der Entdeckung der Gravitation berichtet und dabei jene unsterbliche Anekdote in die Welt setzt, die fortan für den Augenblick einer großen Intuition einzustehen hatte.

Eines Spätsommertags – Newton hatte sich auf seinen Landsitz zurückgezogen, man schrieb 1666 – sah er Früchte vom Baum fallen (*voyant tomber des fruits d'un arbre*), was ihn in Nachdenken versenkte, welche Ursache alle Körper auf Linien fallen ließ, die, verlängert gedacht, sich beim Erdmittelpunkt schneiden müßten. Von der Art des Baumes und der Früchte hat Voltaire so wenig gesagt, wie es die Bibel von Art und Frucht des verbotenen Baumes im Paradies getan hatte. In beiden Fällen – vielleicht nicht einmal im anderen unabhängig vom einen – hat sich der Apfel als sinnfälligstes Requisit durchgesetzt. Wenn Voltaire zudem von einer unbestimmten Mehrzahl der unbestimmten Früchte spricht, die Newton ins Grübeln gestürzt hatten, mag er mit der Erwartung gespielt haben, der Leser werde dem Urmeister der neuen Physik zutrauen, die leichte Konvergenz der Fallinien zur Erdmitte hin scharfsichtig wahrgenommen zu

haben. Diese didaktische Suggestion schoß über das Ziel der Geschichte hinaus, den Scharfsinn aus der Scharfsicht entspringen zu
lassen.

Unter dem übermächtigen Eindruck solcher Anschaulichkeit blieb
auch bei aufmerksamen Lesern die Fußnote unbeachtet, die Voltaire
seiner aus authentischer Quelle beigebrachten Mitteilung beigab. Sie
brachte eine andere Version von der Entdeckung der Schwerkraft zur
Kenntnis; allerdings ohne Herkunftsangabe. Ein Fremder habe Newton eines Tages gefragt, wie er auf die Gesetze des Weltsystems
gekommen sei. Die Antwort habe in einem einzigen Satz bestanden:
En y pensant sans cesse. Aus Eigenem fügt Voltaire hinzu, dies eben sei
das Geheimnis der großen Entdeckungen, daß alles von der Ausdauer
und Intensität der Aufmerksamkeit abhängt, deren der Kopf eines
Menschen überhaupt fähig ist.[9]

Zwischen den beiden Ursprungsgeschichten liegen Welten. Doch bemerkt man das erst an der verbreiteten Zuneigung zur Gartenszene
über die Jahrhunderte hinweg – wie auch an der äußersten Seltenheit
des Mißtrauens gegen sie. Von diesem wird noch die Rede sein. Zunächst die freundliche Rezeption: Leonhard Euler hat die Anekdote
in seine »Lettres à une princesse d'Allemagne sur divers sujets de phy-
sique et de philosophie« aufgenommen.[10] War auch die ›Rahmenhand-
lung‹ modische Nachfolge Fontenelles und anderer, so haben sich
doch die »Briefe an eine deutsche Prinzessin« das Lob Lichtenbergs
errungen, der sie in der Übersetzung von F. Kries[11] verdienen ließ,
vorzüglich empfohlen zu werden, wie er in der Vorlesung sagte.[12]

Der in Kants Dissertation als *phaenomenorum magnus indagator et
arbiter*[13] gepriesene Euler schließt den 52. Brief (3. September 1760)
so: *Hätte sich Newton nicht in seinem Garten unter einem Äpfel-
baume niedergelegt; und wäre ihm nicht von ungefähr ein Apfel auf
den Kopf gefallen; vielleicht befänden wir uns noch in Ansehung der*

---

9 Voltaire, Élémens de Philosophie de Newton III 3; Œuvres complètes Tome XLII.
Basel 1792, 189 f.
10 Paris 1768/72; Mitau 1770/74; dt. v. Joh. Müller 1769/74.
11 Leipzig 1792/93.
12 Gottlieb Gamauf, Erinnerungen aus Lichtenbergs Vorlesungen Band I, § 13. Wien
und Triest 1808, p. 37 f.
13 A.a.O., § 27.

Bewegung der himmlischen Körper und tausend anderer Erscheinun-
gen, die davon abhängen, in der alten Unwissenheit. Nicht also der
zuschauende, sondern der am Kopf getroffene – gegenwärtig nur
möglich als der ›betroffene‹ – Newton ist eindrucksmächtig genug, für
eine auf diese Weise nur noch indirekter zu machende Entdeckung
einzustehen, die ohne diesen ›Fall‹ nach Eulers zeitüblicher Dramati-
sierung gar nicht gemacht worden wäre. Das läßt zumindest bemerken, wie stark sich die durch Wissenschaftsgeschichte zu befriedigenden Bedürfnisse gewandelt haben. Unsere Zeitgenossen mögen nicht
hinsichtlich ihrer Aufgeklärtheit vom Zufall eines getroffenen Kopfes
oder auch nur geöffneten Auges abhängig sein. Wer schreibt auch
noch die Historie der Wissenschaften in Erwartung eigener ›Einfälle‹
und Zutaten? Dann wünschte man eher die Ausgefallenheit des Vor-
falls.

In beiden Versionen, die Euler dem Apfel-Kopf-Fall gegeben hat, vermeidet er wie aus Sorgfalt, Newton durch ›Anschauung‹ zu seiner
Einsicht kommen zu lassen. Für den Mathematiker ist solche Vorsicht
naheliegend; er weiß, wieviel mehr den Vorgängern in der Physik und
ihren messenden Feststellungen zuzuschreiben war als der anekdotischen Episode einer experimentell unredigierten Wahrnehmung.
Nicht ohne beabsichtigte Ambivalenz soll es sich lesen, daß der fallende Apfel Newton ›Veranlassung‹ gab – fast zu nehmen wie ›Anstoß‹ –, gründlich über diese ›Schwere‹ und ihre weltweite Verbreitung,
die ihm Schmerz zugefügt hatte, nachzudenken: *Dieser große Philo-*
soph und Mathematiker lag einst in einem Garten unter einem Apfel-
baume, als ein Apfel, der ihm auf den Kopf fiel, bey ihm eine Menge
von Betrachtungen veranlaßte.[14] Was Euler Newton tun läßt, ist An-
stellung einer Folgerung aus dem erlittenen Schlag: der Baum müsse
sehr hoch gewesen sein. Und wenn der Baum noch höher gewesen
wäre? Noch schmerzhafter. Und wenn der Baum bis an den Mond
gereicht hätte? Etwa gar nicht schmerzhaft, weil dann gar nicht her-
abgefallen? Da lag die alte Verlegenheit, wieweit irdische Verhältnisse
ins Weltall hineinreichten. Euler bringt Newtons Nachdenken auf die
einfache Form der Kontinuität der Baumverlängerung: man könne
sich keine Grenze vorstellen, an der der Apfel vom Baum nicht mehr
zu Fall kommen sollte. Dann aber auch, da auf gleicher Höhe gedacht,

---

14 Euler, Briefe, dt. v. J. Müller. ³Leipzig 1784, 179-182.

der Mond, sofern seiner Schwere nicht etwas entgegenwirkte, was ihn daran hinderte: *Da ihm aber doch der Mond nicht auf den Kopf fiel; so sah er ein, daß davon die Bewegung des Mondes die Ursache seyn könne...* Es steckt ein Sprachspiel in Eulers Didaktik für die deutsche Prinzessin: die Kontinuität als das Prinzip zu zeigen, mit dem die homogene Gesetzlichkeit des Weltsystems ›extrapoliert‹ wurde. Die Fürstin werde *über den großen Fortgang erstaunen, den alle Wissenschaften aus einem dem Ansehen nach so leichten und einfachen Anfang gewonnen haben.*

Erbittertster Feind der anekdotischen Leichtigkeit war Schopenhauer. Er hat es sich etwas kosten lassen, der *zum Ekel wiederholten Apfelgeschichte* den Garaus zu machen. Unverkennbar ist die Gegnerschaft in Sachen »Farbenlehre« antreibend beim Ritual der Entmythisierung. So beiläufig gerate ein Genie nicht auf den nachhaltigsten seiner Einfälle. Die Anschaulichkeit der Geschichte stammt nicht aus der Art von ›Anschauung‹, deren gegen die Tyrannei des Willens gerichtete Größe auch dem Mathematisch-Abstrakten bei Newton widerstreben mußte. Es ist ihm, Schopenhauer, einfach eine zu läppische Geschichte. Anders ausgedrückt: eine der Paradiesesgeschichte zu ähnliche.

Deshalb auch bleibt er beim Apfel, obwohl er Voltaires Mitteilung genau kennt, wo es keinen Apfel gibt. Lord Byron hat ihn in einer Anmerkung zum »Don Juan« als zweifelhafte Zutat in Brewsters »Life of Newton« gekennzeichnet; er wolle davon keinen Gebrauch machen, obwohl dieses Detail dadurch wieder Aktualität und den Anschein der Zuverlässigkeit gewonnen hätte, daß jener Baum, von dem der Apfel gefallen sein sollte, etwa vier Jahre vor Abfassung der Fußnote vom Sturm gefällt worden war. Die Naturkraft, die Bäume fällt, an denen sie zuvor Äpfel zur Reife und damit zum Fall gebracht hatte, bleibt für Schopenhauer das Derivat des Willens, dessen beiläufige Anregung nie die Stetigkeit der Anschauung annehmen kann, mit der sich die Vernunft schließlich gegen das Lebensdiktat des Willens wendet.

Daher hätte man erwarten können, daß der Blick Schopenhauers sich auf die andere bei Voltaire – freilich nur in der Fußnote – überlieferte Anekdote von der Beständigkeit des wissenschaftlichen Genies gerichtet habe. Doch hat sich ihm diese Alternative entzogen. Sonst hätte seinem Begriff vom Determinismus des intelligiblen Charakters

der Gedanke adäquat sein müssen, der zentrale theoretische ›Einfall‹
sei das Gegenteil eines solchen, stattdessen das endogene Heraufkom-
men und Heraustreten der einen und einzigen Konzeption, um die
sich eine Lebensleistung organisiert. Nichts anderes als Schopenhauers Selbsterfahrung stand in jenem Satz der Fußnote Voltaires: *En y
pensant sans cesse.* Für Beharrlichkeit im Denken freilich blieb dem
Garten ein Vorzug, der ironisch anzumerken war: es werde *wohl jeder
irgend selbstdenkende Kopf gemerkt haben, daß das Gehen in freier
Luft dem Aufsteigen eigener Gedanken ungemein günstig ist.*[15] Die
›Apfelgeschichte‹ hat philosophisch das, was man einen ›guten Grund‹
nennen mag, so schlecht es um ihre historische Glaubwürdigkeit bestellt ist.

Nach Newtons Tod veröffentlichte Henry Pemberton den Keimling
der ›Apfelgeschichte‹ in seinem »View of Sir Isaac Newton's Philoso-
phy«. Schopenhauer ist zufrieden, daß dort in der Vorrede nichts
anderes gestanden hatte, als daß der Gedanke Newton *zuerst in einem
Garten gekommen* sei. Allein darin liegt der Kern einer Geschichte,
die berechtigt wäre, sich zu Schopenhauers Voraussetzung zu fügen,
das Genie bedürfe nur der ungestörten Einsamkeit, um alles aus sich
hervorgehen zu lassen, dessen es für ein Leben fähig sei. Fehlte es also
nicht an der Ruhe des Gartens, um der Bedingung zu genügen, so
macht etwas anderes im Rückblick mißtrauisch: die mangelnde Beständigkeit in der Verfolgung und Durchsetzung des Urgedankens.
Statt dessen läßt Newton zwischen diesem Augenblick des Jahres
1666 und dem Erscheinen der »Principia« mehr als zwei Jahrzehnte
vergehen, weil nach seiner eigenen Angabe die Anwendung der Idee
von der Schwerkraft auf die Daten des Mondumlaufs nicht zur Bestätigung der Hypothese führte. Erst als Newton 1682 zufällig von den
Meridianvermessungen des Franzosen Picard erfuhr, die andere als die
von ihm zugrunde gelegten Werte ergeben hatten, nahm er seine Berechnungen wieder auf und fand sich in seinen schon vergessenen
Annahmen bestätigt.

Schopenhauer ist empört und doch zugleich höchst befriedigt über dieses Stückchen Wissenschaftsgeschichte. Newtons Verhalten paßt nicht
zu seiner Voraussetzung, daß der geniale Grundgedanke das Subjekt
wie ein naturhaftes Bestandsstück seiner Bestimmung beherrscht und

---

15 Arthur Schopenhauer, Sämtliche Werke ed. v. Löhneysen, Band V, 194.

niemals freigibt. Unter dieser Voraussetzung muß der Zweifel an Newtons letzter Urheberschaft für die Idee der Gravitation Bekräftigung
finden: *Und so verführe man mit einer wahren und welt-erklärenden
Hypothese? Nimmermehr, w e n n   s i e   e i n e   e i g e n e ist!* So gehe man
nur mit dem um, was einem zufällig ins Haus gekommen ist. Die
Verbindung zwischen den Prämissen der eigenen Metaphysik und der
historischen Skepsis hinsichtlich Newtons Urheberschaft an seinem
System ergibt im Blick auf die von Robert Hooke 1674 veröffentlichten Beobachtungen die *vollkommene Beglaubigung* der von und für
Hooke reklamierten Priorität. Diesem sei es wie Columbus gegangen,
dessen Kontinent niemals seinen Namen führen durfte.
Vielleicht hätte die Konvergenz von Eigenmetaphysik und Legitimi-
tätszweifel nicht genügt, Schopenhauer die Einwände gegen jene
Urszene im Garten von 1666 so plausibel zu machen, wäre nicht der
unwiderstehliche Umstand hinzugekommen, daß unter Namen und
Autorität Newtons die neue Physik sich mit dem Fehltritt der für
überwunden zu haltenden Theorie des Lichtes und der Farbe verbunden hätte, so daß *der große Gedanke der allgemeinen Gravitation ein
Bruder der grundfalschen homogenen-Lichter-Theorie* geworden und
dieser den Glanz seines Ansehens verliehen habe.[16]
Da hat man sich dem Punkt genähert, von dem begreiflich zu werden
beginnt, weshalb Schopenhauer auf die andere ihm zur Wahl stehende
Anekdote verzichtet hat. Die Regel der Genialität, die der Ausspruch
Newtons enthält, steht Schopenhauers Voraussetzungen so nahe, daß
er bequem die Zeitlücke zwischen 1666 und 1682 als Phase der von
Voltaire beschworenen *méditation profonde*, als Inkubation des ge-
danklichen Ansatzes, zu überbrücken erlaubte. Dieser Ausspruch ließ
nicht mehr an den durch die Korrektur der Gradmessung überrasch-
ten und an einen unreifen Frühgedanken erinnerten Newton glauben,
der sich durch mangelnde Intensität und Obsession der illegitimen
Urheberschaft verdächtig gemacht hätte. Dieser Verdacht aber kam
nun, fast zwei Jahrhunderte später, der von Goethe eingeführten, von
Schopenhauer zur Vollendung gebrachten »Farbenlehre« zugute.
Die wiederum ein Jahrhundert später zum Aufschwung gekommene
Wissenschaftsgeschichte ist nicht mehr mit dem Interesse Schopenhauers am Triumph der Farbenlehre verbündet. Sie teilt aber seine

16 Paralipomena § 86 ed. v. Löhneysen, 172-177.

Abneigung gegen die ›Apfelgeschichte‹ als Paradigma einer Verbindung von anschaulicher Analogie und momentaner Inspiration. Diesem jüngsten Zweig des Historismus behagen Anekdoten ohnehin nicht. Erst recht nicht die von Voltaire auf den Kontinent gebrachten Versionen von Newtons jugendlichem Einfall. Der Sache nach hätte seine Idee der Gravitation unter dem Gesetz der reziproken Quadrate der Massen und Entfernungen aus Keplers drei Gesetzen der Planetenbewegung vom Anfang des Jahrhunderts hervorgehen müssen, zumal aus dem dritten Gesetz über das Verhältnis von Zentralkörperdistanzen und Bahngeschwindigkeiten der Planeten.
Es ist legitim, die Dinge so zu sehen, als ob die faktische Geschichte nur eine durch Zufälligkeiten verformte und verhüllte Gestalt einer objektiven Folgerichtigkeit wäre. Nur läßt sich das im gegebenen Fall nicht immer belegen. Denn noch zufälliger als die faktische Geschichte ist das, was man die ›Quellenlage‹ nennt. Wir wissen nichts darüber, ob Newton überhaupt das dritte Gesetz Keplers kannte, nicht einmal zuverlässig, ob er es überhaupt kennen konnte.
Newton ist gerade nicht der Idealfall einer engen Nachbarschaft von faktischer und objektiver Geschichte. Wir sehen ihn nicht in der faustischen Studierstube über der Lektüre der Schriften Keplers, aber auch nicht bei der angespannten Beobachtung jener Planeten selbst, um diesen ihre Regeln abzugewinnen. Statt dessen betreffen wir ihn über der dämonischen Kunstfertigkeit, die bis dahin als homogene geometrische Formen begriffenen Bahnen der Planeten sowie aller Massen im Universum als Produkte divergierender Kräfte zu erklären. Das hatte selbst Kepler nicht erahnt, als er die erhabenste aller metaphysischen Sanktionen für die Himmelsbewegungen – die der Kreisform für die Bahnen, noch nicht die der Kugelform für die Körper – ein erstes Mal antastete. Dies freilich mit der geometrischen Legitimation, die Kreisform nicht als das Ideal, sondern als den Grenzfall zu betrachten, bei dem die Brennpunkte der Ellipse zusammenfallen. Erst Newton wird die platonische Kugelform auch für den rotierenden Erdkörper preisgeben.
So konsequent sich dieser Zusammenhang ausnimmt, so unbeweisbar ist er als faktischer. Das gibt dem Anekdotischen sein Recht zurück: Newton kam nicht auf dem Weg der objektiven Folgerung zum Primäraffekt der Gravitation, nicht durch die imaginäre Vorstellung des Sonnensystems als eines nach festen Verhältnissen zu konstruierenden

Ganzen, sondern aus der ›Nahbetrachtung‹ der Erdmasse und des von
ihr her ohne ›Sprung‹ im bloßen Und-so-weiter erreichbaren Mondes
– und das nun ist ein enger umgrenzter Vorgang als in den von Kepler
vorgestellten Größenordnungen: eine durchaus in die Szenerie des
Gartens passende Intimität.

Man würde es sich zu leicht machen, wenn man Voltaire zutrauen
wollte, er habe am Schluß des »Candide« nicht an den Garten des
Paradieses gedacht – nun freilich als an ein bescheidenstes Paradies der
Resignation. Es konnte nicht verglichen werden mit dem des Francis
Bacon, als die neue Wissenschaft die Wiedergewinnung des Paradieses
durch Erkenntnis gewähren ließ. Das wäre Voltaire bei aller Begeiste-
rung für die Physik Newtons nicht einmal beim Blick auf deren
Urszene im Garten eingefallen.

Die Paradiesesassoziation hatte ihn auch nicht dazu verführt, auf den
Plural der fallenden Früchte zu verzichten und die dann verbliebene
eine als Apfel zu spezifizieren. Candide würde seinen Garten bearbei-
ten müssen, nichts fiel ihm zu. Dennoch ist sein Rückzug in den
Garten ein Inbegriff von Verzichten auf Welterklärung. Da liegt Vergleichbarkeit. Newton war ein Vorläufer des Candide nur insofern, als
er aus einer Ausweglosigkeit einen Durchbruch fand, der nicht ohne
Verzicht auf größere Ansprüche zu haben war: Die Kraft, die am Werk
sein sollte, um dem System der Himmelskörper seine Gesetzlichkeit
zu verschaffen, war in ihrem Wesen unbekannt, durch keine Hypothese erklärbar, nur an den ihrer Wirkung zugeschriebenen Erscheinungen darstellbar. Voltaire wußte noch, an welche Antworten auf
welche Fragen nicht mehr zu denken war, sobald man diese Art von
›Naturphilosophie‹ einmal akzeptiert hatte.

An diesen nicht mehr leicht zu vergegenwärtigenden Sachverhalt muß
erinnert werden, um die Affinität der ›Apfelgeschichte‹ zum Mythos
vom Paradies wahrzunehmen: der Garten, die Frucht des Baumes, der
Fall und die Verheißung einer neuen Art von Erkenntnis, deren Geschichte irgendwann wieder als entscheidender Abfall der Menschheit
von ihren besseren Möglichkeiten, ihrer wahren Natur angesehen
werden würde, um die Sehnsucht zu kultivieren, das Geschehene ungeschehen zu machen, zum Paradiesischen zurückzukehren und etwas
davon selbst zu werden oder wenigstens zu tun, als sei man es geworden. War nicht der im Garten am Fall des Apfels zur neuen Wissenschaft verführte Newton ein anderer Adam, insofern auch er über die

weitere Geschichte der Menschheit entschied? Zumindest für eine
Epoche, wenn diejenigen recht bekommen sollten, die jenem Augenblick nur eine begrenzte Nachhaltigkeit zuschreiben wollen.
Welche Aufladung mit Bedeutsamkeit der Urszene von 1666 auch immer zugeschrieben werden dürfte – eines bleibt so schlicht und einfach
festzustellen, daß es schon kaum noch auffällt: Der junge, gerade
24jährige künftige Weltveränderer mochte keine fallenden Früchte gesehen, erst recht an solchen keine Inspiration empfangen haben, blickt
jedenfalls nicht zum Himmel, um etwas über den Himmel und seine
Gesetze sagen zu können. Die Welt war schon zu einheitlich und ein-
förmig geworden, als daß es bevorzugte Blickrichtungen überhaupt
noch gegeben hätte, in denen etwas zu erfahren war, was in jeder
anderen Blickrichtung nicht gleichfalls erfahren werden konnte. Das
gibt nochmals der ›Apfelgeschichte‹ ihre Signifikanz: der mythisch
hochbedeutsame Apfel ist zugleich szientifisch der gleichgültigste Gegenstand unter den gleichgültigen Körpern. Sofern es ein Apfel gewesen sein sollte, war er kein Stück der unberührten oder unberührbaren
Natur, sondern als Gartenprodukt ein Zuchterfolg, im Grunde ein
Artefakt wie jene Kugeln und jenes Pendel, mit denen Galilei seine
Experimente gemacht hatte.
Gestalten wie Bahnen von Körpern seien Produkte von Kräften, sollte
die neue Formel werden. Darin steckte potentiell die Zusicherung,
sofern man über die Kräfte verfüge, sei jederlei Gestalt herstellbar,
jederlei Wirkung erzielbar. Die Idylle des Gartens, ob mit oder ohne
fallende Früchte, ist trügerisch. Sie markiert bereits die Weite der Distanz zur reinen Anschauung der Natur, zum Glück durch Theorie.
Man hatte immer auf etwas anderes hinzublicken, um zur Erkenntnis
des einen anstelle von allem zu gelangen.

Die Apfelgeschichte – Appendix

Manche Leute glauben, so viel Ausgefallenes erlebt zu haben, daß sie es der Nachwelt nicht vorenthalten dürfen; daraus werden dann die langweiligsten Memoiren. Andere haben fast nichts erlebt, erstaunen aber über die Veränderungen der Welt um sich herum in Spannen ihrer Lebenszeit. Mit der Verfeinerung ihrer Aufmerksamkeit für das, was gestern noch möglich war und heute schon unmöglich ist, machen sie fast ereignislose Erinnerungen auch mit Kunstlosigkeit der Beschreibungsmittel zu dem, was sonst niemand gekonnt hätte. Wie schwierig ist es bei Dingen, zu denen niemand die Wahrheit sagt, die Veränderungen zu beschreiben, die vorgegangen sind. Es nützt nichts, von den ›Tabus‹ zu sprechen, die gefallen seien, wenn man nicht sicher sein kann, daß sie je bestanden haben. Das gilt nicht nur für sexuelle Verhaltensweisen. Was wissen wir wirklich von Scham und Ehre, wenn die Wörter nicht mehr gebraucht werden, aber die Phänomene nicht verschwunden sind?

Einer, der nicht früh genug anfangen konnte, seine ›Memoiren‹ zu schreiben, war der Religionswissenschaftler Mircea Eliade. Dabei hatte er fast nichts erlebt – außer der Veränderung der Welt, zu der er nur am Rande, in einer reellen wie metaphorischen Mansardenexistenz, gehörte. Er beschreibt das Schüler- und Studentenleben in Bukarest, die Ausläufer enzyklopädischer Ambitionen im ungeregelten Studienbetrieb, die schwebende Freiheit skurriler bis wahnwitziger Themen von Vorlesungen und Prüfungen.

Im ›Philosophikum‹ läßt er sich über Logik prüfen. Die ihm von einem Professor namens Nae Ionescu gestellte Frage lautet: *Sie kennen die Geschichte von Newton, wie er im Garten sitzt und das Gravitationsgesetz entdeckt, als er einen fallenden Apfel betrachtet. Welche logische Operation vollzieht sich in seinem Denken, die es ihm ermöglicht zu verstehen, daß der Apfel, also ein einzelnes Ding, ein allgemeingültiges Gesetz veranschaulicht?*

Der Leser mehr als ein halbes Jahrhundert später empfindet nach, wie der Kandidat um Bedenkzeit ringt. Welches Unheil an Antworten zur ›Induktion‹ liegt in der Luft. Aber auch welche Verlegenheit für den Prüfer, wenn der Kandidat darauf kommt, daß am fallenden Apfel nichts, aber auch gar nichts zu sehen war, was zu einem ›Gesetz‹ verhelfen konnte – und damit die Andeutung der Gegenfrage verbindet, ob denn der hochangesehene Gelehrte etwa die Geschichte für wahr halte. Nichts von alledem passiert. Der Kandidat beruft sich auf ein Buch »Das ursprüngliche Phänomen« von Lucian Blaga, worin die These sei, bestimmte Leute sähen an bestimmten Dingen ›das Essentielle, Fundamentale‹, und das ermögliche ihnen, *die Strukturen zu entdecken.* Der Prüfer ist glücklich, das Stichwort zu hören: *Das ist die Antwort. Es handelt sich um eine Struktur. Die logische Operation in Newtons Kopf hat dieses erreicht: sie hat die Struktur des Phänomens der allgemeinen Anziehung erfaßt.* Die Frage ist nicht einmal so sehr, wie die ›logische Operation‹ in Newtons Kopf mit dem Blick auf fallende Äpfel zusammenhängt, vielmehr die schlichtere, ob überhaupt ein solcher Zusammenhang bestehen konnte. Was war am Apfelfall zu sehen, selbst wenn man Newton einen zeitlupenhaften Verzögerungsblick zutraute? Oder war nur bei Gelegenheit des Falls von irgend etwas im Schema des Und-so-weiter daran zu denken, was sich aus der Steigerung der Fallhöhe ergeben könnte? Der Apfelfall ›veranschaulicht‹ nichts, und darin steckt die Hinterlist jener Variante, die den Apfel statt vor Newtons Kopf auf diesen fallen läßt. Die ›logische Operation‹ folgt dem physischen Schmerz, insofern er mit der ›Energie‹ des Auslösers zu tun hat. Aber Schmerz ist, im weitesten Sinne von ›Unmittelbarkeit‹, auch eine ›Anschauung‹. Nur daß diese selbst nicht mehr ›Gegenstand‹ der zerebralen Operation ist.

Das Erstaunen des Memoirenschreibers Eliade ist weniger darauf gerichtet, daß die Examensfrage wie ein Fossil der Wissenschaftsgeschichte in das Jahr 1925 ›überlebt‹ hat und ihm die ›Anwendung‹ einer gerade aktuellen Terminologie erlaubte, die den Examinator entzückte. Erstaunen im Nachhinein scheint ihm die Pointe zu erregen, mit der dieser Prüfungsteil ausklingt und mit der die Rückkopplung auf den Kandidaten gefunden wird, der in einem übernächtigt erbarmungswürdigen Zustand zum Termin erschienen war: ungekämmt, nachlässig gekleidet und mit dicken Brillengläsern das emphatische Elend der kurzsichtigen Wißbegierde vorstellend. Der Prüfer hat sich das aufmerksam angesehen und sagt dann: *Jetzt kommen die Ferien, gucken Sie auch mal in den Himmel.* Als hätte Newton das, vom Apfelfall angestoßen und ausgehend, schließlich auch getan, um seine

›Verallgemeinerung‹ bestätigt zu finden. Aber am Himmel sah man so wenig vom Gesetz wie am Apfel. Und der Kurzsichtige wäre, hätte er Ferien und Himmelsaufblick verbunden, dem Verständnis jener ›logischen Operation in Newtons Kopf‹ keinen Deut näher gekommen.

Auch Lichtenberg ein Astronoetiker

Gerade hatte der in Basel geborene, hernach in Petersburg gestorbene Leonhard Euler in seinen »Lettres à une princesse d'Allemagne« im 52. Brief des ersten Bandes der Newton-Anekdote die witzige Wendung gegeben, daß der fallende Apfel dem unter dem Baum liegenden Philosophen *auf den Kopf fiel* und derart *bey ihm eine Menge von Betrachtungen veranlaßte*, als diese physiologische Variation der genuin bloßen Anschauung fallender Früchte Lichtenberg in Göttingen nicht ruhen ließ, ehe er nicht eine weitere ›Zuspitzung‹ des Falls, im genauesten Verstand, ersonnen hatte, die zugleich einer psychologischen Sublimierung dienstbar werden sollte. War Eulers Ton von didaktischer Milde, so ist Lichtenbergs Variante von der Bissigkeit der Satire bestimmt, in deren Kontext sie steht: *Die Geschichte ist die: Warum der Mond ohne Nagel und Strick dort oben hängt, ohne uns auf die Köpfe zu fallen, wenn wir drunter weggehen, hat ein alter Inspektor bei der Münze zu London erraten, als ihm einmal ein Apfel, der nicht größer als eine Faust war, von einem Baume auf die Nase fiel.* Man darf sich nicht über den Verstoß gegen die historische Logik wundern, daß ›die Geschichte‹ beginnt mit der Verwunderung, daß der Mond uns nicht auf die Köpfe fällt, während der Apfel Newton auf die Nase fallen konnte; denn dieses erklärt im satirischen Milieu nicht jenes. Der Nasenstüber ›entfesselt‹ nur die bis dahin blockierte Einsicht, wie es mit dem Mond zugehen müsse, wenn er nicht auf die Köpfe fallen soll. Lichtenbergs Hintergrundmetapher ist die der Zündung von Schießpulver, zu der ein kleinster Funke genügt. Auf die Spezifität des Auslösers kommt es nicht an. Erkennbar ist diese Metaphorik des Ein- und Unfalls gegen die in der ›Aufklärung‹ (*siècle des lumières*) nachwirkende der ›Erleuchtung‹ gerichtet.

Worum geht es? In der berüchtigten Satire »Timorus«, die Lichtenberg unter dem durchsichtigen Pseudonym Conrad Photorin bei Hartknoch in Riga erscheinen läßt (weil Nicolai in Berlin sie seinem Kundenkreis nicht zumuten mochte), geht es wie beim großen Vorbild Sterne umständlich und umwegig zu. In der Sache soll gezeigt werden, wie wenig dazu gehört, Menschen zu Änderungen ihrer Überzeugungen zu bringen; bezüglich der Personen geht es mittelbar

über zwei Judentaufen in bzw. bei Göttingen auf zwei andere Judentaufen in Berlin, wobei die Geringfügigkeit der Beweggründe im
Göttingischen – die Wirkungsmacht des bloßen Duftes hiesiger Mettwürste auf die Proselytennasen – reflektiert, wie wenig im Zentrum
der vorkantischen preußischen Aufklärung dazu gehört haben
mochte, die dortigen Missionserfolge zu erzielen. Aber auch dieses ist
noch ein Umweg zum Fokus des Hohns. Da geht es erstmals um
Lichtenbergs ständigen Antipoden, um Johann Caspar Lavater, der
noch gar nicht das Hauptärgernis seiner »Physiognomischen Fragmente« gegeben hatte (die 1772 zu erscheinen beginnen), sondern im
Jahr der Abfassung des »Timorus« nur sein »Geheimes Tagebuch. Von
einem Beobachter Seiner Selbst« herausgeben läßt.
Ohne Lavater, könnte man sagen, passiert in diesem Jahrzehnt nichts.
Man spürt schon, wie Lichtenberg ihn brauchen wird. Daran ändert
nichts, daß er dem ablehnenden Nicolai am 20. Juli 1773 zugesteht, im
Druck sei ihm das Pamphlet *abscheulig* vorgekommen: *Ich werde
mich bey künfftigen Arbeiten besser in acht nehmen.*
Lavater nun, seiner Wortmächtigkeit immer allzu gewiß, hatte in diesem Jahr aus Zürich nach Berlin eine Taufpredigt für die beiden
dortigen Täuflinge drucken lassen, deren Übertritt er auf seine mit
Moses Mendelssohn ausgetauschten »Streitschriften zum wahren
Christentum« zurückführte. Lavater war 1763 in Berlin gewesen und
von Moses Mendelssohn derart fasziniert, daß er ihn zu bekehren
beschloß. Bei diesem Vorsatz kommt ins Spiel, was Lichtenberg ver-
spotten wird: Lavater sah in Vernunft und Gesinnung Mendelssohns
eine solche Affinität zu seinem Christentum, daß er nur noch des
letzten Anstoßes zu bedürfen schien, um zu werden, was er allem
Anschein nach schon war. Lavater nutzte die Gelegenheit seiner Vorrede zu der 1769 in Zürich erscheinenden Übersetzung von Carl
Bonnets »Philosophischer Untersuchung der Beweise für das Christentum«, sich überschriftlich *An Herrn Moses Mendelssohn in Berlin*
zu wenden und ihn zur Widerlegung der Apologie Bonnets aufzufor-
dern. Mißlingendenfalls solle er tun, *was Socrates gethan hätte, wenn
er diese Schrift gelesen und unwiderleglich gefunden hätte.*
Nun wurde Nicolai der Verleger der Rückpost, Mendelssohns
»Schreiben an den Herrn Diaconus Lavater zu Zürich« vom Dezember 1769, worin er nicht nur sich zum Judentum gehörig erklärte,
sondern auch seine Abneigung, sich in öffentlicher Disputation mit

einem anderen Bekenntnis auseinanderzusetzen. In gewisser Weise
kehrt er Lavaters Ansinnen um: Wenn man schon soviel an Vernunft
und metaphysischer Beweiskraft gemeinsam habe, wäre es nicht zu
rechtfertigen, eine kleine Differenz noch zu beheben und davon großes Aufsehen zu machen. Was nur des von Lavater angesonnenen
›kleinen Anstoßes‹ bedürfte, wäre gerade dadurch unwürdig, vollzogen zu werden. Mendelssohns Noblesse versagt sich, die Zumutung
des Mißverhältnisses von kleinem Motiv und großer Alteration lächerlich zu machen.

Das eben wird jener verkappte Conrad Photorin aus der Sache heraus-
holen, und es ist dann nicht mehr Noblesse, wenn der Leser – und
deren werden viele sein – die verrätselnden Reflexionsverhältnisse der
Satire auf den Fluchtpunkt Lavater hin aus ihrem Spottgeflecht her-
auslösen muß. Lichtenbergs Pulverzündung der geistigen Umstürze
nimmt ihre Komik aus dem Mißverhältnis aller seiner Präzedenz- und
Analogiefälle zum zentralen Missionsversuch Lavaters an Mendelssohn; der eigentümliche Rang dieses ›Religionsgesprächs‹ auf zwei
Ebenen tritt heraus durch das pseudowissenschaftliche Gehabe mit
einer Theorie, die auf seiten Lavaters zu stehen vorgibt. Die betuliche
Besorgnis, der Aufklärer Lichtenberg könne sich dabei einiger Anti-
semitismen schuldig gemacht und damit die deutsche Aufklärung
diskreditiert haben, verkennt nicht nur, was Lessing an Reimarus in
Kauf nehmen konnte, sondern vor allem die Überhöhung, die er Mendelssohns Verweigerung verschaffte, obwohl ihm offenkundig vor
allem an der Vorführung Lavaters gelegen war. Konnte der nicht einmal, was der Apfel auf Newtons Nase ausgelöst hatte? *Und du guter
Lavater, wie haben sie dir mitgespielt.*

Die Gleichsetzung der *Kräftigkeit der Lavaterischen Beweisgründe*
gegenüber Mendelssohn und der der *Göttingischen Mettwürste* ge-
genüber nur ortsnotorischen Individuen, wie sie schon im Titel des
»Timorus« – also des *Rächers* – vorgenommen wurde‹ hatte ihre Bedenklichkeit, deren Überwindung bei den Verlegern Zeit kostete.
Zwischen dem Datum der Vorrede des fiktiven Herausgebers, August
1771, und dem faktischen Erscheinungsdatum, Mai 1773, erschien
Lavaters Schrift »Von der Physiognomik«, deren »Vorbericht« von
Johann Georg Zimmermann auf den 20. März 1772 datiert ist. Der
Zeitverzug ermöglichte Lichtenberg, eine Anmerkung nachzuschie-
ben, in der er den Adressaten der Streitschrift als Autorität für seine

Lehre von der *geringen* somatischen Veranlassung *bedeutender* psychischer Veränderungen heranzieht.

Indem er die ›Physiognomik‹ umdreht, aus der Symptomatik des Leibesäußeren für das Seeleninnere eine Influenz von jenem auf dieses macht, suggeriert er den *Beifall eines jungen Gelehrten vom ersten Rang.* Wenn es jener *vortrefflichen Physiognomik* gelungen sei, aus jedem Stück Leib auf das Ganze der Seelenbeschaffenheit zu schließen, machte jeder sich lächerlich, der die Hände aus Scham vor das Gesicht hält, was hinsichtlich Durchschaubarkeit nicht weniger wirkungslos ist, *als wenn jemand, den man im Hemde überraschte, aus Scham sein Gesicht mit dem Zipfel desselben zudecken wollte.* Doch nun umgekehrt: Es ist fast gleichgültig, welches Organ affiziert wird. Und wenn es die Nase ist, kann es mit dem Geruchsinn beginnen, mit dem Daranreiben oder dem Darinbohren fortgehen und mit dem Darauffallen oder Daraufgefallenwerden enden. Newton liegt da nur inmitten einer langen Geschichte. Sie begann damit, daß Thales von Milet zwecks vergleichbarer Untersuchungen *bei der Nacht beim Observieren gestolpert und drauf gefallen* war.

Noch bevor Lichtenberg sich gegen den Breitenerfolg der Physiognomik in den Kampf warf, hatte er an seinem Lieblingsorgan den rhetorischen Kunstgriff erprobt, das Innen-Außen-Verhältnis als umkehrbar vorzuführen: War ein geringfügiges *Merkmal* vielsagend, dann mußte ein geringer *Anstoß* erstaunliche Folgen haben können. Blieb nur die Frage, ob man angesichts solcher Unwägbarkeiten den Erkennungsvorteil der Physiognomik noch hinnehmen wollte. Wüßte man von einem Menschen, wo bei ihm *das lösende Fünkgen auffallen muß*, so enthielte die Sprengpulvermetaphorik den Leitfaden dazu, *daß eine vollständige Theorie dieser Zündlöcher der höchste Flug des theorisierenden Menschen wäre.* Die Newton-Anekdote fügte sich zwanglos in dieses Konzept, wäre man nur zuzugeben bereit, daß die bedeutendste Leistung der Neuzeit dem lächerlichsten Anlaß zuzuschreiben sei. Es ist dies der Punkt, von dem her das Unbehagen an der Affäre Lavater-Mendelssohn einsetzt. Erscheint Lavaters Versuch, den Verfasser des »Phaedon oder über die Unsterblichkeit der Seele« (1767) zu ›bekehren‹, noch so absurd, wenn derselbe Mendelssohn auf den Tod nicht sollte ertragen können, Lessings Bekenntnis zum Spinozismus ein Jahrzehnt später durch Jacobis ›Enthüllung‹ offenbart zu bekommen?

Es drängt sich auf, über ein Jahrzehnt hinweg die beiden anonymen
›Auslöser‹ der Krisen zu vergleichen: hier Lichtenbergs »Timorus«
mit seiner nur umwegig zu entschlüsselnden satirischen Stoßrichtung,
dort Goethes »Prometheus«, aus Jacobis Dossier nach dessen niemals
prüfbarem Bericht die Konfession Lessings evozierend.
Eine zwar äußerliche, aber doch nicht beiläufige Gemeinsamkeit ist
die Abwendung der Verfasser von ihren Werken. Goethe gab sich
überrascht und befremdet, daß die jugendliche Empörung des Titanen
gegen den Göttervater als Anstoß zu einer spinozistischen Konversion ans Licht kam; Lichtenberg spielt seinem Hauswirt, Verleger und
Freund Dieterich aus Stade (wo er den Meridian vermißt) die Komödie des Verleumdeten vor – obwohl er erklärt, so etwas wie den
»Timorus« getraue er sich auch noch zu schreiben, ja in seiner Kla-
geschrift gegen den Verleumder werde man sehen, *wer kräfftiger*
schreibt, ich oder Photorin. Aber sein Schwur ist so vieldeutig wie
seine Satire. Deren Verfasser wird er nur ›vielleicht‹ zu nahe treten:
Aber auf meine Ehre, wenn ich den Verfasser erfahre, er sey wer er
wolle, so werde ich ihm vielleicht so begegnen, daß es ihn gereuen soll.
Listig fordert er Dieterich auf, an dessen Kollegen Hartknoch in Riga
zu schreiben; der werde doch wissen und unter Kollegen nicht ver-
heimlichen, wessen Werk er gedruckt habe. Wie überhaupt man auf
ihn gekommen sei: *Habe ich denn je in Göttingen über etwas gespot-*
tet? Spätestens hier mußte Dieterich, der seines Hausgenossen Art gut
genug kannte, das Spiel durchschaut haben.
In diesem Brief gibt Lichtenberg zu, daß er *nicht viel von getaufften*
Juden halte, obgleich er diese Meinung selbst *unter sehr guten Freun-*
den ... nur mit Mäßigung geäußert habe. Es ist die Schlüsselstelle zum
»Timorus«. Wobei Lichtenbergs Verdächtigung auf Judenunfreund-
lichkeit gern übersehen hat, daß der Akzent auf den ›getaufften‹ liegt.
Er stellt sich damit auf Mendelssohns Seite, nimmt Partei gegen Lavaters Zumutung und verspottet allgemein die allzu ungewichtigen
Motive, unter denen die großen und mit Pomp gefeierten ›Missionserfolge‹ zustande kommen: *Als wenn Mettwürste nicht auch Beweis-*
gründe wären, heißt es im »Timorus« sarkastisch.
Als Archetyp des derart ›Bekehrbaren‹ erscheint im »Timorus« der
fatale Esel Buridans, bei dem es in der Unentschiedenheit zwischen
zwei Futterkrippen nur auf das winzigste Additiv ankommt, ihn zum
Entschluß zu bestimmen. Sollte es nicht bei Konversionen, gerade

wenn Lavaters Prämisse äußerster Annäherung der Positionen zutraf, den Verdacht der Geringfügigkeit des entscheidenden Arguments – also seiner bloß rhetorischen Qualität – geben müssen?

Die Kontroverse – und damit das glanzvolle literarische Debüt der Satire Lichtenbergs – ist so überholt nicht, wie es scheinen könnte. Denkt man nur wieder an Newtons Apfelgeschichte, so kommt es auf die Minimalität des ›Anstoßes‹ hinaus. Sie erspart uns die Metaphern der Illumination, Fulguration und sogar die Metaphysik des Genies: Es lag soviel theoretischer Zündstoff bereit, daß es nur des fast lächerlichen ›Fünkgens‹ bedurfte, ein großes Feuerwerk zu machen.

War Freud nicht nur der Kopernikus, sondern auch der Newton der Seele?

Liebster Vater Freud beginnt Arnold Zweig seine Briefe vom Mount Carmel bei Haifa, das ferne Heil für sich suchend und unverletzt davon, daß Freud ihm schon am 18. August 1933 den – im Briefwechsel der ersten Edition vorsichtig ausgesparten, doch von Max Schur preisgegebenen – Hauptsatz seines Moses-Werkes mitgeteilt hatte: *Unser großer Meister Moses war doch ein starker Antisemit und macht kein Geheimnis daraus.* Er hatte sich als Ägypter gezeigt, und niemals ist überzeugend klar geworden, warum er sich mit einem fremden Volk auf den Weg durch die Wüste machte und ihm die unerträgliche ›Reinheit‹ des Monotheismus vom Berge herabholte.

Das ist hier sogleich auszublenden, um Arnold Zweigs vier Jahre später ausgesprochene Huldigung einzuführen, in der er – abweichend von Freuds Selbstvergleich mit Kopernikus und Darwin – die Singularität Freuds nur in einem einzigen Namen annähernd ans Unnahbare ausdrücken zu können meinte: *Sie sind ein Naturforscher, wie die Menschennatur überhaupt noch keinen gefunden hat. Was Sie einem Fall, einer Bewegung der Seele, einer Hemmung, einem Traum oder einem Symptom ablesen, erinnert mich stets an den Fall des Apfels, den Newton gesehen hatte.* (22. April 1937)

Diese Projektion, die an die Äquivokation von ›Fall‹ anknüpft, strebt doch von ihr weg zum ›Symptom‹ hin, das wörtlich den ›Zusammenfall‹ eines äußeren Merkmals mit einem inneren Befund darstellte, ohne daß der skeptische Empiriker das Innere zur ›Ursache‹ des Äußeren machen durfte. Darin steckt die Einsicht: Freud hat den Mechanismus vorgeführt, wie Äußeres und Inneres einander fremdartig sein können, aber durch ein Instrumentarium von Verfremdungs- und Deformationsmitteln, die das Verbot des ›Ausdrucks‹ unterlaufen.

Sofort fragt sich, ob Newtons Apfelfall etwas von dieser Typik hatte, gleichgültig was daran historisch sein mag oder nicht. Wichtig ist vor allem: Newton hatte *nichts gesehen.* Dem seit Menschengedenken fallenden Apfel *war* nichts anzusehen, was er daran hätte *beschreiben* können. Die List der Sichtbarmachung der Fallbeschleunigung hatte längst Galilei gefunden. Gegenüber seinen Versuchen des verlangsamten Fallablaufs war der Apfel ein Rückschritt ins Vortheoretische, der nicht einmal Veränderung der Fallhöhen erlaubte.

Newton mußte die Apfelgartenszenerie so hinnehmen wie der ›liebste Vater‹ Freud die Träume – auch wenn sie ihm zuliebe geträumt worden waren. Aber Newton hatte nicht den fallenden Apfel bestaunt, ihm war eine Differenz zum Rätsel geworden: Wenn der Apfel fallen mußte, warum dann nicht der Mond? Auch Freud hätte am liebsten an den Träumen selbst *nichts gesehen*. Dann wäre ihm alles an Erkenntnis zugeflossen aus der Frage: Warum träumt einer gerade dies, wenn er doch nichts dergleichen im Wachzustand jemals erlebt? Es mußte eine Kraft geben, die am Erlebten etwas bewirkte, was es zur Unkenntlichkeit veränderte. Weshalb fiel der Mond *nicht*?

Aus dem Rezensionswesen

Der Apfel fällt nicht weit vom Baum, schreibt Fernando Inciarte am Schluß einer Rezension in der »Theologischen Revue«. Das ist die Wahrheit, doch nur bedingt. Es gilt für ruhiges Wetter. Deshalb lassen sich die Äpfel lieber erst fallen, wenn ein Sturm kommt. Danach liegen sie so weit vom Baum weg, daß man gar nicht mehr sehen kann, von welchem sie gefallen sind. Nun ist das Weltbild der Äpfel so beschaffen, daß sie nicht genau wissen, wie sich der Sturm macht. Geht unter dem Baum einer vorbei – heiße er nun Goerdt oder Prauß oder wie immer –, halten sie ihn für den Sturmmacher und lockern schon mal die Befestigung am Zweig.

Die Äpfel haben auch eine Theorie, wie es kommt, daß sie bei ausbleibendem Unwetter so nahe am Baum fallen. Es ist die Einwirkung der Baummasse auf die Apfelmasse, die das bewirkt. Die Äpfel nennen das ihre Gravitationstheorie.

Auf dieser beruht es, daß Newton ausgerechnet durch den Apfelfall mit dem Einfall für die »Principia« indoktriniert werden konnte. Nun hat, zum dreihundertsten Jahrestag des Ersterscheinens jenes Werkes, Fernando Inciarte den raffinierten Winkel einer beinahe theologischen Rezension benutzt, um den ganzen Newton auf einen einzigen ›lebensweltlichen‹ Satz zu bringen: *Der Apfel fällt nicht weit vom Baum.*

Die Philosophen sollten mehr solcher Zusammenhänge durchsichtig machen und auf schöne anschauliche Sätze bringen.

Ausschweifung ins Unendliche

Aus den Memoiren des Sekretärs Longchamp erfährt man von der Reise, die Voltaire mitten im Winter 1747 mit der Marquise du Châtelet von Paris aus unternahm, um sich auf dem Landsitz der Freundin in Cirey einigen Händeln in der Metropole zu entziehen.

Nun hatte die Dame die extravagante Liebhaberei, die für den Sommer ganz angenehm sein mochte, für den Winter aber ihre Bedenklichkeit hatte, bei Nacht zu fahren. So kam, was kommen mußte; man wurde umgeworfen. Zumal Voltaire, der zuunterst lag, konnte nur mit Mühe aus dem umgestürzten Wagen gezogen werden. Um diesen mit seiner schweren Ladung von Koffern und Bücherkisten aufzurichten, mußte aus dem nächsten Dorfe Verstärkung herbeigeholt werden. Bis zum Morgen Zeit genug zu erproben, was philosophisch in einem steckte.

Auf den herausgenommenen Polstern des Wagens saßen Voltaire und die Marquise mitten im Schnee und trotz ihrer Pelze halb erfroren. Aber sie bewunderten die Schönheit des gestirnten Himmels. Der Sekretär schwärmt noch im Rückblick des Gealterten vom Funkeln der Sterne, vom ringsum freien Blick auf den Himmel, den kein Baum und kein Haus verstellte. *Entzückt von einem so erhabenen Schauspiel unterredeten sich unsere beiden Philosophen klappernd vor Frost über die Natur und den Lauf der Gestirne, über die Bestimmung so vieler Weltkörper im unendlichen Raume.*

Konjekturen zum Text des Gesprächs lassen sich leicht machen. Voltaire hatte genug darüber geschrieben, noch ohne zu ahnen, wie nützlich ihm solche Vorarbeit sein würde, um eine Nacht mit Anstand zu verbringen. Da es eine Marquise war, die mehr von der Physik verstand als er, konnte ihm das Vorbild nichts nützen, das Fontenelle in den Gesprächen über die Vielheit der Welten – gleichfalls an der Himmelsbegeisterung einer Marquise – dem Jahrhundert überliefert hatte. Denn dort war die Dame der elementaren Belehrung noch äußerst bedürftig gewesen, die ihr ein, wie sich versteht, deutscher Metaphysicus erteilte. Jetzt aber war es die Frau, der Voltaire 1752 nachrufen sollte: *On a vu deux prodiges; l'un que Newton ait fait cet ouvrage, l'autre qu'une dame l'ait traduit et l'ait éclairci,* und so mußte es in jener gemeinsamen Sternennacht im Schnee Spekulation im Gewand literarischer Druckfertigkeit sein, was allein Voltaire die Gunst der Freundin in dieser Lage erhalten konnte.

Einen letzten Satz fügt Longchamp seiner Beschreibung der Szene hinzu: *Es fehlte ihnen nur ein Fernrohr, um vollkommen glücklich zu sein.* Das wird man nach allem bezweifeln müssen. Ohnehin ist es immer dubios, wenn einer Überlegungen darüber anstellt, was das Glück anderer vollkommen machen könnte. Für den Betrachter dieser heroisch-erotischen Episode ist unzweifelhaft, daß kein Fernrohr einem Gedankengang hätte erwärmende Belebung verschaffen können, der es mit der Frage nach der *Bestimmung so vieler Weltkörper im unendlichen Raume* aufnehmen wollte.

Keine Optik kann näher bringen, was die Bestimmung einer Sache im Raum sein mag. Im Gegenteil, jede Optik verleitet dazu, vor dieser Frage zu resignieren. Und was hätte der große Literat, nach einigen Blicken durch das Fernrohr, im Zugriff des Frostes der Resignation noch an Erwärmung zu bieten gehabt? Nein, jedes Fernrohr war zum Glück fern; dieses Glück nämlich, das hier gegen alle Ungunst der jämmerlichen Lage zu genießen war, hätte es zerstört.

III. Das überschießende Leben –
die Überdehnung des Lebens

Lebensexpansion

An der Behauptung, im Weltall gebe es mehr belebte Körper als die Erde, bleibt gegen alle Wahrscheinlichkeitsminima eine Evidenz, die als solche rätselhaft ist. Sie beruht auf der unmittelbaren Zuordnung des Begriffs ›Expansion‹ zu dem des Lebens. Auf dieser Erde selbst ist das Leben von einer bestürzenden Ubiquität, fast möchte man sagen: Überlebenskraft. Ausbreitung ist nicht nur eine seiner ›Notlösungen‹, sondern so etwas wie sein ›Lebenszweck‹. Auf dem Planeten Erde, so wächst die Einsicht, gibt es kaum eine wirkliche Grenze der Lebensbedingungen: Je unwahrscheinlicher sie für die Anwesenheit von Leben sind, umso wahrscheinlicher ist es, dieses ebendort noch zu entdecken. Die Erfahrungen mit dem Leben als einem unter *allen* Bedingungen Resistenten wie Progredienten sind es, die jeden zögern lassen, über das Thema ›Leben im Universum‹ skeptisch zu sprechen. Leben *ist* Expansion – welche Raumferne sollte es aufhalten? Das etwa ist die ›innere‹ Rhetorik, die sich bei jedem abspielt, der über die Sache nachzudenken beginnt oder fortfährt.

Dabei ist es eine der vorsichtigsten Verallgemeinerungen bei Beschreibung des Lebens als ›Phänomen‹, daß es etwas sei, was ›sich ausbreitet‹. Diese Reflexivform ist merkwürdig, weil sie nichts an Teleologie enthält, wie in der ironischen Formel, des Lebens Lebenszweck sei Expansion. Es ist einfach das, was ›sich zeigt‹. Noch ist gar nicht die Rede von Vermehrung oder Fortpflanzung oder Entwicklung. Das Wachstum ist urtümlicher, weil bei ihm die Ausbreitung nicht zu Lasten der Einheit geht; aber das Leben breitet sich erfolgreich nur aus, indem es aufhört, *eines* zu sein; im Übergang vom Wachstum zur Teilung. Nur in einer einzigen Vorstellung bleiben Ausbreitung und Identität vereinigt: in der des Wachstums. Zu dieser ›Idealität‹ kehrt das Leben mit immer wieder neuen Lösungen zurück, obwohl der konsequenteste Weg des Lebens durch die Welt, das unbegrenzte Wachstum *eines* Organismus, zugleich so etwas wie das ›reine‹ Risiko des Überlebens wäre.

So läßt sich jede andere Verfahrensweise der Expansion als Ersatzlösung für das Wachstum des Einen ansehen: Ausweichen in die Vervielfachung, um das Risiko zu ›streuen‹. Die Expansion über die gesamte

Oberfläche der Erde mit ihren Tiefen und Höhen macht das Leben
unvernichtbar, selbst wenn sich eines seiner gewagtesten Evolutions-
experimente als rückschlagender Fehlschlag erweisen sollte: der
Mensch. Dieser übertreibt gern, auch hinsichtlich dessen, was er an-
richten könnte. Und es ist gut, daß ihm seine einzigartige Fähigkeit,
sich Angst zu machen durch Imagination, dabei hilft, der Fehlschlag
nicht zu werden. Aber es ist die Anmaßung der Saurier, wenn sie in
ihren Spatzenhirnen gemeint haben sollten, mit ihrem ›Bevölkerungs-
schwund‹ gehe das Leben unterhalb der tödlichen Schläge ihrer Pan-
zerschweife zur Bedeutungslosigkeit nieder.
Die biblische Paradiesmythe macht einigermaßen deutlich, daß Fortpflanzung nur unter der zusätzlichen Annahme der Sterblichkeit der
beiden Individuen die adäquate Lösung ihres Problems wurde. Im
Paradies sollte zwar der Letztling der Schöpfung nicht einsam sein,
aber doch auch nicht mehr als zweisam. Mit dem Zugang zum Baum
des Lebens genügte der Mensch in seiner ›gottgegebenen‹ Urkonstitu-
tion dem Anspruch dazusein: der Gan Eden war klein, an Vermehrung konnte nicht gedacht sein und wurde es erst, als man ›sich
erkannte‹ und schon deshalb aus dem Garten vertrieben werden
mußte, weil das neue Risiko des Todes Diversifikation verlangte. Vervielfachung in allem wurde zur Vorkehrung gegen den Tod. Die
statische Lösung mit Namen ›Paradies‹ hatte sich nicht bewährt; nun
gab es nur den Umweg über den Unsinn der Vervielfachung eines
Wesens, das durch diese Expansion nur ›schlechter‹ – in jedem Sinne –
werden konnte. Das Ärgernis des Menschen begann nicht erst damit,
daß es von ihm *zu viele* zu geben begann, sondern schon damit, daß es
überhaupt viele geben mußte, nämlich mehr als die paradiesisch ausreichenden zwei. Die Expansion dieser Gattung war nicht so sehr eine
Strafe für sie, als vielmehr für die anderen, die bei Umgehung der
Vertreibungsfolgen tätige oder leidende Weltgenossen wurden.
Die Grenzvorstellung des die Erdoberfläche bedeckenden Einzellers –
äußerste Expansion bei ungebrochener Identität – schließt ein, daß das
Leben alles ihm Mögliche erreicht hätte mit der geringsten Spezifizierung seiner Leistung. Aber, welche Verwundbarkeit: *ein* Meteorein-
schlag, *ein* Vulkanausbruch, und es wäre ums Leben geschehen.
Dagegen wäre die Vielheit des Einfachen, die Repetition des einen
Grundmusters durch Teilung, die genügende Lösung gewesen. Allerdings um den Preis der schnellstmöglichen Ausschöpfung der Res-

sourcen an immer denselben spezifischen Lebensmitteln. Ausdehnen
kann sich das Leben nur unter Einbeziehung *immer anderer* Lösungen seines Energieproblems. Schließlich, indem die einen von den
anderen leben und so deren Lösungen mitbenutzen.
Die organische Freßhierarchie baut sich auf. Das heißt in der Modell-
vorstellung nichts anderes, als daß die Erdoberfläche in mehreren
›Lagen‹ übereinander bedeckt werden kann. Der Mensch, der Allesfresser, ist nur darin eine Besonderheit, daß er seine Mission auch im
Verzicht ausübt, Allesfresser zu sein; nur verlangt er dann auch noch,
daß für ihn – für einige wenige, die die anderen überleben möchten –
nur ›organisch gedüngt‹ werde. Der Kampf ums Dasein ist ein ver-
steckter, mit Naturfrömmigkeit kaschierter Kampf um Anteile an der
Lebenszeit der Gattung. Wer das ausspricht, wird irgendwann um
seine fürchten müssen.
Wäre wirklich alles eins – das *Hen kai pan* –, wäre größte Inhaltsfülle
verbunden mit Inhaltslosigkeit. Die Fiktion der erhaltenen Identität
bei maximaler Ausdehnung verdeutlicht hier nur, welchen Weg das
Leben *nicht* genommen hat: sein Verzicht auf die Wachstumslösung ist
auch am Aussterben der Großformen faßbar: die Quantität muß zurückgenommen werden, um andere Leistungsarten zu finden, die die
Expansion verwirklichen, ohne daß das Leben an sich selber erstickt.
Das Saurierproblem wiederholt sich, wenn der Mensch seine Expansion mittelbar betreibt: sich mit künstlichen Räumen und Gehäusen
umgibt, seine Heimproduktion auslagert, die Landschaft für sich
durchlässig macht. Die Entwicklung erstarrt morphologisch mit dem
Menschen, die Expansion nicht. Sie wird, im Primärstadium, wieder
Wachstum, soweit die organischen Maße der Menschenleiber den
Standard für Vehikel und Stationen vorgeben, damit auch für die ›Systeme‹, die Substrukturen, die dafür Voraussetzungen sind. Diese feste
Koppelung von Gehäusen im weitesten Sinn erweckt den Eindruck
des mit der Zahl erzwungenen Wachstums und die umwertende Reaktion auf dieses.
Daß der Begriff ›Wachstum‹ diskreditiert werden konnte, gehört zu
den Überraschungen der letzten Jahrzehnte des zwanzigsten Jahrhunderts. Begriffe mit organischen Konnotationen, naturnahe Metaphern
zumeist, genießen die Legitimation der Natürlichkeit. Aber ›Wachstum‹ war virtuell aufgebraucht durch seine feste Mesalliance mit dem
Index für wirtschaftlichen Erfolg als Anstieg des Bruttosozialpro-

dukts, als hätte es nichts anderes gegeben, was sich zum Ausweis einer Politik hätte sagen lassen. Der Überdruß an ›Wachstum‹ ist Reaktion gegen den Übergebrauch durch eine sich ihrer Leistung allzu bewußte und mit ihrem Standard die Nachkommenden überfordernden Aufbaugeneration. Ihr ließ sich leicht vorwerfen, sie habe diese Erfolge auf Kosten der Ressourcen anderer errungen. Aber die Kritiker des Wachstums, die dessen ›Grenzen‹ zu zeigen und zu ziehen meinten, haben den Zielbegriff ihrer Kritik fallen lassen und sich von den *Grenzen* auf die *Folgen* orientiert. Auch im Bewußtsein dessen, daß in einem System unerwartete Krisen entstehen, wenn man seine Expansion zum Halten bringen will. In einer Gesellschaft mit gegen Null tendierender Wachstumsgröße ihrer Leistungen können politisch keine Forderungen mehr erhoben, keine Programme aufgestellt, keine Versprechungen gemacht, keine ›Perspektiven aufgerissen‹ werden. Nullwachstum bedeutet dann den Tod jeder Politik.

Selbst prominente Grenzhüter des Wachstums haben sich entschlossen, nun die Implikation des Begriffs zu explizieren und von einer anderen Qualität als der des Anstiegs von Größen zu reden, indem sie das ›organische Wachstum‹ als den Kompromiß zwischen Null und Unendlich anboten. Die Metapher wurde dorthin zurückgebracht, wo sie hergenommen war. Es könnte beinahe, mit einer ähnlichen Tautologie, aber rhetorisch noch werbungssichererer Gestik, als ›Biowachstum‹ proklamiert werden. Die Zuflucht zum modifizierten Wachstum ist auch dadurch vorgezeichnet, daß der Begriff der ›Entwicklung‹ übersetzt ist: durch die Völker und Staaten, denen es daran noch zu fehlen scheint, und durch den darwinistisch drohenden Unterton, bei ›Entwicklung‹ gehe es notwendig um die Begünstigung der einen zu Lasten der anderen.

Ausbreitung als *das* Phänomen des Lebens hat nach dem riskanten Wachstum die einfachste ihrer Formen in der Teilung einer Einheit in identische Duplikate. Dasselbe immer noch einmal – das wäre auch die Lösung für eine kosmologische Betrachtung des organischen Expansionismus: Das irgendwo und irgendwann im Universum bewährte ›Stück‹ Leben wäre transportfähig durch den Raum, ausdauernd unter den extremen Bedingungen seiner Temperaturen und Strahlungen. Die rasche Vervielfachung der Entfernungen zwischen den Weltkörpern und Weltsystemen allein im zwanzigsten Jahrhundert hat die Liebhaber des Gedankens an die Herkunft der Lebens-

keime aus dem Raum eingeschüchtert, zumal nachdem die Planeten
des Sonnensystems endgültig aus der Teilhaberschaft am Leben ausgeschieden werden mußten. ›Teilung‹ als kosmisches Lebensrezept ist
zurückgetreten hinter dem Gedanken, daß angesichts der Wande-
rungsrisiken eine noch zu begründende, aber nicht ausgeschlossene
höhere Wahrscheinlichkeit für unabhängige Lebensursprünge auf
mehreren Weltkörpern vorzuziehen sei: Für die niedersten Formen
des Lebens wären Bedingungen nachzuweisen, die denen analog sein
müßten, wie sie für die Entstehung komplexerer Atome und Moleküle
aus den einfachsten Bausteinen gültig sind. Das Phänomen der ›Expansion‹ wäre dann äquivalent der Allgemeingültigkeit von bestimmten Vergesellschaftungen in der Materie. Daß dabei der Übergang von
der Stufe des bloßen Wachstums stoffwechselfähiger Einheiten zu tei-
lungsfähigen Vielheiten immer wieder erreicht werden könnte, mag
sich noch aus den Regelmäßigkeiten der Komplexion von Materie
ergeben. Jede Teilung als Selbstreduplikation ist jedoch von der
Selbstdrosselung bedroht, die im Aufbrauch erreichbarer Nähr-
stoffe besteht. Übervölkerung ist die Urgefahr im Expansionismus des
Lebens, und sie wird abgefangen durch ständige Veränderung der Le-
bensbedürfnisse, zu denen schließlich das Leben vom Leben gehört –
im Grenzfall der Kannibalismus, wie selten oder häufig er von Biologen und Anthropologen zugestanden werden mag. Von Differenzierung und Spezifizierung der Formen braucht dabei noch gar nicht die
Rede zu sein. Das Leben ist expansiv durch die im Bedürfniswandel
angelegte Migrationsfähigkeit. Sie bietet dem äußeren Betrachter immer noch Einförmigkeit, das zur Langeweile verdammende Einerlei
des gefundenen und bewährten, darin also risikoarmen ›Musters‹. Immer noch wäre das Leben im ›Idealfall‹ seiner globalen Expansion
alles, was es hatte werden können.

Dürfte oder müßte man nicht die kleine Ungenauigkeit oder Ungewißheit ins Auge fassen, daß bei der Teilung einer Einheit nicht ganz
und gar identische ›Nachkommen‹ entstehen? Der zu jeder Genauigkeit befähigte Betrachter würde sowohl die Verletzung des Bewährten
als auch die Abwechslung des noch zu Erprobenden wahrnehmen
können und sich – je nachdem ob als Platoniker oder Atomistiker –
empört ab- oder neugierig belebt zuwenden. Man kann auch anders
sagen: Sein kosmologisches ›Interesse‹ beklagt den Abweg von der
Einheit in allem, seine terrestrische Sympathie begrüßt den Sonder-

weg zur Eigenart, mehr noch: zur Einzigart des Tellurischen. Nur
weil die Teilung nicht strikte Reproduktion des Identischen sein muß,
kann in ihrer Ungenauigkeit schon der Lebensvorteil der Vereinigung
angelegt sein. Nur wenn die Expansionsform der Teilung über lange
Zeiträume ihre Aberrationen kumuliert, kann die in der sexuellen
›Umkehrung‹ der Teilung möglich werdende Anreicherung von für
sich schon bewährten Differenzierungen die als ›Anpassung‹ erschei-
nende Tüchtigkeit des Lebens steigern. Dabei werden immer Grenzen
zum noch nicht Bewohnbaren überschritten. Ein sinnfälliges Beispiel
für Expansion durch ›Höhengewinn‹ ist die Entdeckung einer Mu-
tante des Blutfarbstoffs Hämoglobin – einer von 287 Aminosäure-
Bausteinen ist verändert – bei der Indischen Gans oder Streifengans,
die dadurch mit einem erhöhten Sauerstoffbindungsvermögen Hima-
layahöhen überfliegt. Die Andengans besitzt eine andere genetische
Lösung für dieselbe ›Expansion‹, der afrikanische Sperbergeier nochmals eine solche, die bei der Kollision mit einem Flugzeug in 11 300
Meter über Afrika notorisch wurde. Kant wird bei seinem Gleichnis
der ›leichten Taube‹ nicht an den Sauerstoffbedarf gedacht haben,
doch die Grundvorstellung der ›Expansion‹ steckt auch noch im Tadel
an der metaphysischen Grenzüberschreitung: *Die leichte Taube, indem sie im freien Fluge die Luft teilt, deren Widerstand sie fühlt,
könnte die Vorstellung fassen, daß es ihr im luftleeren Raum noch viel
besser gelingen werde.*[1]
Da ist schon der Bogen geschlagen vom Phänomen der Expansion als
der fundamentalen Charakteristik des Lebens zur Unmittelbarkeit ihrer ›Fortsetzung‹ in Extremleistungen der Kultur, denen die ›Vernunftkritik‹ als Widerstand entgegentritt. Die ›leichte Taube‹ Kants ist
eine Figur des Lebens auch insofern, als sie wie selbstverständlich mit
der ›Befindlichkeit‹ ausgestattet zu sein scheint, die man als Gefühl
von ›Lebensversäumnis‹ beschreiben könnte, wollte man der Frage
nachgehen, was den Irrtum der Taube denn auslöst. Die phänomenale
Expansion des Lebens würde man, sollte man ihr heuristisch eine
›Motivation‹ zuschreiben, auf die Intention bringen, nichts zu versäumen. Die Bewegungen des Lebens haben ihre Einheit in dieser Vermeidung von Lebensversäumnis, als ginge es um die Ausschöpfung
der ›Schöpfung‹. Ist jemals ernsthaft ein Grund für die Bezwingung

---

1 Kritik der reinen Vernunft, Einleitung. Werke ed. Cassirer, Band III, 39.

aller höchsten Gipfel der Erde angegeben worden? Es ist einfach doch so: Optionen, die nicht ergriffen worden wären, kennt das Leben nicht, und der Mensch ist darin seine ›Ausgeburt‹: der Exponent des Lebens. Es mag sein, daß er es und sich darin und dabei erschöpft. Aber wahrscheinlich ist es nicht: Auch für seine Sauerstoffversorgung wird es Mutationen geben, gibt es unter den Aspiranten auf Höhen und Tiefen vielleicht schon – im Paradox des natürlichsten Dopings. Nun soll also eine Gans, wenn auch eine indische, Kants ›leichte Taube‹ etwas lehren können!

Es ist keine ›Theoretische Biologie‹, was hier vorgeführt wird, keine ›Erklärung‹ des Phänomens Leben, sondern dessen ›Beschreibung‹ als eines ›Erlebnisses‹, das freilich nicht nur und nicht einmal vorwiegend aus unmittelbarem Umgang besteht, vielmehr zu hohem Anteil aus vermittelter Erfahrung, wie fast alles, was wir noch von unserer Welt ›erleben‹ können, sogar von der ›Geschichte‹, deren Zeitgenossen wir sind und von der wir doch weniger Zeugen sind als die, die sie einst in Archiven aus Quellen studieren werden, die wir nicht einmal vermuten. Wollte man mit dem Begriff ›Erlebnis‹ restriktiv umgehen, würde nicht viel an Inhalten übrigbleiben, von denen wir mehr als ›Kenntnisse‹ haben. Aber hinter der Vermutung von der Expansivität des Lebens und der damit verbundenen weitergehenden seiner Ubiquität im Weltraum steht eben der aus heterogenen ›Erlebnissen‹ gebildete ›Eindruck‹ von seiner Resistenz gegen die unglaublichsten Einwirkungen, sich repräsentierend am Menschen als dem in dieser Hinsicht erlebbarsten Lebewesen, das jederzeit und überall mehr erträgt, als es sich und man ihm zutraut. Daß der Mensch Weltraumfahrer geworden ist, muß doch primär als ein Phänomen seiner Selbsteinschätzung, ja seiner Selbstüberschätzung angesehen werden, die dann ihn überraschend von den Fakten ›bestätigt‹ wurde. Das Leben geht in den Raum mit seinen Gehäusen, die es sich angepaßt hat, statt sich ihnen – warum sollte es nicht immer schon im Raum sein? Ich versuche die Beweislast abzuschätzen, die einer gegen die ›Wahrscheinlichkeit‹ jenes Ureindrucks aller Lebenserlebnisse auf sich zu nehmen hat, der sagen will: Dennoch steht alles dagegen, ist alles terrestrische Perspektive. Und das bedeutet: Der letzte Schritt des Kopernikanismus als der Ausnüchterung unserer Weltambitionen wird die Preisgabe der terrestrischen Verschätzung auch hier sein, der Illusion der Verhältnismäßigkeit zwischen Raumangebot und Expansionsdrang.

Aber vielleicht ist der Begriff von Expansion noch zu eng, der für die Beschreibung des Phänomens bisher verwendet wurde: Das Leben muß in der Grundform des Metabolismus *einverleiben* können, was ihm gehören soll, muß *sein*, was es doch nur *haben* will. Dabei ist der Stoffwechsel schon die Verfahrensweise, über die Zeit hinweg viel mehr zu haben, als es je sein kann. Darin nur einen Anfang für das Konzept der Expansion zu sehen, erfordert die Einbeziehung des ›Bewußtseins‹ in dem weitesten Sinne, daß ein ›Reiz‹ für das mehr als dieser Seiende, auf das es im Versorgungs- oder Abwehrverhältnis ankommt, angenommen werden kann. In der Expansion des Lebens grenzt sich jedes Lebendige darin ab, daß es alles andere als es selbst nicht ist, solange es dieses nicht frißt oder von ihm gefressen wird. Da ist Bewußtsein nur ein konsequenter Kunstgriff, um anderes zu *haben*, ohne es *sein* zu müssen – im Grenzbegriff: *alles* zu haben und *nichts* zu sein als es selber. Dem Bewußtsein liegt ein *Verzicht* auf Leibhaftigkeit des Besitzes zugrunde, aber dieser umgewandelt in den *Anspruch* auf äußerste Approximation an sie: im Höchstgrad der Selbstgegebenheit für das Bewußtsein.

Von allem etwas haben zu können, ohne es sein zu müssen, ist die Leistung des Bewußtseins mittels des Verzichts, dies jeweils *auf einmal* zustande zu bringen. Das Bewußtsein ist seiner Natur nach *eng*, und durch diesen Engpaß des Lebens – der darin dem Verdauungstrakt als der Achse des Stoffwechsels schematisch entspricht – muß hindurchgetrieben werden, was zuerst ›Empfindung‹ und dann ›Erinnerung‹ soll werden können. Hier sieht die Expansion des Lebens eher aus wie eine Verinnerung; aber diese Umkehrung ist nötig, wenn das Leben nicht zu seiner Urform der Expansion durch bloßes Sich-auswachsen zurückfallen soll. Das Bewußtsein ist Konsequenz und Inversion des Lebens zugleich, und darauf beruht das Gegeneinander der Bewertungen des Verhältnisses von Leben und Bewußtsein, welche Namen dabei auch ins Spiel kommen mögen. Wie das Leben sich zuerst diese Kunstgriffe verschafft, kann nur in Verbindung mit dem frühesten Antagonismus von Teilung und Vereinigung, von Reduplikation und Sexualität gesehen werden. Die Geschlechtlichkeit als Lösung für das Expansionsprinzip ist bereits die Entscheidung für seine fernste Realisierung. Sie bedeutet Expansion *als* Differenzierung statt als Wiederholung, Vermehrung *als* Veränderung. Für den wiederum hinzugedachten äußeren Betrachter: das Ende seiner Lange-

weile an der Eintönigkeit der Reproduktionen, stattdessen die
Monsterschau des Immer-anderen, die nur das Bewußtsein in seiner
Zeitidentität, als *geschichtsfähiges*, anbieten kann. Als die *porte étroite*
des Durchtriebs von allem durch die Präsenz muß das Bewußtsein
eine andere Einheit als die dieser Präsenz selbst haben: die Einheit
seiner *Präsenzen* als Zeitbewußtsein. Dieses ist die absolut neue Dimension der Ausbreitung des Lebens über die Welt, bei der die ›Welt‹
in die Bedrängnis des Zugriffs zu geraten scheint und sich ihrerseits
durch Expansion der Vollendung des Zugriffs entzieht: Das Verhältnis
der Expansion von Leben und Welt wird dynamisiert, die Ahnung der
Uneinholbarkeit des Objektiven für das Subjektive entsteht aus dieser
Erfahrung. Die ›lichte Weite‹ jenes Durchlasses von Gegenwärtigkeit,
der vermeintlichen Urimpressionen, wird bei dieser Dynamisierung
zur Konstante, zum Unerweiterbaren, das dem Leben eine Beschränkung aufzwingen würde, sofern dieses nicht imstande wäre, durch
neue Kunstgriffe die Engführung zu umgehen: durch Delegation als
Arbeitsteilung und ›Überlassung‹ auf Kredit sowie durch ›Auslage-
rung‹ auf Mechanismen der Verarbeitung, Lagerung, Abrufbarkeit,
Verfügbarkeit. Es darf vergessen werden, also im großen Maßstab gerade das geschehen, was Kant mit seiner genialen Abhandlung von
1763 »Versuch, den Begriff der negativen Größen in die Weltweisheit
einzuführen« als Voraussetzung für Bewußtseinsleistungen nachgewiesen hat: Es muß Präsenz aufgehoben werden können, um Erweiterung durch Präsenz zu ermöglichen. Wir könnten nicht den
einfachsten Lesebuchtext lesen, hätten wir nicht dieses ›Verfahren‹ der
Position durch Negation – und damit erst der Expansion.
Ist die Expansion des Lebens über die Wirklichkeit mit dem Kunstgriff des Bewußtseins, zum Ausgleich seiner Enge sich die Dimension
der Zeit zu schaffen, abgeschlossen? Im Gegenteil. Das Bewußtsein
hat sich von seiner Enge für den Durchtrieb von ›Erfahrung‹ freige-
macht, indem es auf die ›Bedingung‹ der Existenz verzichtete. Die
faktische Realität erwies sich als winzige Insel im Großreich dessen,
was möglich ist und als solches an keine Zeit- oder Raumstelle gebunden. Das *Wesentliche* als das unter *jeder* Bedingung Geltende zu
denken, hat zur theoretischen Voraussetzung, es als die Invarianz aller
seiner erdenklichen ›Vorkommen‹ – alles dessen also, worin und wobei es ›der Fall ist‹ – zu erfassen. Das mag schwierig sein, aber diese
Schwierigkeit hängt nicht unmittelbar mit jener Enge des Bewußtseins

für das Wirkliche zusammen. Die Methode der *freien Variation*, wie sie der Phänomenologie zugrunde liegt, ist zwar durch den Titel ›Wesensschau‹ als exotische Besonderheit eines sonst unbekannten Tiefsinns diskreditiert worden; aber diese Exklusivität ist nur ein Schein. Was bei der freien Variation herauskommt, ist nämlich nicht von der Art der sich Zustimmung erzwingenden Evidenz. Es bleibt immer die Offenheit gegenüber einer Variante, die nicht durchgespielt worden ist. Nur liegt die Beweislast bei dem, der sie gefunden hätte und beschreiben könnte. Es gibt das Kriterium der *Vollständigkeit* des methodischen Vollzugs der freien Variation nicht. Aber es genügt auch nicht der Einwand, man könne das doch auch anders sehen, da man es so nicht einsehe. Denn zwischen der auf freier Variation fundierten ›Anschauung‹ und der Zustimmung anderer liegt das Medium der Beschreibung. Ihre Mängel sind nicht die der Methode; jedenfalls gibt es den Punkt nicht, an dem die ›Mängelrüge‹ gegen die Beschreibung auf die Anschauung durchschlägt. Hier wird die Expansion des Lebens zwar fragil, doch nicht dubios. Die Kriterien für das Wesensmäßige dürfen auch dann nicht dem Durchtrieb des Wirklichen durch das Nadelöhr der Urimpressivität entnommen werden, wenn der ›reinen‹ Anschauung jede absolute Qualität abzusprechen wäre, was mir sehr nahezuliegen scheint. Es mag als ungesichert erscheinen, was mit ›freier Variation‹ zu leisten ist; tendenziell geht es aber auf das, was den Namen ›Vernunft‹ insofern verdient, als dieser Titel Unabhängigkeit vom Faktischen impliziert. In ›Gestalt‹ der Vernunft erreicht die Evolution des Lebens einen Punkt, an dem sie sich von ihrer Zeitbedingtheit durch den jeweils erreichten Status löst. Vernunft ist, was in allen Welten gilt – nicht nur also, was der Fall ist für die eine dadurch definierte Welt. Das Leben ist nicht mehr daran gebunden, an jedem Punkt seiner Expansion als es selbst ›anwesend‹ zu sein. Es ist zur Kunst der Abwesenheit geworden, zur Korrektur des obsoleten Begriffs der Ubiquität, die als Gottesattribut seine Anwesenheit allüberall meinte. Dann wäre der Begriff eine inferiore Leistung, was er nur sein müßte, wenn seine *actio per distans* Mangel an Begründung in Anschauung zu bedeuten hätte.

Kants Einführung der negativen Größen in die Weltweisheit gibt das Erfolgsmuster für die Expansion des Lebens an, und das Muster ist nicht erst erfolgreich in der Verfassung als ›Bewußtsein‹. Schon das Verfahren der Teilung als Substitution für das Und-so-weiter von

Wachstum ist Gewinn durch Verzicht. Und erst recht ist es das sexuelle anstelle des reproduzierenden Verfahrens. Die Vereinigung setzt Teilung in einem radikaleren Sinne als dem der Preisgabe der Einheit zugunsten der Vielheit voraus: Die Gameten haben sich jeweils der Hälfte dessen, was sie als ihre Eigenheit weiterzugeben hatten, entäußert und gehen nur hälftig in ihre generative Zukunft ein. Anspruch auf Dauer ist an den Verzicht auf das Ganze des Eigenen gekoppelt. Diese Koppelung von Anspruch und Verzicht bleibt das Prinzip des Lebens als Bewußtsein. Die volle Gegenwärtigkeit im Durchtrieb der Welt durch das Bewußtsein ist an den Verzicht für das jeweils Gegenwärtige zugunsten seiner immer neuen Nachfolger gekoppelt. Abstrakter: Auslöschung von Anschauung zugunsten des Begriffs ist das Konstitutionsgesetz aller Expansion durch Erfahrung. Und Vernunft impliziert das Paradox, auf das Ganze zugleich unbrechbare Intention zu haben *und* Verzicht leisten zu müssen, um wenigstens *etwas ganz* zu haben: Weniger von Mehr, um mehr von Weniger zu erfassen. Das Und-so-weiter lebt von der Unruhe des Anspruchs wie von der Hemmung des Verzichts. Und nichts anderes kommt in der Bestimmung des Bewußtseins als ›Intentionalität‹ zum Ausdruck: der Widerstand gegen den Verzicht, die Dennoch-Einwilligung in ihn als Rationalität seiner Ökonomie, als ginge es darum, jenen imaginären Zuschauer nicht zu enttäuschen, dem das Und-so-weiter als das des Immer-gleichen nicht zuzumuten wäre, obwohl doch das Bewußtsein dem ganzen Rigorismus seiner Natur nach mit einem einzigen Gegenstand genauso zufriedengestellt werden könnte wie das Leben mit dem unaufhörlichen Wachstum einer einzigen seiner Zellen. So aber liegt in der Verbindung des minimal Anwesenden mit dem maximal Abwesenden – etwa als symbolische Repräsentanz bei jederzeitiger Rückrufbarkeit des Repräsentierten selber *durch* das Symbol – die funktionale ›Allgegenwart‹ des Bewußtseins als Vollstreckung seines Lebensmusters.

Die Expansion des Lebens über die Grenzen des Faktisch-Urimpressionalen hinaus ins Reich der wesensmäßigen Möglichkeiten führt über die Selbstreduktion des Bewußtseins, so wie die Erinnerung über das Vergessen, sonst wäre sie als der insulare Erlebnisrest im Dunkelkontinuum der unerinnerten Zeit unmöglich: Sie ›paßt‹ in die Fassungsfähigkeit durch das an ihr durch Vergessen Ausgesparte. Die Intentionalität will alles zugleich als es selber, ungeachtet der Unerfüllbarkeit dieses Anspruchs; weil die Intentionalität aber ›überhaupt etwas‹ haben muß, bevor sie es ganz und im Ganzen haben kann, darf sie sich dies nicht durch ihren Überanspruch unmöglich machen, wie das Leben durch Überweidung seiner Ressourcen sich nicht den Ast absägen darf, auf dem es sitzt und singt.

Landschaft der frühen Träume

Der Umgang mit theoretischen Systemen erlaubt nur gelegentlich die imaginäre Ausschweifung, an eine Landschaft zu denken, in der angesiedelt sein oder stattfinden könnte, wovon die Theorie spricht. Welcher Philosoph erlaubt uns, ihn als den Wanderer vorzustellen, der in Caspar David Friedrichs Landschaft über dem Nebelmeer steht? Hat Freud den Typus des Neurotikers gar nicht als seinen Zeitgenossen – das Produkt der dekadenten Bürgerlichkeit der Jahrhundertwende – gesehen, nach dem er in seinen heimlichsten Wünschen den Sohn des Urhordenvaters wiedererkannt hatte, der auf Mord am Sexualrivalen bei Mutter und Schwestern sinnt? In welche Landschaft gehört diese Zeitlosigkeit, die aus den Speichern der phylogenetischen Latenz kommt?

Schon am Ende seines Lebens, im Londoner Exil des Sommers 1938, hat Freud in einer winzigen Notiz zu erkennen gegeben, daß seine theoretische Phantasie auch die Frage nach der ›Landschaft‹ für seinen zentralen Problemtypus berührt hat. Hat der Atem des Lesers durch die siebzehn Bände der Werkausgabe bis ans Ende gereicht, wird er belohnt durch die Überraschung dieser Evidenz: *Beim Neurotiker ist man wie in einer prähistorischen Landschaft, z. B. im Jura. Die großen Saurier tummeln sich noch herum, und die Schachtelhalme sind palmenhoch.*

Man mag nichts gewonnen haben für ein Referat der Theoreme, wenn man vom Urheber noch angeboten erhält, was man sonst vergeblich zu imaginieren versuchte; doch was man wissen kann, ist eingelagert in einen Horizont, der einen höheren Grad von Begreiflichkeit herstellt, weil er Autor und Leser zu umschließen scheint. Vielleicht kein Ziel, aber doch ein Hilfsmittel: Ikonologie des Abstrakten.

Diese knappe Londoner Notiz läßt sich weiterdenken. Wie gibt es in der Landschaft des Übergroßen, der Riesenechsen und Riesenhalme, den Vorgänger des Menschen? Alles läuft auf die Antwort zu: als Schlafenden. Alle Realitätskontrolle eingezogen, ganz versorgt aus dem Fundus der eigenmächtigen Wunscherfüllungen – nur so ließ es sich hier leben. So wurde er der Träumer.

Der Untergang der Welt am Leben

Den Lebensgenuß zu diskriminieren, weil aus guten oder nicht so guten Gründen der Lebensbestand für gefährdet gehalten wird, muß bei genauerem Nachdenken pervers erscheinen. Da haben noch oder wieder die Theologen die Hand im Spiel. Im Urchristentum hatte es Sinn und Verstand gehabt, den Glauben an den Untergang der Welt mit der äußersten Verachtung ihres Genusses zu bekräftigen, weil Untergang nur Durchgang zur höheren Stufe unausdenkbarer Freuden sein sollte und diese nur bei Vermeidung vorzeitiger Erfüllungen überhaupt erlangt werden konnten. Heute geben sich die Fernsehgesichter so, als glaubten sie dies immer noch, während sie doch wie betrügerische Priester in finster-unaufgeklärten Zeiten nichts anderes glauben, als daß ihr Publikum ihnen dies glauben und entsprechende Macht über die Gemüter konzedieren wird.

Sollte die Welt zum Untergang reif sein, wie jene Grämlichen gewiß zu sein oder zu befürchten erkennen lassen, wäre es ein frivoles Versäumnis, das Angebot der in ihr noch möglichen Freuden und Lüste auszuschlagen, nur um im rechten Augenblick das rechte Gesicht zur Apokalypse aufgesetzt zu haben. Schlechtes Gewissen zu zeigen gehört in bestimmten Zeiten zum guten Ton.

Ist es denn wahrscheinlich, daß die Welt untergeht? Sollte diese Frage im Wortsinne auf die Welt bezogen sein, so kann sie deshalb getrost verneint werden, weil das Gesamtschicksal des Universums so oder so niemanden mehr vorfinden wird, der es bedauern könnte oder dessen ›Interesse‹ dadurch befriedigt würde. Es ist eine Tröstlichkeit höherer Ordnung, sich dem Gedanken hinzugeben, das Universum sei im ganzen ein zwischen äußerster Kondensation und äußerster Expansion pulsierendes Wesen, das sich in diesem Herzschlag der bloßen Materie erhält. Das Leben, das in diesem All irgendwo oder öfter auftritt, wäre dann nur die gewagteste Darstellung des Prinzips der Pulsation, dessen episodische Kurzfassung oder gar emblematische Verbildlichung. Das Leben die absolute Metapher für das Universum? Hinfälligkeit durch den vertracktesten Komplikationsgrad als Fußnote zum Ganzen?

Die Frage nach der Wahrscheinlichkeit des Weltuntergangs hat also nur als an das Leben gestellte einen akuten Sinn. Die Rarität seiner

Existenzbedingungen, der Kraftaufwand, sie zu erbringen und zu gewinnen, erzwingt die Rücksichtslosigkeit des Lebens im Verbrauch
der ihm erreichbaren Ressourcen. Es ist kraft seines Wesens, und nicht
nur aus Tücke oder Mißgestalt, zum Untergang verurteilt. Untergang
ist von allem Anfang an der Preis für seinen Ursprung. Zu sagen, man
wolle, wenn dies so sei, daran wenigstens nicht schuldig werden, die
Dekadenz des Lebens zu beschleunigen, ist Verkennung der Natur des
Lebens als des sich die Bedingungen seiner Möglichkeit durch sein
bloßes Dasein reduzierenden Wirklichen. Der Grenzwert seines Wesens wäre, sich im Augenblick und um den Preis des Ganzen den
Inbegriff der Lust zu verschaffen. Selbst auf der höchsten Stufe der
Moral, wäre diese mit der Evolution des Lebens überhaupt vereinbar,
bevor es sich von ihren Faktoren gänzlich dispensiert hat – selbst also
auf diesem Standard könnte das Leben die Bedingnisse seines Fortbestandes nicht so schonen, daß seine Bedürfnisse ins Gleichgewicht mit
ihrer Versorgung kämen. Denn was wir ›Moral‹ nennen, hat gerade
zur Voraussetzung, daß Knappheit bei der Bedürfnisbefriedigung
nicht die unbedingte Herrschaft des Kampfes um sie befestigt. Es
kommt zum ›Sollen‹ erst gar nicht, wo das ›Müssen‹ regiert, also auch
nicht zu jenem ›Faktum der (praktischen) Vernunft‹, das *ratio cognos-
cendi* der Freiheit als der *ratio essendi* ihrer Gesetzlichkeit wird. Es
muß dieses ›Faktum‹ geben können. Freiheit mag zwar nicht *sein*, was
die Sorge zuläßt, aber die Sorge bestimmt, ob das Unerfahrbare der
Freiheit wenigstens *erschlossen* werden kann.
›Sorge‹ hängt mit dem Leben und seiner Entwicklung von allem Anfang an zusammen, auch wenn erst deren Bewußtsein den Begriff
liefert, der rückblickend wiedererkennen läßt, was erst am Ende ein
›Verhalten‹ durchstimmt und sich stilisieren läßt: in der grotesken Le-
bensfigur des ›Daseins‹, das nie dort und dann sein will, wo und wann
es faktisch ist, weil es sich selbst ständig (ek-statisch) verlassen hat. Es
lebt seine Unwahrscheinlichkeit, über-leben zu können als diese elementare Sorge, nicht aufhören zu können, Leben zu sein: Selbstver-
zehr seiner Möglichkeit. Deshalb die verzweifelte Anstrengung, sich
die ›Existenz‹ zum absoluten ›Thema‹ seiner selbst zu machen, von
jedem ›Wesen‹ als der Beschränkung seiner Rücksichtslosigkeiten los-
zukommen. Dabei akkumuliert es, im Willen zur Wesenlosigkeit, die
unvermuteten Beschränkungen, die der scholastisierende Satz definiert: *esse sequitur agere*.

Diese Nachfolge des Wesens auf das Dasein bedeutet zwar, daß das
Leben in der Gestalt des Menschen durch das Dasein das Dasein unmöglich macht, nicht aber *eo ipso*, daß der Mensch das Gott oder der
Natur mißglückte Geschöpf wäre. Es gibt kein anderes Prinzip, um
Leben leben zu lassen, als dieses, daß es die Bedingungen seiner Möglichkeit aufzehrt. Es ist schade, daß Freud das den ›Todestrieb‹
genannt hat, weil es kein ›Trieb‹ ist, sondern das ›Wesen‹ der Sache
selbst. Natürlich kann man darauf bestehen, daß es unter dieser Voraussetzung kein Leben hätte geben dürfen – ein Theodizeeproblem.
Auch eines der Theologie, wenn man an den biblischen Satz denkt –
den einzigen zur Anthropologie –, daß die Elohim den Menschen
nach ihrem Bild und Gleichnis schufen. Rückschlüsse vom Abbild auf
das Urbild waren noch nie erlaubt; aber hier würden sie doch auf
Goethes ›ungeheuren Spruch‹ hinauslaufen: *nemo contra deum nisi
deus ipse* – mit dem Zusatz, das Weltschicksal des Gottesnachbildes
verrate, daß tatsächlich die Bedingung erfüllt werde, indem gegen
Gott gerade er selbst sei, und zwar mit Erfolg. Der tote Gott Nietzsches ist der Vorläufer des toten Menschen, nicht – wie Nietzsche
damit hatte sagen wollen – der Märtyrer des Übermenschen.
Der Untergang des Lebens auf der Erde – der ›Welt‹ in diesem Sinne –
ist wahrscheinlich. Das ist nicht erst im Schatten des Atoms so. Es
kann nicht anders sein.
Mit jedem Atemzug verschlechtert das Leben seine Aussichten zu
bleiben, was und wie es ist. Jeder Erfolg der Medizin, jedes erkämpfte
Reservat des Naturschutzes vermehren oder verstärken die Nutznießer und Verbraucher des einen Mediums, in dem sich das Leben mit
einem keiner anderen Naturerscheinung vergleichbaren Aufwand
hält. Es ist eine bloße Frage der Quantität an Umfang und Dauer,
woran etwas zur Disposition stehen mag. Keiner kann wissen, was
Verantwortung gegenüber diesem Sachverhalt heißt; das zeigt sich
schon bei den möglich erscheinenden Verlängerungen des Einzelle-
bens. Es mag sich keiner weigern, solche Vergünstigung zu nutzen,
weil er nicht weiß, was sie ihm bringen wird. Aber die Wahrscheinlichkeit wächst, daß ihm das Leben zur Last wird, die er nicht
abwerfen kann, und erst recht denen zur Last, die sie nicht abwerfen
dürfen. Das Altersquantum wird wie ein Alp auf denen liegen, die
dafür aufzukommen haben, und niemand kann sagen, in welchem
Maße und mit welchen Mitteln sie es die entgelten lassen werden, die

sich ihre Erhaltungsmittel einfordern. Der Untergang könnte zur stillen Verwünschung werden, und es mag wie Heroin im verbotenen Handel die Mikroben zu kaufen geben, die unnachweisbare Ablebensfälle zustande bringen. Man weiß, wie die Erfindsamkeit wächst, wenn die Belohnungen nur mitwachsen. Moral wird nicht bleiben, leben zu lassen, was leben kann und will oder auch nur nicht nicht-will.

Ohnehin ist der Gedanke, daß Leben ein Recht zu leben impliziert, undurchführbar. Die Relativität des Schädlichen belehrt darüber: auch Mikrobe und Virus haben das Recht auf ›Befall‹ dessen, was für sie doch ›Medium‹ ihres Lebens, der jeweils bessere Wirt ist, zu dem alles wandert, was wandern kann. Die Epidemie, die durch Infektion sich ausbreitet und in ihr triumphiert, ist doch nur die fatale Erlebnisform, die uns vom Prinzip des Lebens angeboten wird. Die unter Naturschutz gestellten Tiger beginnen sich in unbekannter Gier vom Menschen zu nähren, weil der Schutz ihnen die Anforderungen des ›wilden Lebens‹ genommen hat, unter denen sie auf das schwächste ihrer Opfer nicht angewiesen waren. Noch stören uns die kleinen Absurditäten unserer beschützenden Attitüde nicht, weil wir nicht darauf achten, welche jederzeit lauernde Gesetzlichkeit der Aggressivität des Lebens sich darin manifestiert und androht. Ausgenommen die Mikroben, deren Wanderung zu den besten Wirten keine Skrupel zu kennen scheint, deren Gattung auszurotten, wenn es gelänge, wie fast im Jahrhundert der Pest, wie den mörderischen Grippewellen nach den großen Kriegen. Da war die Menschenangst vor dem Unsichtbaren stärker als jede Solidarität mit dem Lebendigen, und es hätte kein Pardon des Artenschutzes gegeben. Erst die Artenresistenz hat das Fürchten wiederkehren lassen, mit dem das ›Bazillen‹-Jahrhundert begann, dessen Prophetin die erste Frau auf einem deutschen Lehrstuhl war, die ihren Kindern das artige Handgeben verbot, was noch Carl Schmitt in Nürnberg am amerikanischen Ankläger Kempner stören sollte, der der Sohn jener Protoordinaria war. Die Resistenz gegen Flemings Penicillin war vielleicht *die* Enttäuschung desselben Jahrhunderts – eine Fähigkeit, die intermikrobisch weitergereicht werden konnte. Der Weltuntergang könnte sich als Züchtungsprodukt der Resistenz einstellen, während die großen Bomben ohne Bedienungen rostend herumstehen, auf die alle den Richtstrahl der Angst konzentriert hatten. Die Weltvernichtung durch Mikroben wäre ein paradoxes Paradigma, denn im Moment des Triumphes hät-

ten sich die Sieger selbst ums Leben gebracht. Vom Typus dieser
Exekution ist das Leben, auch das des Menschen. Das epidemische
Raffinement wird von uns nicht eingeholt werden; wir werden alle
Hände voll zu tun haben, uns nicht überholen zu lassen, wenn in den
iatrogenen Zuchtzentren stahlharte Ungeheuer ausgebrütet sind,
während noch alle auf die biotechnischen Labors gebannt starren, weil
die Gefahr nie von dort kommt, wo sie vermutet wird. Das Leben läßt
sich die Medizin so wenig gefallen wie die Saurier. Die Niederma-
chung der Wirte durch die Gäste, das ist noch deutlicher das Grundmuster des Verhältnisses von Leben und Erde insgesamt als das
berühmte Motto »Fressen und Gefressenwerden«. Am Ende werden
die Horden der Rücksichtslosen die Welt überziehen, und es ist zu
vermuten, daß es die kurzfristig Resistenzerlernungsfähigen sein werden – nicht die mit den langen Generationen und der gehemmten
Lernfähigkeit, der abgeschalteten Selektion –, die besorgen, was keiner dann mehr überrascht den ›Weltuntergang‹ nennen kann. Mit dem
wirklichen Szenarium wird man sich allemal vertun.
Kommt es auf die Quantität des Überdauerns an? Wer darf so fragen,
wenn für das Individuum vor aller Qualität des Lebens das blanke
Weiterleben Bedingung für alle Chancen ist, auch die der noch nicht
erreichten, aber immer zu erreichenden Qualität? Wie selten wird
über Vergeblichkeit des Gelebthabens geklagt – der Sinn wird nur im
voraus eingeklagt, hinterdrein kaum vermißt. Die Frage, ob es sich
lohnt, lange zu leben, erweist sich als abstraktes Kunstprodukt, sobald
hinterdrein gefragt wird, ob es sich gelohnt habe. Das Leben findet
sich zurecht, ist einer der Hauptsätze, die sich mit diesem Subjekt
bilden lassen. In der vom eigenen Leben distanzierten Betrachtung
aber sieht jedermann, daß die Qualitäten des Lebens in ungeheuer-
licher Weise nivelliert werden durch das Anwachsen der Menge und
der Dauer derer, die daran teilzuhaben entschlossen sind und sich ihr
Recht darauf nicht streitig machen lassen. Die Frage ist nur, aus welchem Grund von Verbindlichkeit die Lebenden verpflichtet sein können, die Hinfälligkeit der Welt auch dann aufzuhalten, wenn ihnen
klar wird, daß der Lebenswert eben dadurch für die Künftigen ständig
gemindert wird: durch die Gegenwehr gegen den Untergang, durch
Erhaltung jeder Chance, auch der verzweifelt geminderten, bis auf ein
Niveau absinkend, von dem gefragt werden muß, ob es den noch
Ungeborenen zugemutet werden kann.

Es gibt das Recht nicht, dem Niedergang vor dem Untergang den Vorzug zu geben. Und das geschieht immer, wenn die Abwägung zwischen Qualität und Quantität zu Lasten der Minderung des Lebenswertes ausfällt. Diese Entscheidung wird allerdings nicht vor Tribunalen getroffen, sie fällt im Leben selbst.

Zeitbedarfsrahmen

Die Zeit ist irrational. Das hat schon Leibniz gegen Newton geltend gemacht, daß Raum wie Zeit, als absolute Größen genommen, jede zureichende Begründung des Umgangs mit ihnen und in ihnen zerstören. Nichts gewinnt oder verliert dadurch, daß es früher oder später geschieht, länger oder kürzer dauert, mehr oder weniger an beidem ›kostet‹. Man könnte großzügig ohne Maß sein, wäre nicht das Leben, das zur ›Rationierung‹ der Zeit und – von dieser abhängig – des Raumes zwingt. Daß das Universum unter den Händen seiner Erforscher in weniger als einem Jahrhundert um Zehnerpotenzen zeiträumlich anschwoll und noch anzuschwellen scheint, hat die Gemüter kalt gelassen im Vergleich zur Frage, wie alt denn die Sonne schon ist und noch werden kann – obwohl doch auch da seit langem Größen gehandelt wurden, die in keinem Verhältnis zu Menschengedenken und Menschenerwartung stehen.

Es hat daher seine Konsistenz, daß es nicht die Astronomen waren, die damit anfingen, einen explosiv erhöhten Zeitbedarf für die Lichtdurchmessung des Raumes anzumelden. Sie begnügten sich noch 1907 mit 20 Lichtjahren für die Entfernung der nächsten Galaxie, des Andromedanebels, waren 1952 bei immerhin 800 000 Lichtjahren angelangt und ließen es zwei Jahrzehnte später zunächst bei 2,25 Millionen Lichtjahren bewenden. Mit dem Leben hat das nichts mehr zu tun: Niemand wird jemals dorthin reisen, niemand eine Botschaft dorthin richten können. Genau genommen hat das Leben es mit keinem einzigen anderen Stern ernsthaft zu tun als mit der Sonne. Bekommt sie Eruptionen, dauert es nur Tage, bis wir im Fernsehweltvertrauen erschüttert werden. Darwin hatte zuerst erkennen lassen, wie wichtig der konstante Dauerzustand der Sonne für einen Evolutionsbegriff war, der mit dem irrationalen Medium Zeit verschwenderisch umgehen mußte, sollte der Atomismus der Veränderlichkeit des Lebens leisten können, was er leisten sollte. Das geologisch ablesbare Alter der Erde genügte nicht, es kam auf das der Sonne an, und die schien sich nach allen Regeln der Wärmetheorie schnell zu verbrauchen, zu verfeuern. Schon seine Nachfolger mußte die von Helmholtz inspirierte Vorsicht der Physiker erschrecken, die von ihnen nur als gravi-

tationsbedingt zugestandene Strahlungsdauer der Sonne in der Größenordnung nur achtstelliger Jahreszahlen – also von Zigmillionen –
anzuhalten. Lord Kelvin, der Begründer der absoluten Temperatur-
skala, gab der Sonne eine Gesamtdauer von 30 Millionen Jahren. Selbst
wenn er ein paar Zehnermillionen zugelegt hätte, wäre dies für den
Zeitbedarf der Biologen allemal zu wenig gewesen, erst recht für die
›Evolutionisten‹ des langfristigen Planens der Menschengeschichte.
Lohnte es sich überhaupt noch, für die eigene Unsterblichkeit zu sorgen, ›Bleibendes‹ zu schaffen, Menschheitswerke ins Werk zu setzen?
Als man ungefähr zu wissen begann, wann die Saurier ausgestorben
waren, die doch weitab von den Anfängen des Lebens auf der Erde
standen, mußte man das Doppelte des von Kelvin eingeräumten Son-
nenalters für alles verlangen, was nachher kam.
Und zu dem, was ›nachher kam‹, gehörte in einem nicht nur chrono-
logischen Verstand der Mensch. Zwar waren seine Ursprünge vom
Sauriertod noch um sechzig Millionen Jahre entfernt, aber ohne das
Verschwinden der Riesenechsen mit ihrem Riesenappetit auf eine üp-
pige Vegetation und mit der tödlichen Macht ihres Schweifschlages
wären die damaligen Kleinsäuger und Vorprimaten vom Typus des
Erdhörnchens (Tupaja) niemals zu Wuchs und auf die Bäume gekommen, wo sie sich darauf vorbereiteten, eines Tages Hände zu haben. Es
kostete also viel Zeit, den Freiraum zu nutzen und zu besetzen, den
das mit seinen Skeletten ein fassungsloses neunzehntes Jahrhundert
verblüffende Reptilgeschlecht hinterlassen hatte. Ein einzigartig
schlagartiges Aussterben öffnete den neuen Weg, eine Katastrophe,
die wohl etwas mit der Sonne zu tun hatte. Zwar nicht mit ihrem
Hinschwinden, wohl aber mit der Verhinderung ihrer Einwirkung auf
das Erdenleben; wodurch immer, Vulkanismus oder Kometenein-
schlag: Die Sonne verdüsterte sich unter einer getrübten Atmosphäre,
und es gab für die Dino- und Brontosaurier nicht mehr genügendes
Nachwachsen der Farne und Schachtelhalme, die sie verbrauchten. Sie
waren die ersten Unbewahrer der Schöpfung, die Vertilger ihrer eigenen Lebensbedingungen, und ihnen erfolgreicher das Terrain besetzen
konnten nur solche, die variabler in der Ressourcennutzung waren,
Allesfresser und zumal Carnivoren, die sich der Vorleistungen ihrer
evolutionär viel älteren Lebensgenossen bedienten und damit auch die
pure Lebenszeit für Grünfutterfraß und -verwertung einsparten, die
andere für sie schon geleistet hatten. Eines der ›Prinzipien‹ der

menschlichen Ökonomie wurde ›entdeckt‹ und ausgeformt: sich von der Natur vorarbeiten zu lassen.

Man kann am vielbewunderten Elefanten noch heute beobachten, daß er sich keine Träume – wovon immer – leisten kann, weil ihn sein Vegetarismus zur ganztägigen Selbstfütterung verurteilt. Man weiß, wie klug er ist, und ahnt, wie gern er in der Sicherheit seiner gewaltigen Masse und Kraft träumen würde – wäre er nicht allein vom Kauwerk her zur reinen Biokost verurteilt. Der Mensch hat zum Elefanten ein liebevoll-einzigartiges Sonderverhältnis, und ich wage die Vermutung, es sei Bewundern und Bedauern zugleich für den verhinderten Kulturgenossen, dem er nähersteht als seiner menschenäffischen Parodie. Dafür, daß uns diese Tierbeziehung so wichtig ist wie keine andere – auch den nichtorganisierten Schützer in Emotionen versetzend –, spricht ein schwaches Wort diese meine Überlegung, bei der ich mich nicht scheue, mir lächelnde Geringschätzung ernsthafter Fachleute einzuhandeln, die mir belehrende Briefe schreiben werden, wie wenig der Elefant zur Herstellung einer Kultur aus Hand und Auge geeignet sei. Nun: Ich ließe mich auf die Imagination einer reinen Rüsselkultur ein und gedächte meines verstorbenen Freundes Ernst Horstmann, des Erforschers der Elefantenhaut, der deren erstaunliche Feinempfindlichkeit trotz ihrer Dicke von 4-5 Zentimetern schon vor Jahrzehnten zu meiner ›Theorie‹ beigetragen hat, warum wir den Elefanten lieben.

Wenn die frühesten Mikrofossilien des Präkambrium (Archaikum) bis in die erste Hälfte der vierten Jahrmilliarde zurückreichen – und doch bereits eine lange unbekannte ›Vorzeit‹ gehabt haben müssen, um solche Spuren wie Stromatolithen überhaupt hinterlassen zu können –, so haben dabei paläontologischer Zeitbedarf und astrophysikalische Zeitbeschaffung einander sowohl herausgefordert als auch zugearbeitet; unter Lord Kelvins Voraussetzungen hätte es einfach kein Zutrauen zu den biologischen Datierungen geben *können*. Die Physik konzedierte, was die Paläobiologie forderte, und die Biologie füllte im Gegenverkehr den solarenergetischen Zeitgewinn aus dem Kohlenstoff-Stickstoff-Zyklus bzw. der Proton-Proton-Reaktion mit ihren langfristigen Hypothesen über die Anfänge erster Eiweiße. Was ich hier den Zeitbedarfsrahmen nenne, gibt also dem Verhältnis der Disziplinen die Rollenzuweisungen von Treibenden und Getriebenen. Die seit Helmholtz klar gewordene Verlegenheit um Zeit war so großzügig behoben, daß sich die Biochemie noch manche Theorie mit weiterem Ausgreifen in die Zeittiefe wird leisten können. Umso merkwürdiger ist die Asymmetrie dieses Zugewinns: der utopische Kleinmut für die noch reichlich mit Sonnenenergie bedachte Zukunft, der Zusammenbruch der Futurologie, die vor den Liebhabern der Untergangsschrecken vergessen hat, was alles schon aussterben mußte, um das Wesen zusammengefaßter Katastrophenintelligenz zur Erscheinung zu bringen. Es ist kein Widerspruch, daß derselbe Einstein, der den amerikanischen Präsidenten zum Vorsprung in der Atomrüstung antrieb, durch seine Entdeckung der Äquivalenz von Ruhemasse und Energie, auf der die Erwartung der Waffenmacht beruhte, den Tenor des Vertrauens in den kosmischen Energievorrat schuf, der als Grundstimmung des damit begonnenen Jahrhunderts nicht durchzuhalten vermochte. Langfristigkeit der neuen Perspektive und Kurzatmigkeit der Stimmungsumschwünge – immerhin war Einsteins Konzeption schon die Tristesse der ›Wärmetod‹-Depression vorausgegangen – scheinen kein solides Symmetrieverhältnis von Erkenntnis und Befindlichkeit zu belegen.

Bedenkt man, daß das Leben in den Zeitdimensionen der Erde, des Sonnensystems oder gar der Milchstraße und ihres galaktischen Übersystems weniger als eine Episode ist, wird es umso auffälliger, wie von deren Maßstäben her der theoretische Prozeß der Zeitausweitung des Ganzen in Gang kommen konnte, als gäbe es so etwas wie eine Proportionsahnung.

IV. Auf Sendung und auf Empfang

Rilke empfängt Signale aus dem Weltall

Unter den vielen Beziehungen Rilkes zu Frauen – darunter solche hohen und höchsten Adels – war die zu der bürgerlichen Schweizerin Nanny Wunderly-Volkart die für sein Werk und Leben wie Sterben wichtigste, obwohl zugleich erlebnisärmste. In den Anfängen, nach der ersten Begegnung 1919, hatte Rilke mit großen Briefworten eine moralische ›Umerziehung‹ – eine Wegziehung von der zu verachtenden Konvention und Bindung, sogar zum *aufrichtigen Liebesverkehr innerhalb der Geschlechter* – versucht. Ohne Erfolg – zu ihrem Heil und noch mehr zu dem Rilkes. Sie läßt seinen erotischen Schwulst sich verausgaben und den Briefwechsel sich auf die Herstellung der ›Solidität‹ *seiner* Existenz durch Fürsorge im ganzen, mündend in den Turm von Muzot, und Besorgung im einzelnen, der ›Dinge‹, die ihm wichtiger waren als das Universum: die richtigen Schreibfedern für die »Sonette« und die »Elegien«, die Fernkontrolle der Haushaltsbücher der Aufwärterin. Als in den ersten Februartagen 1922 der Wintersturm der großen Gedichte über Rilke hinweggeht und ihm die ›Pensionsfeder‹ zerbricht, die eben noch dem übermächtigen Diktat wie von selber nachzuschreiben schien, ist der Dichter dem längst schmerzlich Erwarteten und ein Jahrzehnt lang Ausgebliebenen vorsorgend-versorgt ›gewachsen‹. Nichts mehr war da von dem menschenunkundigen Verführungsimitator, der lockend davon gesprochen hatte – oder: hatte sprechen wollen –, wie *man sich nicht scheuen darf, selbst das Gewagteste vorzuschlagen.* Wir kennen die Geschichte *seiner* Umerziehung nicht gut genug, weil wir *ihren* Briefanteil nicht besitzen. Wie mußte sie die Kunst der Zurechtweisung beherrscht haben, gegen einen Satz wie diesen sich ohne Kränkung zu erwehren: *Daß wir uns irgendwann moralisch gehemmt empfinden, darf uns am Ende nur noch mißtrauisch machen gegen das Hemmnis selbst, nicht gegen unsere Impulse.* Rilke täuschte sich gründlich, wenn er die Geste der Zeitgroßmut hinzufügte: *Ach, Liebe, wie ist das alles im Werden . . .* Im Werden war, daß er eine Bleibe fand und die betulichen Kleinstbedürfnisse seiner Lebensführung fast täglich aus der Ferne, zwischen Zürichsee und Wallis, befriedigt wurden, deren jedes wie eine endgültige Ausflucht vor der Vollendung des Werkes zu liegen schien.

Bezogen auf sein Vorkriegswerk hat Rilke die erste schweizerische
Zeit und die ›Nike‹-Neigung beschrieben als Erneuerungsbedürftig-
keit des schon zur ›Literatur‹ Gewordenen: *Immer wieder wäre der
ganze Malte zu schreiben, auf allen Ebenen dieser Einsicht errichtet
sich wieder sein Leben und sein Untergang. Bin ich weiter, als er war?
Nein, ich bin's nicht* ... Sogar die Kapitulation des kosmischen Pathos
– damit der in Duino abgebrochenen Elegien – bietet er dem Schicksal
(und ihr?) an, um dem Leiden an seiner ›Verlassenheit‹ zu entkommen: ... *manchmal scheint mir eine flüchtige Zärtlichkeit, selbst die
zufälligste, mehr und ersehnlicher, als meine ganze unendliche Zukunft im Weltraum.* (Locarno, 7. 1. 1920)
Nur zwei Jahre später schon hat Nanny ihn zur Ruhe gebracht, ohne
daß er schon ganz sterben mußte, auf Muzot, von dem er – noch als
vermeint flüchtiger Untermieter Werner Reinharts – von den Einge-
sessenen staunend erfährt, daß es ›Müsott‹ auszusprechen sei (den
Leser schaudert's, wenn er den Dichter wahrnehmend denkt, dann
reime es sich doch auf ›Gott‹ – was aber nur im ersten Eintrag ins
Gästebuch von Werner Reinhart, inzwischen dem ›Burgherrn‹ durch
Nannys sanfte Insistenz, mit ungekonnter Ironie zur Dezenz herun-
tergespielt ist: *Dann rief er Sie desgleichen, / der nirgends einen Zufall
kennt, der Gott, / und überhäufte uns mit hundert Zeichen / das end-
lich doch gebotene Muzot. / Und ich zog ein. Allein? Nein, eine Schaar /
von Überstehern, wie in Noah's Märchen. / Denn mit mir: jeglichen
Gefühls ein Pärchen, / und aller denkbaren Gestalt ein Paar.*[1]). Im
Bild des die Sintflut Überlebenden und der Lebewesenwelt seiner Ar-
che findet Rilke das Ende seiner ›Verlassenheit‹. Da sind es nur noch
Tage bis zu den Gedichten nach der Flut.
Am 3. Februar war es noch die Kalamität mit der Feder – *mit allen
Federn bin ich zerfallen –*, ob es nicht welche gebe *wie auf Gummi-
reifen ... sanft und ein bischen fett im Gemüth ...* ? Und die Be-
klagung zu dünner Flanelle fürs Nachtzeug; und die Reue über eine
leichtsinnige Buchbestellung. Nicht einmal die Sorge ums Schreib-
zeug verrät das Bevorstehende Zuviel; es ist vorerst die Abtragung der
Post, an die bei der leichten Feder zu denken ist. Aber am 8. ist die
›Pensions-Feder‹ mit einer ›Nase‹ da, *wie sie bei Postboten oder Tram-
bahn-Schaffnern manchmal vorkommt –, aber herrlich fährt, wie Sie*

1 15. 12. 1921.

sehen ... Eine fremde Feder also, für den fremden Machtspruch ge-
fügig, eine ›Tauchfeder‹, das billigste Ding, aber eben ein ›Ding‹, an
dem es dem Weltall nur noch gefehlt zu haben scheint. *Genug: die*
Feder geht fast ohne mein Zuthun, ja, auf Gummi! (Was muß das für
eine bequeme Pension gewesen sein.) So steht es am Ende der Mitteilung über die Niederschrift der »Sonette an Orpheus«, vom
2.-5. Februar ihm *zur Welt geschenkt.*
Am Tag darauf das längst der Welt vertraute Telegramm von fertigen
sieben Elegien: *Freude und Wunder. Rilke* Auf dem Rückweg vom
Telegrafenamt noch schlossen sich die Achte und Neunte im Kopf
zusammen um ältere Kerne: *Der Sieg! Der Sieg!* Und damit ist ange-
spielt auf dessen Göttin, *Nike,* als hätte es der subtile Verführer
geahnt, der zum Geführten der geflügelten Göttin geworden ist, an
die er nun ausdrücklich erinnert: ... *wie sind Sie doch sicher voran-*
geflogen, unbeirrt, immer ... und haben dem Geist den Raum seines
Athmens offen gehalten – Ja, danken konnte er fürs von ihm Unbe-
dachte und ihm so Unbedenkbare wie die Erreichung einer Feder aus
dem Flügel der Göttin: das ›Ding‹ für *das Un-geheuere!* Nun war es
wirklich über *alles Bürgerliche und Ver-bürgte der Kraft* hinausgegan-
gen – aber mit dieser Zuverlässigkeit der Abstützung im festen Gefüge
der ›Verbürgtheiten‹ der Freundin und ihrer Familie, das er noch vor
kurzem hatte lockern und entfestigen wollen. Es ist das reine Muster
aller Unbürgerlichkeiten: Sie brauchen das weite Hinterland dessen,
was sie zu verachten sich einbilden wollen. Die »Sonette« und die
»Elegien« brauchten Bürgschaften beim weltläufig-großzügigen Han-
delsmann, dem ›Burgherrn‹ in Winterthur, und bei der Besonnenheit
der Familie in dieser anderen Gerbersmühle, der von Meilen. Nanny,
die schon das Depot der Elegien von Duino hütete, bekam die Ab-
schrift dieser dazu, die beinahe zehn geworden wären – *Dieses, nun*
Seiende. Dem darf eine detailreiche Beschreibung der Anordnung beider Stehpulte und anderer Utensilien folgen, als sollte das Übergroße
domestiziert werden auf Nannys Parameter, die nun wieder die seinen
sein werden bis zum Sterben.
Wie selbstverständlich verbindet der an die Mittlerschaft von Engeln
zum leeren Absoluten hin Gewöhnte nun auch hier die Siegesgöttin
des Vollbrachten mit der Darbringung des Dankens an die letzte, nur
noch nennbare Quelle der Gedichte: *Assez, Chère, merci à vous, et*
p a r vous à l'univers!

Nun kann Rilke, zwei Jahre später, die Frage des Zeitverhältnisses zum »Malte« neu stellen und endgültig beantworten: *Bin ich weiter, als er war?* Jetzt findet er die Formel von der erreichten Zeitgenossenschaft seiner selbst: *... je suis de nouveau le contemporain de moi-même! Ich habe mich eingeholt –, voilà tout.* (15.2.1922) Sogar die von Nannys Kennerschaft ausgewählte, vom Dichter zuerst verschmähte Haushälterin wird nun einbezogen in die Bezeugung der großen Augenblicke, *da Muzot auf hoher See des Geistes trieb,* wie Nannys Statthalterin *sorgend und ohne Angst, wenn ich hier oben ungeheure Kommando-Rufe ausstieß und Signale aus dem Weltraum empfing und sie dröhnend beantwortete mit meinen immensen Salutschüssen! – Sie ist wirklich tapfer, das Geistlein.* So kam auch diese Rückmeldung von einem der heikelsten Krisenmomente der Fürsorglichkeit noch nach Meilen: angenommen die einzige Zeugin des Unverstandenen, des oben im Turmgeschoß über ihr ›Ereignis werdenden‹ Zeichenverkehrs mit dem Weltall.

Bleibt nur noch einmal des Schicksals der Feder zu gedenken: *Die ›Pensions-Feder‹, weiß nicht, wie ihr geschieht, die das alles hat thun müssen.* Auf dem Brief vom 18. ist ein Tintenspritzer belassen und erhalten, eine Reliquie der Schriftwerdung und ihrer Dienerin, deren Spitze nun abgeschrieben ist bis zur ›Nase‹ und bricht: *Die zehntausend Jahre dieser paar Tage! Nie hat eine Feder so lange gelebt!*

Zwar kein Meister der Verführung, aber ein Meister der Dankbarkeit. Er war es.

Es gibt uns!

Der Mensch ist nicht das Resultat einer zielstrebigen Anstrengung der Natur. Mit dieser Dämpfung seiner Selbstbewertung hatte er sich bereits im vorigen Jahrhundert abzufinden gehabt. Immerhin blieb er ein Gleicher unter Gleichen und faktisch der letzte Schritt der Evolution schon deshalb, weil er seine eigene Existenz den Faktoren der ›Zuchtwahl‹ durch die Gesamtvorkehrung der Kultur entzogen hatte.

Dennoch sollte diese Zurücksetzung nicht die letzte bleiben. Das unerhellte Wegstück der Evolution unter den Primaten zum Menschen hin geriet ins Zwielicht, nicht den Vorteil von verfeinerter Anpassung und gesteigerter Leistung eingebracht zu haben, der mit allen vorausgehenden Schritten der Evolution verbunden gewesen sein sollte. Der von Herder erfundene Titel des ›Mängelwesens‹ wurde zwar mit sehr verschiedenen Theorien seiner Berechtigung erklärt, im ganzen jedoch zum Inbegriff der Selbsterhaltungsleistung des Menschen in seiner Welt gemacht, für die er so unzulänglich ausgestattet war, daß er sich ein ungeheures Arsenal von Hilfsmitteln einrichten mußte, um zu überleben: ein Prothesengott, wie Freud ihn genannt hat, ein ständig auf dem scharfen Grat seiner Möglichkeit sich haltendes Lebewesen. Daß es auf der Oberfläche der Erde noch da ist, resultiert aus der Gesamtheit seiner Überlebenskünste und läßt ihn immer nahe der Angst hausen, die nicht Bewegung erzeugt, diese vielmehr zum Erstarren bringt.

Die Beziehung zwischen wissenschaftlichen Erkenntnissen über Zustände im Universum und der Frage nach dem Vorkommen von Leben in ihm tendiert im Maße der Erweiterung des Wissens auf Steigerung der Unwahrscheinlichkeit der Ausbreitung des Lebens. Die Konturen der Faktorengesamtheit, die Leben unmöglich macht, werden immer schärfer. Der Organismus wird wieder das marginale Ereignis, das er schon unter der Dominanz von Schöpfung und Vorsehung gewesen war, sofern man die unsichtbaren Auszeichnungen beiseite ließ und sich auf die physischen Proportionen stützte. Doch ist Unwahrscheinlichkeit, auch ohne ihre Rückführung auf höhere Absichten, immer noch ausgezeichnet durch das Wertkriterium der Seltenheit. Das ist ein anthropomorpher Aspekt – aber Theorien sind eben auch

Anthropomorphismen, noch ehe sie in ihren Mitteln anfangen oder
aufhören wollen, ›anthropomorph‹ zu sein. Ihre Existenz hat
schlechtweg zur Voraussetzung, daß dieses organische System *homo
sapiens sapiens*, welches Theorie betreiben kann und unter den Bedingungen seiner Möglichkeiten betreibt, allererst und überhaupt existiert. Ein unaustreibbarer Rest von Platonismus läßt uns die Schärfe
dieses Faktums leicht vergessen: Nicht erst und nur die Theorie hat
den Menschen zum Randereignis der Natur nivelliert, sondern sie hat
ihrerseits dieses Randereignis seines ›Vorkommens‹ zur Voraussetzung dessen, daß sie ›vorkommt‹. Da sie nicht das Reservat des reinen
Denkbaren hat, wäre sie ohne den Sachverhalt, den sie ernüchternd bis
erniedrigend feststellt, nirgendwo und niemals. Außerhalb dieser
niedrigen Existenzform in einem Säugetierhirn gäbe es, neben anderem, keine ›Kosmologie‹. Für den Astrophysiker wird in den ersten
226 Sekunden der kosmischen Urgeschichte alles entschieden, was für
die Welt ›von Belang‹ ist; in den folgenden 700 000 Jahren *geschieht
nichts Bemerkenswertes*, und auch dann klärt sich nur, was schon be-
schlossene Sache war. Erst sehr viel später gibt es eine winzige
Überraschung, die das Programm nicht stört: *Nach weiteren 10 000
Millionen Jahren werden Lebewesen beginnen, diesen Ablauf zu re-
konstruieren.*[2] Die Langeweile des Unerheblichen wird unterbrochen
durch das Ereignis einer Handlung, deren staunenswertes Vordringen
in die Tiefe der Zeit zur unabweisbaren Implikation hat, sich selbst
den Rang eines Weltereignisses zu bestreiten. Aber ist der Theoretiker
nicht allzu leicht bereit, sich seine Leidensfähigkeit für dieses Resultat
als *stigma veritatis* seiner Theorie anzurechnen?
Daß es so etwas wie Theorie gibt und in irgendeiner Zukunft einmal
gegeben haben wird, darf mit demselben Recht als ausgezeichneter
Sachverhalt festgestellt und ihrem Gesamtbild der Natur eingefügt
werden, mit dem sie anderes feststellt und integriert, das nicht selbstverständlich ist. Will man drastisch erfassen, was mit solcher Un-
selbstverständlichkeit gemeint ist, braucht man nur auf den maßstäb-
lich bedeutendsten Sachverhalt der Kosmologie zu achten, an dem
sich einmal entschieden hatte, ob es überhaupt etwas geben sollte oder
nicht vielmehr nichts.
Die Möglichkeit, die alte Leibnizfrage in moderne kosmologische Zu-

2 Steven Weinberg, Die ersten drei Minuten. München 1977; ⁵München 1983, 161.

sammenhänge hereinzuziehen, ist neuerdings hergestellt worden durch die Kenntnis der Symmetrie von Elementarteilchen und Antiteilchen im systematischen Bestand der materiellen Konstitution. Daraus entspringt unmittelbar die Fragestellung, was sich bei nicht nur systematischer, sondern auch quantitativer Symmetrie beider Sorten von Teilchen in den ersten Augenblicken der Weltentstehung ergeben hätte. Nichts anderes als die gegenseitige Aufhebung und Strahlenumwandlung der Teilchenmassen. Eine vom Standpunkt absoluter Aufklärung her überwältigende Situation: viel Licht, doch keine Welt, der es jemals hätte leuchten können.

Erst recht keine Vernunft, der jemals etwas eingeleuchtet hätte, aber auch keine, die jemals der Aufklärung ihrer Verfinsterungen bedürftig geworden wäre. Da nichts geschehen war als Vernichtung zugleich mit Entstehung, wäre es auch ganz überflüssig gewesen, den frei schwebenden Gedanken an die Theorie einer Natur zu denken, die es nicht gegeben haben würde. Nicht einmal für den Laplaceschen Dämon wäre etwas zu tun übrig geblieben, und das platonische Reich der Ideen müßte als durchaus leer vorgestellt werden.

Man verwickelt sich hier schnell in Paradoxien, weil man trotz des Mißlingens der Welt eine Intelligenz vorzustellen sucht, daraus die Konsequenzen vorstellbar zu machen. Die absurde Fiktion, auf die Leibnizfrage wäre richtigerweise zu antworten gewesen, es bedürfe eines Grundes dafür, daß überhaupt etwas ist, nicht, weil überhaupt nichts zustande gekommen sei, treibt zum nächsten Schritt voran: Nur und gerade dafür, daß nichts zustande gekommen wäre, hätte es den zureichenden Grund der vollkommenen Symmetrie des Urzustandes, der verbürgten Endgültigkeit von Immaterialität, gegeben. Es versteht sich, daß dieses ›Nichts‹ gegen kein Erhaltungsprinzip verstößt. Nur wäre bei Äquivalenz von Strahlung und Masse alles gegen diese ausgelaufen, durch gegenseitige Auslöschung von Teilchen und Antiteilchen unter Entstehung massefreier Photonen weder eine ›Welt‹ noch ein zu deren Erfahrung befähigtes Weltwesen möglich geworden. Es mußte schon ein Defekt des großen ›Ausgleichs‹ mit seiner Umkehrung des Ursprungs zum Sprung in den reinen Glanz ins Spiel kommen – und es verwundert nicht, daß es die Rückkehr zur strahlenden Vollkommenheit nicht geben konnte, nicht einmal geben durfte. Der Preis der Vollkommenheit hieß: die Welt. Für weniger blieb jene wohl auch fortan nicht zu haben.

Unvollkommenheit ist also vom ersten Augenblick an mit dem Gang
der Welt verknüpft, nicht nur mit ihrer Qualität im späten Urteil des
Menschen. Sie ist verantwortlich für das Faktum, daß etwas da ist und
nicht vielmehr nichts. Ein prominenter Theoretiker hat das Urfaktum
des Gleichmaßverstoßes so ausgedrückt: *Es muß einen gewissen
Überschuß an Elektronen gegenüber Positronen, an Protonen gegenüber Antiprotonen und an Neutronen gegenüber Antineutronen gegeben haben, damit nach der Vernichtung von Teilchen und Antiteilchen
etwas übrigblieb, um die Materie für das gegenwärtige Universum zu
liefern.*[3]
Die Frage, woher man das so sicher wissen will, kann nun allerdings
nur mit dem schlichten Hinweis beantwortet werden, daß jedes Stückchen von dem, was nach Wittgensteins Definition *der Fall ist*, gegen
die rationale Reinheit anfänglicher Symmetrie Zeugnis ablegt. Hier
kommt unter ›seinesgleichen‹ im weitesten Sinne die Auszeichnung
durch Unwahrscheinlichkeit zur Geltung, die fortan der Mensch –
über seine Eingliederung in die organische Welt hinaus – mit allem,
was ist, zu teilen hat. Gegen die drohende oder als heilsam versäumte
Chance des Weltanfangs, keine Welt hervorzubringen, liegt, um nochmals von der Prägnanz des schon zitierten Nobelpreisträgers Gebrauch zu machen, *ein ausgezeichneter Beweis vor: Es gibt uns!* Er
hätte genausogut sagen können: Es gibt den Mond, wie er einen beliebig aufgesammelten Stein hätte vorzeigen oder abbilden können,
um zu sagen: Es gibt dieses hier, also gibt es alles!
Daß dieses ›Alles‹ nicht viel ist im Verhältnis zu dem, was am Anfang
der Welt möglich gewesen wäre, die übermächtige Masse des Möglichen tatsächlich den Untergang der Zerstrahlung durchlaufen hat
und als Strahlung noch den Weltraum erfüllt, gehört zu den Großzügigkeiten, mit denen die Natur viel einsetzt, um wenig zu erreichen.
Damit imitiert sie uns noch im Anblick der zahllosen Untergänge
ihrer Lebewesen, die sie daran gibt, um das Wenige zu erhalten, von
dem unser Anblick der Welt als Natur und Kosmos bestimmt wird.
Aber auch unsere Selbstzuordnung zu diesem Ganzen, indem wir uns
unter den schmalen Relikten des Möglichen nochmals als den kostbaren Rest begreifen müssen, der von sich zu sagen vermag: Es war nicht
zu erwarten, aber es gibt uns wirklich!

---

3 Weinberg, 131.

Präsentiergehaben

Was wir vernünftigen Wesen in anderen Welten mitteilen möchten, ist, daß sie nicht allein sind. Das ist die kommunikationskonforme Fassung des Sachverhalts. Wir unterstellen, daß die Anderen erleichtert bis erfreut sein müßten, dies zu erfahren, weil wir uns unterstellen, es im umgekehrten Fall zu sein.

Vielleicht kommt es uns auf diesen ›umgekehrten Fall‹ vor allem an. Nach dem zwar verrufenen, doch gelegentlich plausiblen Tauschprinzip verschaffen wir uns womöglich einen Anspruch darauf, daß jene Anderen uns im Gegenzug Gewißheit geben, daß wir nicht allein sind. Nur: Ob sie gerade auch ihre kommunikationslustige Phase haben, wenn sie von uns erfahren, muß bis auf weiteres dahingestellt bleiben.

Das Paradox an der Fiktion ist, daß die Motivation nicht in die ›andere Welt‹ projiziert werden kann. Mit der Ankunft unserer frohen Botschaft ist genau das zur Gewißheit gemacht, was als deren Inhalt und Mission gedacht war: Jene sind nicht allein. Ihr gedachter ›Wesensbedarf‹ ist gedeckt. In der Grundannahme liegt beschlossen, daß sie uns weiter im Ungewissen lassen werden, ob wir allein sind. Nichts hätte sie bewegt, nichts hätte sich bewegt.

In der Sackgasse unserer kosmischen Intentionalität ist Gelegenheit, die Ausgangsthese anders zu fassen. Freilich um den Preis, sich mit einer genügsameren, eher ›niederen‹ Motivation abzufinden.

Dann hätte der erste Satz zu lauten: Was wir vernünftigen Wesen in anderen Welten mitteilen möchten, ist, daß es uns gibt. Wir hätten nicht die Agoraphobie, im weiten Raum alleingelassen zu sein, aber den Drang, uns zu zeigen. Oder: In Erscheinung zu treten. Vielleicht sogar: Uns selbst darzustellen. Die Skala geht weiter bis ins extravagant Metaphorische: Uns aufzuspielen, eine Weltrolle innezuhaben, Protagonisten des Weltgeistes zu sein.

Dahin braucht man sich nicht zu versteigen, wie ich meine. Metaphysische Auftriebe werden leicht bei der nächsten bitteren Enttäuschung über eine Fehlleistung der Vernunft verbraucht. Es hört sich untertreibend an, wenn man es dabei bewenden lassen will, daß wir nur wissen lassen möchten, da zu sein. Aber es ist dies weder eine exklusiv psy-

chologische noch anthropologische Kategorie. In der phänomenologischen Richtung der Philosophie hat die Erinnerung Anklang
gefunden, das als deren Gegenstand beschworene ›Phänomen‹ sei
nicht nur die ›Erscheinung‹ in einem platonisierenden oder kantiani-
sierenden Sinn der Abhebung von dem, was ›wirklich‹ oder ›an sich‹
ist. Vielmehr sei das ›Phänomen‹ seiner Wortmitgift nach das, was
›sich zeigt‹ (vom griechischen Medium *phainesthai*)
Es zeigt sich, obwohl keiner es uns zeigt. Der Mensch wäre nur eine
minimale Anhebung dieser Ureigenschaft alles dessen, was ›es gibt‹:
des Sich-zeigens – bis hin zu den reflexiven Steigerungen und komi-
schen Übertreibungen des Auftritts und Aufspiels, der Attitüde und
Grimasse, des Pathos und der Theatralik, der Selbststilisierungen von
Snob und Dandy, von Dekadent und Salonnard, Aufsteiger oder
Aussteiger. Geht man davon aus, daß erst das bewußte Bewußtsein
jener Ureigenschaft des dinglich-sachlichen Sich-zeigens ihre Spiel-
formen und Karikaturen sekundär aufsetzt, so bleibt es im Rahmen
der biologischen Vermutung, die äußere Erscheinungsvielfalt der Organismen habe etwas mit einem triebhaft-libidinösen Sich-zeigen zu
tun – und nicht nur mit der Funktion der sexuellen Attraktivität wie
der mimikryptischen Geborgenheit im Übersehenwerden. Dieses
Letztere wäre dann eher der Grenzfall zur Selbstaufhebung der Fähigkeit, sich zu zeigen, indem man auch dessen Negation ›zeigen‹
kann. Das anthropologische Pendant wäre die bemühte Unauffälligkeit, die zelebrierte Bescheidenheit, die Schauseite der Demutsgebär-
den.
Es ist nichts Geringes, wäre nichts Verächtliches, wenn der Mensch
sich einreihte unter die ›Dinge‹, die ›sich zeigen‹. Es wäre, sage ich,
denn es wird nicht zu beweisen sein, daß dieses es ist, woran teilzunehmen uns wesentlich ist. Wie wir ja auch die Ausdeutung des
›Phänomens‹ als des Sichzeigenden nur als eine Metapher der ›Vermutung‹ nehmen können, es sei bei all dem jedenfalls nicht von uns
›abgesehen‹. Es scheint das Widersinnige zu legitimieren, daß wir etwas nicht unterlassen können, sobald es uns möglich geworden ist:
Alle Welt von uns wissen zu lassen, koste es, was es wolle. Und das ist
bekanntlich nicht wenig. Wir bedienen ein unbekanntes und ungewis-
ses Schaubedürfnis zu hohen Kosten, wie wir uns unser eigenes
ständig rätselhaft viel kosten lassen – womöglich der am wenigsten
umstrittene Posten in allen Haushalten, privaten wie öffentlichen. Wie

sollten wir zweifeln, daß anderen daran liegen muß, von uns zunächst zu erfahren, wir seien da, nämlich: hier.

Wir Primaten vom Schlage des *homo sapiens sapiens* sind ein ›Phänomen‹, und wir wollen es zeigen.

Funksprüche

Weltallbewohnern trauen wir zu, was wir uns längst nicht mehr zutrauen: uns *mores* zu lehren.

Nur wer ganz anders wäre als wir, könnte den Funkspruch aussenden, der uns ein Licht aufgehen ließe, wie man es macht, noch eine Jahrmillion nach Erfindung des Funkverkehrswesens nicht zugrundegegangen zu sein.

Denn solche Lehrmeister müßten rechtzeitig vor uns durch Einstieg in die Evolution mit allem angefangen haben, um uns wenigstens die Angst zu nehmen, es könne nicht anders als übel ausgehen, wenn man es erst so weit gebracht habe. Eine Jahrmillion ist noch nicht einmal der Wert, den ein Funkspruch für die Distanz von der uns nächstgelegenen Weltinsel, dem Andromedanebel, benötigte – und wir sollten doch zur Kräftigkeit der Belehrung annehmen dürfen, daß die Aussender des Funkspruchs beim hiesigen Empfang noch das vertreten könnten, was sie uns empfehlen, und unsere Danksagung nochmals eine Jahrmillion später mit verbessertem Gerät entgegennehmen würden.

Solche Lehrmeister müßten ganz anders sein als wir und doch verständlich für uns, sonst wäre alles vergeblich. Dieses Paradox wird von dem Tage an die hiesige Welt beschäftigen, an dem der Spruch entziffert wäre, der aus der großen Parabolantenne kommt. Er müßte deutlich und genau sein, denn für Rückfragen ist keine Zeit; sie kosten mehr als eine ganze Menschheitsgeschichte. Es wäre sicher eindrucksvoll, sollte sich aus nur zwei Worten die Aufforderung entnehmen lassen: Liebet einander! Aber das genügt nicht. Es hat schon einmal einer, der von sehr weit hergekommen war, eben dieses sehr eindringlich gesagt. Rückfragen hat allerdings auch er sich durch Himmelfahrt entzogen.

Der Zuschauerbedarf – ein tierisches Erbe

Das Sommerloch ist eine Metapher für die Unterbrechung im Kontinuum des Nachrichtenstroms, die zur Urlaubszeit entsteht: Die Nachrichtenerzeuger sind abwesend, die Nachrichtenempfänger auch, und das paßt gut zu dem Faktum, daß auch die Werbung nicht mit Interessenten an ihren Dienstleistungen rechnen kann. Produktion und Rezeption schrumpfen, die Spots der Mainzelmännchen werden endlich immer länger, die Zeitungen endlich immer dünner.

Nun scheint man aber doch die Größe des Lochs nicht richtig eingeschätzt zu haben, denn es gibt Produzenten, die eine deftige Nachricht gerade für dieses Interim disponieren und damit einen eigentümlichen Rezeptionserfolg haben. Es sind die Produzenten der Darbietung, die komplementär zum Sommerloch als das Sommertheater bezeichnet wird. Es soll, normalerweise, den Vorhang niedergehen lassen, wenn der Bundeskanzler aus dem Urlaub kommt. Er bestimmt dann wieder die Richtlinien der Politik. Deshalb muß das Sommertheater so inszeniert werden, daß es ihn noch für eine gute Weile in der Ausübung seiner Kompetenz behindert.

Nun gibt es für alles eine Umkehrung, wie Teilchen und Antiteilchen im Teilchenzoo. Und Zoo ist schon das Stichwort, die These von der Umkehrung zu belegen. Die Tiere im Zoo haben kein Sommerloch, denn gerade im Sommer defilieren vor ihren Zuschauerplätzen, den Freigehegen und Zementlandschaften, die so überaus interessanten Menschen, die von sich glauben, sie seien hier die Zuschauer. Aber kann das seltsamste Tier für den Menschen jemals so interessant sein wie die Menschen für die Tiere?

Dazu hat sich der Direktor des Zoos in Hannover, Lothar Dittrich, nach AP am 22. Januar 1987 fachkundig geäußert. Die Tiere leiden im Winter unter dem Besucherschwund. Sie langweilen sich: »Die Tiere besehen die Besucher wie wir das Fernsehen. Ihre Sinnesorgane haben wie Radar die Besucher im Auge.« Und da kommt dann ihr Winterloch, komplementär der Rat des Zoodirektors, ihnen etwas Wintertheater zu bieten. Das lohnt sich für die Darsteller durch den Beifall, dessen sie sicher sein können: »Wer eine persönliche Bindung zu einem Zootier knüpfen möchte, wer mit Begrüßungsritual empfangen werden will, der muß jetzt kommen.« Jetzt wird jeder als Individualität wahrgenommen. Der schönste Wunsch aller erfüllt sich, nicht in der Masse aller unterzugehen. Die Tiere lassen sich offenbar auch nicht durch den edlen Gedanken der organisierten Bestialität das Schauspiel vermiesen, daß im Winter so mancher Theaterproduzent vor ihnen in dem Fell erscheint, das man ihren Genossen über die Ohren gezogen hat. Vielleicht im Gegenteil, man kommt sich näher, wenn die Menschen so anständig bekleidet einhergehen wie die Tiere.

Eine neue Aufgabe für Wohltäter aller Art ist entdeckt: Wintertheater im Winterloch der Tiere. Wer wollte da zögern, ein wenig zu frieren?

Der Faktor Vergeßlichkeit

Es vergißt sich zu leicht, daß das Maß der Enttäuschungen abhängig ist von dem Maß der Erwartungen, die von jenen betroffen sind. Für Erwartungen läßt sich ein Grenzwert definieren, etwa in der Formel: Wenn alles ganz anders werden könnte, würde es unvergleichlich besser werden. Dieser Satz ist mit Sicherheit allerdings nur dann wahr, wenn der Ausgangszustand, auf den sich die Veränderungserwartung bezieht, unmöglich noch schlechter sein kann, als er ist.

Aus der Sicht sehr zukünftiger Historiker wird es nicht mehr als zufällig erscheinen, daß Begriff und Titel einer ›Negativen Dialektik‹ in unmittelbarer zeitlicher Nachbarschaft zu dem großen astronautischen Aufbruch der sechziger Jahre des 20. Jahrhunderts zutage getreten sind. Niemand wird dem Autor des so repräsentativen wie wirksamen Buches zuschreiben oder nahelegen wollen, er hätte solche Nachbarschaft gewünscht, begrüßt oder auch nur als sachliche Affinität anerkennen können. Im Gegenteil: Er hätte wohl nur als eine der vielen Ausflüchte aus den gesellschaftlichen Verstrickungen und Bannungen sehen können, was anderen als Ausweg aus den Schwierigkeiten der beengten Verhältnisse auf der Erde erscheinen konnte. Dabei darf man solche Beengung nicht als bloßes Quantitätsproblem der Endlichkeit des Erdbodens, des Festlandes, des Lebensraums, der politischen Ausdehnungs- und Ausbeutungswünsche auffassen. Beengung heißt auch, daß der Mensch mit sich allein auf diesem winzigen Weltkörper das Gefühl der Kontingenz nicht loswerden kann und sich von dem Anblick fremder Welten doch noch das ganz Unerwartete verspricht – und sei es das Versprechen, mit dem Leben müsse es nicht notwendig dahin kommen, wohin es mit ihm selbst gekommen ist. Deshalb steht hinter den großen Erwartungen gegenüber der Astronautik immer die heimliche Aussicht auf fremdes Leben, auf die Bestätigung von Leben als Normalfall in einem Kosmos, der aus der irdischen Perspektive ihm so ungünstig zu begegnen scheint, und dies sogar darin, daß er Bedingungen zur Verfügung stellt, sich selbst zu zerstören. Wenn man nun sagt, dafür gebe es in dem ganzen astronautischen Jahrzehnt zu wenig ausdrückliche Bestätigung, so läßt sich diesem Einwand begegnen mit der werbenden Rhetorik der an der

Astronautik beteiligten Instanzen aller Art. Sie haben mit großer
Sorgfalt auch noch die letzten Hoffnungen genährt, es werde um die
nächste Ecke eines Steins auf dem Mars doch noch das Moos oder gar
den Käfer geben, die auf weiteres im Raum oder wenigstens in der Zeit
Aussichten eröffnen. Kein Stück theoretischer Neugierde ist jemals so
rapid geschwunden, in sich zusammengesunken, wie das Interesse am
Planeten Mars, seit eine Lebenssondierung dort negativ ausging.

Die Langfristigkeit einiger astronautischer Projekte ermöglichte es,
solche Erwartungen wenn auch nicht lebendig, so doch wiederer-
weckbar zu halten. Mars war eine große Enttäuschung, Jahre später
die Jupitermonde die nächste – aber dann ging es im großen beschleu-
nigten Bogen des *Swing by* auf den Saturn zu. Niemand sagte ganz
offen, daß es mit zunehmender Ferne von der Sonne immer enger
gefaßter Bedingungen bedürfen würde, um noch ein wenig Lebenserwartung irgendwo realistisch sein zu lassen.

Nun richtete sich solch letzter ›Realismus‹ im Sonnensystem nicht auf
den Planeten Saturn selbst, sondern auf einen seiner bekannten
Monde, der nach Größe und schon erkannter Beschaffenheit seiner
Atmosphäre der Erde in der frühen Phase der Entwicklung des Lebens auf ihr am nächsten hätte kommen können. Eine dichte Atmosphäre, dichter als die der heutigen Erde, war allein schon deshalb
nötig, weil in dieser Entfernung von der Sonne ein Treibhauseffekt der
Verhinderung von Abstrahlung in den Weltraum Voraussetzung für
eine lebensgünstige Dauertemperatur wäre. Man machte sich wenig
Sorge darüber, daß die Gunst der thermischen Bedingungen zugleich
die Ungunst der optischen sein mußte. Mit anderen Worten: Daß man
von Leben gerade dann nichts bestätigt finden würde, wenn die Begünstigung seiner Existenz vorhanden wäre. Das Minimum des Erfolgs einer so weiten Reise über sechs Jahre hinweg lag dann darin,
wenigstens zuverlässige Werte über die Temperatur auf diesem Trabanten des Saturn zu bekommen.

Als diese Werte dann nicht eintrafen, wurde zunächst die Aktivität der
Sonne als Störfaktor des Funkverkehrs verantwortlich gemacht. Dann
aber gab es Anlaß zu dem Verdacht, es sei bei der Bodenorganisation
eine Panne aufgetreten, eine Panne von der Art, die mir schon immer
als die schlichte menschliche Korrespondenz zu den großen raum-
und zeitweiten Unternehmungen im Weltall erscheinen wollte: Man
hatte vergessen, das Richtige zum einzigen und unwiederholbaren

Zeitpunkt zu tun. Die Raumsonde »Pioneer 11« hatte den Saturnmond Titan pünktlich erreicht, aber in der zuständigen Projektorganisation der NASA hatte man den Zeitpunkt insofern verschlafen, als
versäumt worden war, für diese Zeit auf der reservierten Frequenz
anderen Weltraumfunkverkehr auszuschalten. Darunter insbesondere
den der Russen, die in anderen Fällen für solche Zeitpunkte den Wünschen, eine Frequenz zeitweilig freizulassen, nachgekommen waren.
So überlagerte der Funkverkehr zwischen einem sowjetischen Satelliten und seiner Bodenstation den Verkehr zwischen der Umgebung des
Saturn und der Empfangsstation in Mountain View in Kalifornien.
Der Projektleiter Charles Hall mußte die Erklärung herausgeben, man
habe es einfach vergessen, für die entscheidende Viertelstunde die sowjetischen Kollegen um Rücksicht zu bitten. Diese Bekanntgabe
wurde mit dem Satz geschlossen: *Daß diese Panne passiert ist – nun ja,
hier arbeiten eben ungeheuer viele Leute an diesen vielfältigen Problemen ...* Nun ja, könnte man den Faden aufnehmen, wo viele an vielem
arbeiten, ist leicht keiner für etwas zuständig. Nicht die anderen
hatten gestört, man hatte sich selbst dabei gestört, ihre Nichtstörungswilligkeit abzurufen.
Die am 5. September 1979 über alle Nachrichtenagenturen herausgegangene Erklärung wurde am nächsten Tag dementiert. Weshalb?
Darüber kann man viele Vermutungen anstellen, nur nicht die, daß der
Inhalt der Erklärung falsch gewesen sei. Es gibt die Werte vom Saturnmond Titan nicht, jedenfalls nicht solche aus der günstigsten Raumposition in der entscheidenden Viertelstunde. Der Grund für das
Dementi muß anderswo gesucht werden. Es gibt zweifellos eine Art
internationaler Verschwörung der Theoretiker auf Gebieten, von denen andere Leute, die sie gerne verhindern würden, nichts verstehen,
so daß sie schlecht verhindert werden kann. Zum ersten Mal wurde
bei dieser Gelegenheit bekannt, daß es auch in der Raumfahrt eine Art
Konkurrenzverzicht unter den Forschern gegeben hat, der wenigstens
schon zweimal in früheren Fällen beim Satellitenfunk funktioniert
hatte. Aber es war ganz sicher den Kollegen von der Astronautik auf
der einen Seite im höchsten Grade peinlich, ihre Kameraderie über
den Graben hinweg an die große Glocke der Weltinformation gehängt
zu sehen. Man durfte also gar nicht zugeben, daß man etwas vergessen
hatte.
Andererseits kann man sagen, daß dieses dramatische Versäumnis den

intimen Motor der astronautischen Erwartungen noch ein Weilchen in
Gang oder startbereit hält. Fast hätte gar nichts besseres passieren
können als diese Panne: Man muß da eben noch einmal hin und, wenn
man da war, wohl noch öfter, sofern die Temperaturen erwartungsge-
mäß sein sollten. Denn dann bleibt das Rätsel noch lange erhalten –
gerade wegen der Erfüllung dieser Bedingungen am Rande der letzten
Hoffnung.

Für den, der die großen Erwartungen auf kosmische Genossenschaft
nicht teilt, ist das andere Phänomen viel interessanter: das des Vergessens. Denn es eröffnet Aussichten auf den Faktor Mensch bei den viel
langfristigeren Unternehmungen, die eines Tages aus dem Sonnensystem herausführen könnten und bei denen schon die Wege des Funkverkehrs so viel länger sind als die neunzig Minuten, die ein Signal
vom Saturn zur Erde benötigt. Dann muß eine Organisation nach
Jahren aufwachen und wiederum Jahre warten können, um Antwort
auf einen einzigen Signalabruf zu erhalten. Welche Mannschaft von
Astronauten wird um ihr Vergessenwerden auf der Erde zittern wollen?

Erdbeben höheren Ranges

Am 17. November 1988 verbreitete die Nachrichtenagentur Associated Press ein bestürzendes Photo: einen Schrotthaufen von zuvor nie gesehener Frische, ohne Rost, ohne Altersspuren, eher ein Ornament oder eine Apparaturverhöhung nach Art Tinguelys. Aber es ist kein Artefakt, vielmehr eine strikte Katastrophe. Eine *Katastrophe*, wie es im Agenturtext heißt, *für die Astronomen der ganzen Welt.*

Im amerikanischen Bundesstaat Westvirginia ist eines der größten Radioteleskope der Welt zusammengestürzt. Ohne Vorzeichen, ohne erkennbare Gründe. Der Parabolspiegel hatte einen Durchmesser von 92 Meter, eine Größe für eine große Aufgabe – ins Universum zu sondieren. Das gewaltige Instrument war 26 Jahre alt, fast so alt wie die Konzeption der Aufgabe, die ihm programmiert war: 1962 war es als Vorläufer seiner Gattung an zwei Türmen beweglich, steuerbar aufgehängt worden, um ständigen Kontakt mit astronautischen Vehikeln halten, aber auch die Tiefe des Weltraums nach Signalen abtasten zu können, als man noch hoffnungsfreudig nach ausstrahlungsbetriebsamen Intelligenzen auf fernen Weltkörpern ausspähte. Der Prototyp einer ›Bodenstation‹, die keine bemannte Mission im All jemals im Stich lassen sollte.

Nun war das Risiko der Bodenstationen auf spektakuläre Weise vorgeführt worden: in einer einzigen Nacht war das vertrauenswürdige Green Bank in sich zusammmengefallen. Es war etwas im Spiel, was durch keinen Test simuliert und ausgeschlosssen oder auch nur quantifiziert werden konnte: Materialalterung, Ermüdung der Verstrebungen – anthropomorph alle diese Metaphern, für die es keine soliden Substitutionen gibt.

Es gibt wenige Tagesbilder von vergleichbarer Aussagekraft. Die Standfestigkeit und das Durchhaltevermögen der Bodenstationen sind der Schwachpunkt der Raumfahrt, sofern sie größere Ausstrahlungen, längere Zeiträume erreichen sollte. Nicht nur Vergessen und Ermüdung der menschlichen Institutionen sind bedenklich, auch Material und Haltekraft der technischen Garantien, der verläßlichen Verbindung zu den Hochleistungsrechnern und Korrekturgebern sind Fak-

toren eines Risikos, für das Verantwortungen ermessen und übernommen werden müssen.

Die Erde muß sich rüsten für eine unbestimmbare Obligation. In allen
Sprachen, Mythen und Denkweisen schon dem Namen nach die reine
mütterliche Verläßlichkeit dank und kraft ihres Uralters, hat sie in der
Rolle der ›Bodenstation‹ mehr zu sein als ›Boden‹ für Standhaftig-
keiten: Sie muß denen, die idealiter bei Annäherung an die Lichtgeschwindigkeit in verlangsamter Zeit so alterslos wie ihre Vehikel
werden, Garantie gegen die Alterungen ihrer logistischen Etappe gewähren.

Es sei denn, daß das ganze Problem durch Miniaturisierung *aller*
Hilfsmittel und Rückendeckungen ›aufgelöst‹ wird.

V. Rückblick auf Erdbewohner

Sic fac omnia,
tamquam spectet Epicurus.

Epikur

Die Namen der Totenrichter

Nun weiß dieser Sokrates, der immer von sich behauptete, nichts anderes zu wissen als, daß er nichts wisse, sogar die Namen der Richter im Tribunal über die Toten: Minos, Rhadamanthys, Aiakos und Triptolemos. Er nennt sie in seiner »Apologie« in dem Mythos, mit dem der Dialog »Gorgias« schließt, dem einzigen Mythos übrigens, dem Plato die ganze Wahrheit des Logos zusprechen läßt.

Der Mythos vom Totengericht hat einen eigenen Mythos von seiner Wandlung. Nicht immer war erst über die Toten Gericht gehalten worden. Wie vieles andere hatte sich auch dieses mit der Ablösung der Göttergenerationen, von der des Kronos und seinen Titanen zu der des Zeus, geändert. In jener titanischen Vorzeit waren die Menschen am Tage ihres Todes von menschlichen Richtern geprüft und je nach Befund entweder auf die Inseln der Seligen oder in die Unterwelt der Schatten geschickt worden. Als Zeus zur Herrschaft gekommen war, gab es, wie bei Machtwechseln sonst auch, Klagen über ungerechte Urteile, mangelnde Durchsicht der Richter.

Der neue Gott schuf ein neues Verfahren und ließ erst die Verstorbenen durch gleichfalls schon dem Leben und seinen Befangenheiten entzogene Richter aburteilen. Nun gibt es die schiere Durchsichtigkeit. Alle Hüllen sind gefallen, Nacktheit steht gegen Nacktheit, keine Rhetorik vermag Einfluß auf das Gericht zu nehmen. Es ist die mythische Darstellung des Sieges der sokratischen Kritik an der sophistischen Rhetorik, die ihre Macht nur unter den Bedingungen der Undurchsichtigkeit des Leibes auszuüben vermochte.

Die christliche Dogmatik hat den Mythos von der Gerichtsreform des Zeus nur teilweise rückgängig gemacht. Auch für die theologische Eschatologie ist entscheidend, daß der Glaubende den *Namen* seines Richters weiß. Es gehört zu den Subtilitäten dieses dogmatischen Kapitels, daß nicht der Vater Weltschöpfer das große Gericht abhält, sondern der Sohn: der Menschensohn aus Nazareth, der zum Tag des Gerichts sein Wiederkommen auf den Wolken des Himmels verheißen hatte. Ursprünglich waren die, die vor ihm zu erscheinen hatten, die noch lebenden Empfänger dieser Verheißung gewesen. Erst später, mit dem Terminverzug des Weltendes, wurden es die in ihren Leibern durch die Gerichtsposaune Auferweckten.

Der Rigorismus der Gerichtsidee erscheint gemildert durch die Leiblichkeit auf beiden Seiten als das Gemeinsame zwischen dem menschgewordenen Richtergott und den von ihm zu Richtenden. Der Urteilsspruch stand ohnehin im Buch des Lebens fest. Wie die Freisprüche, die der Apostel im Brief an die Römer durch den Glauben an Tod und Auferstehung des Heilbringers verbürgt sein läßt. Dieser Gedanke von der ›Rechtfertigung‹ als dem präsumtiven Freispruch hängt mit der Überzeugung des gesetzestreu gewesenen Pharisäers zusammen, daß Furcht vor Strafe wie Hoffnung auf Lohn die Gesinnung der Gesetzeserfüllung korrumpieren. Nun muß man sich fragen, ob mit diesen Wandlungen der Grundidee ihre Möglichkeiten ausgeschöpft sind. Wäre dies so gewesen, hätte Nietzsche nicht seine bedeutende Variante unter dem klassischen Titel der »Hadesfahrt« hinzufügen können: Der noch Lebende sieht sich unter den Augen von ihm gewählter Totenrichter. Er existiert und beurteilt sich in ihrer vorgestellten Gegenwart und nach ihren Maßstäben. Auch er sei, wie Odysseus, in der Unterwelt gewesen und werde es noch öfter sein, gibt Nietzsche für sich selbst bekannt. Dabei habe er vier Namenspaare ausgewählt, von denen er sich Recht und Unrecht vorgeben lassen wolle: *Was ich auch nur sage, beschließe, für mich und Andere ausdenke: auf jene Acht hefte ich die Augen und sehe die ihrigen auf mich geheftet.*

Es ist der in der Epoche der Individualität möglich gewordene Gedanke, jeder erwähle sich die zu Totenrichtern, die ihm die Nächsten bei der Bestimmung seines Selbst geworden sind oder werden können. So wird es ein Mythos von der Ethik als der Entscheidung für und über jedes Dasein. Sie mag nicht immer so entschieden und weiträumig zu ihren Namen kommen, wie es bei Nietzsche geschieht. Er nennt für sich diese: Epikur und Montaigne, Goethe und Spinoza, Plato und Rousseau, Pascal und Schopenhauer.

Gesehen ist ganz auf den Rang der Figuren, nicht auf die Inhalte ihres Denkens. Sonst könnte Plato nicht darunter sein; aber auch Pascal und Rousseau nicht. Wenn Epikur als erster genannt wird, ist das kaum zufällig, denn er hat den elementaren Gedanken in die Welt seines Schulgartens eingeführt, als er in einem Brief die Formel des

Imperativs erfand: *Sic fac omnia, tamquam spectet Epicurus!*[1] Frei und in Anlehnung an Kants Formular des kategorischen Imperativs übersetzt heißt das: Handle so, daß die Maxime deines Handelns von Epikur gebilligt würde!

Ein Paradox mag bei der Sache bleiben: Vielleicht benötigt einer ein ganzes Leben, um die Namen seiner Totenrichter zu finden – dasselbe Leben, für das er sie schon hätte gefunden haben müssen, um der zu sein, als der er sich vor ihrem Urteil zu bewähren hätte. Man muß sie also nicht nur finden und bestellen, sondern dies auch rechtzeitig tun. Dazu mag es gut sein, nicht zu spät mit der Philosophie zu beginnen. Das Paradox führt zurück auf Sokrates.

---

1 Usener fr. 211 – einem Brief Epikurs selbst entnommen (W. Schmid, Art. Epikur, in: Reallexikon für Antike und Christentum, Band V, 1961, Sp. 745).

Die Fiktion der Allwissenheit

In ästhetischen Urteilen sind wir so subjektiv wie nur möglich, und doch zugleich am wenigsten bereit, daraufhin den Urteilen anderer Zugeständnisse zu machen. Sogar der Urteilsverzicht in der Form des *Ach, ich weiß nicht!* ist eher eine Form der Schüchternheit, das Urteil auszusprechen, als der Verweigerung, es zu haben. Kant hat diese eigentümliche Doppelnatur des ›Geschmacksurteils‹ beschrieben und begründet. Aber er hat die Weite des Einzugsgebiets solchen Urteilsverhaltens nicht gesehen.

Schon Spinoza hatte von der Fiktion der Allwissenheit gesprochen, die im freien Urteil der Menschen auf dem politisch-religiösen Feld enthalten ist, wo *jeder allein alles zu wissen glaubt.* Darauf beruht nicht nur die Vielfalt der Urteile, sondern deren Unversöhnlichkeit: der entschlossene Widerstand gegen das Ideal des Konsensus. Allwissenheit ist auch die politische Fiktion für jederlei Souverän, gleichgültig, ob es der absolute Herrscher oder das demokratische Wahlvolk oder die ochlokratische Vollversammlung ist. Sie beruht auf dem Entscheidungszwang, der für politische Instanzen genauso wie für den amtierenden Richter besteht, der sein Urteil im Prozeß nicht mit dem Einwand verweigern kann, er wisse zum Sachverhalt nicht genug.

Das individuelle Subjekt kann zwar für seine Lebensentscheidungen auch nicht die Verfügbarkeit aller dafür maßgebenden Daten abwarten, ist aber doch freier, weil es ein ganzes Spektrum von Folgen der Verweigerung der Handlung auf sich nehmen kann; im Grenzfall die der Skepsis, der Askese, des Quietismus, also die Vielfalt der Einschränkung seiner Lebenschancen bis hin zu den Formen des militärischen oder mönchischen Gehorsams mit ihrer vollkommenen Delegation von Entscheidungen auf andere nach der einen des vollzogenen Eintritts in Truppe oder Orden.

Politisch ist ein solcher Verzicht schon deshalb nicht möglich, weil sich immer sofort andere Handlungssubjekte anbieten und wegen einer Eigenschaft auch durchsetzen, die zu bezeugen und zu beweisen ins Repertoire der politischen Rhetorik gehört, ja, in dem Modus der Simulation sogar eine demagogische Kategorie ist: Entschlußfreudigkeit. Jeder kennt im Prinzip die Zwänge, die zu Entscheidungen führen, nur um sie nicht anderen zu überlassen. Und doch muß die Supposition aufrechterhalten werden, daß der einzelne zu seinem Entscheidungsanteil volle Kompetenz wahrnimmt. Auch als Inhaber seiner einen demokratischen Wahlstimme kann er sich nicht auf Teile der ihm angebotenen politischen Programme beschränken, soweit er sich für diese kompetent hält oder an ihnen interessiert ist: Er hat immer nur die Wahl zwischen ebenso komplexen wie wiederum aus Gründen der Konkurrenz vollständigen Angeboten, zu denen Stellung zu nehmen, im Prinzip Allwissenheit erfordert. Um es dezenter auszudrücken, kann man für beide Seiten, für das Angebot wie für das Votum dazu, von ›Vakanzvermeidung‹ sprechen.

Es gibt die demokratische Skepsis nicht – eher die Skepsis gegenüber der Demokratie als die in ihr. Das Institut der Stimmenthaltung ist unverträglich mit dem politischen Prinzip. Zumindest in den Parlamenten dürfte es nicht bestehen. Denn sofern und solange diese Möglichkeit gegeben ist, müßten alle sich zu ihr flüchten; man müßte sogar erwarten, daß gerade diejenigen, deren Verantwortungsbewußtsein und Selbstkritik gegenüber ihrer Kompetenz am ausgeprägtesten sind, am häufigsten diese Zuflucht suchen. Die Fiktion der Allwissenheit und das Verbot der Stimmenthaltung gehören im Prinzip zusammen. Das so viel gelästerte Institut des Fraktionszwangs ist eine der Formen, auf dem Umweg über eine Vorentscheidung, bei der noch Stimmenthaltung zulässig ist, jenes Stück Systemwidrigkeit zu exstirpieren.

Ist der allwissende Souverän nun doch ein Säkularisat der göttlichen Allwissenheit? Oder ist seine fiktiv allquantorisierte Kompetenz nur die notgedrungene Auffüllung seines Funktionsbedarfs, der ihm nichts anderes übrig läßt, als frischweg das zu spielen, was gerade zuvor noch bloße Hybris gewesen wäre? Damit man hier nicht allzu schnell Transformation und Umbesetzung verwechselt, erinnere ich an ein ganz innerhalb der Antike bleibendes Vergleichsstück. Die griechische Ethik ist insofern politisch, als sie ihre Normen an der Figur des von seinen Mitbürgern akzeptierten und gelobten hochtüchtigen Mannes abliest. Die innere Qualifikation der Tugend und die äußere durch das Lob der *Polis* ließen sich nicht trennen. Das Handeln hatte immer seine Zuschauer. Noch die dem Rahmen der Stadtbürgerschaft entwachsene Schule der Epikureer nahm dieses Moment der Zuschauerschaft in ihre Mahnung auf, das Schulmitglied solle stets so handeln, als ob Epikur selbst ihm zusähe.

Zuerst hatte Sokrates, wie Xenophon ihn uns darstellt, die Loslösung der ethischen Qualität von der Billigung durch die Polis vollzogen, indem er mit einer für die Antike ganz ungewöhnlichen Insistenz die Allgegenwart und Allwissenheit der Götter hervorhob und aus ihr den Fortbestand der ethischen Normierung bis in die indivduelle Einsamkeit hinein ableitete. Er brachte seine Freunde nicht nur dahin, sich vom Unrecht und vom Schlimmen fernzuhalten, solange sie von den Menschen gesehen wurden, sondern darüber hinaus, weil *sie nun glaubten, daß nichts jemals von ihrem Tun den Göttern verborgen bleibe.*

Hier haben wir den umgekehrten Vorgang der Übertragung der Allwissenheit der *Polis* auf die bis in alle Einsamkeiten hinein reichende der Götter, ohne daß man sagen dürfte, es sei eine Grenzlinie zwischen Profanität und Sakralität überschritten worden. Es wurde nur für die Konsequenz der Ausbildung des ethischen Grundgedankens, der verantwortlich Handelnde bedürfe der äußeren Bestätigung und Anerkennung, die adäquate Instanz gesucht. Wie in freier Konstruktion ist die nach dem Bedarf gefunden worden.

Aber man sieht leicht, worin der Unterschied zwischen dem antiken Beispiel und der modernen Fiktion der Allwissenheit des Souveräns besteht: in der Verlagerung auf das autonome Subjekt, das in seiner Innerlichkeit beides sein muß, Handelnder und Zuschauer, Richter und Sachverständiger, Interessent und Verächter des eigenen Interesses. Der Zwang, diese volle Ausstattung gemäß der Modernität des öffentlich handelnden Subjekts auch zu übernehmen, erfordert ohne allzu viel Rigorismus das Verbot der Stimmenthaltung.

Wer einmal sich enthält, müßte ein für allemal verzichten. Es geht nicht an, daß der Platzhalter der attischen *Polis*, ihrer Götter und des Gottes, jemals sagte: *Ich weiß nicht.*

Man wundert sich gelegentlich, was alles der Diskussion fähig ist und ihr unterzogen wird, zumal beim leisesten Verdacht bestehender oder aufkommender Tabuisierung. Viel schwerer ist es, sich über das zu wundern, was nicht diskutiert wird. Der Mangel an Diskussion über das Institut der Stimmenthaltung müßte auffälliger geworden sein, als er es ist – und zwar gerade wegen des Potentials an Verantwortlichkeit, das sich jeweils in der Zuflucht zu diesem Institut vorenthält.

Man sagt gern, hier oder dort seien es die Besten, die nicht da sind oder nicht mehr da sind – wie man nach dem Ersten Weltkrieg sagte, sie lägen bei Langemarck. So sind es jedenfalls nicht die Schlechtesten, die sich der Stimmenthaltung weihen, vor lauter Nachdenklichkeit und Besonnenheit. Ihnen kann und muß geholfen werden, durch den Blick auf die Geschichte, die Vorgeschichte ihrer Nichtverweigerungsfähigkeit: Wissen sie nicht, daß sie Allwissende sind? Wenigstens das müssen sie wissen.

Emigrierte Götter

Epikur sagte, die Götter wohnten in den Zwischenräumen der Welten.

Er erreichte damit zweierlei: Die Götter kümmerten sich nicht um die Welten, hatten ihnen den Rücken zugekehrt und verschafften sich so ihre glückliche Sorglosigkeit; wenn aber sie sich nicht sorgten, brauchte auch der Mensch um sie sich nicht zu kümmern, da er von ihnen nichts zu erwarten hatte. Zwischen den Welten lag der leere Raum, und leerer Raum war die einzige Möglichkeit für die Griechen, sich das Nichtseiende zu denken, so daß, was dort wohnte, paradoxerweise zugleich überhaupt nicht existierte.

Wir haben die Theologie des Epikur nicht mehr. Wir sind daher frei, uns selbst zu denken, wie es zu dem riskanten Aufenthalt der Götter in den Intermundien gekommen war. Denn anzunehmen, sie hätten dort von allem Anbeginn her gewohnt, wäre wohl eine Unterschätzung der Geschichte, die da erzählt werden muß. Ganz abgesehen davon, daß sich die Griechen nicht so leicht hätten gefallen lassen, ihre auf dem Olymp seßhaften Götter durch eine bloße Behauptung in den leeren Raum zu versetzen, wenn es dafür nicht eine solide Geschichte gab.

Ich traue Epikur zu, diese Geschichte irgendwo in seiner Theologie erzählt zu haben. Danach hätten die Götter den Olymp und die Erde und diesen Kosmos verlassen, um sich in jene unendlichen leeren Räume zurückzuziehen, vor denen so viel später Pascal erschrecken sollte.

Aber weshalb waren sie ausgezogen? Auf dem Olymp hatten sie ein Leben voller Annehmlichkeiten gelebt: Nektar, Ambrosia, subtile Streitigkeiten um die Angelegenheiten der Menschen dort unten und durch ihre Künste der Metamorphose der jederzeitige Zugang zu irdischem Lustgewinn. Es gab keinen Grund auszusteigen.

Oder doch? Es muß auf ihren wolkenumhangenen Berg eine Nachricht, eine Kunde gedrungen sein, die es ihnen gründlich und endgültig verleidete, dort zu residieren und auf eine Welt herabzuschauen, die sie mit der schlichten Einfalt von Göttern für die einzige gehalten hatten.

Epikur weiß, welche Nachricht das war, und er hat sie zum Triumph seiner atomistischen Philosophie gemacht: *Es gibt unendlich viele Welten.*

Dann ergab sich alles andere von selbst. In keiner dieser Welten hätten die Götter es aushalten können, weil alle einander gleich waren und keine einen Vorzug anbieten konnte, der sie vor den anderen der Ansässigkeit der Götter würdig gemacht hätte. So zogen sie in die Reinheit der Indifferenz des leeren Raumes.

Man wird die Geschichte nicht so auffassen dürfen, daß die Götter erst durch einen Philosophen der atomistischen Schule wie Demokrit oder Epikur belehrt worden wären, daß die von ihnen bis dahin beherrschte Welt nur eine unter unendlich vielen war. Hätte ihre Weisheit von den Philosophen abgehangen, brauchten sie nur dem Aristoteles zu glauben, der für die Einzigkeit dieses Kosmos, in dem alles, was ist, seinen Platz hat, die erhabensten Gründe gefunden hatte. Wie Plato den Demokrit, so überwand Aristoteles mit seiner Nachwirkung die Welten des Epikur. Zuletzt durch den Gott, der sich selbst widersprochen hätte, mehr als eine Welt erschaffen zu haben und erlösen zu müssen.

Nein, die Olympischen müssen früher von der großen Wahrheit der Nichteinzigkeit dieser Welt erfahren haben. Als die Philosophen kamen und dies erfolglos zu lehren begannen, hatte die Wirkung der Götter auf die Menschen schon so nachgelassen, daß man es nur mit ihrem vollzogenen Abgang in die Weltzwischenräume erklären kann. Es war Epikur, der sie dort wiederfand und sogar erklären konnte, weshalb sie nur dort sein konnten – wenn überhaupt.

Das Einzige, was ihnen aus ihrer hellenischen Heimat geblieben ist und das, was auch Menschen aus ihren Heimaten am längsten bleibt und sie lebenslang zu Fremden in der Fremde macht: die Sprache. Noch fern allen Welten, in den Intermundien, führen die Götter ihre unendlichen Gespräche – *griechisch.* Epikur hat es gehört. Denn nichts geht in seiner atomistischen Welt verloren: die Bilderchen nicht, die sich von allem ablösen und den Raum durchwandern, um bei uns ›Erkenntnis‹ zu werden, und nicht die gesprochenen Worte. Was sollte auch aus dem werden, was nicht bleibt?

Der Konjunktiv: Das Lächeln der Toten

Unsterblichkeit war, solange an sie geglaubt wurde, nicht nur eine Sache der Erwartung dessen, was nach dem Tode kommen würde; es war auch die Frage damit verbunden, was die Lebenden von den Dahingegangenen zu gewärtigen hätten: Vergeltung im Guten wie im Bösen, stummes Zuschauertum, endgültige Abwesenheit oder seltene Anrufbarkeit? Ungewißheit bleibender Genossenschaft im Universum jedenfalls.

Leugnung der Unsterblichkeit war nicht auch Bedeutungslosigkeit des Gewesenseins oder Gewesenseinwerdens. Auf den überragenden Leugner aller metaphysischen Unvergänglichkeiten, auf Epikur, ließ sich dennoch der große Mahnsatz seiner Schule, des ›Gartens‹ (*Kepos*) beziehen, mit dem der erste einschlägige Konjunktiv in die Sprache der Skepsis kommt: Handle so, als ob Epikur dir zusähe. Das von einem, dem nichts wichtiger gewesen war, als diese Möglichkeit zu leugnen.

An die Toten als Zeugen der Lebenden zu denken, diese als sich vor jenen verantwortende, ist das große Erbe der Unsterblichkeitsidee. Zu diesem Erbe gehört das sprachliche Meisterinstrument des Konjunktivs. Den gering zu schätzen, weil doch nur die Irrealität seine Domäne sei, indiziert den Niedergang nicht nur dessen, was man ›Sprachgeist‹ genannt hat, vielmehr den Niedergang der Vernunft selbst. Die Neukantianer haben es einem der ihren, Hans Vaihinger, nie verziehen, daß er Kant für dieses Jahrhundert mit seiner »Philosophie des Als-ob« zu retten suchte. Was mußte stattdessen ertragen werden?

Ein Vater, der den Tod eines seiner Söhne überlebt hat, schreibt an einen der beiden überlebenden über ein ihn nachdenklich stimmendes Ereignis aus der ›Nachgeschichte‹ des Verstorbenen in der Einzigartigkeit des Ausdrucksmittels, das der Konjunktiv anbietet. Die Witwe des Fontane-Sohnes George, Martha Robert, verlobt sich mit dem Assessor von Neefe, wie der Alte in der »Kreuz-Zeitung« liest. Er liest es am Abend des Tages, an dem er auf den Friedhof in Lichterfelde einen großen Kranz von blauem Enzian hinausgebracht hatte, dessen Zutaten aus dem Urlaub im Erzgebirge von ihm heimgebracht worden waren – es war Georges Todestag.

Die Wahl dieses Tages für die Bekanntmachung des neuen Verlöbnisses erscheint dem ehemaligen Schwiegervater *etwas sonderbar*. Aber er wäre nicht der, der sich in den Menschen und ihren Sonderbarkeiten auskannte wie keiner in seinem Jahrhundert, fände er nicht eine nachsichtige Antwort auf die unausgesprochene Vorwurfsfrage. Es sei der jungen Witwe *blos fatal* gewesen, ihren Bräutigam auf den Zufall dieses Datums hinzuweisen und herauszukommen mit einem *ach, höre Du, das ist grade der Todestag von meinem ersten Mann*. Das könne die Erklärung sein, obwohl nicht die Rechtfertigung. Denn: *dann und wann muß man auch ein bischen Courage haben.*
So bliebe es ein bürgerliches Unbehagen an einer Schwäche in preußischer Sicht, wäre da nicht der Gedanke an den eigentlich Betroffenen, als ob er es noch sein könnte: *Wenn die Todten noch lächeln könnten, würde George gelächelt haben.*[1] So gewährt der Konjunktiv, was nicht einmal die Seelenfeinsicht gewähren konnte: Edelmütigkeit. Kein geringer Gewinn, wenn man daran denkt, daß die einzige Qualität, die Fontane dem bewunderten Bismarck abgesprochen hatte, *Edelmuth* gewesen war.

---

1 Theodor Fontane, Werke, Schriften und Briefe; Abteilung IV, Band 4, München 1982, 64.

Das mokante Lächeln eines Punktes

Wenn an Götterbilder aus Holz, Stein und Erz lange nicht mehr zu denken ist, verschiebt sich der Sinn des zweiten Artikels im Tafelgesetz vom Sinai ganz auf das Gemütsbedürfnis, Gott mit menschlichem Antlitz zu denken, ihm die von Philosophen dekretierte ›Reinheit‹ des Gestaltlosen vorzuenthalten. Dem Christentum ist Erfolg beschieden gewesen mit der Aufteilung der Bedürfnisse: Menschliches Antlitz hatte der Logos im Stall von Bethlehem angenommen, und deshalb konnte dem Gesetzesgott vom Sinai, zu dem nun *Abba*, ›Vater‹ gesagt werden durfte, die gebotene Bildlosigkeit gewahrt werden. Eine ganze Welt ›negativer Theologie‹, alle Vorstellungen aufhebender Mystik blieb oder wurde erst dadurch möglich, daß die Bilderwelt des Jesuslebens sanktioniert war. Das Gemüt hatte keine Schranken, und die Vernunft redete sie sich aus.

Als die Aufklärung Gott auf das Minimum zu reduzieren befahl, damit der Mensch allen Platz und alles Recht an Welt und Geschichte ausüben konnte, bekam die Gestaltlosigkeit einen neuen Gehalt: Sie war der Musterfall für ein allgemeineres ›Vorurteil‹, das seinerseits das Muster aller Vorurteile zu sein schien, für den Anthropomorphismus. Es sollte kein Ende haben mit der Aufspürung immer neuer Fälle dieser Verfehlung, die Natur und alle Vorgänge in ihr ›nach Menschenart‹ zu erklären, und der Zurücknahmen dieser tief einsetzenden Projektionen des Bewußtseins auf die Welt.

Ein schweres Stück Arbeit. Als man die theologische Privilegierung der Erde als des Ortes absoluter Heilsereignisse relativieren wollte, ließ sich das am besten an mit der schlichten Entscheidung: So etwas wie den Menschen gibt es wohl immer und überall, und dann ist unvorstellbar, daß sich ein Gott gerade um das terrestrische ›Vorkommen‹ in so besonderer Weise sollte exponiert haben. Es ist dann auch keine Frage, daß bei literarischen Fiktionen von Besuchen aus dem Weltall zum Zwecke satirischer Kritik an allem, was die Menschheit solchen Besuchern exotisch erscheinen lassen mußte, die Ankömmlinge menschengestaltig sind, nur je nach der Masse ihres Herkunftssterns Riesen oder Zwerge, wie in Voltaires »Micromégas«. Der Mensch wollte Zuschauer, und wenn sie ihn verspotteten wie die bei-

den von Sirius und Saturn. Aber wenn *sie* lachten, mußte *er* sie
ernstnehmen können, sonst wäre keine Aufklärung aus der Besichtigung entstanden. Und dazu wiederum mußten Besucher und Be-
suchte gleichartig, obwohl nicht gleichsinnig sein. Gemeinschaft der
Vernunft kam nur über einen neuen Anthropomorphismus zustande.
Es war noch nicht heraus, ob hinter allem nicht nur das Bedürfnis
nach einem Zeugen, nach einem Zuschauer, nach einer Instanz der
Aufhebung von Einsamkeit stand.
Sobald sich dies herausstellte, konnte ein neuer Prozeß der Reduktion, der Minimierung von Bildlichkeit, ein neuer Gang auf der *Via
negationis* einsetzen. Man war nicht allein, aber ›der Andere‹ war ein
ganz anderer, ein Residuum der Weltlosigkeit. Die ›Besuche‹ aus dem
Universum waren längst der Trivialbildlichkeit verfallen, vor allem
wenn sich der Verdacht regte, Vernunft hätten wir womöglich selber
schon genug und zuviel. Der Bedarf ist eher der für ein großes Gedächtnis, das den unvergänglichkeitshungrigen Menschen davor bewahrt, spurlos dahinzugehen, als wäre nichts gewesen und er am
wenigsten. Aber zwischen Gedächtnis und Vernunft besteht auch da
der uralte Konflikt, daß die gewesene Welt der Lust oder der Neigung
oder auch nur dem Recht enthebt, auf neue Welten zu sinnen und
damit auf das, was in allen Welten gilt, *deshalb* das Vernünftige heißt.
Es ist ungewiß, ob daran ein neuer Imperativ hängt wie an Nietzsches
Ewiger Wiederkunft des Gleichen, deren Implikation wohl unerträglich geworden ist, Weltverantwortung sei an die Last der Erzeugung
von Wiederholung gebunden: Handle so, als ob der Grundsatz deines
Handelns weltenträchtig sein dürfte! Der Gedanke an die große *Memoria* verlangt die Variante: Handle so, daß du wünschen kannst,
nicht vergessen zu werden! Als ob deiner Handlungen ewig gedacht
würde!
Ernst Jünger beginnt 1929 die Primärfassung des »Abenteuerlichen
Herzens« mit einer Aufzeichnung über den Grund – und wohl auch
die Zulässigkeit – der ›starken Anteilnahme‹ an der eigenen Person. Es
gibt, kurz gefaßt, eine Instanz, die diese Anteilnahme teilt, ihr voraus
ist, ihr das Recht gewährt: Egozentrik als Heterozentrik. Aber was da
anteilnimmt, ist das Äußerste an Reduktion: *Ich habe das Gefühl, als
ob ein aufmerksam beobachtender Punkt aus exzentrischen Fernen das
geheimnisvolle Getriebe kontrollierte und registrierte, selbst in den
verworrensten Augenblicken nur selten verloren.* Es ist ein Gefühl von

der Art, wie es in Jean-Paul Sartres atheistischem ›Urerlebnis‹ unters
Fallbeil der Negation geriet: das Abschütteln der Last, einen Zeugen
zu haben.

Nun ist ein aus exzentrischen Fernen beobachtender Punkt vorder-
gründig von nur geringer Differenz zu dem Unzeugen des Atheisten,
fast wie das Angebot eines Kompromisses an einen gar nicht Gekann-
ten, noch nicht Kennbaren. Aber das nach dem Gang der Geschichte
kaum noch Überraschende ist dann doch, was ich den ›physiognomischen Rest‹ nennen möchte, ohne den der Hunger nach kosmischer
Zeugenschaft nicht auskommt. In Jüngers anschließendem Satz auf
das Minimum gebracht: *Ja, es schien mir oft, als ob in sehr menschlichen Augenblicken, etwa denen der Angst, dort oben etwas vorginge,
was ungefähr einem mokanten Lächeln verglichen werden könnte.*
Kein gnädiges, kein nachsichtiges, kein verstehendes Lächeln, ein mo-
kantes. Wir vergehen nicht, aber um den Preis der Unvergänglichkeit,
höchstenorts nicht ernstgenommen zu werden. Ein neuer Anthropomorphismus: Wir könnten es selbst nicht, wenn wir an jenem Punkte
der ›Beobachtung‹ wären.

In all diesem wird nicht mehr die Sprache der Negation, sondern die
des *Als ob* gesprochen, wie erstmals in Epikurs Garten: Handle so, als
ob Epikur dir zusähe!

Als sähe man uns zu ...

Der Mensch ist das Wesen, das es darauf abgesehen hat und darauf
anlegt, sich sehen lassen zu können. Benötigt er eine Deckung, befindet er sich im Ausnahmezustand. Und einiges tut er vorzugsweise im
Schutz der Dunkelheit, wie der biblische *Dieb in der Nacht*, das *ius
primae noctis* und die poetisch immer noch plausible Hochzeitsnacht
erkennen lassen. Anstand jedenfalls ist das Benehmen, das der passiven Optik genügt, durch die der Mensch geworden ist, was er ist: ein
Wesen der Sichtbarkeit.
Er setzt auf sie, er kalkuliert sie als seinen Auftritt und Aufzug ein.
Anstand ist eine Verhaltensform, in der wir anerkennen, was wir geworden sind, indem wir Wert darauf legen, uns sehen lassen zu
können, sogar mit solchen, mit denen man sich sehen lassen kann, zu
verkehren. Es ist ein Zirkel: Wir definieren Anstand als die Art und
Verfassung, in der man sich sehen lassen kann, womit man sich sehen
lassen kann, worin man sich nicht zu genieren braucht. Aber das Normative dieser zu aller Ethik noch distanten Formen entspringt einer
Ursituation, in der zur Selbsterhaltung nicht riskiert werden durfte,
unbemerkt gesehen zu werden. Sichtbarkeit war das Risiko eines aus
schützendem Urwald und aus der Unbefangenheit der natürlichen
Verbergungen hervortretenden und zum aufrechten Gang verurteilten
Wesens, das sich sogar von seinen Göttern nur im Tageslicht sehen
lassen wollte. Wozu hätte sonst Zeus, als er in Gestalt des Amphitryon
zu Alkmene ging, die Vervierfachung der Nacht befohlen?
Erst der biblische Gott kam der Allsehendheit näher, weil er auch im
Dunkel der Nacht jede Tat sieht. Man wird nicht sagen müssen, dies
habe in der Konsequenz der Verfeinerung des Gottesbegriffs gelegen.
Aber es war – wenn man es so sagen darf – unvermeidlich, wenn dieser
Gott als Weltenrichter installiert werden sollte. Es war schon Gunst
für den Sünder genug, daß nur über seine Taten gerichtet wurde, nicht
über das, was er getan *hätte*, wären die Umstände andere gewesen. Die
Ausnahmen waren schon schlimm genug: etwa die Zuspitzung des
vollzogenen Ehebruchs zum bloßen begehrenden Ansehen des Weibes
eines anderen.
Das Urmotiv des Als-ob-man-uns-zusähe läßt sich als Minimalmotiv

einer zurückhaltend belastenden Ethik verstehen. Man darf nicht vergessen, in welchem Maße die Götter des Mythos miteinander beschäftigt waren, bei nur gelegentlichem Interesse an ausgewählten Menschen; und der Gott der Bibel war ein Geschichtsgott, der es mit Völkern und Königen, Stammeshäuptern und Propheten zu tun hatte. Er war nicht der Gott der ständigen Aufsicht über alles und alle. Die Götter der Griechen waren nicht von der Art, daß ihre Bezweiflung zur moralischen Ausartung geführt hätte. Epikur wollte sie zwischen den Welten fortleben lassen, aber zugleich ausdrücken, daß es auf sie nicht ankam: Anstand war eine Sache des Als-ob des Gesehenwerdens. Das wurde zu einem Grundgedanken der Aufklärung: in einer Welt zu leben, in der man damit rechnen muß, gesehen zu werden, ohne daß der Sehende ein Gott sein müßte.

Unerreichbare Zeugen

Unter den Fabeln des Avian, der letzten spätantiken Sammlung dieses Genus, ist die vom Soldaten, der seine Waffen verbrennt[2]. Auch die Trompete, die sich verwahrt: sie habe keine Wunde jemals geschlagen. Nur Wind habe sie gemacht, und ihre Töne seien so gedämpft gewesen, daß es die Sterne bezeugen könnten (*testor et astra*). Das hat die Philologen böse gemacht. Sie hätten es gern anders gelesen. Es sei töricht, die Trompete so weit entfernte und folglich ganz unzuständige Zeugen anrufen zu lassen.

Aber soll denn die Trompete in der Fabel recht behalten? Es ist große Rhetorik, daß sie sich auf die Sterne beruft, zu denen ihr Kampfgeblase nur noch ganz schwächlich gedrungen sein kann (*submisso sono*).

Sie nimmt die einzige Ausflucht, die ihr bleibt, an Zeugen zu appellieren, die auf jeden Eid bestätigen können, ihr Schall sei ihnen moderat und zivil erschienen. Doch gerade weil sie so weit herholen muß, wird der Kunstgriff ihrer Schlauheit verzweifelt und ihr ganz recht getan, zum anderen Schlachtenschrott geworfen zu werden. Die Zeugen, die sie schwächlich gehört hätten, so wahrhaftig sie sein würden – es sind die Sterne! –, können nicht gehört werden.

Die Pointe der Fabel könnte sein, daß sie einen vordergründigen Einwand provoziert, der sich selbst sogleich lächerlich werden müßte. Man sieht sich dazu verleitet, die Glaubwürdigkeit von Zeugen zu erörtern, weil sie zu weit vom Tatort entfernt sind. Aus eben diesem Grund aber könnten sie niemals vernommen werden, niemals Zeugen sein. Übrig bleibt, daß der Leser gespürt hat, was Rhetorik mit ihm macht.

---

2 Fabeln der Antike, ed. H. C. Schnur, ²München 1985, 338-341.

Vergessen im Kosmos

Gedankensprünge sind etwas Unordentliches. Nur selten lassen sie sich bewundern bei der gewagten Verallgemeinerung, an der kühnen Metapher, beim riskanten Wechsel der Perspektive. Kierkegaard denkt, im Tagebuch von 1847, über den Nachteil der geschriebenen Rede und ihres Verfassers nach. Der Redner vor versammeltem Publikum ist besser dran: Ort und Laut schaffen Konzentration des Hörens. Er kann mitten in die Sache springen. Der Verfasser gedruckter Reden muß das mühsam ersetzend herstellen, er muß einleiten, fesseln, sich interessant machen. Also: eine Art Rhetorik fürs Papierne. Und dann blickt der Redenschreiber auf den Leser und sieht, daß er einsam ist. Einsam nicht nur, weil er gerade in keiner Masse drinsteckt. Da ist für Kierkegaard der große Sprung, der Sprung ins Große fällig. Ohne Übergang verläßt er die Rhetorik, um diesen einsamen Leser über dem bedruckten Papier auf seinen Grenzwert zu bringen. *Zuinnerst innen in jedem Menschen wohnt doch die Angst, daß er allein in der Welt sein könnte, vergessen von Gott, übersehen unter den Millionen und aber Millionen des ungeheuern Haushalts.* Der Schreiber sieht sich im Leser: er muß es mit dessen Angst aufnehmen wie mit der eigenen. Er darf ihn nicht daran denken lassen, woran zu denken er selbst nicht wagt: *wie einem zumute sein würde, wenn all dies weggenommen würde* – all dies: die Vielen, die man doch um sich weiß, die Verbundenen unter ihnen *durch Geschlecht und Freundschaft.* Die Angst besteht darin, daß der Mensch den alten Traum seiner Auszeichnung im Universum als Angsttraum zu träumen begonnen hat: der Einzige zu sein, dieses singuläre Bildwerk seines Schöpfers, als dieser seine Einsamkeit nicht mehr ertragen hatte. Also ist es das Bild und Gleichnis der biblischen Urgeschichte auch darin, die Einsamkeit nicht zu ertragen, sich Seinesgleichen machen zu müssen. Der Redenschreiber ist einer, der es als ein Fachmann des Leidens an der Einzigkeit mit der seiner Leser aufnimmt. Soll er ihnen erzählen, daß auf anderen Sternen andere wohnen, also die Einzigkeit nur der Wahn einer Auszeichnung gewesen war? Nein, Kierkegaard wird auf das andere altbewährte Verfahren gegen kosmische Einsamkeitsangst zurückgreifen: Es gibt kein Vergessenwerden. Man müsse es glauben.

Exotheologie

Man erschrecke nicht bei der Überschrift. Aus der Sache ist nichts geworden. Es war ein Fehlversuch in Euphorie. Daß etwas daraus hätte werden können, in jenem Jahrzehnt des extraterrestrischen ›Aufbruchs‹, bleibt des Bedenkens wert. Schon deshalb, weil die Entgeisterungen doch immer nur von den Begeisterungen her zu begreifen sind.

Wenn von Theologischem die Rede ist, weiß jeder, daß man sich auf einer Grenze bewegt, ohne je sicher zu sein, ob man sie schon überschritten hat oder zu weit vom Äußersten entfernt geblieben ist. Das hat mit einer Ambivalenz des ›Gegenstandes‹ zu tun: Theologie soll, nach ihrem Selbstverständnis, der göttlichen Heilsveranstaltung für den Menschen dienstbar sein, *ad salutem generis humani*, indem sie das Handeln Gottes ausbreitet; sie soll aber auch den, der da handelt, erheben, rühmen und, mit biblischem Wort: ›groß machen‹, *ad maiorem dei gloriam*. Diese beiden Intentionen vertragen sich nicht immer ohne weitere Aushilfen: Der Schöpfergott blendet mit seinen Werken, während der Heilsgott sich in der *Kenosis* des Leidens verbirgt. Es stellt sich daher immer wieder die Frage, ob man *weit genug* gegangen ist im Angehen gegen die Grenzen des noch Erreichbaren. Der Phänomenologe würde fragen, ob das Instrument der ›freien Variation‹ scharf genug angesetzt worden ist, um das Wesentliche zum Vorschein kommen zu lassen.

Etwas von diesem Wesentlichen könnte der Konflikt sein, der die Gnosis zur Zerspaltung Gottes in den Weltgott und den Heilsgott gezwungen hatte. Es war der manifeste Widerspruch der Gesinnungen, gewiß, aber auch die Scheu vor einer Theologie, die den durch reellen Leidenspreis das Heil gewinnenden und verbergenden Gottessohn als Mittel zum Zweck erniedrigte, statt sich mit der Täuschung der Weltmächte doketisch zu begnügen.

Nun ist *Exotheologie* in der langen Geschichte dieser Grenzgänge und Extremierungsversuche ein ›modern‹ nur anmutendes Stück jener Art von ›Gelegenheitstheologie‹, die sich bei spektakulär gegebenem Anlaß ausbildet: bei Erdbeben und Epidemien, Revolutionen und Legitimitätskrisen, Untergängen und Gründungen aller Art, Phobophonien und Emanzipationen.

Das *post festum* mögliche Interesse an der längst vergessenen *Exotheologie* ist typologischer Art: Wir beobachten, wie eine Disziplin alter Würde, eine Denkform, auf eine Aktualität anspricht und eingeht, als sei sie im souveränen Besitz der Mittel, daraus ›das Beste zu machen‹ für ihre Doppelaufgabe – und wie sie beim Anwendungsversuch der Gegebenheiten ihrer eigenen Grenzgangsunfähigkeit überführt wird, sich ihrer ansichtig macht.

Die Agentur Agence France Press liefert am 12. November 1977, einem Sonnabend, folgende Nachricht: *Irgendwo im außerirdischen Raum leben Menschen, die nie durch einen Sündenfall von Gott getrennt wurden und für die Jesus Christus nicht der Erlöser, sondern ganz einfach ›der Chef‹ ist. Davon ist der Jesuit Domenico Grasso, Theologieprofessor an der Gregorianischen Universität in Rom und seit dreißig Jahren Spezialist für Hypothesen über Leben im All, überzeugt. In einem am Freitag veröffentlichten Beitrag für die Turiner Zeitung »La Stampa« äußerte er den ›innigen Wunsch‹, die Wissenschaft möge seine Überzeugung eines Tages beweisen können.* Das war also in der Ausgabe der Zeitung vom 11. November 1977.

Die vernünftigen Bewohner anderer Himmelskörper waren immer ein Paradestück der Aufklärer. Sie sollten das Monopol des terrestrischen Menschen, das sie vor allem durch die theologische Heilsgeschichte und die in ihr behauptete besondere Aufmerksamkeit Gottes begründet und in Vereinigung mit der Illusionsbereitschaft des Egoismus verstärkt glaubten, wirksam brechen. Dafür fehlte es auch nie an Argumenten einer rationalen Theologie, vor allem diesem: Gott konnte seine Macht und Weisheit nicht in einem bis dahin vor der Vernunft so kläglich versagenden Wesen wie dem Menschen verausgabt haben. Auch die christliche Theologie hatte implizite diesem Einwand durch die Ausbildung der Engellehre Rechnung getragen. Sie waren, insofern sie von den antiken Sphärenbewegern abstammten, durchaus kosmische Intelligenzen von höherer, befriedigender Qualität gewesen.

Die Aufklärer verlangten nur insofern etwas Neues, als sie die Spiritualität jener höheren Wesen nicht gut ertragen konnten. Wenn man sie von der physischen Beschaffenheit des Menschen allzu weit entfernte, entfiel die beunruhigende kritische Wirkung ihrer gelungeneren Vernunftleistungen. Im Gegenteil, sie mußten so menschlich wie möglich und doch so vernünftig wie noch erträglich, wie noch eindrucksvoll, wie noch glaubwürdig sein. Engel und Götter waren daher systemwidrig.

Den Theologen war die Zulassung der Möglichkeit menschenähnlicher Wesen auf anderen Weltkörpern suspekt. Nicht so sehr wegen der dabei verlorengehenden Auszeichnung des Menschen durch die konzentrierte Beachtung Gottes in der Heilsgeschichte, als vielmehr wegen der Kontingenz, die durch die Wahl eines terrestrisch-menschlichen Leibes bei der Inkarnation auf die Gottheit selbst zurückfiel. Hätte sie sich des niederen Organs bedienen dürfen, wenn ihr höhere und würdigere Leiber zur Verfügung gestanden hätten?

Der Gott der Theologie rettet ja den Menschen nicht deshalb, weil er gesündigt und das Paradies verwirkt hat, sondern weil er als das ihm nächststehende seiner Geschöpfe von einzigartigem Wert im Auge Gottes ist. Der Gottessohn wird Mensch, um die Menschen zu erlösen, aber er hätte nicht jedes andere Geschöpf erlöst, das dessen bedürftig geworden wäre.

Die Theologie durfte also auf anderen Gestirnen Kreaturen jeder Art und jeder phantastischen Ausstattung ohne Ärger zulassen, sofern damit nicht die Behauptung verbunden war, dies seien Wesen nach dem Schöpfungskonzept des Menschen. Dann wären sie aus jedem Anteil an der Heilsgeschichte ausgeschlossen, die mit der Einheit des Menschengeschlechts kraft seiner Herkunft von dem paradiesischen Sünderpaar steht und fällt. Diese Einheit war ohnehin durch die barocke Liebhaberei für Präadamiten gestört worden. Deren Vorführung einer unsündigen Menschennatur hatte auf den Doppelungen des biblischen Textes über die Erschaffung des Menschen und über das Auftauchen genealogisch nicht zuordnungsfähiger Typen in jenen Anfängen beruht.

Die neuen Großzügigkeiten, mit denen sich die Theologie den profanen Erwartungen und Vermutungen über fremde Welten zu nähern sucht, bestimmen den Anlauf des vatikanischen Professors, seinen ›innigen Wunsch‹ zu formulieren. Sein Gedankengang dürfte sein, daß es besser ist, die Wahrscheinlichkeit der Existenz intelligenter Wesen auf anderen Sternen in den Grenzen der einen Zulassung zu halten; diese müßten dann jedenfalls auch Menschen sein, damit das Eidos der inkarnationswürdigen Gattung nicht überboten werden könne.

Auf der anderen Seite kann man nicht fordern, sie müßten auch Sünder und damit des Erlösungsanteils an jener Inkarnation bedürftig

sein. Denn diese Annahme würde einschließen, daß die Gattung
Mensch ihrer Natur nach zum Sündenfall bestimmt war und diesem
unausweichlich entgegengehen mußte; das würde jeder Voraussetzung
von Freiheit widersprechen. Im Gegenteil: Wenn der Gottessohn
durch seine terrestrische Menschwerdung ein für allemal geschichtlich
geworden und festgelegt ist, kann er nicht durch einen vergleichbaren
Akt noch andere Sünder auf anderen Gestirnen auf gleiche Weise dem
Unheil entreißen. Da wird es prekär: der Doketismus droht, der alt-
böse Feind des christologischen Realismus als der endgültigen Festna-
gelung der Gottheit an das Kreuz der Menschheit. Also muß der
adamitische Sündenfall im Universum die Ausnahme sein und bleiben. Das ist ein schöner und den verfinsterten Annahmen rigider
Theologien ganz entgegenstehender Zug an dieser Hypothese. Sie
macht den Menschen als solchen nicht zu einem peripheren kosmischen Phänomen wie andere stellare Belebungstheorien. Wohl aber
seinen Vernunftmißbrauch, den Todestrieb seiner übermütigen und
leichtfertigen Dreingabe des Paradieses.
Der theologische Kunstgriff, mit dem all dies möglich wird, ist die
Weiterführung des schon im Mittelalter ansetzenden Versuchs, die
Menschwerdung Gottes nicht nur als Rettungstat zu sehen und sie
damit von dem kontingenten Faktum ablösbar zu machen, daß es die
vom Menschen hergestellte Bedürftigkeit für eine solche Tat überhaupt gab. Gott hätte sich damit in Abhängigkeit von der menschlichen Geschichte begeben, noch bevor er leiblich in sie eintrat. Dem
tritt entgegen das *Theologumenon* von der ewigen Prädestination des
Gottessohnes, erfunden von dem Franziskaner Duns Scotus im frühen 14. Jahrhundert. Danach war Gott zur Annahme der menschlichen Natur allein aus seiner Würdigung dieses eigenen Gedankens
entschlossen, noch bevor ihm der Mensch durch aufsässiges Verhalten
den faktischen Anlaß zu einer Erlösungstat gab, die sich auch noch
anders hätte bewerkstelligen lassen.
Gott hätte die menschliche Natur so konzipiert und ausgestattet, daß
sie seinem ewigen Ratschluß, noch eine andere als die Natur der reinen Spiritualität und Übergröße anzunehmen, das gemäße Vehikel zu
verschaffen vermochte. Es ist nicht primär die Liebe zu diesem Geschöpf, die ihn zur Einigung mit dessen Physis veranlaßt, sondern jene
spekulativ reich durchdachte innergöttliche Liebesbeziehung selbst,
die den Schöpfer des Kosmos darauf sinnen ließ, für seinen eingebo-

renen und vielgeliebten Sohn eine des Eintritts in diesen Kosmos
würdige Zweitnatur vorzusehen. Das ganze Kapitel der Inkarnation
wird so umgebaut zu einem kosmischen Ritual, das wie die endgültige
Abweisung jedes gnostischen Verdachts über den Zwiespalt zwischen
Schöpfung und Erlösung aussieht: Der Urheber des Weltalls läßt seinen Erben in sein Königtum einziehen.

Wie eine letzte, der Terminologie nach schon anachronistisch wirkende Konsequenz der biblischen Messias-Identifikation nimmt es
sich aus, wenn Pius XI. 1925 mit der Enzyklika »Quas primas« ein
neues kirchliches Fest mit dem Titel ›Christus der König‹ stiftet. Genau dies vollendet den Versuch, die Absättigung religiöser Bedürfnisse
durch die christliche Theologie nicht nur auf dem einen Bein des Sün-
dengefühls und der Erlösungsbedürftigkeit stehen zu lassen, ihr dazu
das andere der triumphalen Bestätigung der menschlichen Natur
durch die Inkarnation zu geben.

In dieser Linie steht die Hypothese, die das Mitglied eines immer zu
Erleichterungen der Sündigkeit des Menschen neigenden Ordens in
der Turiner Tageszeitung mitgeteilt hat. Der neue Ausdruck, den alten
›König‹ sich nun gefälligst als ›Chef‹ der nicht erlösungsbedürftigen
stellaren Menschheiten vorzustellen, ermöglicht dessen kosmische
Statthalterschaft. Sünde und Kreuz werden zu peripheren Symptomen
eines kleinen Unfalls der Schöpfung. Der Erbe des davidischen Thro-
nes war beim Einzug in Jerusalem seiner Rolle am nächsten gekommen.

Systematisch integriert ist nun auch alles das, was die kosmische Kommunikation aktuell gemacht hat. Es muß den Menschen reizen, die
Nicht-Sünder seiner Spezies kennenzulernen, vielleicht um sie zu fragen: Wie macht man es, Mensch zu sein und dennoch vernünftig?
Diese Frage könnte die endgültige Vereinigung von Pelagianismus und
Aufklärung bedeuten – vorausgesetzt, daß sie jemals einen Adressaten
fände, an den sie gestellt werden könnte.

Paradoxerweise ist es leichter, Exobiologe zu sein als Exotheologe.
Jener braucht nur zu warten und die Phantasie beflügelt zu halten, um
den Rückmeldungen aus dem Raum in Jahren, Jahrzehnten, Jahrhunderten und Jahrtausenden entgegenzusehen; dieser muß schon jetzt
auf den Konjunktiv der Frage ohne Nachlaß eingehen, was es bedeuten *würde*, wenn die Exobiologie eines Tages Grund bekäme, zur
Exoanthropologie zu werden.

Es gibt aber auch eine Erleichterung. Sie besteht im Schöpfungsbegriff. Für den Biologen gibt es keine Chance, in einer theoretischen Erörterung das Resultat zu erzielen, Entwicklungsprozesse organischer Materie – diese einmal vorausgesetzt – würden auf anderen Weltkörpern zu spezifisch identischen oder auch nur ähnlichen Lösungen führen wie auf der Erde, also letztlich so etwas wie den Menschen hervorbringen. Die Annahme von Lebewesen bedeutet noch nichts im Vergleich zu der Behauptung, dann sei so etwas wie der Mensch unausweichlich.

Der Exotheologe, der die Schwierigkeiten der Heilsgeschichte einmal bewältigt hat, findet mit Leichtigkeit zu der Folgerung, Gott werde sich bei seinen Schöpfungen an den bewährten Fundus und dessen systematisches Kapitalstück hier wie anderswo gehalten haben. Und dann anderswo mit dem Erfolg der Bestätigung des Entwurfs. Man kann sagen, die philosophische Anthropologie habe gerade die genaue Gegenposition erreicht; ihr erscheint der Mensch eher als die für die organische Spezifikation ganz atypische und sackgassenartige Bewältigung einer Krisenlage.

Der schlichte Kantianer hat Schwierigkeiten mit der Wunschinnigkeit des päpstlichen Theologen. In seiner Religionsschrift hatte es Kant für notwendig gehalten, daß der Überanstrengung des moralischen Rigorismus in der christlichen Religion eine Beihilfe zuteil werde. In der historischen Gestalt eines reinen Willens findet das moralische Bewußtsein gegen seine eigene Entmutigung die Versicherung, das Sittengesetz sei auch dem Menschen nicht unerfüllbar. Jesus ist Bestärkung der Moralität durch Anschauung. Aber was erwartet den Kantianer, wenn ›irgendwo im Raum‹ Menschen angetroffen würden, die das Sittengesetz ohne Fehl erfüllen, um in Jesus zwar ›den Chef‹, aber hinsichtlich Sündlosigkeit doch ihresgleichen zu sehen? Die Erfüllung der Hoffnung auf interstellare Kommunikation müßte dem Christentum wie jeder Religion den Garaus machen.

Das platonische Teleskop

Gibt es ein philosophisches Interesse an der Existenz von Bewohnern fremder Welten? Es genügt dazu nicht, daß wir sehr neugierig wären, sie kennenzulernen. Auf der Erde hat sich der Vorrat an Unbekanntem, zumal in der morphologischen Biologie, erschöpft – obwohl Hoffnungen sich noch auf die großen Meerestiefen richten, nachdem die Urwälder nicht hergegeben haben, was man sich von ihnen versprochen hatte.

Schon die Aufklärung hat deutlich gemacht, daß ihre überschwenglichen Erwartungen auf die Existenz fremder Weltwesen nur dann Erfüllung finden könnten, wenn diese Vernunftwesen wären. Das ist fast ein Stück aufgeklärter Geschichtsphilosophie: Die Stadien der Vernunft in anderen Welten wären die Kompensationen dafür, daß die Vernunft auf der Erde gerade dieses faktische Stadium hat, das sowohl der Aufklärung bedürftig gemacht als auch deren Erfolg noch zukünftiger Anstrengung anheimgegeben hatte. Von Vernunftwesen bewohnte Welten würden das ganze Spektrum der Möglichkeiten von Vernünftigkeit offenlegen und dadurch die etwaige Entmutigung der irdischen Geschichte der Vernunft aufheben. Aus den Stücken fremder Welten ließe sich die mögliche Weltgeschichte der Vernunft konstruieren. Statt Hegel ein empirisches Verfahren.

Zunächst war freilich an nichts anderes zu denken, als sich diesen Gedanken der vernünftigen Wesen überall im Universum lebendig zu vergegenwärtigen. Dabei fällt auf, daß am Muster der Organisation der Vernunft in Gestalt des Menschen, mit beiläufigen Varianten, festgehalten wurde. So schlecht die Vernunft im Menschen untergebracht zu sein schien, eine andere Lösung ihrer Realisierung durch ein Lebewesen wurde dadurch nicht nahegelegt. Insofern wurde der platonische Dualismus nicht wiederholt, die Fremdheit der Seele im Leib, sie in diesem eingekerkert und von ihrer erhabensten Bestimmung des Zugangs zur Wahrheit abgeschnitten zu sehen. Das war in der Epoche der Wissenschaft nicht mehr so leicht zu behaupten.

Diese Position wurde glänzend durch die zugleich kulminierende und abschließende Leistung der Aufklärung bestätigt; durch Kants Nachweis, daß die Vernunft nicht wesentlich von ihrer Leibhaftigkeit gestört und eingeschränkt werde, sondern mit der Verlaufsform ihrer eigenen Dialektik, ihre *Ziele* gegen ihre *Möglichkeiten* die Oberhand gewinnen zu lassen, in ihre Aufklärungsbedürftigkeit geraten war. Die Kritik an der Vernunft mußte Kritik der Vernunft durch die Vernunft sein, und dadurch geriet ihre Bindung an die organische Existenz des Menschen aus der uralten Schußlinie der metaphysischen Diskriminierung oder Verdächtigung. Daß sie menschliche Vernunft war, war es nicht, was sie lädiert hatte. Dieses Resultat macht Kants erste »Kritik« zum Schlüsselwerk der Anthropologie, ohne daß dies im geringsten seine Absicht gewesen wäre.

Das folgende Jahrhundert erst sollte mit seinem Hauptgedanken der Evolution der Selbstverständlichkeit den entscheidenden Stoß versetzen, daß Lebewesen in anderen Welten auch nur die geringste Ähnlichkeit mit so etwas wie dem Menschen haben müßten. Folglich würde auch die Vernunft, sofern dort anwesend, sich andersartige Gehäuse und Werkzeuge, Sinnesorgane und Triebenergien zulegen müssen. Selbst gleichartige Aufgaben wie die der Fortpflanzung und des Stoffwechsels würden gar nicht vorstellbare andersartige Lösungen finden können.

Der Phantasie waren keine Grenzen mehr gesetzt. Aber damit war auch das philosophische Interesse an einer den Kosmos umspannenden Konkurrenz der Vernunftwesen problematisch geworden. Davon schlug etwas auf die Selbstbetrachtung des Menschen zurück, was erst mit großer Verspätung seine Disziplin der Philosophischen Anthropologie durchdringen sollte: Es war fraglich geworden, ob es so etwas wie das ›Wesen‹ des Menschen überhaupt gäbe, wenn er doch nur ein zufälliges Produkt der Evolution und eine der unendlich vielen möglichen Lösungen der Grundausstattung alles Lebens zur Selbsterhaltung sein sollte. Für den Menschen galt eben nicht die schöne Zuversicht der Philosophie, die für den Satz vom ausgeschlossenen Dritten oder für Sätze über Winkelsummen in Dreiecken annehmen ließ, daß sie in allen Welten wahr wären. Man wird darüber streiten dürfen, ob die aus derselben Prämisse hervorgehende und schnell hypertrophierende Gattung »Science Fiction« ein tröstender Ausgleich für den Verlust geworden ist, den Menschen nicht mehr als Normalfall kosmischer Bewohnerschaft ansehen zu dürfen.

Damit hätte jede Philosophie ihr Interesse an den Bewohnern fremder

Welten verloren haben müssen. Nicht einmal die Anthropologie
würde etwas von ihnen oder durch sie lernen können. Man kann das
als eine Spielart des metaphysischen Pessimismus, die kosmologisch-
anthropologische, bezeichnen. Diesen Pessimismus macht zunächst
aus, daß Bewohnbarkeit und Bewohntheit nicht mehr als Grundbe-
stimmung des Universums gesehen werden müssen, vielmehr bloße
Fragen der Wahrscheinlichkeit von Lebensbedingungen aufwerfen;
dann aber läßt er auch den Menschen, wie er ist, als ›Fall‹ eines Be-
wohners dieses beliebigen Weltkörpers erscheinen – eine Spezialität
unter den außerordentlichen Bedingungen der Erde und unter deren
Spezialitäten wiederum die am wenigsten folgerichtig aus der Eigenart
des Lebens hervorgehende.

Die eigentümliche Konsequenz dieser Überlegungen ist, daß das philosophische Interesse an Bewohnern fremder Welten am besten ge-
deiht, wenn ein gehöriger Schuß Platonismus zugegeben werden
kann. Wenn der Mensch auf einer zeitlosen *Idee* der Ausformung
vernünftiger Leiblichkeit beruht – also der Platonismus befreit ist von
der Besonderheit seines Leib-Seele-Dualismus –, dann kann bei gege-
bener Unwahrscheinlichkeit für das Vorkommen von Leben irgendwo
im Weltall auch das menschenähnlicher Wesen angenommen werden.

Bei so großer Annäherung in der Klassifikation hängt nun allerdings
das philosophische Interesse gänzlich an der Frage, welchen Punkt
ihrer vernünftigen Geschichte jene Weltwesen erreicht hätten, wenn
sie uns etwa durch die flüchtigste ausgestrahlte Nachricht wenigstens
dessen versichern könnten, daß so etwas wie eine ›Menschheit‹ trotz
ihrer riskanten Beschaffenheit eine längere Geschichte haben kann, als
sie die tellurische Menschheit bisher zustande gebracht hat oder noch
zu haben befürchtet – eine Geschichte ohne Apokalypse.

Zumindest seiner Dauerhaftigkeit nach scheint der Mensch das Resultat eines von der Natur mit der Evolution eingegangenen hohen
Risikos bei ungewisser Konsolidierung zu sein. So überrascht es nicht,
daß er sich hinsichtlich der in seiner Geschichte auftauchenden Drohungen dessen versichern möchte, was in deren Überwindung als
Chance für ihn steckt, sofern dazu eine kosmische Kommunikation
Aufschluß geben sollte. Mit dem Menschen hat es sich die Natur so
schwer gemacht, daß sie entweder *in ihm* das Ende ihrer Absichten
wird einräumen müssen oder *durch ihn der helle und herrliche* Aus-

weg *aus der Sackgasse* gefunden werden kann. So jedenfalls wollte es noch der späte Max Scheler gesehen wissen.[3]

Da wird vollends deutlich, weshalb sich die Philosophische Anthropologie noch in der Blüte der zwanziger Jahre unseres Jahrhunderts die Erreichung ihrer Absichten so sehr erschwerte, indem sie an der klassischen Fragestellung *Was ist der Mensch?* hartnäckig festhielt. Die Natur sollte den Menschen hervorgebracht haben mit der einzigen Auflage seiner Existenz, sich ihr zu entziehen. Nur unter Annahme von so etwas wie einer *Wesensidee des Menschen* kann in ihm die Erfüllung der verborgensten Bedürfnisse alles Seienden noch gesehen werden, Erfüllung insofern, als hier die Natur selbst ihre rüden Bedingungen durchbricht, ein Wesen des Selbstentzugs hervorbringt, das bei Scheler der *Asket des Lebens* heißt.

Der Absolutismus des Wesens distanziert sich vom Relativismus der Natur. Scheler hat den kosmischen Universalismus der Anthropologie in einer Anmerkung zu seinem Vortrag von 1925 »Die Formen des Wissens und der Bildung« herausgetrieben, den er in seine letzte noch von ihm verantwortete Schrift »Philosophische Weltanschauung« (Bonn 1929) aufgenommen hat: *Schon der irdische Mensch ist im möglichen Unterschied von Menschen, die auf anderen, in ihrer chemisch-physikalischen Konstitution etwa verschieden zusammengesetzten Sternkörpern leben, im Verhältnis zur Idee des Menschen nur ein spezieller Fall.*[4] Die Verwesentlichung des Menschen spricht sogar für den Pluralismus seiner Evolutionsstränge auf der Erde selbst: *Es gibt keine ›Gleichförmigkeit der Menschennatur‹ im empirisch psychologischen, biologischen und historischen Sinn.*

Welcher platonische Triumph: selbst voneinander unabhängige Linien der biologischen Evolution würden am Ende immer wieder den einen Menschen hervorgehen lassen, dabei unter Vermeidung von Gleichförmigkeit. Diese Absicherung gegen alle Eventualitäten und Faktizitäten der positiven Forschung liegt im Essentiellen und tritt als Vorzug einer Theorie zutage, die weiter nach dem ›Wesen‹ des Menschen fragen zu können glaubt. Mehr als das. Indem sie nach dem Wesen des Menschen fragt, übt sie den Vorzug dieses Wesens selbst in höchster Reindarstellung aus: Wesenserschauer zu sein. Der zu *sein*, als den er

---

3 Max Scheler, Gesammelte Werke Band IX, Bern 1976, 96.
4 Scheler, IX, 96 Anmerkung 2.

sich *erkennt*, fällt mit dem Augenblick dieser Erkenntnis zusammen, *macht* diese wahr.

Nun ist die Erkenntnis eines Wesenserschauers zwar auf der Erde gewonnen und steht auf irdischem Papier gedruckt – zumindest ihr Programm; aber die Rede von der möglichen Vielfältigkeit der Entwicklungsstränge zum Menschen hin impliziert schon, daß es auch andernorts Evolutionen geben kann, und das mit keinem anderen als demselben Endprodukt. Nichts anderes als diese Universalität im Wortsinn für das Universum besagt der Satz, Wesensontologie sei *auch für die unerfahrbare Realität gültiges Wissen.*[5] Sie bietet ein philosophisches Teleskop an, mittels dessen man etwas über die Bewohner fremder Welten wissen kann, mögen sie auch lange ausgestorben oder erst auf dem Weg ihrer Entwicklung sein. Sie wären nicht das gänzlich Unbekannte. Falls es sie jemals irgendwo geben sollte – denn das garantiert keine Wesenserschauung.

5 Scheler, XI, 49.

Hoffnung auf andere Andere ohne Furcht vor ihnen?

Kann es eine Ethik geben, wenn es außer mir kein Lebewesen gibt?
Eine Frage, die sich Wittgenstein in seinem Kriegstagebuch stellt und
bedingt mit Ja beantwortet: Wenn die Ethik *etwas Grundlegendes* sein
solle, müsse sie diese Unabhängigkeit von der Existenz anderer haben.
Das konvergiert mit Kants Annahme, daß es Pflichten gegen sich
selbst gibt und daß die Wahl der ethischen Maxime überhaupt unabhängig von irgend einem Faktum erfolgen müsse. Aber stimmt das
auch, wenn doch das *Du sollst* selbst ein Faktum der Vernunft ist?
Mindestens gleichrangig ist die Frage, in welcher Weise die ethische
Qualität von der Existenz anderer abhängt. Die Pflichten gegen sich
selbst geben wenig Gelegenheit, gut oder böse zu sein. Auch Wittgenstein kennt sie. Für ihn ist die Unerlaubtheit des Selbstmords der
ethische Grundsachverhalt: es wäre überhaupt nichts unerlaubt, wenn
der Selbstmord erlaubt wäre. Zweifellos sind es aber die anderen, die
dem ethischen Subjekt die Unterwerfung unter das Sittengesetz erleichtern oder erschweren, auch wenn diese kein bedingter Akt sein
kann. Darauf beruht die Annahme des sittlichen Fortschreitens unter
dem Postulat der Unsterblichkeit: in anderen Welten unter besseren
Anderen kann man leichter besser sein.
Dieser Grundgedanke steckt, auch ohne metaphysische Postulate und
Erwartungen, in der Annahme, unter schlechten Bedingungen lasse
sich nicht gut sein – und schlechte Bedingungen, das seien zumal die
Anderen. Fände man eine Welt von anderen Anderen, so würde man
mit größerer Leichtigkeit sein eigenes Gutseinwollen verwirklichen
können.
Mit den Bewohnern ferner Sterne Verbindung aufzunehmen, hat etwas von diesem Antrieb, sich des Besserseinkönnens der Anderen und
damit des eigenen unter deren Bedingungen zu vergewissern. Kant
hatte seiner Religionsphilosophie den Gedanken zugrundegelegt, die
Heiligkeit Gottes genüge in ihrer reinen Unbedingtheit vielleicht noch
nicht, den Menschen von seinem Gutseinkönnen zu überzeugen, weshalb denn ein Mensch reinsten Willens unvergleichlich viel bedeuten
müsse. Als dieser Mensch Jesus sich historisch verundeutlichte, zur
Legende wurde, lag es ganz nahe, die Suche nach den reineren Mög-

lichkeiten des Willens auf andere Welten zu richten. Was würde es
bedeuten zu erfahren, daß es Vernunftwesen gebe, die ihre vernünftige
Selbsterhaltung ohne die Begleiterscheinungen des blutigen Kampfes
um die Subsistenzmittel betreiben konnten? Solon hatte bei seiner
Gesetzgebung für Athen den Vatermord nicht auf seinen Tafeln erwähnt; man hielt ihm das als Versäumnis vor, und er erwiderte, er
habe ihn nicht für möglich gehalten. Inzwischen gehört er zur Grundausstattung der menschlichen Seelengeschichte, zur Urgeschichte der
sexuellen Rivalität zwischen dem Hordenvater und seinen Söhnen,
zur Individualwunschgeschichte des Individuums, bezeugt durch
seine Träume. Wo im Weltall ließe sich von Vatermordwünschen freies
Träumen erfahren? Von Sexualität ohne Rivalität? Würden wir uns
entschlossener befreien können von tödlichen Wünschen, wenn es mit
Gewißheit in anderen Welten solche anderen Anderen gäbe?
Dieses heimliche Vertrauen bleibt. Wie es Heilige gegeben haben
mochte, die der Gedanke an den historischen Jesus, an die leibgewor-
dene Heiligkeit, in ihrer *Imitatio Christi* stark genug machte, das
Mögliche wirklich werden zu lassen – könnte auch die Gewißheit
jener Welten, von deren Bewohnern sich die Satire der Aufklärung vor
allem Spott und Hohn über die Torheit des Menschen erwartete, eine
Art moralischer Missionierung des tellurischen Kannibalenlandes zur
Folge haben? Es gibt zweifellos eine geheime Moralistik der Astronautik, zumal ihrer Visionäre, von der man nur nicht genau weiß,
wieviel Werbeeffekt für überteure Projekte darin stecken mag. Zu selten – oder: gar nicht? – wird daran gedacht, welche Freisprechungen
sich der irdische Mensch einholen könnte, wenn er erführe, die Vernunftwesen auf anderen Sternen hätten es auch nicht besser geschafft,
durch ihre organische Evolution durchzukommen und zu werden,
was sie sind.
Die Ernstmacher, die sich nichts erzählen lassen wollen, weil es dazu
nun zu spät sei, und die Großinquisitoren fürs genau richtig Sagbare
werden den Scherz verachten, mit dem die Disziplin »Astronoetik«
zustande kam, als gerade der Sputnik aus dem Orbit piepte – was
alsbald im Sputnik-Schock zum Gellen in den Ohren wurde, zuerst in
Amerika, dann auch in der Bundesrepublik, die plötzlich ihren Forschungsrückstand entdeckte und mit langfristig folgenreichen Kraft-
akten aufzuholen unternahm.

VI. Unter dem Mond

Abnehmender Mond

Ernst Wilhelm von Brücke, Neurophysiologe und Lehrer Freuds, ist dadurch unsterblich geworden, daß der Schüler vom Lehrer geträumt hat. Brücke war fast ein Jahrzehnt tot, als die »Traumdeutung« erschien und ihre urstiftende Bedeutung für die Psychoanalyse gerade an dem Traum demonstrierte, der Brücke als deren Initiator einführt: *Der alte Brücke muß mir irgendeine Aufgabe gestellt haben; sonderbar genug bezieht sie sich auf Präparation meines eigenen Untergestells...* Nur den oberflächlichen Leser Freuds kann verwundert haben, daß er bei der kunstgerechten Ausweidung des eigenen Beckens nicht den kürzesten Weg zum Kardinalthema geht, vielmehr die Reflexivität des Träumers gegen den eigenen Leib ganz auf die Sonderbarkeit bezieht, die unvermeidlich am Anfang des neuen Verfahrens stehen mußte: *Die Präparation am eigenen Leib, die mir im Traum aufgetragen wird, ist also die mit der Mitteilung der Träume verbundene Selbstanalyse.* Freud ist nüchtern und vorsichtig genug, diesen Traum mit der Untertreibung zu behandeln, ihm keine legitimierende Bedeutung für das der Theorie nach schier unmögliche Unterfangen zuzuschreiben.

Im Geheiß des alten Lehrers selbst liegt die Metapher für das Unmögliche: die Selbstpräparation. Wichtiger ist, daß der Lehrer noch zu Lebzeiten getan hatte, was er durch den Traum wieder tun sollte: Entmutigung und Liegenlassen der Entdeckung zu verhindern. Der alte Brücke komme im Traum, schreibt Freud, mit Recht hinzu, denn schon in den ersten Jahren wissenschaftlicher Arbeit habe es sich ergeben, *daß ich einen Fund liegenließ, bis sein energischer Auftrag mich zur Veröffentlichung zwang.* Der Leser als Deuter der Deutung hat es nicht schwer, in der Figur Brückes den Energiespender wahrzunehmen, der durch keine göttliche oder dämonische Inspiration mehr vertreten werden konnte.

Drei Jahre bevor Freud geboren wurde, am 8. November 1853, führte Ernst Wilhelm Brücke einen Freund durch das neuerbaute Irrenhaus der Stadt Wien. Der Freund notierte sich dazu: *Grauenvoll: Massen von Wahnsinnigen zu sehen, denn dadurch wird das Unnormale scheinbar wieder normal.* Mit Staunen sieht der Besucher im Korridor

der Anstalt, wie ein Insasse einen anderen rasiert; verblüfft ist er durch
die banale Bemerkung des Arztes, auch er selbst bediene sich seiner.

Der Freund des jungen Irrenarztes Brücke verdient unsere Beachtung
wegen einer Duplizität, die erneut mit Freuds Worten ›sonderbar genug‹ genannt zu werden verdient: Auch er träumte von Brücke und
zeigt uns diesen als einen Mann, von dem offenbar gut zu träumen
war. Friedrich Hebbel, der dieser Freund war und aus dessen Tagebuch wir die Beziehung kennen, gibt auch einen deutlichen Hinweis
darauf, was Brücke so disponiert für Träume und zumal für solche
vom Absurditätsgrad des Selbstpräparationsbefehls machte: Er war
ein Liebhaber paranoider Pointen. Er habe einmal erzählt, so berichtet
Hebbel, wie man darüber stritt, ob der Mond bevölkert sei; ein kroati-
scher Arzt habe dazwischengerufen: *Was bevölkert, wenn Mond
abnimmt, wo bliebe wohl Bevölkerung?*

Man wird die Differenz zu beachten haben zwischen der Absicht, in
der dies erzählt worden sein mag, und der, in welcher es notiert
wurde. Der Mediziner, der wenig Sinn für den ›Sinn‹ der an seinen
Objekten auftretenden Phänomene hatte, wird die Anekdote als ›Fall‹
von unaufgeklärter balkanischer Rückständigkeit inmitten einer zumindest wissenschaftlich angehauchten Diskussion eines für Zeitgenossen ernstlichen Problems vorgebracht haben: So hinter dem Mond
konnte man noch in diesem Jahrhundert über die Natur des Mondes
sein!

Hebbel notiert sich das nicht als Irrenwitz. Seine Sympathie ist auf der
Seite des Zwischenrufers. Denn dessen Einwurf ist von unzweifelhaf-
ter ästhetischer Anmut. Man fühlt die Unkenntnis beneidet um ihre
Freiheit, sich noch einer Vorstellung von solcher Bildkräftigkeit zu
bedienen, um eine Behauptung ad absurdum zu führen: Imaginäre
Völkerschaften am Rand des dahinschmelzenden Mondes, flüchtend
vor seinem Schwund und zusammengedrängt auf dem immer engeren
Raum des sichelhaften Restes, um schließlich im Nichts zu verschwinden – weshalb sie denn auch ins Nichts gehören. Was so regelmäßig
am Überleben gehindert würde, kann nicht existieren. Kein gutes Argument?

Merkwürdig ist, daß Hebbel in seinen »Wiener Briefen« an die »Augs-
burger Allgemeine Zeitung« eine ähnliche Geschichte von einem
ungarischen Astronomen berichtet, die in Wien – wo man sich gern

über die zurückgebliebenen Völker des Reiches lustig machte – im Umlauf gewesen sein soll. Bei einem gelehrten Disput über die Phasen des Mondes hätte dieser Astronom deren bloße Scheinbarkeit ernsthaft begründen zu müssen geglaubt und zu diesem Zweck auf die Mondbewohner zurückgegriffen. Wären die Veränderungen des Mondes nicht nur Schein, sondern reelles Schwinden und Wiederkehren seiner Substanz, hätte dies zur Folge, daß Mondbewohner bei abnehmendem Mond *nicht wissen würden, wohin sie sich retirieren sollten.* Sicher gab es solche Geschichten, die das Lachhafte aus der Kollision von Fortschritt und Rückständigkeit produzierten, in vielen Varianten. Dennoch lohnt es sich zu überlegen, weshalb die ungarische Variante so viel schlechter ist als die kroatische. Da kommt nämlich eine ästhetische Komponente hinein. Der ungarische Astronom setzt die Bevölkerung des Mondes voraus und macht zu ihrer Existenzbedingung die bloße Scheinbarkeit der Mondphasen, deren er aus seiner Wissenschaft ohnehin sicher ist; der kroatische Arzt bestreitet im Gegenteil die Mondbewohnerschaft mit dem Einwurf, sie werde durch die Realität der Veränderungen des Mondes unmöglich gemacht. Den Schein als das Wirkliche zu nehmen, ist die ästhetisch genußvollere Option, statt zur Verteidigung der Scheinhaftigkeit eine hypothetische Realität zu benötigen. Der kroatische Arzt sieht eine monatliche lunare Tragödie vor sich. Deren Paradox ist, daß sie selbst die Bedingung der Möglichkeit ihrer Wiederholung aufhebt.

An dieser Rückbezüglichkeit der Vorstellung auf die Bedingungen ihrer Durchführung muß der Mann größeres Gefallen gefunden haben, von dem sich träumen ließ, er habe das Geheiß zur Präparation des eigenen Beckens und damit metaphorisch zur Begründung der Psychoanalyse durch Selbstanalyse gegeben.

Jeder andere Traumdeuter hätte die tödliche Zumutung der Selbstpräparation als Warnung genommen, die Selbstanalyse zu unternehmen – dann aber auch nicht die Autorität des meistbewunderten Lehrers hereingezogen, dessen Benennung von artistischer Umständlichkeit war: über das zerknüllte Silberpapier unter der organischen Ausbeute des Beckens. Die hermeneutische Kette läuft am Leitfaden der Assoziationen der Bezeichnung ›Stanniol‹, die an den Autor einer klassisch gewordenen Abhandlung über das Nervensystem der Fische namens *Stannius* erinnert, zum Herrn des physiologischen Laboratoriums, in

dem auch Freud am Nervensystem von Fischen, und zwar an den
›Nervenwurzeln‹ von Ammocoetus, gearbeitet hatte – unter dem Pa-
tronat eines *ermunternden* Brücke, der die von Freud noch für
unfertig gehaltenen Ergebnisse der Wiener Akademie 1877 vorgelegt
hatte. Auf einer Wörter-›Brücke‹ also war Freud zur Legalisierung des
Unmöglichen gelangt.

Im Gegensatz zur physiologischen Präparation von Nervenwurzeln
primitiver Fische, die mit deren Tötung verbunden war, ließ die
Selbstanalyse ihr ›Objekt‹ am Leben, auch wenn sie dessen Herzsym-
ptome nicht beheben konnte – der Tod sollte hinterhältiger und
unerkannter kommen. Der Selbstanalytiker besaß von seinem Meister
Brücke eine Art ›Garantie‹ für das Überleben des schematisch vorzu-
stellenden ›psychischen Apparats‹: die *Konstanz der Energie*, sofern
trotz der Mannigfaltigkeit ihrer Erscheinungen eine letzte Einheit erwiesen werden konnte.

Brücke, in Berlin geboren und mit dem physiologischen Physikalismus von Helmholtz so eng verbunden, daß er als dessen Repräsentant
in Wien angesehen wurde, verhalf Freud zum wichtigsten Kriterium
seiner ›Psychologie‹: dem der Einheit der Triebe in ihrem sexuellen
Substrat als *Libido*. Diese homogene Qualität brachte sowohl den
Vorteil des ersten Hauptsatzes der Thermodynamik als auch die Beweislast, in allen einschlägigen Phänomenen nur die ›Symptome‹ für
Wege und Umwege, Blockaden und Verdrängungen jener Energie zu
sehen. Der energetische Monismus der seit 1890 so heißenden
›Psychoanalyse‹ war Brückes Vermächtnis. Hätte Freud bei der Deu-
tung des Brücke-Traums daran gedacht, daß es für jeden Physikalis-
mus noch einen zweiten energetischen Hauptsatz, den von der
›Verschlechterung‹ jedes energetischen Systems über die Entropie des
Wärmeanteils, gab – für das ›Leben‹ also des Hauptprodukts des
Stoffwechsels –, wäre ihm die Unausweichlichkeit drohend geworden,
die *Entropie* der psychischen Energie ins Auge zu fassen, die ihn zwei
Jahrzehnte nach der »Traumdeutung« ins *Jenseits des Lustprinzips*
zwingen sollte: zum *Todestrieb*.

Da erst war ihm Brückes Erbe vollends gegenwärtig geworden: Der
Traum enthielt schon die Drohung des ›abnehmenden Mondes‹, der
Symmetrie von Komposition und Destruktion, die Zweideutigkeit alles Lebens als des Umtreibens *und* Verschlingens von *Libido*. Eine
nochmalige Deutung jenes initiierenden Traumes wäre fällig gewesen.

Hatte bei der ersten der ›Fremdkörper‹ des Stanniols zur Autorität des Berliner Physikalismus für die Konstanz der psychischen Energie den Weg gewiesen, so hätte bei der zweiten dieser ›Fremdkörper‹ zur Metapher des Todestriebs inmitten der sexuellen Region hingeführt: das Anorganische als die Pointe des Lebens, die Vollendung seines Abweges von der nur im Schlaf ›erlebten‹ Vollbefriedigung des Unbewußten als des noch nicht oder nicht mehr um sich und aus sich Beunruhigten – als ginge es um jene Sorge des Daseins, dem es in einer Sprache, die nicht die Sigmund Freuds sein würde, ›um das eigene Sein‹ zu tun ist. ›Trieb‹ – also auch fürs Bewußtsein immer ›Wunsch‹ – kann die Rückkehr zum Anorganischen, kann das ›Sein zum Tode‹ nur sein, weil es darin eine Unterbrechung seiner energetischen Unruhe beendet und die mit dem Leben kontaminierte Welt (der Physik) wieder ›zu sich selbst‹ kommt. Im »Brücke-Traum« war die Triebkoppelung mit dem Todesprinzip präformiert wie in den aufsteigenden Phasen des Mondes die absteigenden – und der nicht zufällig schon aus dem Totenreich in den Traum eindringende Meister Brücke als der Mann stigmatisiert, der mit dem Tode, mit der anorganischen Befriedung des Lebens vertraut war.

Als solchen kennen wir ihn genauer über Friedrich Hebbel, der ein Fremder in Wien war wie Brücke, der Wesselburener Teutone mehr noch als der auf urbane Weltläufigkeit eingespielte Berliner. In Wien ein Fremder – das muß eine schicksalhafte Determinante gewesen sein, fatal im extremen Fall dessen, der dort seinen Haß erlernte; für Hebbel und Brücke war es die Bedingung einer Freundschaft, die in der Intimität zum Tod ihre Entelechie hatte. Hebbel mochte von Brücke vor allem zu wissen erwarten, wie es in ihm zuging, wenn im Gelingen oder Versagen jener ›Apparat‹ sich bemerkbar machte, unter dessen vermeintlichen ›Launen‹ Hebbel litt. Am 27. Oktober 1856 notiert er im Tagebuch: *Recht unwohl. Aber ich mache die alte Erfahrung: das nützt der Arbeit. Nie blitzte das Gehirn mir mehr, wie heut. Seltsam; Brücke zu fragen.*[1] *Brücke fragen,* das war bis zur letzten Todesnacht ein Lebensmotto. Brücke, der als ›theoretischer‹ Mediziner keine Arztpraxis versah, war es doch, der Friedrich und Christine im März 1858 zum zweiten Mal impfte: *Brücke war so freundlich.*[2]

---

1 Friedrich Hebbel, Werke Band V. München 1967, 214.
2 Hebbel, Werke V, 242.

Aber Brücke war der Todesmann schon in der Nacht vor dem 26. Februar 1861 in einem Traum Christines: Sie war krank gewesen und wurde von Brücke an der Hand geführt, doch ließ der sie plötzlich los, und sie wäre gefallen, hätte nicht das (längst betrauerte) Hündchen Sindsal ihr die Pfote zur Stützung gereicht. Hebbel nennt diesen Traum *tief poetisch* – zu *deuten* gab es daran noch nichts, und Hebbel wird nichts mehr von dem Mann erfahren, der daran etwas hätte deuten können.[3] Kaum drei Jahre später wird es Brücke, der Mann des ›abnehmenden‹ Mondes, sein, der den Freund in einer Unwetternacht nicht mehr im Leben festhalten kann. Dadurch kennen wir sein Potential für das Todesprinzip mehr als ein halbes Jahrhundert später.

Brücke selbst hat Emil Kuh, Hebbels Biographen, vom Beginn der Freundschaft (1853) mit dem Dramatiker berichtet. Er habe bald gesehen, daß die *lebhafte Freundlichkeit* einer unstillbaren Neugierde entsprang: *Hebbel, der sich soviel und so ernsthaft mit dem Seelenleben des Menschen beschäftigte, wünschte auch einen Blick zu tun in die mechanische Werkstatt, in welcher der Faden des Lebens gesponnen wird.* Die Bindung der ›Seele‹ an den Mechanismus, was sie zum ›Apparat‹ macht, ist schon für diese Jahrhundertmitte die Formel, die Brücke aus Berlin (und Königsberg) mitgebracht hatte. So führte er den Wißbegierigen in *das berühmte Josefinische Kabinett von anatomischen Wachspräparaten*, anschließend an das Mikroskop, unter dem sich die Präparate ins Subtilste auflösten, feinste Fäden aus noch feineren. Hebbel soll begriffen haben, daß man hier nur begreifen konnte, wenn man nichts anderes zu begreifen begehrte: die forscherische Energie, den theoretischen Absolutismus. Er begriff Freud, lange bevor dieser dort saß. Die *aufrichtige und ungetrübte Freundschaft*, die auch für Brücke bedeutsam gewesen sein muß, konnte gerade noch ein Jahrzehnt dauern, bis Brücke *die Nachtwache übernahm*, nach der es keinen Tag mehr gab.

Brücke war nicht der Arzt mit dem neueren Wahn der nackten, brutalen Wahrheit für des Patienten Einstellung aufs Äußerste. Als Hebbel in der Todesnacht den Freund fragte: *Geben Sie mir Hand und Ehrenwort, daß ich noch leben werde?*, gab Brücke ihm die Hand – er durfte die latente Wahrheit höherer Ordnung für sich okkupieren, daß

---

3 Hebbel, Werke V, 287.

bei diesem Sterbenden der Tod ein Leben eröffnete, das der entropischen Hinfälligkeit entzogen sein würde. Auf die Frage »*Ist es aus mit mir?*«, wurde ihm die Krise nicht verhehlt. Er wollte allein sein und schellte dann der Magd, die ihm ein Päckchen auf dem Schreibtisch holen sollte. Mit lauter Stimme befahl er ihr, das in den Abort zu werfen und mit viel Wasser zu verspülen. Als sie zurückkam, *sah er das Mädchen mit erschreckend aufgerissenen Augen an und rief: »Du hast doch nach meinem Befehle getan? Es wäre zu feig gewesen!«.* Zwanzig Jahre später hat Christine preisgegeben, daß er für diese Stunde Gift bereitgehalten hatte. Wie war er daran gekommen?

Jeder Zweifel, daß auch hier der Freund die ›Brücke‹ vom Leben zum Tod vorbereitet hatte, wird durch Hebbels Brief vom 6. August 1863, nur Monate vor dem Ende also, behoben. Aus Gmunden schreibt Hebbel an Brücke: *Unsere Altvordern wußten wohl, was sie taten, wenn sie das Licht zur rechten Zeit ausbliesen...* Brücke wird den Weg gefunden haben, indirekt zu tun, was der Arzt direkt nicht tun darf.

Wer könnte an dieser Stelle vergessen – wenn er es einmal wußte –, daß des Brücke-Träumers Arzt Max Schur, von dem unerträglich Leidenden an einen alten Pakt erinnert, im Zwölfstundenabstand Hundertstelgramm Morphium injizierte? Freud durfte im Schlaf, nahe dem Naturzustand der Natur, sterben. *Was in dem Schlaf für Träume kommen mögen?* Welcher auch – keine Deutung mehr.

Der Mond von einst war runder

Daß der Mond im Wechsel seiner Erscheinungen immer derselbe bleibt, nicht als der eine verschlungen und als der andere geboren wird, ist der mythischen Weltansicht nicht selbstverständlich. Das ist zwar aus dem theoretischen Aspekt ihre Schwäche, weil unter diesem keine Konstante im Erscheinungswandel vernachlässigt werden darf; doch ist es in anderer Weise eine der Bestärkungen des Weltvertrauens, auf die der Mythos tendiert, daß auch im äußersten Umbruch, im Verlust der Identität, ein dann erst als erstaunlich wirkendes Maß an Gleichheit der Gestalt und Geschichte ›gezeigt‹ werden kann. Darin ist der Mythos dem Platonismus an Wirkungskraft nahe, daß es den Vorbehalt des Chaos, der *Hyle*, des Raumes gegenüber der Urbildlichkeit der Ideen nicht mehr geben kann. Was auch immer zustande kommt, so bei Plato, ob Welten oder Wesen, es kommt auf dasselbe hinaus, was nur Vervielfachung einer Ureinheit im Kosmos des Denkbaren ist.

Die Erinnerung an das Gewesene und die Erwartung auf das Kommende treten in ihrer Verläßlichkeit reiner zutage, wenn die *Hyle* immer wieder zur Form gebracht, die *Ananke* zum Kosmos ›überredet‹ werden kann, wie im platonischen Dialog »Timaios«. Doch da sind die Himmelskörper schon ausgezeichnete Repräsentanten von Identität. Nicht von Gestalttreue. Denn der Mond ist der einzige Himmelskörper, der für das bloße Auge so etwas wie ›Gestalt‹ (*eidos*) hat. Er hat eine Physiognomie, ein ›Gesicht‹, wie es Plutarch im Traktat »De facie in orbe lunae« behandelt.

Wenn der Mond, in entmythisierter Ernüchterung, kein Gesicht mehr haben konnte, behielt er doch etwas Landschaftliches, auch ohne alle Spekulationen über erdähnliche Meere und Wälder. Er war landschaftlich, und er ging ein in die Landschaften, die – wenn es diesen Komparativ geben darf – erlebbarer wurden im Maße ihrer Ästhetisierung und der ihr mitgängigen Beschreibbarkeit. Die aufgehende Sonne lenkt den Blick von sich weg auf das, was sie im Licht erscheinen läßt; sie ist Bedingung, nicht Bestandteil des Erlebbaren. Der Mond ist homogen mit dem Sichtbaren auch dann, wenn er die Lichtquelle der ›Mondnächte‹ als besonderer Erlebnisräume geworden ist:

ein Kumpan des einsamen Zechers, ein Komplize des Verführers, ein bleicher Geselle des Todes.

Immer fällt es uns schwer, in solchen Verhältnissen von Vertrautheit und Vertraulichkeit die ersten Haarrisse künftiger Brüche und Mißtraulichkeiten wahrzunehmen. Es ist auf den ersten Blick schwer, dem Vers Paul Celans zuzustimmen oder nur auf ihn einzugehen: *Der Mond von einst war runder* – und doch zweifelt man alsbald gar nicht, daß daran etwas Wahres ist. Wo beginnt es? Ich meine, man hat den zwar schlichten, aber doch auch befremdlichen Befund zu wenig beachtet, daß die physiognomische Konstanz als Bedingung jener Vertrautheit des Landschaftsmondes auf einer ›Anomalie‹ beruht, die wir zwar längst durch Wissen angeeignet und erklärt haben, die aber doch alles andere als sich von selber verstehend geblieben ist: das Faktum, daß der Mond uns immer dieselbe Seite zukehrt.

Er ist gleichsam erstarrt in einer Gezeitenattitüde infolge der übermächtig ihn auf sich fixierenden Erdmasse, die seine Eigendrehung irgendwann zum Stillstand gebracht, das heißt: mit der Tagesdrehung der Erde synchronisiert hat. Der Mond wird ja, sofern er nur Zeit genug hat, seinerseits die Rotation der Erde zum Stehen bringen, ihrem 24 Stunden-Tag in jeweils 200 Jahrmillionen eine Stunde hinzufügen. Kosmogonisch gesprochen, ist der Mond eben nicht mehr ›rund genug‹, um seinen Eigensinn an Umdrehung gegenüber der Erde zu behaupten: Er ist auch in diesem Sinne der Verformung ›Trabant‹ der Erde, ihr Domestik und darin unser aller Hausgenosse.

Als Anomalie war die Ständigkeit der Erdzuwendung des Mondes weder der antiken noch der frühkopernikanischen Astronomie aufgegangen. Der Mond war auf seiner Sphärenschale so befestigt, daß er deren Umschwung mitmachte, ohne sich selbst bewegen zu müssen. Die Starrheit war nicht Resultat eines langen Prozesses, sondern in der ›Mechanik‹ der Himmelskonstruktion gegeben. Erst als frei im Raum um die ihrerseits die Sonne umkreisende Erde rotierender Körper verliert der Mond die Fraglosigkeit seines Erdgesichts und nimmt eine komplizierte Koordinationsbewegung an, die dem teleologischen Weltbegriff durchaus als zweckgemäßer ›Ausdruck‹ seiner Dienstbarkeit erscheinen konnte, passend in ein Universum der ›prästabilierten Harmonie‹.

Daß die Erde ihren Mond hatte verformen können, um ihn sich zur vertrauten Beständigkeit zuzuwenden, setzte dieselbe kosmogonische

Annahme der ›Plastizität‹ voraus, die nach Newton für die Erde gemacht werden mußte, als ihre ›Abplattung‹ durch Meridianvermessungen in Lappland und Peru – einer der frühesten Selbstorganisatio-
nen der forschenden Vernunft – bestätigt worden war. Genauer
besehen, ist die Einwirkung des Mondes auf die Erde trotz der umgekehrten Massendifferenz gewaltiger, spektakulärer in Erscheinung
und Ausmaß: im Phänomen der Gezeiten. Denn obwohl dies kein
kosmogonisch einschlägiger Sachverhalt mehr ist – wie etwa die anhal-
tende Kontinentalschollendrift –, hat die Erde doch noch die Besonderheit der ›Plastizität‹ dadurch bewahrt, daß sie zu weit überwiegen-
dem Teil mit Wasser bedeckt ist, das unter der Raumzeitverformung
der Mondgravitation zum Flutberg aufläuft und umläuft. Stellt man
sich vor, Leonardo da Vinci behielte mit seiner neptunischen Eschatologie recht, durch Verwitterung und Verwaschung werde schließlich
alles aus dem Meer Herausragende abgetragen und eingeebnet, wobei
dann die schönste Kugelförmigkeit der vom Meer bedeckten Erde
wiederhergestellt sein sollte, wie am Schöpfungsbeginn, würde der
Erfinder dieses Platonismus doch enttäuscht werden durch den Anblick einer zum Ellipsoid verzerrten Kugelform. Es wäre nichts mit
der Rückkehr zum Platonismus, und auf die Erde müßte übertragen
werden, daß sie *einst runder* war.
Diese theoretisch vollständig aufgelöste ›Anomalie‹ ist hier nur ausge-
breitet worden, um daran zu erinnern, wie wenig von unserem Wissen
in unser Erleben – und damit ›Leben‹ – eingegangen ist. Welcher
Mondnachtschwärmer hätte je Erstaunen ausgedrückt, daß der Mond
sich ›nicht drehen‹ will?

Singularität des Erdmondes

Die äußeren Planeten, von denen man es zu allerletzt und am aufwendigsten zu Gesicht bekommen konnte, sind reich mit Monden ausgestattet – von Ringen nicht zu reden –, während die Erde nur von ihrem einzigen Mond umkreist wird und die Kenntnis, daß es so etwas in mehrfacher Ausfertigung geben könne, erst Galileis Fernrohr vorführte. Wichtiger als die Einzigkeit des Erdmondes ist seine unserem Auge vertraute und erträgliche Größe. Er ist nicht so klein, daß er wirkungslos durch das nächtliche Dunkel wanderte wie einer der Planeten, nur erheblich schneller und bei unerkannter Phasenperiodik – wie bei Venus und Merkur – zeitweise verblassend oder aufleuchtend. Doch ist der Mond auch nicht groß genug, um bei erkennbarer Vollphase alles andere am Himmel entschwinden zu lassen, darin der Sonne nahekommend, aber sie für den modernen Geschmack gerade darin nicht erreichend, daß man sich zwar sonnen, doch nicht monden könnte. Der Mittler des geborgten Lichtes vereint Abwechslung, Glanz und Mäßigkeit. Auf dem Gipfel seiner mon(a)dlichen Leuchtkraft erzeugt er nur einen Hof von Überglänzung, eine erträgliche Machtausübung von Unsichtbarkeit der Sterne.

Dies alles als einen ›schönen‹ Vorzug des Erde-Mond-Systems zu betrachten, ist reine Subjektivität, die dennoch nichts mehr von der Anmaßung hat, die im vorkopernikanischen Kreisen der Sonne mit allen Planeten um die Erde im Rückblick gehabt haben sollte. Jenes unmäßige Privileg ist erst durch seine ›Aufklärung‹ als Irrtum zur Metapher einer vermeintlichen Anthropozentrik geworden, die es doch nur in seltenen Anwandlungen und Ausschweifungen der Metaphysik gegeben hatte, weil alles überwiegend die Theologie solcher Überhebung die Grenze setzte, es sei schon ein anderer da, um den sich letztenendes alles drehe, mochte das auch physisch so wenig eindeutig ›dargestellt‹ sein wie biblisch. Anders gesagt: Es war, solange es galt, aus dem alten Weltbild nicht recht etwas für den Menschen herauszuholen gewesen, und erst hintendrein, wie so oft, begann er seine Vergangenheit als die kosmischer Geltungssucht zu ›bewältigen‹, indem er sie in der Veränderung ›entlarvt‹ fand.

Dennoch, als wäre dieses Bedürfnis mit seiner Enttäuschung allererst

entdeckt worden, avancierte der Mond zum letzten Platzhalter der Anthropozentrik. An ihm wurde, spät und neuzeitlich, ein lyrisches Potential wahrgenommen. Wo denn hatte es in der antiken Dichtung die Mondlieder gegeben, die mondbegünstigte Erotik der beglänzten Wege und Gärten der Liebenden? Oder auch nur die Freude an der vom Tageslärm verschonten Stille der Mondnacht? Was in der Grenzform der Lyrik als so etwas wie ›Menschenfreundlichkeit‹ des nächsten Weltkörpers ›empfunden‹ wird, hat nicht nur den Aspekt einer Konstellation von physischen Massen, sondern auch den sensorischphysiologischen der Annehmlichkeit dieses Lichtes für das Auge, das doch seiner überwiegenden Funktion nach auf Tageshelligkeit abgestimmt ist, wenn es auch übertags den unmittelbaren Blick auf die beherrschende Sonnenleuchte verweigert, am *farbigen Abglanz* das Leben haben muß, gerade darum die geminderte, entfärbte Sichtbarkeit als ›Erlebnis‹ haben kann. In der Beschreibung der *lebensweltlichen* Bedeutung des Mondes geht das Wissen von der schmalen Zone der zureichenden Bedingungen über in eine Einheit, zu der sich Ausdruck und Stimmung, Vertrautheit und Vertraulichkeit, Geborgenheit und Diskretion vereinigen. Die Mondnacht als das, was sich auf einem Grat von Unwahrscheinlichkeit, als Grenzfall von Begünstigung ereignet, ist kein Gegenstand irgendeiner Wissenschaft; doch gerade die Abgrenzung zu den wissenschaftlichen Fakten, aus denen sie ›sich konstituiert‹, doch darin noch nicht einmal zum ›Thema‹ des lyrischen Ich disponiert, läßt der Vermutung oder sogar Behauptung Raum, hiervon könne aus einer nüchternen Genauigkeit der Einstellung heraus ›etwas gesagt‹ werden, was auch dann, wenn es folgenlos gesagt würde, einigen Anhalt dafür geben könnte, wie von ähnlich ›undisziplinierten‹ Lebenssachverhalten zu reden wäre.
Wissenschaft wird bei solcher Art von Thematisierungen des ihr selbst Unthematischen nicht ausgeschaltet oder als Inbegriff von ›Positivismus‹ degradiert; sie wird gerade zum Instrument der Erzeugung von Aufmerksamkeiten *für* das ihr scheinbar Fernliegende. So wissen wir, daß die Gravitationsgröße des Erdkörpers gerade ausreicht, die Atmosphäre um sie herum gegen die Fluchtkräfte in den Weltraum hinaus festzuhalten und *zugleich* dem von ihr atmenden Zweibeiner mit dem übergewichtig auf der Wirbelsäule ausgewuchteten Kopf den aufrechten Gang freizugeben. Dies ist wiederum, trotz der suspekten Formulierung, keine versuchte Rückkehr zur Anthropozentrik, ob-

wohl die Zulassung von Beschreibungsmitteln, die sich von der ständigen Ängstlichkeit ihres ›objektiven‹ Vorbehalts eine eigene Kompetenz beanspruchen. Das Leben ist schwer und nur dadurch möglich – das ist eine Trivialität *und* der Gebrauch von theoretischen Befunden als deskriptive *Metaphorik*. Man hat einmal gefürchtet, die Vernunft könne den Metaphern aufsitzen, die sie daran hindern, die Dinge zu sehen, wie sie sind; es zeigt sich aber erst im Erfolg dieses Ausschlusses, daß die Resultate der Vernunft ihrerseits Metaphern für das Bemerken von elementaren, sonst verborgenen Sachverhalten hergeben. Beinahe sind wir uns zu schwer; wären wir es nicht, hätten wir keine Luft zum Atmen, so wie das leichtfüßige Hüpfen der behelmten Astronauten auf dem Mond die optische Mitteilung dafür enthielt, daß man auf dem Mond keinen Atem – außer dem von der Erde mitgebrachten – haben kann, weil auf ihm das Lebensgewicht so leicht wäre. Beinahe ein optisches Signal, den Utopien des leichten Lebens nicht zu trauen.

Der Mond als poetische Erscheinung

Die Sonne ist eine Wohltäterin, der wie allen Wohltätern nur wenig zur Tyrannei fehlt. Sie anzubeten, ist eine der ältesten Religionen und einer der modernsten Kulte. Sie läßt sich nicht ansehen und stürzte doch die Menschen in Angst und Schrecken, wenn sie sich verfinsterte. Das Verhältnis der Menschen zur Sonne ist triebhaft; sie sind bereit, alle Hüllen fallen zu lassen, damit der Strahl sie bis in die letzten Winkel erreicht, mit vielen schönen Begründungen, die noch niemals jemand ernst genommen hat, wie es bei Dingen zu sein pflegt, von denen jeder weiß, daß sie stärker sind als Gründe. Es gibt nichts Vergleichbares zu dieser Abhängigkeit, zu diesem Genuß unter der Fuchtel eines Despotismus, dem zumindest keiner zu widersprechen wagt.

Dies alles verhindert, daß es eine Poesie der Sonne, eine Ästhetik ihrer poetischen Erscheinung geben könnte. Wo man in der Pflicht steht, singt man nicht. Die poetische Erscheinung könnte nur etwas sein, was in diesem Verhältnis unseresgleichen ist, was unter dem Aufgang der Sonne zu seiner Fülle und seinem Glanz kommt, durch ihren Untergang schwindet und vergeht bis zu dem Punkt, wo es scheint, es könnte nicht gewesen und niemals wieder sein. Dieses, was im Verhältnis zur tyrannischen Sonne unseresgleichen ist, ohne uns zu gleichen, ist der Mond. Niemand hat unter ihm je gelitten, niemand sich zur Sinnlosigkeit entschlossen, gegen die keine Drohung mit vorzeitigen Toden aufgekommen wäre. Die Unverletzlichkeit, die er gewährt, hat ihn zum Gestirn der Liebesschwüre unter Vorbehalt gemacht, die seine Vergänglichkeit teilen. Es geht darum, daß Poesie ihren Freiheitsgrad braucht; das Wort ›ewig‹ gehört zu ihren schönsten Lügen. Die Nachsicht eines geliehenen Lichtes fällt auf eine menschliche Szene, die ohnehin schon die Ausnahme von der Helligkeit des Tages für sich nutzt und der Unwirklichkeit einer Optik bedarf, die Intersubjektivität, schlichter: Zeugenschaft ausschließt. Niemand kann sich auf das berufen, was beim Lichte des Mondes geschieht. Er ist voller Ungunst für die Umtriebe des Willens, sogar für die, die professionell sich ›im Schutz der Dunkelheit‹ bewegen. Er läßt ihnen einen ausreichenden Teil seines Zyklus, weil er nicht einmal Brotlosigkeit verhängen mag.

Die Sonne ist weder fern noch nah. Aber sie ist längst da, ehe sie aufgeht, und noch da, wenn sie schon untergegangen ist (obwohl diese Vor- und Nachgegenwärtigkeit in den Tropen nicht so auffällig ist wie in den Breiten langer Dämmerungen). Der Mond ist nie da, ehe er aufgegangen ist; er ist immer nur er selbst in seiner sanften Gegenwart, die sich ohne Blendung anschauen läßt: und vertraute Nähe mit unerreichbarer Ferne zur *coincidentia oppositorum* bringt. Diese anschauliche Ausgeglichenheit von Nähe und Ferne ist durch das bloße Wissen, es sei in wenigen Tagen dorthin zu gelangen und die Relikte dieser Unternehmungen ständen immer noch dort oben in einigen Ebenen, nicht zu entkräften. Nicht einmal dadurch, daß man auch weiß, einige Stücke von dem Stein dort oben befänden sich inzwischen in menschlicher Obhut und Analyse. Dieser Sachverhalt ist eines der schönsten Beispiele für die Ohnmacht des Wissens gegenüber der Anschauung. Hinzu mag gekommen sein, daß die Anstrengung der wenigen Expeditionen zum Mond so unverhältnismäßig groß und selbst auf dem Weltmachtniveau fast unerträglich waren, daß sie keinen Anspruch auf dauerhafte Integration ins Bewußtsein erheben können. Der Mond ist weiter, um es mit Schopenhauer zu sagen, keine Sache des Willens und deshalb eine mögliche der Poesie, für die *unbewußt der eigentliche Gegenstand ihrer Verherrlichung das reine Subjekt des Erkennens* ist, bei dessen Erlangung oder Auftritt *der Wille aus dem Bewußtsein verschwindet, wodurch diejenige Ruhe des Herzens eintritt, welche außerdem auf der Welt nicht zu erlangen ist.*[4]

Sonne und Mond sind nicht einfach die Gestirne von Tag und Nacht, als seien die Zuständigkeiten säuberlich und konfliktfrei aufgeteilt. In Wahrheit besteht eine unerbittliche Rivalität zwischen ihnen. Die Sonne ist die Feindin des Mondes, dem sie widerwillig ihr Licht leiht, und der Mond der zwar milde, doch entschiedene Widerspruch gegen die Sonne, die ihre Peitsche über der Tageswelt und ihrer Geschäftigkeit schwingt. Künstliche Beleuchtungen mögen vergessen lassen, daß Dämmerungsbeginn und Dämmerungsende für den überwältigend großen Zeitraum der Menschheitsgeschichte die harten Festsetzungen für das waren, was dem Menschen an lebensdienlicher Tätigkeit möglich, aber auch nötig sein sollte. Sich dieser fordernden wie gewähren-

---

4 Arthur Schopenhauer, Sämtliche Werke ed. v. Löhneysen, Band II, 478.

den Grenzsetzung entzogen zu haben, büßt der Mensch unter der
Tyrannei seiner sogenannten Urlaubstage, an denen eine Stunde der
angeblich sonst entbehrten Sonne zu versäumen, ihn in Schuldgefühle
stürzt wie einen, der vor Zeiten die ihm gewährte Gnade des Gottes
nicht angenommen hätte – die Sünde wider den Heiligen Geist, die
nicht zu vergeben sein sollte und von der niemand wußte, worin sie
bestand, während wir es jetzt wissen.

Zu glauben, der Mond sei aus den Machwerken unserer Textmacher
verschwunden, weil er eine unheile Welt zu wenig sichtbar werden
lasse und die Realitäten zu mild beleuchte, um sie bei seinem Licht
gründlich verändern zu können, läßt verkennen, daß es der Verlust der
Bilanz von Tag und Nacht ist, was uns ins Mißverhältnis zum Mond
gebracht hat. Der Kult der Sonne duldet nur orthodoxe Anhänger;
Apostaten in die Häresien des Mondes müssen in der beschämenden
Sichtbarkeit ihres Unglaubens unter den anderen umhergehen, indem
sie nicht ihre Farbe tragen.

Alles ist nur so lange schön, als es uns nicht angeht. Solches Angehen ist
nicht nur die Urdualität von Furcht und Hoffnung, die Epikur aus
unserem Leben bannen wollte, sondern auch die Gleichgültigkeit eines Zeugen von unserem Dasein. Es ist ja nur eine lächerliche Zufälligkeit, daß der Mond ein Gesicht zu haben scheint, eine Physiognomie, daß er nicht einfach ein metallenes Scheibchen ist, das mäßig
leuchtend bis glitzernd über den Himmel zieht. Der Mond hat eine
physiognomische Anwesenheit, fast die einer aktiven Optik, wie sie
dem Weltauge eines Gottes zugetraut wird, und ist gerade in dieser
Analogie dessen Gegentypus, nämlich geduldig, nachsichtig, gleichgültig, mitleidslos. Dafür, daß er uns nicht mißbilligt, mißbilligen wir
nicht, daß er nicht mit uns leidet. Das Ästhetische ist schlechthin nicht
das andere Ich, und das andere Ich schlechthin für uns nicht von der
Art der ungetrübten Genießbarkeit. Schopenhauer hat am Mond mit
Recht sogar hervorgehoben, daß er zwar leuchtet, aber nicht wärmt,
*worin gewiß der Grund liegt, daß man ihn keusch genannt und mit
der Diana identifiziert hat.*[5] Das ist zwar nur die Art von allegorischer
Mythologie, die Schopenhauer so geschätzt hat, aber doch zugleich
auch eine physiognomische Beobachtung: Der Mond ist nicht von der
Art derer, die uns sich verpflichten. Da er nicht wärmt und nicht

5 Schopenhauer, Band II, 484.

einmal so leuchtet, daß bei seinem Licht Nützliches getan werden könnte, sind wir weit davon entfernt, uns in einem Schuldverhältnis zu ihm zu sehen. Dem aufklärenden Licht der Vernunft hat man am Ende ihres Jahrhunderts und jenseits dessen vorgeworfen, sie erleuchte, ohne zu erwärmen, und wenn sie erwärme, setze sie sogleich in Brand. Der Mond hält sich aus dieser Alternative heraus. Der Mond ist wohltätig, ohne in die Rolle des Wohltäters zu arrivieren. Er sei, so nochmals Schopenhauer, *der Freund unsers Busens, was hingegen die Sonne nie wird, welcher wie einem überschwenglichen Wohltäter wir gar nicht ins Gesicht zu sehen vermögen.*

So brauchen wir weder Mondcremes noch Mondbrillen.

Der Mann vom Mond

Als Voltaire Inspizienten von Sirius und Saturn die Erde zwecks satirischer Aufklärung besuchen ließ, mußten es zwei sein, denn sie mußten alle Kommunikation untereinander bestreiten, der Gigant vom Sirius und der proportioniert kleinere Begleiter vom Saturn, weil es mit den Beinahe-Mikroben der Erdbewohner – wieder in Proportion zur Winzigkeit des Planeten – keinen Austausch geben konnte: Das betriebsame Verhalten zu beobachten, mußte genügen, um auf die Vernunft zu schließen, die dahinterstehen sollte. Die Inspektion wirkt beunruhigend, nicht belehrend; die Belustigung ist einseitig: die einer Expedition zu Primitiven, deren Ernst beim Ritual man nicht teilen kann. Werden die Teilnehmer am Ritus einen Anreiz dazu haben, sich zu erkennen zu geben, für *ihre* Vernunft zu werben?

In der Urfassung des »Abenteuerlichen Herzens« von 1929 beginnt Ernst Jünger eine Überlegung: *Wenn sich heute abend ein Mann vom Monde bei mir anmelden würde* ... da erwartet kein Leser, dieser Besucher käme nur, um sich lustig zu machen. Eher muß er, seinem Autor gleichend, ein Sammler auf ›subtiler Jagd‹ sein, der hinter das Geheimnis der Erscheinungen kommen will. Dazu dient die Einschränkung seiner Wahrnehmung auf Akustik, auf Verständigung durch ›reine Lautsprache‹. Die Bereitschaft, dieser Bedingung zu genügen, realisiert sich darin, *ihm die beiden äußersten Pole anzudeuten, zwischen denen sich unsere Erscheinung vollzieht*: nur zwei Worte unserer Sprache ›vorzusprechen‹, die deren Grenzleistungen repräsentieren.

Jünger wählt das eine Paradigma aus den Benennungen der organischen Chemie, die einige Zeilen lang sein können; als das andere *den ebenso unmißverständlichen, gedehnten, heiseren, zwischen A und U vibrierenden Schrei, den man bei Sturmangriffen hören konnte und der vom kochenden Blute nur durch ein hauchdünnes Häutchen geschieden war*. In der Zweiten Fassung von 1938, an der Schwelle eines neuen Krieges, ist das Rauschhafte der dem Mann vom Mond gebotenen Lauteruption mit diesem selber aus dem ›klassisch‹ nachgearbeiteten Text verschwunden. Sonst hätte es die Achte Auflage als »Frontbuchhandelsausgabe für die Wehrmacht« wohl nicht geben können.

Dem Mann vom Mond wird 1928 versichert, man schätze ihn sehr, *seitdem ich mir über die Empfindungsfähigkeit des Zeitgenossen Gedanken zu machen begann.* Das exotische Wesen ist kein Rivale in Vernunft, doch in Sensitivität, Emissär einer Sinngebung des Autors: *Ich habe es immer als eine wichtige Aufgabe betrachtet, einen Menschen davon zu überzeugen, wie sehr er doch selbst ein wunderbares Wesen und der verantwortliche Träger wunderbarer Kräfte ist. Denn nur wenn uns dieses Gefühl beseelt, werden wir unwiderstehlich sein.* Der Jäger der hohen wie der subtilen Jagden sollte gelernt haben, sich selber als Beute seines Gespürs, seines Staunens zu sehen.

Wenig später sieht es so aus, als sei der Mann vom Mond eine Fiktion aus den ›Stahlgewittern‹. Da ist der für den Abend sich ›anmeldende‹ Gast zum nächtlichen Marschbegleiter geworden. Als Begleiter und Jäger des Begleiteten zugleich ist er Funktionär einer passiven Optik: *Aus diesem Grunde wählte ich mir gern einen Mann vom Monde zum unsichtbaren Begleiter, wenn mich ein nächtlicher Marsch durch die Phantastik zerschossener Dörfer zur Stellung führte.* Nun ist er der Zeuge, der sieht und hört, dem aber erklärt werden muß, was er sieht. Auf seinem Marsch durch das Höllengelände der Stellungen ist Jünger ein neuer Vergil, der anstelle Dantes den Stummen vom Mond unsichtbar neben sich hat: *Ihm diesen unerhörten Vorgang bis in seine kleinsten Einzelheiten zu erklären und mich an seinem Erstaunen zu weiden, war mir ein einsamer Genuß.*

Genau so sollte man nun auf einem anderen exotischen Terrain gehen, dem der großen Städte, mit der fiktiven Aufgabe, *diese wilde Bewegung einem Fremdling zu erklären, dem ihre hunderttausend Erscheinungen in eine andere, gültigere Sprache zu übersetzen sind. Was treibt ihr hier, und wo steuert ihr hin? Worauf bezieht sich eure kriegerische Brüderlichkeit?* Und die Summe der gedachten Fragen eines Stadtfremden besteht schließlich in dem Satz: *Sagt an, wie verwaltet ihr die Zeit, die euch nur einmal gegeben wird?*

Nein, es ist nicht mehr die eine und einzige Vernunft der Satire des Aufklärers, deren Besitz über den Menschen lachen läßt, weil er sie in so kleiner Dosis zu sich nimmt, die aber als Vernunft indifferent ist gegen die Zeit der Leben, denen sie dient oder die ihr dienen – eine virtuell unendliche Bewegung, bei der es nur darauf anzukommen scheint, nicht allzu sehr am Anfang zu sein und nicht zu langsam voranzukommen. Jüngers Mann vom Mond scheint tief besorgt über

das eine Mißverhältnis zwischen Lebenszeit und Weltzeit, deren
›Großzügigkeit‹ sich dem einzelnen als Abpressung seines Lebens-
tempos aufzwingt, kondensiert in den großen Städten, die keinem
erlauben, hinter dem Standard ihrer Umläufe zurückzubleiben. Die
Intensität dieser Fiktion ist nicht mehr literarisch. Sie wäre mit einem
Wort des Jahres 1929 ›existentiell‹ zu nennen, wenn es Fiktionen dieser Gattung geben dürfte. Warum darf es sie nicht geben?
Die Antwort gibt Ernst Jünger in »Der Arbeiter. Herrschaft und Gestalt«, 1932 als Konvergenz aller Antibürgerlichkeiten des Jahrhunderts von der Jugendbewegung bis zur ›Totalen Mobilmachung‹. Sie
vollzieht sich als letzte Intensivierung der Zeitverfügung: Der Arbeiter ist ein Phänotypus, die Beschreibung einer ›Gestalt‹ in ihrer
planetarischen Herrschaft, eine eher behavioristische als hermeneutische Aufgabe. Die Herrschaftsattitüde ist anschaubar, nicht versteh-
bar; nicht Sein-zum-Tode, vielmehr dessen Gleichgültigkeit in dem
Verband, der die Tode als ›Funktionsausfälle‹ zu ersetzen vermag und
darin über sie hinweggeht. Der Kentaur der *organischen Konstruktion*
hat kein *inneres Erlebnis* mehr, wie es noch der Kämpfer des Weltkriegs gehabt haben sollte; alles ist *äußere Erscheinung* geworden und
in dieser nun auch für einen Beobachter faßbar, in dem sich der Autor
mit dem Mann vom Mond endgültig und letztmalig konfrontiert sehen kann: *Ich habe versucht, unsere Wirklichkeit so zu schildern, als
ob sie einem Menschen vom Monde, der jemals weder ein Automobil
gesehen noch eine Seite der modernen Literatur gelesen hat, zu erklären sei ...* So Ernst Jünger in einem Rundfunkgespräch mit Gerhard
Günther 1933 über den »Arbeiter«: Abwehr der ideologischen Unterstellung, die Gestalt sei auch Ideal, die Figur Ersatzangebot für den
gerade zur Macht gekommenen Typus.
Nun überschreitet Jünger das deskriptive Verfahren seines Buches unter dem Vorbehalt des Als-ob mit dem Angebot *zu erklären*. Doch
erklärt er gerade nichts, indem er feststellt, was schon kommt wie eine
Naturgewalt, die Geschichte mit ihren Individuationen brüsk abdrän-
gend: Formationen der ›organischen Konstruktion‹, die als solche und
momentan evident sind durch das, was sie bewirken. Die Sprache sagt
dem fiktiven Lunariker nichts; daher auch nichts über die ›Ekstatik‹
eines Zeitbewußtseins, das nie bei seiner Gegenwart ist, weil immer
schon beim anderen ihrer selbst. Dieser Ausschluß des Zeithorizonts
macht allein die strikte Äußerlichkeit der Beschreibung möglich, als

sei ein Muster sichtbar zu machen. Der anschießende Kristall ist die Metapher für die momentane ›Aktion‹ der Musterbildung.

Die Konsequenz ist: Der Beobachter sieht alles als Ornament, wie irdische Teleskope solange ›Marskanäle‹ zeigten, bis die Sondennähe sie auflöste, ihnen mit der Suggestion der ›Zweckmäßigkeit‹ den Schein des Kulturphänomens nahm. Das Ende des auch in »Sein und Zeit« von Heidegger gipfelnden Expressionismus: Der Ausdruck schwindet zur Begleiterscheinung der Funktion. Die Maschine, die nichts produziert und keine Anzeige liefert, nur die Exaktheit ihres Ablaufs als absolute Monotonie zur Anschauung bringt.

War der *Mann vom Mond* zunächst nur aus der Analogie der Frontlandschaft mit ihren Trichtern und Kratern zur Mondoberfläche assoziiert worden, als ein der Szenerie Zugehöriger, dem erklärt werden *konnte*, was dort in Urlauten der Aggressivität vorging, verschwindet er nun hinter den »Figuren und Capriccios«, die in der Zweitfassung des »Abenteuerlichen Herzens« den Untertitel der ersten »Aufzeichnungen bei Tag und Nacht« über*spielen*.

VII. Neue, auch falsche Planeten

Aus dem unerkannten Sonnenmond
wird beinahe ein Stern

Wir können das, was wir wissen, nicht allemal durchsetzen gegen das, was wir sagen. Die Mittel des Sagens gehören zu der Welt, in die wir eingelebt sind. Deshalb ist *die Welt, in die ich eintrat*, das umfassendste Thema, das einer sich stellen konnte. Damit war noch weiter als bis zur Sprache zu gehen – obwohl kaum zu kommen.

Daß der Morgenstern, zeitweise der Abendstern und zumeist der erste oder letzte Stern am Himmel wie der hellste, gar kein Stern – weil kein selbstleuchtender, sondern nur beleuchteter Himmelskörper – ist, ein Trabant der Sonne und von ihr in Phasen bestrahlt, allen Merkmalen nach so etwas wie ein ›Mond‹: Das im Sagen zu beachten, würde uns als Pedanterie erscheinen. Man darf es vergessen haben, zumal man es vor der Fernrohrära nur als Helligkeitsperiodik bemerkt hatte. Die Komplikation steigert sich dadurch, daß dieser ›Stern‹ unter den Trabanten der Sonne mit ihrer mythologischen Nomenklatur der einzig weibliche ist und die Gunst des lateinischen *stella* nicht erfährt, daß dies schon von der Gattung her die Nicht-Ausnahme ist. Leicht könnte Venus die *luna* der Sonne genannt werden, doch schwerlich die *Möndin*. Sie ist Planet, und darin bleibt die Auszeichnung, die durch das mythologische Geschlecht der ›klassischen‹ Genossen von alters her bestimmt war. Erst als die Erde ein Auch-Planet wurde, besserte sich das Mißverhältnis – aber diese Änderung wahrzunehmen, von der wir wissen, die wir nicht erleben, müssen wir uns ›über-reden‹.

So bleibt, ein Stern zu sein, die Kompensation, die Venus vor der ›Trabantin‹, der ›Planetin‹, bewahrt. Eine ›Sternin‹ wäre eine Minderung ihrer phänomenalen Eindrucksmacht innerhalb jener *Welt, in die ich eintrat*.

Am Himmel wie auf Erden war das Motto der Übertragung der Physik auf den Himmel durch Newton. Doch erweist sich der Himmelsanteil an jener *Welt, in die ich eintrat*, als hartnäckiger bestandhaft denn niedere Wandelbarkeiten – und das unabhängig von dem Wissen, daß dies ohnehin auch ›objektiv‹ und ›theoretisch‹ gültig ist. Bleibt bei derart drohender Pedanterie die Bewunderung für eine der ältesten Weisheiten der Sternkunde, daß Abendstern und Morgenstern ein und derselbe Stern sind. Es könnte ein Satz des Heraklit sein: Morgenstern, Abendstern, *ein* Stern. Doch fand sich nur: Hinweg, Herweg, *ein* Weg.

Mehr Planeten oder weniger Schmerzen?

Definitionen enthalten oft, wenn nicht immer ein Risiko. Klassisches Urbild ist das der kirchlichen Dogmen, die Jahrtausenden standhalten sollten. Die Aura der Selbstverständlichkeit ist am gefährlichsten: Als die Weltgesundheitsorganisation der UNO definierte, was Gesundheit sei – nämlich: uneingeschränktes körperliches, psychisches und soziales Wohlbefinden –, legte sie eine Zeitbombe. Sie kodifizierte einen Anspruch, den einzulösen zwar den medizinischen Fortschritt ingang hielt, alsbald aber die Anwendung seiner Errungenschaften auf die Erlangung und Erhaltung jenes trivial erscheinenden Gutes unbezahlbar machte. Die Verfeinerung der Wahrnehmungen für das, was jeden in seinem Wohlbefinden stören konnte, machte es zum ›Lebensinhalt‹ – sowohl derer, die es nicht ganz zu besitzen glaubten, als auch derer, die es verteilen zu können beanspruchten.

Welches Glück, daß es keine für die Definition von Glück zuständige Weltbehörde gibt! Es ist schon schlimm genug, wie verbreitet der Aberglaube ist, es müsse doch für eine so gemeinhin von Menschen gewünschte Sache eine Definition geben. Wie beim Frieden, den als Abwesenheit des Krieges zu bestimmen, seinen dezidierten Anhängern als zu wenig erscheint, ist es auch mit dem Glück gerade seinen ›Freunden‹ nicht gelungen, sich nicht der Untertreibung schuldig zu machen: Epikur und seine Gartenschule entschieden sich dafür, zum Glück die Abwesenheit des Schmerzes genügen zu lassen. Daß diese Definition keinen daran hinderte, für die erstrebte Schmerzfreiheit sich noch allerlei Persönliches vorzunehmen, wurde in der Feindseligkeit gegen Epikurs ›Minimalismus‹ schon nicht mehr wahrgenommen.

Im vormals berühmten, inzwischen wohl eher berüchtigten Fragebogen à la Marcel Proust wird die Frage individuell und ohne Definitionszwang gestellt: Was wäre für Sie das vollkommene irdische Glück? Die unerschrockenen Frommen haben es am leichtesten zu antworten: Gibt es nicht. Es ist doch aber im Konjunktiv gefragt und das Bekenntnis, man halte es mit einem anderen als irdischem Glück, daher ganz überflüssig. Mich überraschen viel eher die Bescheidenheiten der meisten Antworten; unter diesen am meisten der Irrealis eines

Prominenten: Ein Leben ohne Zahnschmerzen. Der Zahnarzt, obwohl kaum jemals Erretter eines Menschen vor dem sicheren Tod oder wesentlicher Verlängerer des Lebens, ist doch unter dem Aspekt des minimalisierten Glücksbegriffs eine solide ›Errungenschaft‹ des Fortschritts, gar nicht zu reden davon, wieviele Heldinnen und Helden, denen wir weniger aufs Maul als in den Mund zu schauen angeleitet werden, uns dieses Vergnügen schuldig bleiben müßten. Die Fortschrittskritiker allerdings, die sich gern jahrelang auf die Couch legen, um ihren Ödipuskomplex – oder was sie dafür halten – zu pflegen, haben nur ein Lächeln, wenn als Stigma des ›Fortschritts‹ die Überwindung des Schmerzes durch Anästhesie im weitesten Sinn angeführt wird. Ich habe das mal vor vielen Jahren gegenüber einem Kongreß reumütiger Ingenieure versucht – ein mäßiger Heiterkeitserfolg im Vergleich zu dem Unheil, das sie sich gerne selber zugeschrieben hätten, um Bußfertigkeit zu exhibitionieren (21. November 1970, Ludwigshafen, VDI). Da war es gerade ein gutes Jahrhundert her, daß akuter Schmerz bekämpft, unter Narkose operiert werden konnte. Man denke und schaudere: Am Auge kann gerade erst seit Kollers Kokainanwendung 1884 ohne schmerzhafteste Gewalt am empfindlichsten aller Organe ärztlich gearbeitet werden. Hat jemals ein Philosoph dem Sieg der Vernunft über den Schmerz eine Zeile gewidmet? Nein, die haben es mit Größerem zu tun, etwa mit den Untergängen der Welt oder nur des Abendlandes.

1781 entdeckte William Herschel den Uranus. Zum erstenmal seit der Antike, ja seit der Astronomie der Babylonier, war die Zahl der sichtbaren Planeten um einen teleskopischen vermehrt worden – eine gegen die kanonische Weltordnung nahezu lästerliche Entdeckung ersten Ranges. Man durfte sich wieder etwas vom Himmel versprechen. Lichtenberg auf seiner Göttinger Sternwarte, kaum so zu nennen, träumte auch ein wenig den neuen Entdeckertraum. Als die Herschel-Nachricht kam, schrieb er dennoch in seiner tapferen Nüchternheit ins Sudelheft: *Ein untrügliches Mittel gegen das Zahnweh zu erfinden, wodurch es in einem Augenblick gehoben würde, möchte wohl so viel wert sein und mehr, als noch einen Planeten zu entdecken.*[1] Dieser Satz, ich gestehe es, gehört für mich zu den bewunderungswürdigsten, die geschrieben worden sind. Durch seine syntaktische

1 Georg Christoph Lichtenberg, Schriften und Briefe ed. Promies, Band II, 173.

Verdichtung ist er zugleich ein sehr ein schöner Satz, um es auf Wie-
nerisch nach Schnitzlers Art auszudrücken. Der Mensch, das Him-
melsbetrachterwesen von Geblüt, entschied sich zwischen zwei
Irrealitäten – denn das eine war wohl so unwahrscheinlich wie das
andere für den, der es koppelte – für das ihm Nächste. Noch näher als
das, was ihm nach dem Spottwort der thrakischen Magd gegen den
milesischen Astronomen vor den Füßen läge. Dieses lag ihm im
Mund, der bohrendste der Schmerzen, innerlicher ihm selber als er
sich selber, mit der druckfrischen »Kritik der reinen Vernunft« und
ihrer Degradation der inneren Erfahrung zu einer von ›Erscheinungen‹ vor Augen, noch sein konnte. Der Schmerz, das war es, was die
Paralogismen der Innenerfahrung ganz schnell zu bedrucktem Papier
machen konnte.

Als Lichtenberg seinen Satz über Herschels neuen Planeten schrieb,
hatte der Entdecker bereits sein vom Paradies übrig gebliebenes Recht
wahrgenommen, ihm den Namen zu bestimmen: Uranus. Etwa ein
halbes Jahrzehnt zuvor, im »Sudelheft« von 1775/76, hatte Lichtenberg für diesen Fall schon vorgedacht: *Wenn man noch einen Planeten
jenseits des Saturn findet, so müßte man ihn Minerva nennen.*[2] Er gibt
keine Begründung, doch kann man sie sich ergänzen: Nach den rabia-
ten Göttern Mars und Saturn, Jupiter dazwischen, war eine der Venus
adäquate, freundliche Gestalt fällig, die dem Haupt ihres Vaters Jupiter entsprungene Eulengöttin der ›Kopfgeburten‹ insgesamt, nämlich
der Wissenschaften. Daß damit auch ein Zeichen der ›Vernunftkritik‹
zu setzen war, befand Lichtenberg erst viel später, in seinem letzten
Lebensjahr 1799. Da notierte er: *Ich glaube man hätte nicht sowohl
auf wissenschafftliche Polizey, als Polizey der Wissenschafften zu denk-
ken.* Das Feld, auf dem dieses Organ der Disziplinierung und Beschränkung einzusetzen sein sollte, kann nur auf den überraschend
wirken, der dieselbe Idee vom Gesichtspunkt der endenden beiden
nächsten Jahrhunderte wiederholte, wo die Dominanz und Expansion
neuer, an der Jahrhundertwende des 18. Jahrhunderts noch unge-
schätzter oder unabschätzbarer Disziplinen die ›Vernunftkritik‹ sti-
mulieren würde. Lichtenberg hatte 1799 die Wissenschaft der großen
Erfolge seines Lebenszeitalters im Auge – und es waren auch exemplarisch ausstrahlende Erfolge der ›Aufklärung‹ gegen den Zeichen-

2 E 26, Schriften ed. Promies Band I, 347.

glauben und gegen anthropozentrische Borniertheit gewesen. Doch
mußte Lichtenberg dieser Vernunfteffekt, zu dem er so reichlich bei-
getragen hatte, verbraucht erscheinen, vielleicht auch bedroht von der
Gefahr einer neuen Wendung gegen die Vernunft aus ›romantischer‹
Umwertung des unsichtbaren Hintergrundes der lebensnahen Realitäten. Jedenfalls wendet Lichtenberg den Einfall einer *Polizey der
Wissenschafften* unverzüglich auf diese eine an, der er so viel Lebenszeit in Observationen und Berechnungen zugewendet hatte: *Die
Astronomie wird übertrieben. Hier müßte Halt gemacht werden.*[3]
Allerdings ist diesmal nicht an den Zahnschmerz gedacht. Der Blick
bleibt auf den Himmel gerichtet, doch auf dessen dem Menschen
nächstliegende Lebensdienlichkeit, auf das Wetter. Deshalb würde
dem Haltgebot für die Astronomie sogleich die ›polizeiliche‹ Verord-
nung folgen, die Ferne auf sich beruhen zu lassen und die gewonnene
Exaktheit der Prognose Näherem zugute zu bringen: *Die Meteorolo-
gie müßte mit der Astronomie verbunden werden, so wie Geographie
und Nautick.*
Es war also mit dem Blitzableiter noch nicht getan.

3 L 954, Schriften ed. Promies Band II, 532.

Am Himmel wie auf Erden

Die von der Sternwarte Berlin-Treptow herausgegebene Zeitschrift »Das Weltall« eröffnet ihre Ausgabe vom Dezember 1943 mit einer Einrückung »In eigener Sache«. Im vorletzten Jahr einer Welt öffentlich verordneter und vereinheitlichter Wahrheiten las sich, was da stand, seltsam genug: *Die »Deutsche Allgemeine Zeitung« brachte in ihrer Abendausgabe vom 16. November 1943 eine Meldung, wonach auf der Treptower Sternwarte ein neuer Planet von Erdgröße zwischen Merkur und Sonne entdeckt worden sei. Eine Rückfrage bei der Sternwarte hätte sogleich ergeben, daß eine Mystifikation vorlag, wenn nicht schon eine aufmerksame Beachtung der angeblichen Zeitmomente und der sonstigen Umstände hätte stutzig machen müssen.* Das Insert schließt mit der Versicherung, die Städtische Sternwarte werde auch zu diesem Zeitpunkt anderer Beanspruchungen der Bevölkerung nicht davon ablassen, diese ohne Leichtfertigkeiten über den Himmel zu informieren: *Es sei hier betont, daß die Treptower Sternwarte e r n s t h a f t e r Volksbelehrung dient und sich von jeder Sensation bewußt fern hält.*[4]

Die Nachricht, zwischen der Sonne und der sie umrundenden Bahn des Merkur sei ein neuer Planet entdeckt worden, war zuerst in der Abendausgabe der »Deutschen Allgemeinen Zeitung« am 16. November 1943 erschienen, wurde alsbald von anderen deutschen Zeitungen übernommen und gelangte schließlich in die internationale Presse. Es war das Jahr von Stalingrad und des Zusammenbruchs in Nordafrika. Zu Scherzen bestand also in der deutschen Presse kein Anlaß. Trotzdem war die Meldung falsch, und da gerade falsche Meldungen nicht ohne höhere Weisung und niedere Zwecke im Reich verbreitet wurden, konnte die Vermutung nicht ausbleiben, es sei ein undurchsichtiger Zweck verfolgt worden, und wäre es nur eine Intrige gegen den wissenschaftlichen Leiter der Sternwarte Richard Sommer gewesen, seines Hauptberufs Studienrat in Berlin-Lankwitz.

Diese Vermutung will dem Betrachter oder gar Kenner der Zeit nicht ausreichen. Man intrigierte nicht mehr, man ließ einziehen oder abho-

4 Das Weltall; Jahrgang 43, 1943, Heft 12, 161.

len. Es bedarf einer etwas größeren Anstrengung der Kunst der
Vermutung.

Sie ist schon deshalb geboten, weil der Vorfall trotz seiner Nebensäch-
lichkeit im weltgeschichtlichen Maßstab doch wenigstens in die deutsche Literaturgeschichte, vielleicht in die Weltliteratur, eingegangen
ist. In seinem gewaltigen Pamphlet »Ein Zeitalter wird besichtigt« hat
sich Heinrich Mann der Falschmeldung angenommen. Sie bedeutet
ihm ein Symptom äußersten Verfalls der Wahrheit im Land ihrer Entstehung, Anzeige für den Punkt der tiefsten Erniedrigung einer Nation, der solches vorgesetzt werden konnte. Geistige Paralyse werde
erkennbar, wenn sogar die Astronomie Knechtsdienste verübt, also an
diesem Tiefpunkt und Ende *die ehrlichste Wissenschaft irrational vorgeht und Lügen brütet.*

Daß der Himmel, noch in seiner von Göttern und Heiligen entleerten
Verfassung, Trost zu spenden und in desolaten Lagen aufzurichten
habe, war dem einstigen Zivilisationsliteraten und Repräsentanten der
Französischen Aufklärung von Voltaire bis Zola zutiefst vertraut.
Deshalb auch liegt für ihn nicht allzu fern, daß in jener astronomischen Falschmeldung ein demagogischer Zweck verborgen war: der
klassische Trost einer Apokalypse an Stelle einer anderen. Den *aufge-
lösten Deutschen* sei *ein fatales Gestirn* zu melden gewesen, das
ehestens mit der Sonne zusammenstoßen sollte. Dann sei, so der den
Gemütern zu infundierende Gedanke, *ohnehin alles aus*, der Verlust
des Krieges würde ihnen als die blassere Drohung erscheinen. Heinrich Mann schließt mit einer Variation auf Voltaire: *Wenn die Anekdote nicht wahr wäre, verdiente sie doch erfunden zu werden.*[5] Das
Muster der Übertragung aufklärerischer Religionskritik auf den Untergang des Reichs ist greifbar. Aber genügt das?

Ganz abgesehen davon, daß der Untergang des erdähnlichen Planeten
im Sonnenfeuer eine Zutat auf dem langen Weg der Falschmeldung bis
ins kalifornische Exil des Autors war, wird man den Lesern einer der
noch bedeutenden deutschen Zeitungen, trotz ihres Informations-
mangels zu diesem Zeitpunkt, nicht viel Trostgewinn vom Ausblick
auf die Katastrophe am Himmel, nicht gerade eine wirkungsvolle Ab-
lenkung von dem alltäglichen Grauen des näheren und nächsten

---

5 Heinrich Mann, Ein Zeitalter wird besichtigt. Berlin 1973; Ausgabe: Hamburg 1976,
71.

Untergangs unterstellen dürfen. Auch verkennt der ferne Betrachter die Mentalität der Propaganda des wankenden Regimes: Man konnte nicht gleichzeitig auf Kolberg und auf den Weltuntergang hinweisen, total mobilmachen und quietistischen Trost spenden. Zudem war die Entdeckung eines Planeten nicht gerade das, was schnelle Veränderung der Bahn um die Sonne, alsbaldigen Sturz und Untergang zu suggerieren vermochte. Ein Planet war kein Ersatz für den klassischen Kometen, den die Aufklärung als Muster der Zähmung des Himmels durch Wissenschaft vorgeführt hatte.

Die Nachricht von der Entdeckung am Himmel war zwar so falsch, aber nicht so dumm, wie der ferne Beobachter unterstellte. Es ist ihr durchaus anzusehen, in welches Konzept sie paßte oder passen sollte. Ein Planet innerhalb der Bahn des Merkur mußte der Astronomie in Deutschland erwünschter sein als irgendwo sonst. Er hätte die Störung in der periodischen Wanderung des sonnennächsten Punktes der Merkurbahn erklären können, auf die sich die Relativitätstheorie als eines der erst durch sie erklärten Folgedaten berufen hatte. Zum längst volkstümlich gewordenen Erfahrungsschatz der klassischen Planetentheorie hatte gehört, daß jede an der Bahn eines Planeten auftretende Abweichung von den nach Newton zu erwartenden Werten auf einen noch unbekannten Himmelskörper schließen ließ, für den aus solchen Irregularitäten sogar die Bahndaten vor jeder Beobachtung hatten errechnet werden können. So war am äußeren Rand des Sonnensystems der Neptun und schließlich Pluto gefunden worden. Nun wäre, wer die Anstößigkeit am Perihel des Merkur durch Entdeckung eines weiteren Planeten hätte erklären können, zum theoretischen Helden des herrschenden Systems und der von ihm begünstigten ›Deutschen Physik‹ geworden. Neben dem realen Morden war der Sinn für symbolische Tötungen noch nicht vergangen: An Einsteins Theorie wäre vollstreckt worden, was an ihm selbst nicht zu vollstrecken war.

Auf diese Weise, und nur auf diese, hätte wohl ein Astronom vom Liebhabertypus seine Kriegswichtigkeit unter Beweis stellen können. Kein Zweifel, daß auch dies einen wissenschaftlichen Tiefstand zu diagnostizieren erlaubte, eine Verwilderung des Wahrheitssinnes, der es an Symptomatik nicht fehlt – aber damit noch nicht den Tiefstand eines Publikums, auf dessen Anfälligkeit für billige Untergangsvisionen hätte spekuliert werden können, um es das irdische als das kleinere Übel vergessen zu lassen. Der falsche neue Stern war wohl der

Versuch zu etwas ganz anderem von monströserer Grausigkeit: Er war zum Zeichen am Himmel bestimmt für eine nun auch in der Theorie zu markierende Endlösung, wie sie auf Erden gerade den Höhepunkt ihrer Bestialität erreicht hatte.

Das »Apollo«-Objekt »1989-FC«

Schon lange leben wir in einer Welt, in der ein gut Teil der Nachrichten von denen fabriziert wird, die davon leben, sie zu verbreiten und zu kommentieren. Eine nach Anzeichen des Untergangs süchtige Zeitgenossenschaft erfährt am 20. April 1989 aus der afp-Quelle, ein Asteroid von mehr als 800 Meter Durchmesser habe sich am 23. März mit einer Geschwindigkeit von 70 000 km je Stunde unserer Erde bis auf 800 000 Kilometer genähert. Das war etwa das Doppelte der Mondentfernung. Man bedenke, daß es mehr als 30 solche Körper – benannt nach einem ihrer größten als »Apollo«-Objekte – gibt, die die Erdbahn auf stark exzentrischen Bahnen kreuzen und von denen etwa einmal im Jahrhundert einer die Mondnähe erreicht, einmal in einer Viertelmillion Jahren einer auf die Erde auftrifft. Auch die durchschnittliche Größe der »Apollo«-Objekte liegt mit 1000 bis 2000 Metern über dem »Objekt« aus der afp-Meldung. Ist das also eine Nachricht?

Man muß hinzunehmen, was die Agentur daraus macht und die Zeitung[6] ihr im breitesten Konjunktivdeutsch nachdruckt: *Bei einem Zusammenprall mit der Erde hätte der Asteroid einen Krater von 15 Kilometern Durchmesser gerissen, was der Wirkung von 20 000 Wasserstoffbomben entspricht. Bei einem Absturz ins Meer wären die Auswirkungen noch verheerender gewesen: Eine riesige Flutwelle, die ganze Küstenregionen hätte vernichten können, wäre die Folge gewesen.* Also mit einem Schlage das, was die »Klimakatastrophe« ohnehin heranbringt, allerdings mit Vorwarnzeiten fürs Zurückweichen ins Landesinnere.

Das Beruhigende an der Asteroiden-Post war, daß das kritische Perigäum einen Monat zurücklag, als man den Befund erhoben hatte. Man war noch einmal davongekommen. Das Beunruhigende an der Meldung besteht aus zwei Komponenten: Es war ein bis dahin unbekanntes »Apollo«-Objekt, für das keiner der schönen mythologischen Namen greifbar war. Vorläufig wurde es »1989-FC« genannt. Immerhin konnte die für das erste Mal versagende Prognose aus der Ermitt-

6 Neue Zürcher Zeitung vom 22./23. April 1989.

lung der Bahndaten für ein weiteres Kreuzen der Erdbahn nach
Sonnenumlauf nachgeholt werden: Schon ein halbes Jahr später, im
Oktober, sollte der Kleinplanet wiederkehren, doch ohne sensatio-
nelle Nähe. Zuletzt hatte 1937 der wohlvermessene »Hermes« sich der
Erde auf etwa die gleiche Entfernung genähert. Es war nicht die Zeit,
sich um kosmische Drohungen zu kümmern, und es fehlte noch ganz
und gar an der Vergleichsdimension menschlicher Mittel zur Aufwüh-
lung von Erde oder Meer. Näher an der Gegenwart wirkt es beinahe
tröstlich, daß der Mensch nicht der einzige virtuelle Zerstörer der
Erde ist. Auf ihr finden sich etwa 1 500 große Krater, die aus Einschlä-
gen von »Apollo«-Objekten entstanden sind, in der Überzahl lange
bevor es den Menschen gab. Was aus der optischen Spur die Nachricht
macht, ist der Horizont ihrer Rezeption.

Neue Planeten, echte und falsche

Auch nachdem die Erde zum Planeten, die Sonne zum Fixstern geworden war, hatte sich am *Bestand* der Himmelskörper dieses Systems nichts geändert. Die großen Götternamen waren zwischen Merkur und Saturn vergeben. Daß auch die Erde, vor Kopernikus kein Stern oder Planet, den Namen einer Gottheit schon trug, den der *Gaia* (*gē*), fiel nicht ins Gewicht, weil sie zwar Urmutter der ganzen griechischen Götterwelt, doch durch Begünstigung ihres Sohnes *Kronos* (*Saturn*) auch Feindin des Endsiegers *Zeus* (*Jupiter*) und damit eher eine Figur der Unterlegenheit war, wie die Erde selbst in der geozentrischen Rangordnung. Die heliozentrische Reform hatte darin ein Moment der Konstanz: an der Aufteilung der Himmelswelt änderte sie nichts, was vor allem bedeutete, daß in der Astrologie bei ihrer wenig angefochtenen Fortgeltung nichts zu verlieren war, zumal ihre Präzision mit der Reform gewann. Andere magisch-okkulte Beziehungen der Planetennamen, wie zu den Metallen und ähnlichem, lasse ich beiseite. Insgesamt hatte sich weniger ›ereignet‹, als sich hätte ereignen können, und damit hing zusammen, daß ein Bewußtsein der Kontingenz nicht aufkommen wollte: etwa derart, daß es auch jede andere Anzahl und Anordnung der Planeten hätte geben können. Im Gegenteil: die genauere Kenntnis der Größen und vor allem der Ausstattung mit Satelliten führte auf neue vermeintliche Ordnungsmäßigkeiten, wie etwa die Bodesche Regel, die so schmerzlich nach einem Mond der Venus zu suchen nicht abzulassen gestattete.

Dies im Sinn, wird man würdigen, wenn nicht mitfühlen können, was die unerwartete Vermehrung der Planeten ausmachte. Man *suchte* keineswegs nach ihnen, vielmehr waren die Präzisierung der Ortsbestimmung von Fixsternen und die Steigerung teleskopischer Leistungen auf andere, erwartete Phänomene gerichtet: vor allem auf die parallaktische Abbildung des Sonnenumlaufs der Erde und auf weitere Doppelsternsysteme. Planeten jenseits des Saturn waren Nebenerträge jener Emsigkeiten, bei denen es um Nachweise des Vermuteten ging. Diese elementare Differenz in theoretischen Einstellungen darf schon deshalb nicht übersehen werden, weil es dabei um die Akzeptanz beiläufiger ›Funde‹ geht: Wirklich ist, was man erwartet hatte; alles

andere trägt höhere Beweislasten dafür, daß es existiert. Oder etwas
anderes ist als bis dahin angenommen. Denn was am 13. März 1781
Wilhelm Herschel als neuen Planeten ›zwischen den Hörnern des
Stiers und den Füßen der Zwillinge‹ *entdeckte*, hatten andere vor ihm
als weiteren der zahllosen Fixsterne gesehen (Flamsteed 1690, Tobias
Mayer 1756). Herschel *erkannte* den Stern als Planeten, sowohl optisch als Scheibchen wie positional als Wandelnden. Doch auch er
nicht ohne Zögern, indem er seiner darin bewährten Augenschärfe
zunächst einen Kometen zutraute, wie er im Ablauf seines Jahrhunderts harmlos geworden war – harmloser als ein neuer Planet.
Der Vorzug einer Kometenentdeckung war ›konservativ‹ in einem fast
gleichzeitig akut gewordenen Sinn: Laplace, der 1799 der Himmelsmechanik ihr Standardwerk »Traité de mécanique céleste« liefern
sollte, hatte erstmals die Zweikörperlösungen ›Sonne-Planet‹ über
Newton hinaus zu einer Mehrkörperdynamik erweitert, in der die
interplanetarischen Massenwirkungen zu einem System periodischer
Bahnabweichungen überführt werden konnten. Die tiefere Absicht
dieser Periodisierung aller Irregularitäten war, die Konstanz der Bahnen im großen und ganzen derart ›festzustellen‹, daß die Erhaltung
des Systems kraft seiner Kräfte gesichert erschien. Es gab den Zusammenbruch des Systems, den Weltuntergang, durch die von der Son-
nengravitation unabhängigen Masseneffekte nicht mehr, und das ohne
Eingriff der die Apokalypse jeweils aufschiebenden höheren Gewalt.
Das Vernunftprinzip der Selbsterhaltung war seit 1773 von Laplace
auch zum Systemprinzip der von Kopernikus und Newton reformier-
ten Planetenwelt geworden. Im alten Rahmen war die Übermasse des
Jupiter das Hauptproblem gewesen – nun stand ein neuer Planet am
Himmel, von noch unbekannter Größe, und von ihm ging die Dro-
hung aus, den Stabilisierungstriumph des Laplace infrage zu stellen.
Tatsächlich kam es umgekehrt: Die Himmelsmechanik führte über
Abweichungen der Bahn des neuen Planeten von den newtonschen
Vorgaben zum ›Verdacht‹, es müsse noch ein weiterer ungesehener
Planet jenseits des von Herschel entdeckten seine Bahn ziehen. Erst-
mals wurde einer gesucht, bevor er gefunden war.
Dies ist dann allerdings auch die Stunde der falschen Planeten. Wie so
oft für das Falsche, ist der Name vor der Sache da. Herschel hatte
keine glückliche Hand mit der *Onomathesia* nach Adams paradiesi-
schem Vorbild. Das an Sternbildern und Planeten über Jahrtausende

bewährte mythologische Namenarsenal hielt er für ausgeschöpft oder
für überholt, jedenfalls *seinem* patriotischen Zweck für zuwider. Dafür hatte Galilei, mit den ersten überhaupt entdeckten ›neuen Sternen‹, den Jupitermonden (die er mangels physikalischer Adhärenz für
Planeten in Ballung hielt), das Vorbild gegeben, indem er sie dem
florentinischen Herrscherhaus zum Ruhme *Medicea Sidera* benannte
– ohne dauerhaften Erfolg, auch für sie fanden sich Namen aus der
Mythologie. Herschel ließ sich nicht abschrecken: im welfischen
Hannover geboren und dadurch britischer Untertan mit dem Touch
des untilgbar Deutschen, erwies er dem König eine Reverenz singulärer Art und nannte den neuen Planeten das *Georgium Sidus*. Das war
in der Fachwelt nicht durchzusetzen. Die delikate Situation faßte
Lichtenberg, der das seit 1772 maßgebende Lehrbuch Erxlebens »Anfangsgründe der Naturlehre« seit der 3. Auflage 1784 betreute und
»mit Verbesserungen und vielen Zusätzen« versah, in der 6. Auflage
von 1794 so zusammen: *Hr. Herschel nannte ihn anfangs Georgium
Sidus und nachher Georgs-Planet, der Name Uranus und das Zeichen
♅ sind von Hr. Bode. Die Franzosen nennen ihn schlechtweg Herschel . . .*[7]
Der Name *Uranus* war nicht nur deshalb durchsetzbar, weil die ›Politisierung‹ wie die ›Privatisierung‹ des Himmels Rivalitäten entzündete; er war auch den Zeitgenossen plausibel, die ihre Göttertafel
nicht vergessen hatten und nun die genealogische Reihe von Saturn auf
dessen Vater verlängert sahen. Doch war das Zutrauen in die Endgültigkeit der Anreicherung dahin, man hielt mehr und alles für möglich,
noch bevor die Schwankungen des Uranus auf seiner Bahn Störungen
von außen vermuten ließen, die schließlich kurz vor der Jahrhundertmitte Leverrier den Fundort des Störers so genau zu bestimmen
instand setzten, daß Johann Gottfried Galle in Berlin nur noch genau
hinzusehen brauchte, um ihn zu bestätigen. Aber schon 1804 hatte der
spekulationsfreudige Romantiker Johann Wilhelm Ritter – »Die Physik als Kunst«[8] – an Karl von Hardenberg, des verstorbenen Novalis
Bruder, geschrieben: *Ist Ihnen die Entdeckung des Hercules schon
bekannt?*[9] Er solle größer als Jupiter und mit dem bloßen Auge als

---

7 J. Chr. P. Erxleben, Anfangsgründe der Naturlehre, XII § 591; 576 f.
8 München 1806.
9 Friedrich Klemm, Armin Hermann (edd.), Briefe eines romantischen Physikers. Jo

Stern sechster Größe sichtbar sein, obwohl sein Sonnenabstand 34-
35fach der der Erde sei. Mehr noch: Der als Entdecker von Kleinpla-
neten und Planetenmonden zu seiner Zeit unübertroffene Bremer
Arzt Heinrich Wilhelm Olbers solle schon sieben Monde des neuen
Planeten entdeckt haben, einer davon doppelt so groß wie die Erde. So
habe er die Nachricht im »Journal de Paris« gefunden. Ritter schließt:
Sie wissen vielleicht schon mehr. Was Ritter hier schreibt, hatte er
schon in Voigts »Magazin für den neuesten Zustand der Naturkunde«
anonym unter dem Titel »Noch ein Planet« veröffentlicht. Wenn er in
diesem Artikel beiläufig erwähnt, es sei derselbe Olbers, der *vor*
kurzem den Planeten Pallas entdeckte, so geht er leichtfertig mit der
Disproportion der beiden Nachrichten um, denn der am 28. März
1802 entdeckte Planetoid *Pallas* war von Olbers als ein zwischen Mars
und Jupiter die Sonne umkreisender kleiner Weltkörper ausgemacht
worden und konnte nicht in einem Atem genannt werden mit dem
nun buchstäblich in die Welt gesetzten sonnenfernsten Riesen *Hercu-*
les. Olbers hatte sehr schnell herausgefunden, daß seine *Pallas* mit der
vorher von Piazzi gesehenen, aber nur unsicher klassifizierten *Ceres*
und der ebenfalls 1804 von Harding gefundenen *Juno* eine für weitere
Entdeckungen trächtige Gruppe in der Reihenlücke zwischen Mars
und Jupiter bildete, für die noch schöne Namen der letzten Götter-
generation in Reserve standen. So gut ein *Hercules* in diese Familie
gepaßt hätte, so wenig gehörte es sich, ihn jenseits des Uranus zu
›erfinden‹. Denn als ›erfunden‹ erwies sich dieser ordnungswidrige
Überjupiter mit dem siebenfachen Gefolge. Olbers hat die Fachwelt
nichts wissen lassen, und das maßgebliche »Berliner Astronomische
Jahrbuch« Johann Elert Bodes nahm keine Notiz von der ›Sensation‹.
Als die Vereinigung von Theorie und Observation dann fast ein halbes
Jahrhundert später den transuranischen Planeten fand, einigte man
sich auf *Neptun* und griff damit mythologisch vorsorglich schon auf
einen weiteren Sonnenumläufer aus; denn nach Apollodors Überliefe-
rung hatten sich die Brüder Jupiter, Neptun und Pluto durchs Los in
die Weltherrschaft geteilt, so daß nach den Beherrschern von Land
und Meer noch der der Unterwelt ausstand: *Pluto* sollte erst 1930
entdeckt werden, ein schwieriger Fall von Exzentrizität. Doch dauerte

hann Wilhelm Ritter an Gotthilf Heinrich Schubert und an Karl von Hardenberg.
München 1966, 22-25.

es wieder nur ein halbes Jahrhundert, bis auch über diese Grenze
hinaus der Erdenwurm sein technisches Vehikel schleuderte. Nur
Pluto hatte sich der Annäherung und optischen Enthüllung dadurch
entzogen, daß er seine Bahn gerade unterhalb der des Neptun durch-
zog. Das Kunstwerk der planetarischen Namengebung – ein errati-
sches Stück der Arbeit am Mythos und ihrer Überlegenheit über
Eitelkeiten und Tagesgelüste – geriet nicht ins Wanken und stabili-
sierte sich sogar gegen die bösartige späteste Episode eines falschen,
diesmal innersten transmerkurischen Planeten.

VIII. Raumlust –
Vor dem Abheben

Die Geschwindigkeit der Himmelfahrt

Wilamowitz erzählt in seinen Erinnerungen aus der Greifswalder Zeit von der Gegnerschaft in der Theologischen Fakultät zwischen Orthodoxen und Liberalen. Auf einem Diner des Rektors seien die Gegner einmal aufeinandergetroffen. Der Orthodoxe sei vom Liberalen gefragt worden, mit welcher Geschwindigkeit Christus zum Himmel aufgefahren wäre und wo dieser Himmel läge. Schlagfertig sei die Antwort des Orthodoxen gekommen, dieser Himmel befände sich noch jenseits des Sirius und Christus könne wohl mit der Schnelligkeit einer Kanonenkugel dorthin gefahren sein. Noch schlagfertiger allerdings sei daraufhin der Liberale mit der lakonischen Bemerkung gewesen: *Dann fliegt er noch.*

Es kennzeichnet auch den Berichterstatter, daß er dieses Geplänkel für geistreich hält und nicht schon die Frage des Liberalen für billige Überheblichkeit nimmt. Ein Jahrhundert später hätte sich sogar ein Atheist geniert, so zu fragen. Aber auch die Antwort ist nicht ohne kleinlichen Stolz. Da glaubt offenbar einer, für seine Verhältnisse schon unglaublich weit ausgeholt und ein realistisches Zugeständnis an den Unglauben gemacht zu haben. Derartiges zahlt sich nie aus. Das Weltbild, aus dem jenes Zugeständnis kommt, dekuvriert sich gerade dadurch, daß aus ihm die Extremwerte des Nahezu-Unvorstellbaren entnommen sind, als hilflose Hilfskonstruktion. In dieser zweiten Hälfte des 19. Jahrhunderts war die Geschwindigkeit einer Kanonenkugel als kosmische Geringfügigkeit bekannt. Ebenso wußte man, daß der Sirius keineswegs ein Nonplusultra kosmischer Entfernungen war, sondern so etwas wie ein Heimatstern des Milchstraßensystems, dem auch die Sonne mit ihren Planeten angehörte. Als Grenzmarke für den Anfang eines dahinter beginnenden Jenseits war dieser Name zu harmlos gewählt.

Das alles machte es dem Liberalen leicht, den Witz des letzten Wortes zu behalten. Man bekommt vom Geschäft des Unglaubens einen allzu liebenswürdigen Eindruck. Dabei ist ins Auge zu fassen, daß auch bei geringerer theoretischer Fahrlässigkeit dieselbe Antwort immer möglich geblieben wäre. Die Ausschöpfung der kosmologischen Spielräume hätte keinerlei Vorteil gebracht, etwa die Steigerung der

orthodoxen Großzügigkeit dahin, Christus habe sich mit der Geschwindigkeit des Lichtstrahls auf seiner Himmelfahrt befunden.
Nachzurechnen wäre gewesen, welchen Spielraum die Zeitmaße unserer Geschichte dadurch geschaffen hätten. Weder der Sirius noch gar
der Andromedanebel wären in diesen zwei Jahrtausenden in Reichweite gekommen. Das höhnische *Dann fliegt er noch* gilt in nahezu
jedem Fall. Als Pointe der Überlegenheit taugt es nicht.

In keiner Richtung und mit keiner Geschwindigkeit und zu keinem
Himmel kann sich innerhalb des Weltbildes schon der Astronomie des
19. Jahrhunderts ein Gott entfernen. Das Fazit solcher Entmythisierung könnte nur sein, die Himmelfahrt sei die einzige Form der
Vorstellung vom Ende der Geschichte des Heilbringers gewesen, die
die Zeitgenossen akzeptiert hätten; für Leute des wissenschaftlichen
Jahrhunderts hätte der menschgewordene und damit endgültig in die
Physik eingetretene Gott auf der Erde bleiben müssen. Keine
schlechte Lösung für eine theologische Ernsthaftigkeit.

Als Wilamowitz seine Erinnerungen schrieb, war ihm noch ganz und
gar unzugänglich, daß ein dogmatisches Stückchen, das Theologen
seiner akademischen Jugend in Streit verwickeln konnte, sich ironisch
auf die Lage des Menschen im Universum ein Jahrhundert später reflektieren würde. Auch für den Menschen, als der Himmelfahrt fähig
gewordenes Wesen, gelten die Beschränkungen der kosmologischen
Dimensionen von Raum und Zeit; was er jemals Entfernung von der
Erde wird nennen können, reicht immer nur wieder für einen kosmischen Nahraum, auch wenn seine Vehikel sich jemals der Lichtgeschwindigkeit sollten nähern können. Jenseits verdient alles zu
heißen, was die Reichweite der Lebensalter oder gar der Geschichte
des Menschen überschreitet und was ihm die Botschaften von seiner
Realität als Strahlung zusendet. Die Vernunft der Liberalität bleibt
relativ gegenüber der der Orthodoxien. Sie darf sich dessen erfreuen,
muß aber die Lakonik der Endgültigkeit meiden, an der die Aufklärungen immer wieder scheitern.

Ein schlecht predigender Prophet: Wilkins

Samuel Pepys notiert am 12. Februar 1665 in sein nachmals weltliterarisches Tagebuch: *Nach St. Lawrence zum Gottesdienst, um den großen Gelehrten Dr. Wilkins predigen zu hören, war aber sehr enttäuscht von ihm. In meiner Bank saß ein Herr, der vorzüglich sang …*[1] Obwohl die Enttäuschung des routinierten Predigthörers Pepys am Überwiegen des singenden Nachbarn in der Bank humoristisch verarbeitet ist, interessiert uns doch mehr der enttäuschende Prediger. Denn Wilkins war der Verfasser eines der berühmtesten und wirkungsvollsten Werke des Jahrhunderts, der »Discovery of a World in the Moon«, die 1638 in London erschienen und noch im nächsten Jahrhundert viel gelesen war, auch in der deutschen Übersetzung von J. G. Doppelmayr unter dem Titel: »Vertheidigter Copernicus«, 1713 in Leipzig erschienen.

Langweilige Predigten gehören konstitutiv zur Geschichte einer Religion, die ihren Gläubigen irdische Genüsse nur mit Maßen zubilligt, sogar vor der Epoche der ästhetischen Weihefestspiellangeweile diese raffinierte Form asketischer Selbstbestätigung von Glaubensfestigkeit längst erfunden hatte. Doch daß ausgerechnet dieser Prediger enttäuschte, enttäuscht wiederum den späten Betrachter. Denn was Fontenelle erst ein halbes Jahrhundert später in seinen »Entretiens sur la Pluralité des Mondes«[2] der gelehrigen Marquise als fiktiver Dialogpartnerin bieten lassen konnte, hatte Wilkins durchaus auch zu bieten: bewohnte Welten und einen mäßigen Verkehr der Weltenbewohner untereinander.

Wilkins hatte Kopernikus gegen die Orthodoxie verteidigt. Er war ein Nachfahre des Cambridger Neuplatonismus und als solcher von einiger Freiheit der Imagination. Was ihm mehr galt als die Theorie des Kopernikus, waren die Folgerungen, die sich die Phantasie aus dieser herleiten durfte. War die Erde ein Planet, so konnten die Planeten Erden sein, und zumindest der Mond bot alle Wahrscheinlichkeit für Bewohnbarkeit. Zumindest der englischen Orthodoxie mußte dies als

---

1 Samuel Pepys, Tagebuch ed. Winter, Stuttgart 1981, 241.
2 Paris 1686.

der eigentliche Pferdefuß des Kopernikanismus erscheinen: Wie stand
es mit der Heilsbedürftigkeit der Seelen auf dem Mond, wenn Jesus
nur auf der Erde als Erlöser erschienen war? So war unausweichlich
Wilkins zum Mittelpunkt einer Kontroverse geworden. Alexander
Ross war ihm mit dem Verdikt »The New Planet no Planet«[3] entgegengetreten. Aber der Phantasietraum, den Wilkins gestiftet hatte,
sollte erst im folgenden Jahrhundert seine ganze aufklärerische Virulenz entwickeln. Um es aus der deutschen Version von 1713 zu
zitieren: *Daß es wohl möglich seye, daß einige von unsern Nachkommen ein Mittel ausfinden dörfften, wie man in diese andere Welt
gelangen, und so anders sich allda Inwohner befinden, eine Bekandt-
schafft mit denselben haben mögte.*[4]
Wilkins setzt, was die Herstellung der Voraussetzungen für solche
Mittel der Astronautik angeht, auf die Zeit, die *immer eine Mutter
neuer Wahrheiten* gewesen sei und *durchgehends alle Künste immer
mehr und mehr empor* habe steigen lassen, so daß *dieses unter andern
Secretis auch mit der Zeit ausgefunden werden möge.* Er sage *aus gant-
zen Ernst und mit guten Grund,* es werde möglich sein, fliegende
Wagen zu verfertigen, in denen einer oder mehrere Männer einschließlich Reisezehrung und *auch etwas zum negotiren* in die andere Welt
aufbrechen könnten.
Was allerdings die Aussichten solcher Reisender anging, den Lohn
ihrer Mühen, verhielt sich John Wilkins, wie er sich in der Predigt in
St. Lawrence verhalten haben mochte: er wurde langweilig. Er schil-
derte den Lustgewinn, als ginge es darum, die Seligkeit der Gläubigen
im Jenseits anzupreisen: ... *wie glückselig mögen nun diejenige seyn,
die am ersten in diesem Unternehmen glücklich seyn werden.* Man
könne sich davon nur vergleichsweise eine Vorstellung machen, wenn
man an den Fall einer vormaligen neuen Welt denke, nämlich *was vor
Vergnügen und Nutzen das entdeckte America verschaffet.* Der Schluß
auf das nun verheißene Mondfahrtunternehmen könne nur sein, *daß
solches sich bey diesem unbeschreiblich mehr äusseren werde.* Der Erfinder des Projekts wünscht sich nicht mehr, als sich dabei tüchtig zu
zeigen, *die grosse Gutthat und Lust die bey dergleichen Reyse zu finden wäre, zu beschreiben ...*

3 London 1646.
4 I 14; p. 95.

Und da beginnt der Zweifel zu nagen, wenn wir wieder den Blick auf den gelangweilten Predigthörer in St. Lawrence zurücklenken, der wenigstens einmal diesen berühmten Dr. Wilkins erleben wollte. Er mußte erfahren, was seit Dante kein Geheimnis mehr war, daß es trotz großer theologischer Jahrtausendmühe kaum gelungen ist, den Himmel attraktiv zu beschreiben. Die Folge war seit jeher, daß die meisten nur hinein wollten, weil die alternative Option ihnen eindrucksvoll abschreckend geschildert worden war. Auch John Wilkins hat die Phantasie seiner Zeitgenossen und seiner Nachfolger vor allem dadurch entzündet, daß er eine Welt für möglich erklärte, die die Nachteile der irdischen vermeiden könnte, ohne ihre Vorteile zu verlieren. Aber in der Wirkung ist die Astronoetik der Aufklärungsepoche immer nur dann über die Langeweile in St. Lawrence hinausgekommen, wenn sie den Weltverkehr in der umgekehrten Richtung fließen und die Besucher aus fremden Welten sich über die irdische Unvernunft satirisch belustigen ließ. Man kann sich denken, daß dieser listige Ausweg aus der Malaise der Phantasie dem Prediger des Jahres 1665 im puritanischen London verschlossen war.

Samuel Pepys wandte sich dem Gesang seines Nachbarn in der Kirchenbank zu.

Vorwegnahme der Raumfahrt als Metapher

Bevor die Raumfahrt auch nur ihren Anfang genommen hat, ist sie als Metapher konzipiert.

Überraschend ist nicht die Sehnsucht, in Raum und Zeit beweglicher zu werden, als es irdische Dimensionen gestatten; vielmehr der vorgreifende Ersatz technischer Vehikel durch spirituelle, und diese nicht als spiritistische: *Tröstlich wie immer bleiben die Bücher als leichte, zuverlässige Schiffe für Fahrten in Zeit und Raum und darüber hinaus. Solange noch ein Buch zur Hand und Muße zum Lesen da ist, kann die Lage nicht verzweifelt, nicht gänzlich unfrei sein.*[5]

Die Umwendung der Metapher zeigt, daß die Raumfahrt symbolische Qualität annimmt, sobald sie ein Jahrzehnt nach dieser Notiz vom 24. Juli 1945 – damals ungeahnt trotz der Peenemünder Raketenwerft – realisiert wird. Sie ist Symbol einer Freiheit, die seit je darin bestanden hatte, nicht ans Irdische gefesselt zu sein, und wenn es als Seelenwanderung oder Himmelfahrt gedacht gewesen war. Schon als das Christentum in seiner Umwelt singulär den Leib in die Auferstehung zum Gericht einbezog, überbot es die bloßen Trennungen und Aufflüge vom Leibkerker entbundener Seelen. Es ist deshalb von fast ritueller Konsequenz, daß es in der christlichen Nachwelt, der nachchristlichen Welt, den Ausbruch aus der terrestrischen Gefangenschaft in einem nicht einmal mehr asketischen, apokalyptischen oder transzendenten Sinne gab. Theoretisch war der endgültige Aufbruch in den Raum weniger das Problem als die Gewährleistung einer Rückkehr, auf die diese Himmelfahrer erst recht nicht verzichten wollten. »Voyager« verließen das Sonnensystem mit Botschaft, doch ohne Besatzung. Als unsterblich wird sich das Gerät erweisen, das dem Schicksal der Gattung seiner Erfinder für immer entronnen ist. Dennoch: Schon die gegebene, wenn auch ausgeschlagene Möglichkeit, die Erde zu verlassen, ohne den Tod zu durchschreiten, übertrifft die kühnsten Erwartungen jeder Spiritualität.

Aus dem alten Platonismus des Gedachten in seiner Unvergänglich-

---

5 Ernst Jünger, Leben und Werk in Bildern und Texten, ed. H. Schwilk, Stuttgart 1988, 220.

keit ist der des Gemachten geworden, das unter hiesigen Bedingungen der Korrosion aller Dinge ausgesetzt gewesen wäre, nun aber den Raum durchquert, wo die Wahrscheinlichkeit von Untergängen unendlich geringer ist. Denn der Raum ist als Bedingung dieser Art von Platonizität – beinahe leer.

Flußaufwärts wie die Lachse zur Laichzeit

Es ist erstaunlich, daß gerade die, die sich das Air erbitterter Feindschaft gegen alles Bürgerliche geben, schließlich auf das Postulat verfallen sind, der Mensch solle nicht alles tun, was er kann und weil er es kann.

Ich glaube, den Zeitpunkt bestimmen zu können, an welchem dieser Gegentrend in Gang gekommen ist. Es war der Augenblick, in dem die Mannschaft der ersten Mondlandung des »Apollo«-Programms vor ihrem Start von Journalisten genötigt wurde, sich endlich einmal zu erklären, weshalb sie zum Mond wollten und ob dies von irgendeiner plausiblen Wichtigkeit sei. Die Antwort, die der Kommandant des Unternehmens Armstrong darauf mit unverkennbarer Verärgerung über so viel Unverfrorenheit gab, lautete: *Ich bin der Auffassung, daß wir deswegen zum Mond fliegen, weil es in der menschlichen Natur liegt, sich von schwierigen Aufgaben herausgefordert zu fühlen.* Das ist schön, doch trotz der Kürze noch umständlich formuliert. Denn auf eine kürzere Formel gebracht, mußte es heißen: Wir wollen zum Mond, weil wir es können.

Hätte er so formuliert ohne Rekurs auf die menschliche Natur, wäre vielleicht schon damals, gegen Ende der sechziger Jahre, ein Sturm der Entrüstung über so viel Unwilligkeit zur Rechtfertigung ausgebrochen. Man durfte doch wohl noch fragen? Und, wenn man fragen durfte, hatte man Anspruch auf eine Antwort von durchdachter Begründung.

Wohl durchdachte Begründungen gibt es für alle kleineren und größeren Unternehmungen des Menschen, zumal für das, was unterhalb der Ebene dessen liegt, was ›Unternehmung‹ genannt zu werden verdient. Für die unbestritten großen Unternehmungen gibt es keine Begründungen oder solche von der Ärgerlichkeit des Satzes, man tue das, weil es nicht ungetan bleiben könne. Im Medium der künstlich abgeschwächten Virulenz akzeptieren wir dieses Phänomen ohne weiteres und ohne Einwand. Sollte im Sportteil meiner Zeitung jemals stehen, der Mensch sei nach solider Abschätzung seiner Fähigkeiten imstande, die Sprunghöhe von 2.50 m zu erreichen, so ist mir der sofortige Ausruf erlaubt: Und, bitte sehr, warum springen sie es dann nicht? Dies ist das Gebiet, in das wir ausweichen, um uns den Satz zu gestatten: Wir tun es, weil wir es können.

Aber auf anderen Gebieten, dem der Wissenschaft, dem der Technik, dem der Heilkünste, hören wir immer häufiger, es sei kein ausreichender Grund, etwas zu tun, weil wir es können, und nicht eher innezuhalten, bis wir die Grenze dessen erreicht hätten, was wir jeweils oder jemals tun können.

Nun ist die Astronautenformel eines trotzigen Überdrusses gegenüber journalistischer Impertinenz wegen des prominenten Punktes der Geschichte dieses Jahrhunderts, an dem sie verhüllt ausgesprochen wurde, von außerordentlich negativer Wirkung gewesen. Vielleicht hat sie dem ganzen Drang und Andrang ins Weltall hinaus die erste Wunde zugefügt, die sich als Todesstoß erweisen sollte. Aber die Schwäche der Formel liegt nicht in dieser Wirkung; sie liegt in ihrer Unvollständigkeit.

Der Mensch will tun, was er kann; aber der tiefere Grund dafür, daß er dieses will, ist doch erst, daß er vorher gar nicht weiß, was er kann, ehe er es nicht getan und ausgestanden hat. Wer den Satz, wir seien dabei zu tun, was wir können, weil wir es können, für die verhängnisvolle Urformel eines mit unbestimmter Zielsetzung vorangetriebenen Fortschritts hält und darin Diskriminierung genug sieht, um sich ihrer endgültig zugunsten alternativer Idyllen zu enäußern, der verkennt die Ungewißheit, die immer mit dem Relativsatz ›was wir können‹ verbunden bleibt. Gerade das ist es, was die Unruhe erzeugt und nicht zu verdrängen vermag, daß wir nur sehr ungenau wissen, was wir können, bevor wir es zustande gebracht haben. In all seiner Findigkeit ist der Mensch ein Wesen des Selbsterfahrungsbedarfs. Wir wissen, woraus er resultiert: aus dem Verlust eines Biogramms, jener Antwort auf die nie gestellten Fragen, die allem anderen Leben ringsum seine beneidenswerte Daseinssicherheit gibt.

Es gehört zur Rhetorik der Wissenschaft, den ersten Schritt auf den Boden des Mondes als ein Ereignis darzustellen, dessen Bestimmungsstücke zuvor so gut bekannt waren, daß darin der Vollzug eines minuziösen Drehbuchs gesehen werden kann, das den Formeln und Konstrukten nur noch die beiläufige Zutat der optischen Wahrnehmbarkeit für das breitere, also diesmal: das weltweite, Publikum hinzufügt. Diese Rhetorik der Überflüssigkeit der Realisation scheint denen recht zu geben, die gar nicht erst selbst dorthin zu gehen aufgebro-

chen wären oder einem Roboter als Landegerät den Vorzug gegeben
hätten.

Aber das ist eben nur die Rhetorik der Selbsteinschätzung einer Wissenschaft, die glaubt, daß sie so sein müßte wie der Laplacesche
Dämon, für den allerdings die ganze Naturgeschichte des Himmels
gar nicht stattzufinden brauchte, weil er für jeden Punkt ihres Verlaufs
alle Bestimmungsstücke beieinander hat: Die vollständige synchrone
Empirie eines Augenblicks macht alle vergangenen und zukünftigen
Empirien überflüssig. Wäre der Mensch ein Dämon dieser theoretischen Penetranz, wäre der Satz, er wolle tun, was er kann, in der Tat
absurd und jeder Verhöhnung ausgeliefert. Wir müssen tun, was wir
können, aus dem einen und letzten Grunde, weil wir keine Götter
sind.

Das Urbedürfnis zu wissen, was mit uns los ist und was es mit uns auf
sich hat, mochte einmal die schlichte Form der Inschrift auf dem Tempel des Apollo in Delphi haben, man solle sich gefälligst selbst
erkennen. Das ist ein ebenso einleuchtendes wie gefährliches, aber als
gefährlich niemals abzuweisendes Wort geblieben, weil man sich nicht
die geringste Sorge darum gemacht hat, was es bedeutet und ob
dieser Aufforderung überhaupt bedurfte. Zu fragen, was derjenige
wohl tun müsse, der sich selbst erkennen solle, unterstellt auch und
nicht nur nebenher, er sei noch gar nicht dabei, sich selbst zu erkennen. Als ob das nicht der Inbegriff der Geschichte des Menschen
wäre! Kommandant Armstrong hatte damals, in jenen fernen Tagen
vor dem imaginär gebliebenen Triumph im Weltall, seiner Erklärung
des monströsen Unternehmens hinzugefügt, es liege dies *beim Menschen in der Natur seiner tiefsten inneren Seele*, und man müsse diese
Dinge eben einfach so tun, *wie der Lachs zur Laichzeit die Flüsse
hinaufziehen muß*.

Konnte er sich die Entrüstung, die auf solche Vergleiche zu folgen
pflegt, nicht ersparen? Offenbar nicht, weil er den fundamentalen Unterschied nicht begriffen hatte, der beim Menschen in der fatalen
Ungewißheit besteht, ob er das, was er will, als das, was er kann, auch
wirklich kann. Die Inhalte und Ziele des Könnens werden gleichgültig
dadurch, daß sie als gekonnte eben diese Ungewißheit verlieren – so
wie das Interesse, auf den Mond zu kommen, in dem Augenblick
erlosch, als heraus war, daß man es wirklich gekonnt hatte. Die vermeintliche Wichtigkeit der Frage, woraus der Mond bestehe und wie

er entstanden sei, fiel als wesenlose Hülle von der ganzen Veranstaltung herunter; die Versprechung, wir würden es mit dem ersten Quantum einer Bodenprobe vom Mond erfahren, hatte ihren Dienst für eine ganz andere Frage im Hintergrund getan. Es war eine Versprechung aus der Laplaceschen Dämonologie gewesen: Wenn man nur ein bißchen von allem hätte, würde man alles wissen, wie jener Weltgeist aus dem Augenblick die Ewigkeit herausdifferenziert hätte.

Sie werden es tun, wenn man sie nicht mit Gewalt daran hindert, lautet mehr als ein Jahrzehnt nach jenem spektakulären Auftritt des Kommandanten Armstrong vor seinem Mondflug der Tenor vieler Kritiken des Tuns und Treibens in Wissenschaft und Technik. Und dieser Satz ist richtig. Nur verkennt er das Ungleichgewicht der Gewalten, die auf beiden Seiten im Spiele sind. Die Antwort muß lauten: Sie werden sich nicht hindern lassen, es zu tun, weil die gegen die Selbsterprobung des Menschen stehenden Kräfte immer die schwächeren sein werden. Sie werden es tun, wenn nicht hier, dann dort, wenn nicht offen, dann heimlich. Es gibt kein Gesetz, das diesen Geschichtstrieb des Menschen unter dauerhafte und vor allem allgegenwärtige Kontrolle bringen könnte. Es ist leicht, jetzt zu sagen, diejenigen seien die Klügeren gewesen, die der Parforcetour zum Mond nur zugesehen hätten; das sagt sich leicht, weil es unterschlägt, daß sie diejenigen gewesen wären, die es getan hätten, wenn es nicht die anderen schon gewesen wären.

IX. Einstein

Drohender Verlust einer Anekdote

Was Einstein vom Dach fallen sah, war mit Gewißheit keine Dachdeckerin. Insofern bestand kein Anlaß zur Nachfrage.

Daß er dennoch hinzueilte, um eine Frage an den Dachdecker zu stellen, der vor seinen Augen vom Dach gestürzt war, wurde für die Wissenschaft folgenreich. Das ist zu bekannt, um es nochmals zu erwähnen.

Für den, der nicht nur darauf achtet, mit welchen Mitteln sich der wissenschaftliche Weltgeist Geltung verschafft, bleibt eine Kleinigkeit nebenher doch beachtenswert. Einstein fragte den offenkundig lebend zu Boden Gekommenen nicht: Wie *ist* es? Er fragte ihn: Wie *war* es? Wem dieser Unterschied spitzfindig oder unbedeutend, gar respektlos vor dem Genie der Weltansichtsveränderung erscheint, der sollte nachdenklich werden. Nachdenklich worüber?

Über sich.

Doch: Hätte die Anekdote nicht jeden Pfiff verloren und damit ihren Stammplatz in der Wissenschaftsgeschichte, wenn Einstein gefragt hätte: Wie ist *Ihnen*?

Das ist zuzugeben.

Einsteinium

Die Geschichte unserer Theorie vom Weltall beginnt mit einem Sturz und endet mit einem Sturz.

Am Anfang fiel Thales von Milet bei nächtlicher Himmelsbeobachtung in eine Zisterne und überstand es wohlbehalten. Nur wurde er, wie inzwischen jeder weiß, von einer thrakischen Magd ohne Verständnis für so unzweckmäßiges Verhalten ausgelacht. Es ist nicht überliefert, wie er darauf erwiderte und was er dabei empfand. Er scheint nichts dazugelernt zu haben, sonst wäre die ionische Schule der Naturphilosophie nicht entstanden. Aber auch die Thrakerin hat aus dem Vorfall nichts als ihre kurze Belustigung gewonnen; sonst wären die Griechen ihres Monopols in Theorie verlustig gegangen.

Am Ende steht der Sturz eines Berliner Dachdeckers, den auch er wohlbehalten überstand. Sonst hätte er nicht die Auskunft erteilen können, die ein zufällig den Sturz mitansehender Theoretiker von ihm begehrte, weil nur er und ausnahmsweise etwas ›erlebt‹ hatte, worauf es dem Passanten ankam: zu wissen, daß einer beim freien Fall keine Schwerkraft an sich empfindet.

Thales und Einstein: zwei komplementäre Anekdoten von theoretischen Elementarereignissen. In Anekdoten gibt es nichts Zufälliges, alles dient ihrer Signifikanz. Deshalb mußte am Anfang der Theoretiker selber stürzen, um seinem Bei-der-Sache-bleiben die Auszeichnung der erlittenen Unbill zu geben, die noch eindrucksvoller war als die ›Resultate‹. Vom Dach aber durfte das späte Genie nicht persönlich fallen, einmal wegen des zu hohen Risikos bei solcher Qualifikation, noch mehr aber wegen der Objektivität: der befragbare Zeuge mußte die Unbefangenheit des biederen Mannes haben, der sich allenfalls darüber wundern mochte, wie wenig der Fremde von seinem ›Glücksfall‹ beeindruckt war. Er konnte nicht wissen, daß er stellvertretend und statthaltend für den Neugierigen gefallen war, der es sich – beim Stand methodischer Vorsicht – selber nicht hätte glauben dürfen, was er dem anderen umso erfreuter abnahm, weil es seiner Erwartung entsprach.

Ohne Fall ging es nicht an, und ohne Fall ging es nicht ab, sollte ›alles, was der Fall ist‹ in theoretischen Gewahrsam kommen.

Takt und Methode

Als in Wien 1926 des zehnten Todestages von Ernst Mach mit der Enthüllung eines Denkmals im Rathauspark gedacht wurde, schrieb Albert Einstein eine kurze Würdigung für die »Neue Freie Presse«. Über den, der kein Philosoph zu sein beanspruchte, steht da in einem Satz zureichende Auskunft: *Ernst Machs stärkste Triebfeder war eine philosophische: Die Dignität aller wissenschaftlichen Begriffe und Sätze ruht einzig in den Einzelerlebnissen, auf die sich die Begriffe beziehen.*

Das war auch die Position der Phänomenologie. Nur gewährt diese die großzügige Lizenz, daß die begründenden Erlebnisse solche sind, die jeder haben kann, indem er sie erzeugt, auch wenn die Zugänglichkeit sich auf eine ›Einstellung‹ bezieht, die durch eine einschneidende Anstrengung erworben werden muß. Ob der Physiker Mach, der die Kritik der Grundbegriffe der klassischen Physik – Raum, Zeit, Trägheit – vollzog, auch das Erlebnis für jedermann zu jeder Zeit meinen konnte, mußte Einstein, der in Machs Begriffskritik die Vorbereitung seiner Relativitätstheorie sah, fraglich erscheinen.

Denn der Sturz des Dachdeckers als ›Urerlebnis‹ einer neuen Auffassung der Gravitation ist das Paradigma eines exklusiven Erlebnisses. Einstein hatte es selbst nicht gehabt, und es wäre zu riskant gewesen, es haben zu wollen. Ein Maß an selbstvergessener ›Reduktion‹, dem sogar Husserl die Exemplarität abgesprochen hätte. Einer hatte das Erlebnis gehabt; daß aber seine Erinnerung ausgewertet werden konnte, war ein Glücksfall – und es war zwangsläufig nicht die Beschreibung des Erlebnisses, sondern die der Erinnerung daran. Das hätte dem Phänomenologen nicht genügt; dafür war es auch kein ›philosophischer‹ Begriff, der darauf gegründet werden sollte.

Exklusive Erlebnisse dieser Rarität anzuzapfen, ist freilich nicht nur Glückssache des Überlebens und der Anwesenheit des Zeugen; es ist vor allem Sache einer bestimmten ›Neugierde‹ dieses Zeugen. Er mußte wissen, präventiv auffassungsfähig dafür sein, daß aus dem Erlebnis eines anderen etwas für ihn zu gewinnen war. Und, nicht zu vergessen, der andere, dieser soeben mit dem Schrecken davongekommene Handwerksmann, mußte sich fragen *lassen*.

Daran wird zuwenig gedacht, daß der ingeniöseste Beobachter des
Sturzes ohnmächtig gewesen wäre, hätte der Erlebthabende sich
barsch der Zumutung entzogen, der Theorie einen Dienst zu leisten.

Es sei denn, diese Überlegung ist ganz falsch: Die Begründung des
Begriffs aufs Erlebnis bestände vielmehr darin, daß einer genau weiß,
was ein anderer erlebt haben *muß*, und seine Hinzuziehung das Überflüssige einer rituellen Höflichkeit hat, den faktisch den ›Fall‹ Exeku-
tierenden nicht vergeblich gestürzt sein zu lassen. Eine Gebärde mehr
des Herzens als des Hirns, des Taktes mehr als der Methode.

Der unvermeidliche Rückgang aufs Anthropomorphe

Wir wissen nicht, was Kausalität ist, und müssen dennoch ständig so tun, als wüßten wir es und seien uns dessen sicher, daß jede Gegenwart alle ihre Zukünfte bewirkt. Wenn eine Billardkugel auf eine andere trifft, stößt sie diese; der Zusammenhang zwischen ihr und der Gestoßenen wird aufgefaßt als der einer Handlung. Aber auch ›Handlungen‹ kann man nicht wirklich *wahrnehmen*; nur der Handelnde weiß oder glaubt zu wissen, er sei es gewesen, der einen bestimmten Vorgang durch seine Einwirkung hervorgebracht habe.

Der Anblick einer Marionettenbühne zeigt, daß sehr wohl eine Figur einen Stein nach einer andren werfen kann und dennoch alle diese ›Erscheinung‹ hervorbringenden Elemente völlig getrennt voneinander an Fäden geführt werden: der Werfende, das Geworfene, der Beworfene. So etwa hatte sich in der Philosophiegeschichte der ›Okkasionalismus‹ die Kausalität vorgestellt. Zu Unrecht galt das oft als belächelter Unsinn, mit dem Gott zum Weltmarionettentheater gemacht werden sollte – eine Verwechselung seiner Allmacht mit seinem Spieltrieb. Daher kein sehr großer ›Fortschritt‹ in der Überwindung der Vorurteilsklasse, die man Anthropomorphie genannt hat.

Wenn man das so formuliert, unterstellt man, die Ausschaltung von Anthropomorphemen aus der Theorie der Natur sei nur eine Sache der Entschlossenheit und des Scharfsinns, in jüngster Instanz der Kritik an der Sprache. Vorausgesetzt wird, man könne Naturerscheinungen beschreiben, ohne auf ›Erlebnisse‹ von Menschen bezugzunehmen. Intensiv ist das beim Kraftbegriff versucht worden, der als der Kern aller Anthropomorphien in der Physik seit Newton angesehen wurde. Läßt sich aber der Zusammenhang von *Begriffen* und *Erlebnissen* auflösen?

Als Einstein gefragt wurde, wie er auf die Ausschaltung des Kraftbegriffs aus der Beschreibung der Gravitation, also der Schwer*kraft* oder der Anziehungs*kraft* von Massen, in der Allgemeinen Relativitätstheorie gekommen sei, erzählte er die Geschichte vom Dachdecker. Der sei zufällig in Berlin vor seinen Augen vom Dach gestürzt, aber so glücklich gefallen, daß er überlebte und sogleich vom herzueilenden

Einstein befragt werden konnte. Kern seiner Auskunft war, daß er
von Schwerkraft nichts bemerkt habe.
Um den Wahrheitsgehalt dieser Geschichte brauchte man sich nur
dann Sorgen zu machen, wenn sie den ›Einfall‹ einer neuen Erklärung
des Universums ›berichten‹ sollte. Das wäre schön, aber nicht so überaus wichtig, weil es genug andere Leitfäden zum Ursprung der
Theorie gibt.
Wichtig ist das Verfahren, mit dem der *Inhalt* der neuen Theorie zugänglich gemacht wird: Rekurs auf ein unter den obwaltenden günstigsten Umständen abfragbares ›Erlebnis‹. Gerade wenn der *Zuschauer* den klassischen ›Fall‹ der Schwer*kraft*, den freien Fall, als
Phänomen vor sich hat, erlebt der *Fallende* und bezeugt es sogleich,
daß das gerade Gegenteil ›der Fall ist‹: Aufhebung der Schwere im
Fall.
Der Organismus empfindet seine Schwere im Ruhezustand und in
allen Bewegungen, die sich der des freien Falls widersetzen, als Zuständen der Beschleunigung; er empfindet sie nicht, wenn er frei fällt
oder sich in einem Medium von größerer Schwere als seiner eigenen
aufhält, also ›schwimmt‹. Aus dieser Erlebnislage ergibt sich, daß es
für Fallen wie Schwimmen überhaupt keiner erklärenden ›Theorie‹
bedarf. Nur wer nicht fallen *will*, bedarf der *Handlungen*, die ihn
davor bewahren; nur wer nicht schwimmen *will*, muß sich gebären
lassen und fortan ›auf eigenen Füßen‹ stehen.
Die Grenzfälle sind das Natürliche, das sich wie das Moralische von
selbst versteht und nicht erst verstanden zu werden braucht. Nur was
zwischen der Natalität – als dem Verlassen der Fruchtwasserhöhle –
und der Mortalität – als dem letzten freien Fall des Leibes (mit dem
letzten Wort des Seinsphilosophen: *Ich bleibe liegen*) – den Einschub
ausmacht, den man ›das Leben‹ nennt, ist unerhört erklärungsbedürf-
tig, weil es *erlebte Schwere*, in einem vertrackten Sinn ›Unnatur‹
ist.
Dem Begriff von ›Lebenswelt‹, als dem der befragungsbedürftigen wie
-unfähigen Zustände, entspricht das Leben selbst also nicht. Es ist
seine ›Kunst‹, sich Zustände zu verschaffen, in denen die ›Kräfte‹ unerlebbar und damit unschmerzlich sind, die als solche nur im Widerstand erfahren werden. Dem ›Sein‹ eignet, wenn überhaupt etwas, die
ihm im Titel eines berühmten Romans zugeschriebene ›Leichtigkeit‹.

Kosmologisch bedeutet das: Der fallende Dachdecker Einsteins war der ›Glücksfall‹ eines physischen Körpers, der sich erstmals eine Frage hatte stellen lassen, die nicht zufällig von einem Fachmann kam, während sonst Gefallene in die Hände von Leuten geraten, die – sofern sie überhaupt etwas zu fragen wissen – sich erkundigen, ob und wo es wehtut. Die Milliarden Körper des Universums, auf die es in seiner Theorie ankommt, lassen sich nicht vom Theoretiker befragen. Er muß für sie die Antwort finden. Ließen sie sich aber befragen, so hätten sie eben das ›Erlebnis‹ des Dachdeckers nicht gehabt und könnten nicht verstehen, was gemeint sei, wenn sie nach der Empfindung von Schwer*kraft* gefragt würden.

Denn der Dachdecker kann doch nur Auskunft geben, weil er den ›unnatürlichen‹ Zustand *auch* und sogar als überwiegenden kennt, *nicht* frei zu fallen. Er arbeitet professionell, muß man wohl sagen, gegen das Risiko des Falles an. *Daher* nimmt er die Mittel der Unterscheidung, den Normalzustand der Natur als seinen Sonderzustand herauszukennen. Die Weltkörper sind *immer* im Normalzustand, sogar wenn sie in Schwarze Löcher stürzen und ›aus der Welt‹ verschwinden. Mit ihnen könnte man, die schönste Beseelung nach Art der Stoiker vorausgesetzt, keine Phänomenologie betreiben. Sie sind, um es so zu sagen: *zu leicht*, um auch nur etwas ›erlebt‹ zu haben.

Gibt es in der Natur so wenig Bewußtsein, weil es *nichts zu erleben* gibt? Auch in der ›freien Variation‹ bleibt der gestürzte Dachdecker ein Glücksfall. Denn es genügt nicht, daß alles zu denken dem Denker erlaubt wäre.

Einsteins Dachdecker

Mit Erstaunen war man einmal zu dem Erkenntnisvorteil gelangt, daß unter den ungünstigen Bedingungen auf der Erdoberfläche mit ihrer Verzerrung aller kosmisch ›reinen‹ Sachverhalte durch Widerstand und Dichte der Lufthülle wie durch die Erdenschwere doch Methodenlist es schafft, Feststellungen über das Außerirdische, über Planeten und Monde wie Sonnen, über den leeren Raum zwischen all diesen sowie die durch diesen wirkenden Kräfte und Strahlungen zu treffen. In allen Fällen mußte die Erforschung der Erde vorausgehen, um ihre ›kleinlichen‹ Besonderheiten auszuschalten. Galilei wußte noch nicht, daß sein Gesetz des freien Falls, gefunden in der Zeitlupe der schiefen Ebene, auf Mond und Sterne mit anderer Konstanzgröße anwendbar war, für alle Verhältnisse von Massen zu Massen, wie wenig sie auch als ›fallende‹ erkennbar sein mochten. Die Welt wurde erst dadurch in einem reellen Sinn zur ›Welt‹ – zu mehr als einer bloßen *series rerum* –, daß alles auf alles wirkt, wie schwach und diffus es sein mag. In dieser Änderung des Weltbegriffs in Tendenz auf einen ›Realismus‹ der Einheit lag schon beschlossen, den Raum in Umkehrung aus der bloßen Dimension der Wirkungen, ›innerhalb‹ deren sie sich abspielen, zur von diesen Wirkungen abhängigen Realität zu machen: Der Raum existiert dann im Maße und als Maß der Wirkungen – sie sind es, die ihn umschließen.

Galilei war noch befangen in der antiken Vorstellung, daß die den Sternen gebührende vornehmste Bewegungsart die Kreisbewegung sei und jenseits der Welt unter dem Mond Unveränderlichkeit *und* Kreisbahn identische Gegebenheiten seien: Es war nicht mehr nötig zu forschen, weshalb die Sterne blieben, wo sie waren: Sie waren fallunfähig. Erst Newton verfiel auf den einfachen Gedanken, daß der Apfel, der inspiratorisch vom Baum fiel, genauso gut vom Mond herabfallen könnte, man folglich sogar ernsthaft fragen müsse, weshalb nicht der Mond selber mit dem Apfel herabkommt. Es wurde, was sich von selbst verstanden hatte, erfragungsbedürftig. Das als allzu irdisch vermeinte Phänomen des Falles wurde durch rückwärtige Verlängerung der Fallrichtung ›kosmisiert‹. Man brauchte den Apfel nicht zu fragen, wie schwer – im Wortsinn – es ihm gefallen sei, sich so lange

am Baum zu halten. Damit das nicht in Lachhaftigkeit verlorengeht: Äpfel lassen sich nichts fragen, darum geht es hier nicht, sondern es bestand dafür auch gar kein Bedarf. Es genügte, dem Fall zuzuschauen. (Und dabei schon einiges zu wissen und anderes zu vermuten; die Welt fängt nie von vorne an.) Für die Kreisbahnen genügte es nicht mehr, ihnen zuzuschauen, sie mußten nun ›erklärt‹ werden, und in der Erklärungsbedürftigkeit lag, daß es mehr als *ein* Faktor war, der sie hervorbrachte, dann aber auch aus der Komplexion von Faktoren die nur faktische Kreisform als das *eine* Resultat unter vielen kegelschnittigen. Die Neuzeit erfand das Operieren mit Reduktionen: die Reduktion des Subjektiven an den Erscheinungen ergab das Objektive, die Reduktion des Irdischen das ›Himmlische‹, die Reduktion der Existenz ergab die Wesenheiten. Inmitten des Faktischen wurde das Institut der Wissenschaft als dessen Residuum errichtet. Und es versteht sich fast von selbst, daß auch die Frage aufkam und sich verstärkte, ob denn bei allen diesen ›erfolgreichen‹ Operationen, den Subtraktionen und Reduktionen, etwas verlorengegangen oder übergangen sein könnte, was seinerseits in einem anderen Kontext wieder ›das Wesentliche‹ gewesen sein konnte. Rückkehr zum ›Leben‹ und ›Erlebnis‹, zum Subjekt und seiner Subjektivität, konnte ständig zum Losungswort werden, nicht nur dadurch, daß Zweifel am Ertrag der Objektivität für Menschen aufkamen, sondern erst recht wohl durch den Überdruß an ›Erkenntnissen‹, die fast nur noch von denen verstanden werden konnten, die sie erzielt hatten – und für diese wiederum ergab sich in *allen* anderen Sachfragen gerade die Ratlosigkeit, die sie selber den übrigen bei ihrer ›Sache‹ bereiteten. Die Wahrheit machte nicht, der Verheißung gemäß, *frei*, sie schloß vielmehr ab und ein. Nur das Erlebbare schien das Eigentum aller geblieben zu sein, und eine Theorie, die das ›Erlebnis‹ unter allen Aspekten zu analysieren versprach, setzte sich selbst unter den Druck der Unzulässigkeit einer speziellen Kompetenz. Es mußte ihr unmöglich sein, unverständlich zu werden.
Eine Änderung der methodischen Zentrifugalität begann mit der Spektralanalyse. Seit dem 18. Jahrhundert konnte man einzelne Elemente nach den Verfärbungen der Flammen erkennen, in die sie eingeführt wurden. Daß es aber ein herausragender Astronom war, John Herschel, der durch Erweiterung dieser Reagenzform zu der Verallgemeinerung gelangte, man habe sich dem genauesten Verfahren

zur Feststellung auch geringster Mengen bestimmter Stoffe genähert, schien 1823 nur eine beiläufige Partikel universaler Forschergenialität zu sein, zumal die Anwendbarkeit bei allen Mixturen versagen mußte. Aber schon 1825 begannen Herschel und Talbot, durch Verwendung eines farbzerlegenden Prismas der Störung durch Beimischungen den Garaus zu machen. Was mehr als störend blieb, war das ›Eigenspektrum‹ der Flamme, ohne die es die ›Verfärbung‹ nicht geben konnte. Erst Bunsen näherte sich der ›farblosen‹ Flamme, und der mit ihm befreundete Kirchhoff brachte ihn auf die prismatische Zerlegung. Kirchhoff war es dann auch, der die entscheidende Entdeckung machte, daß ein Element durch identische Muster der Emission wie der Absorption seines Lichtes charakterisiert war. Die dunklen Absorptionslinien boten den Ansatz dazu, auch hier dem Postulat der Quantifizierung Genüge zu tun und die Vermessung der Spektrogramme zur Inauguration aller Astrophysik zu machen. Sie war es noch, als mit der ›Rotverschiebung‹ und ihrer Deutung nach dem Dopplereffekt der Kosmogonie eine seit Kant unerahnbare Vorgabe aller Theorien oktroyiert wurde, die mehr als rationales ›Unbehagen‹ erweckte: die Wärmetodphobie des neunzehnten Jahrhunderts hatte ihr Äquivalent im Weltenfluchterschrecken des zwanzigsten gefunden. Daran konnte Kirchhoff nicht gedacht haben, als er das von Bunsen und ihm erfundene Spektralverfahren zum erstenmal von der Erde ins Universum lenkte und der Sonne die zuvor undenkbare Auskunft abforderte, daß in ihrer Hülle hochtemperierter Gase Natrium, aber kein Lithium enthalten sei. Aber gerade die zweite Feststellung war nur möglich, weil man aus dem Laborversuch schon wußte, wie das Spektrum hätte liniiert sein müssen, wäre in Sonnenferne dieses Element vorhanden gewesen. Noch war also der ›Sprung‹ nicht getan, der in der Ermittlung eines spektrographischen Musters bestand, für das man keine terrestrische Bemusterung kannte, dessen Auffindung im Sonnenspektrum ihm den schönen, aber ablenkenden Namen ›Helium‹ verschaffte, der nicht ahnen ließ, wie dringend man eines fernen Tages den tiefgradigen Verflüssigungspunkt dieses Gases in der Physik und Technik benötigen würde. Dennoch wäre dies eine Episode geblieben, hätte sich nicht prinzipiell die Umkehrbarkeit der methodischen Richtung von Erde zu Weltall erwiesen. Die Sonne sollte alsbald Belehrungen erteilen, die in keinem Laboratorium der Erde hätten eingeholt werden können.

Die Frage nach der Energieversorgung der Sonne stand in engem Zusammenhang mit der kosmologischen ›Enttäuschung‹ des neunzehnten Jahrhunderts, die unter dem Stichwort ›Wärmetod‹ stand und im Zweiten Hauptsatz der Thermodynamik ihre naturgesetzliche ›Quelle‹ hatte. Die Frist für Leben und Kultur in der tellurischen Abhängigkeit von der Sonne war gewiß nicht apokalyptisch karg bemessen; aber es war ein Signal, daß alle Verlagerungen der Unsterblichkeit auf Werke und Entwicklungen, mit einem Wort: auf die Gattung, nur Aufschub der Endgültigkeit sein konnten. Daß die Evolutionsbiologie den Anstoß zu Zweifeln an der ›Kurzlebigkeit‹ der Sonne nach klassischen Vorstellungen von ihrer Energieversorgung bot, ist nicht das Thema – der biologische Zeitbedarf konnte nur durch die Physik gedeckt werden. Sie tat es, als sie die Voraussetzungen der Atomtheorie besaß, ein anderes Modell der energetischen Prozesse in der Sonne zu entwickeln, das auf Annahmen über die hohen Temperaturen im Sonnenkörper und die dabei erfolgenden Wasserstoff- zu Heliumkernfusionen beruht – oder, falls die Sonne zu arm an Masse zum ganzen Zyklus über Kohlenstoff, Stickstoff und Sauerstoff sein sollte, auf der unaufwendigeren Proton-Proton-Reaktion. Dies war auf der Erde weder als Problem zu erfassen noch experimentell darzustellen; aber es schuf die Gewißheit, daß man über den Energie-Gewinn durch Kernspaltung hinausgehen mußte, um die Wärmetod-Apokalypse zuerst hinauszuschieben und dann durch eine aus demselben theoretischen Komplex entsprungene Naherwartungsapokalypse zu ersetzen, die, statt auf der Sonne, auf ihrem schönsten Planeten stattfinden könnte – weil man die Sonne endlich ›verstanden‹ hatte. Unermeßliche Frist war fürs irdische Leben eingebracht, um im selben Erkenntnisatemzug – innerhalb eines Jahrzehnts vom Modell zur Exekution – auf ein Fast-nichts-mehr in den Gemütern zu schrumpfen.

Ausgehend nur von diesem Alternieren der Theorie zwischen Erde und Himmel möchte ich den beinahe naiven Seitenblick auf Einsteins Dachdecker riskieren. Beiseite lasse ich jede Untersuchung nach der historischen Solidität der Anekdote, mit der es so gut oder schlecht bestellt sein mag wie bei anderen Ursprungsgeschichten epochaler Einfälle vom Typus des Kekuléschen Benzolringtraums. Damit wird gewöhnlichen Sterblichen die Ungewöhnlichkeit von Unsterblichen plausibler gemacht – und das ist eine *humane* Aufgabe der die Inspi-

rationen ersetzenden anekdotischen Vorfälle, weil wir mit Heroen
nichts mehr anzufangen wissen. Worauf es beim Sturz des Dachdek-
kers vor Einsteins Augen ankommt, ist, daß diesmal nicht eine ›Sache‹
bei einem Vorgang ›beobachtet‹ wird, der sich als ›Phänomen‹ beschreiben und günstigstenfalls in Meßdaten ›zur Aussage bringen‹
ließe und den Zugang zu Verallgemeinerungen eröffnete, die Weltgül-
tigkeit beanspruchten. Diesmal wurde etwas ›befragt‹, was in jedem
anderen Fall unbefragbar geworden und erst recht im Weltall nie be-
fragbar gewesen wäre. Und gefragt wurde nach etwas, was schon
unter Bedingungen menschlicher Intersubjektivität nicht das höchste
Ansehen genießt: nach einem ›Erlebnis‹, das jeder Meßbarkeit erman-
gelte und auf keine Weise nachträglich zu dieser gebracht werden
konnte.

Einstein fragte den vom Hausdach gestürzten, aber wie für seine Neugierde unbeschädigt aufbewahrten Handwerksmann, was er beim Fall
empfunden oder auch nicht empfunden habe. Das Glück, mit heilen
Knochen überlebt zu haben, mochte den anderen ›erfüllen‹; verlangt
wurde von ihm die theoretische Schönheit der Aussage, daß er von der
›Schwere‹, die ihn fallen ließ, *nichts* bemerkt habe. Einstein inspizierte
einen physischen Körper mit Hilfe der sonst für den Physiker ganz
überflüssigen Einwohnerschaft des Bewußtseins in demselben. Welche Wendung: Die Physik konnte die Subjektivität gebrauchen, statt
sich ihrer als der aufdringlichsten Fehlerquelle zu entledigen. Für einen Augenblick war die Epoche der Kugeln und Äpfel, der Tropfen
und Ströme, der Druckkessel und Meßsäulen vergessen. Es gab einen
Zeugen! In der Unverfrorenheit des Theoretikers, der nicht zur Praxis
der Hilfeleistung herbeieilt, sondern die verrufene Introspektion betreiben will, ist eine seltsam anachronistische Figur; und schon daran
sollte sich die Nachdenklichkeit heften, ob und wie weitgehend das
jeweils ›Neueste‹ es nur um den Preis einer ›überholten‹ Attitüde sein
kann. In der Kasuistik des Peripatos hätte die Bezeugung des Dachdeckers vorkommen können, er habe sich leicht und frei gefühlt – und
das hieß damals: wie einer, der das Natürlichste von der Welt tut,
wenn er ›schwer‹ ist, nämlich durch Rückkehr zu seinem *topos oikeios*
es nicht mehr zu sein.

Der Zeuge offenbarte ja nicht das Unerwartete. Danach – und das ist
so die Natur des Unerwarteten – wäre er nie gefragt worden. Wie bei
Zeugenverhören üblich, bestand schon ein Verdacht, eine Vermutung,

eine ›Theorie‹ – die Frage *Was gibt's Neues?* ist nun einmal die uner-
giebigste aller Fragen, wie die in Urteilstexten so beliebte Formel sagt,
das lehre *die alltägliche Lebenserfahrung*. Da wir den Dialog zwischen dem Physiker und dem Dachdecker im Wortlaut nicht kennen,
läßt sich nicht einmal Suggestivität der Fragestellung ausschließen –
aber was ist das gegen die Tatsache, daß zum erstenmal ein Mensch mit
der unzuverlässigsten seiner Ausstattungen, seiner Erlebnisfähigkeit,
für ein Weltallproblem herangezogen wurde. Was ist dagegen der
Pulsschlag des Galilei mit der Unsicherheit seiner Frequenz?
Wie überraschend war, was ich geschichtlich zu lokalisieren suchte?
Der Mensch ist nicht wieder das Maß aller Dinge geworden, aber er
hat zu dieser zeitweise als frivol empfundenen Bestimmung des Pro-
tagoras ›aufgeschlossen‹. Es ist zumindest ein Erinnerungsposten in
der Bilanz der exakten Wissenschaft, der sich ausbauen ließ, und der
Ausbau, wie er tatsächlich begann, hieß Phänomenologie. Zwar weist
die Physik mit Stolz zurück, Raum und Zeit und Körper seien anderes
oder gar mehr als das von ihr Meßbare; und diese Zurückweisung
weitergehender Ansprüche ist ganz in der Ordnung. Nur gibt es vor
jenen Überansprüchen die schlichte Nachfrage, woher wir es haben,
daß wir da etwas messen können und diverse Meßbarkeiten unterscheiden, noch bevor es um die Meßgrößen geht. Nicht: *Was ist Zeit?*
außer dem Uhrengemessenen, darf die Frage sein, sondern *Woher wissen wir, was der Ausdruck ›Zeit‹ bedeutet?* Da es die Schwere sein
sollte, die den Körper fallen läßt, wollte Einstein vom Dachdecker
wissen, was mit diesem Ausdruck gemeint sein könnte und von dem
zu verstehen sein müßte, der die ›Folge‹ dieser Schwere soeben erlebt
hatte. Und da eben ergab sich, daß ›Schwere‹ ein Ausdruck ist, mit
dem nur die umzugehen wissen, die gerade von ihr zu Fall ›gebracht‹
werden: Erklärung *ante casum* und *post casum*, aber keine Beschreibung des *Casus* selber, sofern man ihm nicht nur mit dem *Wissen* aus
jenen Erklärungen zuschaut. Einstein verläßt die Position des Zuschauers, weil er weiß, daß es hier auf Beschreibung und nicht auf
Erklärung ankommt. Eigentlich müßte er selbst das Dach ersteigen
und sich ›fallen lassen‹. Doch wenn's schon ein anderer für ihn getan
hat, wozu dann das unnötige Risiko?

Sonnenfinsternisse

Die europäische Geschichte der Theorie beginnt mit der Vorhersage einer Sonnenfinsternis durch Thales von Milet. Dahingestellt bleibt, ob die Milesier den Vorzug der Sichtbarkeit der Eklipsis genossen und mit welcher Methode Thales gearbeitet hatte; und diese Geschichte der Theorie endet – wenn man von ›einem‹ Ende sprechen kann – mit einer Sonnenfinsternis, deren Vorhersage und präziseste Lozierung nicht mehr fraglich war: der des 29. Mai 1919. Deren Sensation zog zwei britische Expeditionen ins Gebiet ihrer totalen Sichtbarkeit und maximalen Dauer. Sie sollte den ersten empirischen Beweis für Einsteins These von der Krümmung des Lichtweges durch Masseneinwirkung erbringen.

Und sie erbrachte ihn. Auf den photographischen Platten war die Versetzung von Sternörtern hart am Rand der verdunkelten Sonne vermeßbar, und zwar genau um den Wert von 1.7 Bogensekunden, den Einstein vorhergesagt hatte. Er erhielt die mit einem Meßgitter von 1/100 Millimeter (1 Millimeter etwa = 1 Bogenminute) versehenen Photogramme und soll, wie es sich für den Theoretiker des reinen Geblüts gehört, nicht erstaunt gewesen sein.

Wie sollte er auch? Der Gott, an den er nicht glaubte, rechnete doch, und zwar so gut wie er. Deshalb würde er ihn auch später gegenüber Max Born gegen den Verdacht verteidigen, er mache es mit dem Würfel.

Nun meine ich, daß Anekdoten – reich fließend wie im Fall Einstein – unverächtlich sind, zumal wenn sie einen Zug verschärfen und vertiefen, auf den die Aufmerksamkeit nicht ohne weiteres fällt. Doch stört mich an der Legende von Einsteins unüberraschter Kenntnisnahme der britischen Besiegelung seiner theoretischen Treffsicherheit gerade das, worüber er sich nicht wundert: die doch so wenig selbstverständliche Gleichzeitigkeit des Zutagekommens seiner Theorie mit ihrem fadenfeinen Geringwert der Krümmungsabweichung durch die kosmisch relativ kleine Sonnenmasse *und* der technischen Grenzwertbereitschaft, genau im Bereich dieser jeder sonstigen Wahrnehmung entzogenen Größe noch eine signifikante Aberration aufzufangen und zu ›notifizieren‹. Denn Stand der kosmologischen Theorie einerseits und Stand der photographischen Technik andererseits hatten keinen Querbezug zueinander. Was dort geleistet werden konnte, hätte hier genauso gut noch Jahrzehnte oder Jahrhunderte auf den instrumentell-chemischen Apparat warten müssen können, der dem Zweifel an der Theorie abzuhelfen vermochte. Der Fortschritt kennt keine qualitativen Synchronien, sofern nicht das eine durch das andere bedingt oder mitbedingt ist.

Es gibt keinen Sondergott für Theoretiker, keine Sonderfinalität der Geschichte von Theorien und Techniken. Die Leute, die das eine können, verstehen die nicht, die das andere behaupten – und schätzen sie zumeist auch nicht. Insofern ist die Koinzidenz von Relativitätstheorie, Sonnenfinsternis und Phototechnik auf jenen 29. Mai 1919 etwas wie ein Weltgeistmirakel. Ganz zu schweigen davon, daß der Erste Weltkrieg erst 6 Monate zuvor, eben noch rechtzeitig, zuendegegangen war.

X. Leben mit Kometen

Kometen winken,
die Stund' ist groß.

Goethe, Des Epimenides
Erwachen II 7

Eine Jahrhundertbilanz

Das 18. Jahrhundert ist nicht mit dem triumphierenden Selbstbewußtsein seiner Leistungen zuende gegangen. Seine beiden prominenten Stichworte ›Kritik‹ und ›Revolution‹ waren noch in seinem vorletzten Jahrzehnt deutlich genug ausgesprochen worden; doch schon das letzte Jahrzehnt tat alles, sie wieder zu vergessen. Als die Jahrhundertwende kam, hießen die Stichworte ›Napoleon‹ und ›Romantik‹.

Lichtenberg hat das Ende des Jahrhunderts knapp verfehlt. Aber er hat sich rechtzeitig Gedanken gemacht und den Lesern seines Almanachs vorgelegt, was denn von diesem achtzehnten Jahrhundert Gültigkeit hätte und behalten würde. Frühzeitig schon hatte er ihm in den »Vermischten Gedanken über die aërostatischen Maschinen« bescheinigt, es werde sich nicht zu schämen brauchen, *wenn es dereinst sein Inventarium von neu erworbenen Kenntnissen und angeschafften Sachen an das neunzehnte übergeben wird.* Sollte es aber morgen schon gefragt werden, was es zu liefern habe, was es Neues gesehen habe, so könnte es seinem Nachfolger mit Kühnheit antworten: *Ich habe die Gestalt der Erde bestimmt; ich habe dem Donner Trotz biethen gelehrt; ich habe den Blitz, wie Champagner auf Bouteillen gezogen; ich habe Thiere ausgefunden ... ich habe durch Linné das erste brauchbare Inventarium über die Werke der Natur entwerfen lassen; ich habe einen Kometen wiederkehren sehen, als der Urlaub aus war, den ihm mein Halley gegeben hatte ...*

Versehen mit den Einsichten des Historismus und der ihm folgenden Historie mag man ›das eigentlich Neue‹ des Jahrhunderts der Aufklärung vermissen. Aber was Lichtenberg aufführt, gehört nicht nur zu den theoretisch-technischen Errungenschaften seiner Epoche; es umfaßt gerade die Erkenntnisse, die von tieferer Wirkung auf das Gemüt gewesen waren. Man kann allenfalls darüber streiten, ob er mit seiner Reihenfolge eine Rangfolge gemeint haben mochte. Zweifellos dachte er, als er die erste Stelle der Vermessung des Erdkörpers gab, an die mit dem Nachweis der Abplattung verbundene empirische Bestätigung der Theorie Newtons. Vielleicht mehr noch an den ersten Ausblick auf die Theorie der Entstehung des Erdkörpers, Kants »Allgemeine Naturgeschichte und Theorie des Himmels« von 1755, die Lichtenberg in seiner Bibliothek stehen hatte (trotz ihrer Seltenheit wegen Fallissements des Verlegers, der die Bestände hatte makulieren lassen).

Zugleich war die von der französischen Akademie in Lappland und Peru durchgeführte erste Meridianmessung der früheste Triumph einer institutionell organisierten Wissenschaft, die zwar noch kein einheitliches Bild des Planeten zu liefern vermochte, aber doch zum ersten Mal das Ganze dieses Weltkörpers, das bis dahin nur in der Schattengestalt des sich verfinsternden Mondes hatte gesehen werden können, zur Sache der ›Erfahrung‹ machte.

Entsprechendes ließ sich nur über das System der Natur von Linné sagen, das weniger eine Leistung der Anschauung als vielmehr eine der Abstraktion – aber gerade darin eben doch der vorgreifenden Vollständigkeit – war.

An zweiter Stelle nennt Lichtenberg die Überwindung einer der großen Ängste der Menschheit, der Gewitterfurcht, durch Erfindung des Blitzableiters. Für diesen spricht er nur vom Donner, weil er den Blitz als Metapher für eine subtilere Form der Auseinandersetzung mit dem Phänomen der Elektrizität benötigte: deren früheste Speicherung in der Leidener Flasche. Wem das *Ex eventu* zu harmlos erscheint, der möge sich vor Augen führen, daß dieses in jeder Schulsammlung stehende Gerät eine der Auseinandersetzungen des Menschen mit seinem unheimlichsten Gegner darstellt: dem Unsichtbaren. Was zwei Jahrhunderte später in den Vehemenzen um die atomare Energie wiederkehren sollte, ist dort erstmals aufgetreten als Speicherung unsichtbarer Kräfte: zugleich als Überwindung der Ohnmacht, die doch im Blitzableiter sich nur als Umleitung und Vermeidung der gewaltigen Macht, nicht aber als deren Unterwerfung darstellte.

Schließlich ist nicht zufällig die Erwähnung des Kometen und der ersten empirisch bestätigten Prognose seiner Wiederkehr auf der ihm durch Berechnung zugeschriebenen Bahn. Lichtenberg hat die Bedeutung dieser Leistung gerade deshalb einzuschätzen gewußt, weil sein eigener hoch entwickelter Verstand über die Abhängigkeit von Zeichenbedeutungen in der Natur nicht hinwegzukommen vermochte. Er konnte nicht ahnen, daß die Ambivalenz der Auseinandersetzung mit dem Himmel durch die Neutralisierung von Donner und Komet nicht ausgetragen sein würde. Noch in der Ära des frühen bemannten Raumflugs sollte ein Astronaut triumphierend aus dem All die Botschaft in sein darauf wartendes Land schicken, er habe im Himmel von Gott keine Spur entdecken können. Die Wirkung dieser Mitteilung scheint der der errechneten Kometenbahn nicht entsprochen zu haben. Der Funkspruch kam einfach zwei Jahrhunderte zu spät. Zu bezweifeln ist, ob Lichtenberg ihn in seine Inventur des Jahrhunderts der Vernunft aufgenommen hätte.

Humboldts Verzicht auf den Kosmos

In einem frühen Brief vom 11. August 1789 bedankt sich Alexander von Humboldt bei dem Professor der Mathematik und Physik am Gymnasium zum Grauen Kloster in Berlin, Ernst Gottfried Fischer, für dessen gerade erschienene Schrift über die Kometen. Er benutzt die Gelegenheit, seine Abneigung gegenüber einer Philosophie auszusprechen, die *durch die Macht strenger Demonstration alle Fragen zu beantworten wähnt, die ein verständiges Wesen, mehr als Befriedigung von Speise und Trank, beunruhigen.* Darin habe der Schaden der Schule Wolffs für das Jahrhundert gelegen; in ihrer Sucht, alles zu demonstrieren, was nicht demonstrabel ist, und alles zu verwerfen, was nicht demonstriert worden ist. Der Verfasser der Schrift über die Kometen sei mehr dem Wege der Empfindung und Analogie als dem der Demonstration gefolgt. Man müsse, wo Gewißheit nicht zu erlangen sei, *Wahrscheinlichkeit und Beruhigung* suchen.

Allerdings bei dem, was der Verfasser des Kometentraktats an Beruhigung zu bieten hat, kann sich Humboldt nicht beruhigen. Fischer hat offenkundig einen Gedanken aufgenommen, den zuerst Johann Heinrich Lambert entwickelt hatte: Die Kometen, diese tiefste Beunruhigung über die wirkliche Ordnung des Kosmos, seien in Wirklichkeit die Vehikel für eine höhere Art intellektueller Wesen. Sie benutzen die Beweglichkeit dieser Himmelskörper von System zu System, um sich die vielfältigsten Anschauungen vom Universum zu verschaffen. Lambert hatte freilich nicht gewagt, dem Menschen jemals die Chance einzuräumen, Bewohner eines solchen bevorzugten Schauplatzes der theoretischen Neugierde zu werden.

Das tut nun Fischer, indem er den nicht mehr ganz verketzerungsfähigen Gedanken der Wiedergeburt auf anderen Weltkörpern zur Besetzung der Kometen verwendet. Indem auch der Mensch im Verlauf seiner moralischen Perfektion auf einem Kometen wiedergeboren werden kann, damit die Geschichte seiner Unsterblichkeit fortzufahren vermag, gewinnt er höchste Perfektibilität auch seines theoretischen Vermögens. Sie besteht im lebendigsten Wechsel des Standpunktes, *um dadurch die größte Fülle von Ideen, der einzigen Nahrung intellektueller Wesen zu erlangen.* Man sieht, was seit

Lambert durch Herder und Kant, wie andere, möglich geworden war.

Es ist nun herzbewegend zu sehen, wie Alexander dieses Angebot ausschlägt. Der spätere Verfasser des »Kosmos« läßt sich in diesem Jahr der Französischen Revolution nicht locken durch den Gedanken, den Planeten seines Ursprungs nach dem Aufenthalt dieses kurzen Lebens verlassen zu dürfen. Er sieht, wie in Vorahnung seines reichen Erdenlebens als eines Liebhabers dieses Planeten in allen seinen Erscheinungen, daß sich hier und nur hier würde haben lassen, was dem anderen die Weiten des Weltraums zu versprechen scheinen. Er wünscht, wenn schon von Wiedergeburt die Rede sein solle, gefälligst hier wiedergeboren zu werden. Alles an Voraussetzungen, an Erwartungen, steckt in dem Satz, der im Hinblick auf die Zukunft der ahnungsvollste und bedeutendste Humboldts gewesen sein mag: *Aber, wie wenn wir unser kurzes Leben auf diesem Planeten mit der unzähligen Summe von Erfahrungen zusammenhalten, die auf demselben zu machen sind?*[1]

Indem Humboldt die Frage, wie oft eine solche Wiedergeburt auf der Erde unter der Voraussetzung ihrer empirischen Unerschöpflichkeit stattfinden müßte, mit dem Zeichen für Unendlichkeit beantwortet, schafft er das höchste Pathos einer Wendung, die er erst wieder im »Kosmos« vollziehen wird. Die Organisation dieses Werks besteht darin und läuft darauf hinaus, die Aufmerksamkeit des Menschen aus dem Raum auf die Erde zu lenken, sich ihr nähern zu lassen und sie als das Zentrum, zwar nicht mehr des Getriebes der Weltkörper und Weltsysteme, wohl aber der Würde seiner ganzen theoretischen Zuneigung erkennen zu lassen.

Noch weiß Humboldt nichts von den Ausmaßen seiner künftigen intellektuellen Reichweite, und dennoch formuliert er so etwas wie deren Entwurf: *Gesetzt wir kämen je dahin, alle Gewächse und Thiere und Mineralien, alle Sterne über uns und Länder neben uns kennen zu lernen – ist die Welt nicht ein zufälliges Ding, nicht veränderlich. Wie wollten wir z. B. nur je die Gesetze der Natur aussparen, da keine Analogie uns vergewissern kann, ob nicht den folgenden Tag das Wasser brennt, die Steine zerfließen ...* Die Wiedergeburtsidee eröffnet ihm die Dimension der Zeit, und die Zeit ist aktualisiert durch den

1 Die Jugendbriefe Alexander von Humboldts 1787-1799, Berlin 1973, 43; 65 f.

Gedanken der Kontingenz der Naturgesetze, die sich in ihr um und um verkehren könnten. Es ist die Kontingenz, was die Welt zum Abenteuer macht.

Da werden die Kometen, verglichen mit der Möglichkeit ständiger irdischer Anwesenheit und Erfahrung, zur nichtigen Aufregung: *Aber zugegeben, wir wandern auf andern Planeten, welchen Vorzug an Mannigfaltigkeit von Erfahrungen geben uns die Kometen? Sie greifen in andere Systeme ein, sie lehren uns den Weltbau kennen. Wie, mein Bester, ist dieser Vorzug nicht sehr einseitig, die Kometen mögen wohl das Paradies der Astronomen sein, aber was läßt uns nur vermuthen, daß sie sonst vollkommner, als unser Planet sind, der uns im Verhältniß nach dem, was darauf zu lernen ist, gewiß nach 200 000 000 Jahren noch terra incognita sein wird!*

Es ist eine verblüffende Wahrnehmung, die sich hier aufdrängt. Man braucht die Benennungen nur ein wenig zu verändern, um im Jahre 1789 die ganze Thematik und Problematik vor sich zu sehen, die das Jahrzehnt der Weltraumfahrt dem zwanzigsten Jahrhundert aufgeworfen hat.

Der Komet als Lebensspanne

Als 1910 der Halleysche Komet in strenger Regelmäßigkeit von Datum und Ort am Himmel erscheint, ist er nicht mehr das Zeichen der Aufklärung. Es ist seine dritte ordnungsgemäße Wiederkehr.

Aber die Stimmung, mit der dem Erscheinen des Kometen entgegengesehen wird, entspricht nicht seiner ins Weltsystem eingefügten Solidität. Was 1758 und 1834 noch das Weltvertrauen zunehmend bestärkte, hat neue Konnotationen des Verdachts bekommen, deren Ursprünge eher atmosphärisch als ástronomisch sind. Die Validierung der Erscheinung schwankt zwischen dem Realismus der Furcht vor Zusammenstoß und Katastrophe, Weltvergiftung und Erdverderbnis einerseits und dem alten, längst überwunden geglaubten Zeichen unbestimmten Unheils, fälliger Selbstvernichtungen und Zusammenbrüche andererseits. Die den Ermüdungen des *Fin de siècle* folgenden Aufschwünge neuer Jugendlichkeit des Jahrhunderts haben sich gegen die alten Vorrechte der Natur noch nicht durchgesetzt – wie es drei Jahre später auf dem Hohen Meißner proklamiert werden wird, gerade noch rechtzeitig, um sich für das ohne Kometen kommende Unheil von Langemarck zu formieren, für das Ernst Jünger im »Arbeiter« 1932 – vor neuem kometenlosen Unheil – die härteste Formel der Zuordnung zum Typus finden wird.

Ernst Jünger – er kommt ein halbes Jahrhundert später, kurz vor dessen Wiederkehr, auf den Kometen zurück. Als der Geiselkonflikt zwischen dem Iran und den USA im Herbst 1979 seiner Krise zutreibt, erinnert sich der bedeutendste deutsche Tagebuchschreiber dieses Jahrhunderts nicht nur an den untergangsnahen Sommer 1939, sondern auch an die Erscheinung des Kometen in seiner Kindheit, als vermisse er nur diese letzte Zutat des Weltdämons zu seinen neuen Drohungen: *Noch fehlt der Komet, ich entsinne mich des Abends von 1910, an dem wir vor unserem Hause den Halleyschen betrachteten. Der Vater sagte: »Von uns allen wird Wolfgang ihn vielleicht noch ein Mal sehen«. Wolfgang war damals zwei Jahre alt, aber er ist tot ...* Was merkwürdig ist an dieser Notiz, ist die nie aufgefallene mögliche Synchronisation der Wiederkehr dieses Kometen der Aufklärung innerhalb einer Lebensspanne. Er hat die Periodik gerade der gesteigerten Lebenserwartung, mag es auch unwahrscheinlich sein, daß einer, wie Ernst Jünger, als Kind noch von einem verständigen Vater zum wenig aufregenden Anblick des Kometen angehalten worden war und als Greis noch Interesse und Sehkraft genug besitzt, um in seiner Wiederkehr die Mächtigkeit einer sonst hinter der Erinnerung versunkenen imaginativen Typik allererst empfinden zu können. Viele andere mögen das Alter erreichen, aber sich nicht einmal der Unruhe ihrer Umgebung erinnern, um an der Erregung der Zeitgenossen die archaische Naturabhängigkeit unter deren berüchtigtstem Zeichen wahrzunehmen.

Noch fehlt der Komet – ein Satz, dessen Energie und Bannkraft allein das wunderbare Greisentagebuch »Siebzig verweht« rechtfertigt, in dem er unter dem 22. November 1979 steht.

Der Aufgeklärte löst sich auf

Sicher, den Massenwahn der Kometenfurcht hat es immer gegeben; doch war nicht der Komet selber die Bedrohung, nur deren Vorzeichen, das sich mit den Menschheitsplagen der Pest oder des Krieges, der Dürre oder der Flut liieren konnte. Ob es so etwas wie einen konstanten Unheilsbedarf gibt, der nur kurzfristig durch euphorische Phasen unterbrochen und zugleich auf Kontrastschärfe gebracht wird, läßt sich wohl nur an der Hartnäckigkeit von Indikatoren ablesen, schwerlich solide erweisen.

Bedenklich ist aber doch, daß der Komet durch dasselbe Instrument, das ihm Berechenbarkeit verschaffte und damit die Zeichennatur nahm, in den Griff von Bahnprognosen kam, die als Annäherungen an die Erdbahn oder gar deren Kreuzungen in kaum bewertbaren Entfernungen zum beliebten Spielmaterial der ›Wissenschaftspublizistik‹ wurden. Die Erde befindet sich äußerst selten dort, wo ihre Bahn gekreuzt werden soll. Kometen mögen Leute interessieren, die wissen wollen und schließlich sogar können, woraus sie bestehen und was sie zu Schweifen verdampfen; mindestens so interessant sind sie als Requisiten des Menschenerlebens, unter welchen Emotionen auch immer. Der Abenteurer, subtile Jäger, Waldgänger, Anarch, der nach Kuala Lumpur fliegt, um den »Halley« ein zweites Mal im Leben zu sehen, ist emotionslos bis auf das Eine: daß ihm eine Lebensspanne auf ›kosmische‹ Art erlebbar wird. Es wird dabei zum Anachronismus der Zeichenhaftigkeit, daß der Kometengünstling am Ort der Konjunktion in Malaysia, wo sogleich der Blitz in eine Palme fährt, vom Atomausbruch in Tschernobyl hört. Er weiß die lakonische, eher theologische als ominologische Formel dafür: *Daß die Entwicklung der Vernunft Hohn spricht, beweist ihre Stärke – siehe das ›credo quia absurdum‹ des Tertullian.* Doch wird man es dem Uralten nicht verdenken, daß unausgeschrieben über dieser letzten seiner Expeditionen eher die Bestätigung eines Satzes stand, den er schon ein Jahrzehnt früher unverhohlen auf sich bezogen hatte – und nun gar nicht mehr zu wiederholen brauchte: *Es gibt Grade der Gesundheit, die nur die wenigsten ertragen, und ein Licht, das zu stark ist für Geister, die in der platonischen Höhle domestiziert worden sind.* Ob man das war, mußte man erproben, ein Leben lang, und natürlich ein langes Leben lang. Domestiziert? Nicht mehr der Komet war es, dem das galt, sondern seine Klienten, die das Licht nicht ertrugen, mit dem die ›Vernunft‹ sich zum Paradox der Explosion verstiegen hatte.

So wenig ist es der Komet ›an sich‹, der interessiert. Hat man von ihm erst eine Gasprobe entnommen und im Labor stehen, was nicht ausbleiben kann, obwohl »Giotto« nur Bilder unter Bestandsgefahr funkte, wird er gegen das ›Ozonloch‹ ausgespielt haben (da man doch wohl nie ein Stück ›Schwarzes Loch‹ herunterbringen wird). Denkt man an die metaphorischen Erfolge, haben die Löcher die Körper längst überboten. Daß die Vernunft sich derart überschlug, mythische Monstren gebar, wie sie sie nicht erschlagen hatte, mindert ihre Funktion sowenig wie den unablässigen Bedarf nach ihr. Immer wieder war ›mit dem Kometen zu leben‹ – und es war auch nicht die nackte Unvernunft, ihn zum Zeichen zu nehmen für das, was man auf keine andere Weise herankommen lassen konnte. Nur war es wiederum die Vernunft gegen die Vernunft, das Zeichenhafte lächerlich zu machen, indem sich aus zwei Positionen die Bahn und die Wiederkehr des Vaganten bestimmen ließen. Fast wissen wir nun und werden's bald zur Analyse im Glas haben, daß die Erde ohne viel Aufhebens den Schweif eines Kometen durchqueren, sogar seinen Kern an ihrer Atmosphäre verglühen lassen könnte. Nur fragt sich, wer sich dann darum noch kümmert.

Was zu beobachten *bleibt*, ist, wie die Vernunft arbeitet: Wie hat sie es gemacht, wie macht sie es, folglich: wie wird sie es machen, daß mit den Monstren zu leben ist, die sich als die Paradoxe ihrer Erfolge erweisen. Wen das nichts angeht, der muß spätestens hier die Lektüre einstellen. Adieu!

Kometen waren Unruhestifter nicht nur für den Wahn, sie seien Vorboten irdischen Unheils. Sie waren auch unter den Prämissen der antiken Kosmologie Vaganten, Abweichler vom ›Kosmos‹ der vollendeten Ordnungen aller ›Umläufe‹ auf Kreisbahnen oder deren Ableitungen. Kometen verstießen gegen das, was man das ›kosmische Prinzip‹ nennen könnte. Sie hatten allzuviel von der Art der irdischen Dinge, von deren Ordnungswidrigkeit, von deren widerwilliger Rückkehr an ihre ›natürlichen Örter‹ – kurz gesagt: die Vernunft mußte versuchen, sie ins Untere und Erdschwere zu ziehen, sie als Erscheinungen im Innenraum der Mondsphäre, als atmosphärische Vorfälle wie Blitz und Meteore zu klassifizieren. Es gab Widerspruch dagegen, aber dieses Herabziehen in den Raum des Irregulären *war* das Vernünftige, das auch die Einvernahme als Vorzeichen am wenigsten begünstigte – hier unten konnte schließlich alles passieren. Ich schildere jetzt nicht, was in jeder Astronomiegeschichte steht, wie es zur Ausstoßung der Kometen ins Weltall kam. Aufschlußreich wäre das hier nur, weil sich damit doch die Pression auf die Vernunft steigerte, zumal nach der Extrapolation der tellurischen Physik auf das Sonnensystem von Galilei über Kepler zu Newton. Newton machte das Problem unaufschiebbar und Halley löste es. Das gibt ›seinem‹ Kometen zur lebenszeitgünstigen Periode auch noch die Aura des Symbolischen.

Wenn ich hier den ersten Blick auf Cassini und Fontenelle werfe, also schon auf die zweite Hälfte des Newton-Jahrhunderts, geschieht es wegen eben *dieser* Paarung: der nüchtern-exakte Beobachter an der Sternwarte der Pariser *Académie des sciences* und der galante Übermittler jedes neuen Wissensstückes an eine Welt von ›Neugierigen‹, die es genauso modisch fand, die Himmelsneuigkeiten zu kennen und konversatorisch unterlaufen zu lassen, wie vieles andere in vielen modischen Schüben seither. Fontenelle – ständiger Sekretär der königlichen Akademie bis in sein hundertstes Lebensjahr, also ein wirklicher ›Zeitgenosse‹ – kannte die modischen Allüren und nutzte sie für ›Aufklärung‹, worauf Jean Dominique Cassini nie verfallen wäre. Der hatte eine im Grunde viel aufregendere Unzulässigkeit beobachtet, deren Folgen alles übertrafen, was Kometen zu bieten hatten: die von Galilei entdeckten ›Mediceischen Sterne‹, die Satelliten des Jupiter, verhielten sich ordnungswidrig gegen Newtons Vorschriften. Immer wieder dieses Grundmuster der Unordnung inmitten der Ordnung als theoretische Bedrängnis, es auf keinen Fall darauf ankommen zu lassen. Noch stand die Vernunft im Dienst der Schöpfung – man denke: zwei Jahrhunderte später wird sie es wieder tun und in den Verfassungsrang drängen, als *Bewahrung der Schöpfung* – und hatte deren Qualität zu demonstrieren (das war nicht so arrogant wie: bewahren). Sein dänischer Assistent Olaf Römer sprang Cassini bei. Er zeigte, daß alle Abweichungen der Jupitermonddaten vom Soll erklärt werden konnten, wenn man dem Licht eine endlich-konstante und berechenbare Geschwindigkeit zuschrieb. Auch diese Paarung von Beobachter und Berechner wurde exemplarisch für die entstehende Neuzeitwissenschaft. So weit ging Fontenelle nicht mit.

Der Sekretär der Akademie – noch dachte man nicht daran, ihn Generalsekretär zu nennen – war auch ihr Geschichtsschreiber. Mit
Verspätungen. 1702 schreibt er über das Jahr 1699, 1731 über 1706,
man sei nun soweit, die Erscheinung zweier Kometen zu distanten
Zeiten anhand weniger Bahndaten auf die Identität *eines* Objekts zurückzuführen, doch habe 1699 die Identifizierung die immer etwas
zögernden Akademiker – überwiegend noch Cartesianer und Anhänger der *tourbillons* – nicht voll befriedigt. So muß es sein: die Vernunft
wird gerade durch die Rückständigen unersättlich. Und vor allem:
man wartete gespannt auf weitere Kometen, die doch ein Jahrhundert
zuvor eher der Ausschuß der Theorie gewesen waren. Das wird leicht
unterschätzt: Wissenschaft ist ein Verfahren zur Verschärfung und
Verstetigung von *Aufmerksamkeit*.
Ende 1652, Cassini war eben 27 Jahre alt, erschien ein Komet, an dem
er die Aufgabe seines Metiers erkannte und 1653 in einem Traktat
proklamierte, der dem Herzog von Modena gewidmet war, nach dem
von Kopernikus für die Planeten aufgestellten Grundsatz jede irreguläre Bewegung am Himmel als scheinbar, nämlich durch die Erdbewegung verzwickt anzunehmen und nach ihrer Regularität für einen
bevorzugten Beobachterstandpunkt zu suchen. Die Planeten zum
Standard der Kometen zu machen, war gegen die übermächtige
Autorität des Descartes, der die Kometen als ›Querschläger‹ von einem Weltwirbel in den anderen erklärt und damit zu Wildlingen des
Universums disqualifiziert hatte. Sollten sie Disziplin halten, mußten
sie dem einen System – mochte es ein *tourbillon* sein oder nicht: dem
Sonnensystem – streng attachiert werden, statt die Unverantwortlichkeit erratischer Fremdlinge in nur einmaligem Querpaß zu genießen.
Noch in den »Weltengesprächen« Fontenelles sind die Kometen als
Ausreißer fremder Wirbel vorgestellt – in späteren Auflagen gibt er
wenigstens an, daß diese These zweifelhaft sei: *Les Comètes ne sont
que des Planètes qui appartiennent à un Tourbillon voisin.* Der *horror
vacui* ließ die Wirbel sehr eng beieinanderliegen.
Erst in dem Nachruf, den der Sekretär der Akademie 1712 dem verstorbenen Direktor der königlichen Sternwarte amtspflichtmäßig zu
halten hatte – und wir verdanken dieser Amtspflicht die ergiebigsten
Texte Fontenelles, frei von Schöngeisterei und Galanterie –, läßt sich
erkennnen, was der Verfasser der »Pluralité des Mondes« schon hätte
wissen können und müssen. Der Tote ließ sich rühmen, den Ansatz

gefunden und Descartes abgewählt zu haben; die überlebenden Cartesianer mußten das bei diesem Anlaß hinnehmen. Wie starrsinnig sie tatsächlich waren, sollte sich erst in der Jahrhundertmitte zeigen, als Voltaire aus England ihnen die Zumutung Newton mitbrachte und sie sich von den *tourbillons* nicht abbringen ließen. Akademien sind Sekten. In ganz anderer Aggregation als die Universitäten sind sie korporativ, eingeschworen auf Systeme, langfristig beharrend auf dem Gemeingeist, unbeirrbar im einmal ergriffenen Wahren, fortschrittindolent, am ehesten Protokollanten kurioser Meinungen von sonstwoher. Korrespondieren ist ihre Verfahrensweise und Registrieren exotischer Kuriositäten deren Auswertung. Wer sich darüber belustigt, wird eines Besseren belehrt, wenn ihm der Fund im verspinnten Archiv gelingt, es habe schon einer sein Problem eleganter gelöst. Es kennzeichnet den markhaltigen Wissenschaftsgenossen, daß ihn das erfreut.

1664 sehen wir Cassini in Rom vor dem Problem seines nächsten Kometen. Es ist derselbe, den die Frauen in Paris zuerst gesehen hatten, wie Madame de Sévigné triumphierend in ihrer Korrespondenz verkündet. Dessen erschütternde Wirkung auf die Vernunft La Fontaine veranlaßt hatte, die Reihe seiner Tierfabeln zu unterbrechen und die Anekdote vom gestürzten Astrologen in die Sammlung einzuschieben. Auch in Rom steht eine Frau in Verbindung mit dem Ereignis des Kometen; sie assistiert Cassini im Palazzo Chigi bei seinen Beobachtungen und opfert, wie Fontenelle sagen wird, die Nächte ihrer Wißbegierde (... *et sacrifioit ses nuits à cette curiosité*). Es ist die 1654 abgedankte Königin Christine von Schweden.

Fontenelle beschreibt, was nach den beiden ersten Beobachtungen am 17. und 18. Dezember geschah. Cassini vertraute seiner Theorie der Kometen so, daß er die künftige Bahn des Fremdlings am Himmel der Königin auf einem Himmelsglobus aufzeichnete. Einige Tage später konnte er auch voraussagen, wann der Komet in größte Erdnähe kommen, wo er seinen Wendepunkt erreichen und seine rückläufige Bewegung nehmen würde. Er stieß in seiner Umgebung nur auf Unglauben. Man überließ sich blind der Erwartung, daß der Komet sich auf seine klassische Willkür besinnen und dem rechnenden Astronomen entschlüpfen würde. Als sich das Gegenteil herausstellte, machten auch die Zweifler eine retrograde Bewegung und fanden das alles ganz selbstverständlich.

Schon im April 1665 erschien der nächste Komet. Cassini brauchte
nur wenige Tage, um seine Tafel zu veröffentlichen. Der Komet war
berechenbar geworden, als wäre er ein alter Planet. Damit brach sich
bei Cassini auch der Gedanke Bahn, daß Kometen nach bestimmten
Zeiten wiederkehren könnten. Von diesem Gedanken sagt Fontenelle
in seiner Eloge: *Elle aggrandit l'Univers, et en augmente la pompe.*
Aus dem Systemfremden ist ein bloßer Exzentriker des Systems geworden. Cassini hat also, wenn Fontenelles Nachruf keine Rückdatie-
rung enthält, 1665 oder kurz danach die Kometentheorie von
Hevelius, der angesichts desselben Kometen parabolische Bahnen
ohne Wiederkehr angenommen hatte, in Richtung auf Halleys Hypothese von 1682 überschritten.

Bei Erscheinen des nächsten Kometen im Dezember 1680 ist Cassini
schon mehr als ein Jahrzehnt in Paris. Fontenelle nennt diesen Kometen im Rückblick ›berühmt‹, vielleicht auch deshalb, weil er der Anlaß
für seine Komödie »La Comète« gewesen war, in der die Theorien
über den Ursprung der Kometen durchgespielt und die Vorurteile
über sie lächerlich gemacht wurden. Für Cassini war es die Gelegenheit, seine Kometentheorie zu demonstrieren: Nach einer einzigen
Beobachtung präsentierte er dem König in Gegenwart des gesamten
Hofes, daß dieser Komet dieselbe Bahn einschlagen würde wie der,
den Tycho Brahe 1577 beobachtet hatte. Was ihn zu dieser alsbald
gerechtfertigten Kühnheit bewog, war die Vermutung, daß die Bahnen
der Kometen innerhalb einer bestimmten Ebene liegen mußten, die er
den ›Tierkreis der Kometen‹ nannte. War die kalkulierende Fähigkeit
des Astronomen nun der Durchbruch der Rationalität? Fontenelle
scheint zu glauben, der Astronom habe mit seiner prognostischen Genauigkeit den Astrologen die Schau gestohlen: *Un Astronome si subtil
est presque un Devin, et on diroit qu'il prétend à la gloire de l'Astro-
logue.* Aber nicht weniger plausibel ist die Vermutung, daß die erstaunliche Verfügung des Astronomen über zukünftige Ereignisse auf
Umwegen der Disposition der Zeitgenossen zugute gekommen sein
könnte, den Astrologen vergleichbare Leistungen zuzutrauen.

Darauf läßt jedenfalls schließen, daß der nächste Komet von 1682 das
königliche Edikt auf Landesverweisung aller Wahrsager und Astrologen aus Frankreich auslöste, während er zugleich die wissenschaftliche Klärung der Kometennatur durch Halley und Bayles »Pensées
diverses sur la Comète« zur Folge hatte und damit dem Gegenstand

endgültig das Signum der Aufklärung verlieh. Der Komet war zum
Prüfstein rationalen Verhaltens und theoretischer Integration scheinbar monströser Ereignisse der Natur geworden. Auch die vielfältigen
Gestalten dieser Himmelserscheinungen waren erstmals in den Griff
der Theorie gebracht worden. Man hatte seit der Mitte des Jahrhun-
derts in einer verdichteten Serie von Beobachtungen die Größenverän-
derung der Schweife mit der Annäherung an die Sonne und der
Entfernung von ihr in einen eindeutigen Zusammenhang gebracht.
Das ließ vollends die Zweifel an der Erklärung des Descartes anwach-
sen, der Schweif entstände durch bloße Refraktion des Sonnenlichts.
Schon Halley und Newton wurden zu der Hypothese geführt, der
Schweif bestehe aus der in zunehmender Sonnennähe hervorgerufe-
nen Verdunstung der Kernsubstanz.
Trotz dieser theoretischen Erfolge behandelt Fontenelle in seinen
»Weltengesprächen« die aufklärende Wirkung der wissenschaftlichen
Resultate mit ironischer Distanz: vor den Kometen erschreckten zwar
wegen ihres ungewöhnlichen Aufzuges nur die Kinder, aber solcher
Kinder gebe es viele: *... mais les Enfans sont en grand nombre.*
Will man sich nun von der Endgültigkeit des Erfolges der Aufklärung
gegen die Kometenfurcht überzeugen und überspringt dazu fast ein
ganzes Jahrhundert, so nimmt man mit Erstaunen wahr, daß die
Furcht nur ihre Einkleidung gewechselt hat, ja daß sie sich selbst nun
wissenschaftlich geriert. Bis 1780 waren nach der Zählung Bodes 64
Kometen auf strikte Bahnen festgelegt worden; nur einer allerdings
war planmäßig zurückgekehrt. Die Bahnberechnungen gaben zu einer
neuen Überlegung Anlaß: 1773 hatte der berühmte Lalande, Verfasser
einer »Astronomie des Dames« in der Nachfolge Fontenelles, alle errechneten Kometenbahnen im Hinblick auf ihre Annäherungen an die
Erde untersucht. Das war fortan, ganz gegen die professionellen Absichten des Astronomen, das neue Kometenthema. Nicht mehr Zeichennatur und Vorbedeutung für Unheil und Untergang erregte die
Gemüter, sondern die mögliche Einwirkung auf den Erdkörper und
seine Atmosphäre durch Zusammenstoß oder Schweifvergiftung.
Es war eine Form der Eschatologie, ohne jedes Moment der Säkulari-
sierung. Das Bedürfnis nach Untergangsvisionen, nach dem Erschrek-
ken vor ihnen und mit ihnen, erwies sich als unausrottbar. In seinem
Kommentar zu der Übersetzung von Fontenelles »Dialogen über die
Mehrheit der Welten« durch W. Chr. Mylius schreibt der Berliner

Astronom J. E. Bode 1780: *Unterdessen ist man nunmehr nicht sowohl der Bedeutung als Wirkung der Kometen wegen besorgt, wozu gewisse übelverstandene Voraussetzungen und Äußerungen einiger neuern Astronomen Gelegenheit gegeben haben.* So habe Lalande bei seiner Prüfung acht Kometen herausgefunden, die der Erde recht nahe kommen würden, und habe auch untersucht, welche Folgen sich daraus ergeben könnten. Die fernen und vagen Ergebnisse dieser Überlegung rückten dem Forscher alsbald unerwartet nahe auf den Leib: *Bey dieser Gelegenheit erfuhr der französische Astronom, was er sich nie vorher vorgestellt hatte. Noch ehe die Schrift erschien, versicherte man: Er habe einen Kometen angekündigt, der in einem Jahre, in einem Monate ... in acht Tagen kommen, und das Ende der Welt verursachen würde. Der Lärm wurde unter dem Volke allgemein, und eine Bestürzung verbreitete sich über alle Stände.* Der Hintersinn solcher Kassandra-Bedürfnisse ist erkennbar doch die Befriedigung, noch einmal davongekommen zu sein und sich dadurch eines Schicksalsprivilegs versichert zu haben.

Auf die Untersuchung Lalandes geht der Göttinger Mathematiker und Astronom Abraham Gotthilf Kästner 1768 in einer kleinen Abhandlung ein, die den Titel trägt »Haben die Astronomen klug daran gethan, daß sie ehrlich gewesen sind?« Kästner macht sich über die Aufregung in Paris – *so allgemeine und unbändige Unruhen, daß die Polizey ihre Aufmerksamkeit darauf richten mußte* – ein wenig lustig; immerhin sei dies die Stadt, *aus welcher alle Deutschen, die das Geld dazu haben, ihre Weisheit holen, vom Fürsten bis herunter zum Candidato juris.* Nach Kästner hebt sich von solcher Unruhe die deutsche Gelassenheit gegenüber dem Kometenproblem wohltuend ab: *Der deutsche Laie ließ die Gelehrten streiten und erwartete ruhig bey einem Glase Wein den Kometen, der das Vorspiel des jüngsten Tages bringen sollte.* Aber durfte diese im Göttingen Lichtenbergs und Kästners gemachte Beobachtung als ein allgemeiner Erfolg von Aufklärung für den ›deutschen Laien‹ gewertet werden?

Dagegen sprechen Feststellungen, die Bode in Berlin treffen konnte. Sie ließen die Pariser Aufregung nicht als Absonderlichkeit entfernter und unaufgeklärter Zeitgenossen erscheinen: *In den letzten Monaten des 1778sten Jahres verbreitete sich in hiesiger Stadt, im nördlichen Deutschlande und dessen benachbarten Gegenden, gleich einem Lauffeuer, die Sage, daß nächstens ein der Erde Verwüstung drohender*

Komet ankommen werde. Am Ende der Aufregungen und apokalyptischen Visionen, die zu amtlicher Beruhigung der Öffentlichkeit genötigt hatten, stellte sich heraus, daß die ganze Sache *ein müßiger Kopf ausgedacht* hatte. Immerhin mußte der große Euler in Petersburg, dessen Name in die Irreführung hineingezogen worden war, in einer Akademieabhandlung nachweisen, daß die Erde *auch bey der größten möglichen Annäherung eines Kometen im Ganzen nichts zu besorgen habe.*

War dies das burleske Nachspiel der Aufklärung, das man sich mit den zu ›ordentlichen Laufbahnen‹ disziplinierten Kometen noch einmal leistete? Keineswegs. Im Jahre 1910 erschienen in Berlin in schneller Folge mehrere Auflagen einer Schrift des Direktors der Treptow-Sternwarte, F. S. Archenhold, »Kometen, Weltuntergangsprophezeiungen und der Halleysche Komet«. Angesichts der bevorstehenden Erdnähe des wiederkehrenden Halleyschen Kometen schreibt der Verfasser im Vorwort zwei Monate vor dem kritischen Datum: *Seitdem nun gar regelrechte Weltuntergangsprophezeiungen an den einfachen Vorgang des Durchgangs der Erde durch den Halleyschen Kometenschweif am 19. Mai in den frühen Morgenstunden geknüpft sind, ist in vielen Kreisen geradezu eine Beunruhigung eingetreten; es werden allen Ernstes projektierte Seereisen unterlassen und Leute, die sich sonst die Freude der Himmelsbeobachtung versagten, fangen an, mit größtem Interesse den Lauf der Sterne zu verfolgen.* Die Beruhigungsmittel des Verfassers sind die seit Halley üblichen und seither bewährten; er muß aber seine Leser vor allem an die Vorgeschichte der unnötigen Aufregungen erinnern, die noch gar nicht so lange zurückliegen.

Die von ihm geleitete Sternwarte habe *unzählige Male die Frage beantworten müssen, ob die Pariser Wassersnot durch den gerade am Himmel stehenden Johannesburger Kometen 1910 a oder den Halleyschen Kometen veranlaßt sein könnte.*[2] Archenhold erzählt die Geschichte der Folgen der Untersuchungen Lalandes 1773 nochmals ausführlich: damals sei zufällig die Mitteilung Lalandes an die Pariser Akademie nicht auf die Tagesordnung gesetzt worden, woraufhin sich das Gerücht verbreitete, das Ergebnis des Gelehrten sei die Ankündigung eines Zusammenstoßes der Erde mit dem Kometen für den

2 F.S. Archenhold, Kometen, Weltuntergangsprophezeiungen..., 54.

12. Mai gewesen und die Polizei habe ihn an dieser Eröffnung gehindert. Die Leser der Schrift hätten noch erlebt, wie für das Jahr 1899 ein großer Sternschnuppenfall mit Weltuntergang prophezeit worden sei; der Verfasser erhielt damals *viele Anfragen, unter anderen die, ob es rätlich sei, einen bombensicheren Keller aufzusuchen. Ein Schuhmachermeister frug allen Ernstes an, ob es sich noch lohnen würde, mit der Ausführung eines Auftrages auf 1200 Paar Stiefel, welchen er von der Behörde erhalten hat, vor dem 15. November anzufangen.*
Der Verfasser der Kometenschrift aus dem Jahre 1910 schwankt noch genauso wie der Aufklärer Fontenelle zwischen den beiden elementaren Möglichkeiten des Handwerks. Einerseits: der Wissenschaft die beruhigenden Zusicherungen über die Gesetzmäßigkeit der Kometenbahnen und die Harmlosigkeit der Kometenmasse zu entnehmen. Andererseits: auf die stupende Wiederholung des Grundthemas in der Geschichte der menschlichen Torheit einzugehen, obwohl doch noch nie die vergeblichen Ängste der anderen die eigenen überflüssig oder überwindbar gemacht hatten. Blickt man von den Berliner Kometenkomödien aus mehr als zwei Jahrhunderten zurück auf Fontenelle, so nimmt man deutlicher als zuvor die Zweifel wahr, die schon der Frühaufklärer an der Wirksamkeit von Wissenschaft für das Bewußtsein hatte.
Als er 1687 seinen schon abgeschlossenen »Weltengesprächen« den Sechsten Abend als neuen Schluß des Ganzen nachschickte, war Zurückgenommenheit des Tones im wissenschaftlichen Anspruch die unüberhörbare Differenz. Als Abschluß des Ganzen war ursprünglich vorgesehen der triumphierende Ausruf der Marquise am Fünften Abend, sie habe nun das ganze Weltsystem im Kopf und sei damit unter die Gelehrten gegangen: *Je suis sçavante!* Ihr Lehrer bekräftigt das mit einer galanten Wendung. Nun jedoch, am Ende des neu hinzugefügten Abendgesprächs, scheint er seine Schülerin, wie nach einem Ausflug in das Feld der wissenschaftlichen Aufklärung, zurückzuverweisen auf die beruhigende Sphäre der *choses d'agrément* – das seien die Dinge, mit denen sich seine Schülerin zu beschäftigen habe und welche ihre ganze Philosophie ausmachen sollten: *Ce sont celles-là, Madame, ausquelles il vous appartient de vous occuper, et qui doivent composer toute votre Philosophie.*
In der Ära nach »Giotto«, dem nur wenig lädierten Kometen-Aufklärer, dem die Zeitgenossen vor der Jahrtausendwende gemütlich aufge-

regt am Fernsehen zusehen konnten, und der sogar zur Wiederver-
wendung in Erdnähe zurückkehrte – als sei er den letzten Beweis für
die Unschädlichkeit des »Halley« noch schuldig gewesen –, in diesem
verengt präzisierten *posthistoire*, das sich von anderen Ängsten unsichtbarer Himmelslöcher plagen und sogar mit Schuldbewußtsein
versorgen läßt, ist der große Komet schon durch die *Enttäuschung* an
seiner *erhofften* Sichtbarkeit ›aufgeklärt‹, als sei er ›aufgelöst‹. So er-
ging es dem im März 1973 von Kohoutec entdeckten und seinen
Namen bis zur Schlagzeilenwürde »Der Jahrhundertkomet jagt auf
uns zu« steigernden, doch dann der weltweiten Neugierde sich verweigernden Schaustück. Nur das triumphierende »Zwei Mal Halley«
des altersunverdrossenen Ernst Jünger machte 1986 aus der Wiederkehr des Musterkometen so etwas wie ein Letztes Mal: als ein Stück
Literatur. *Das Wiedersehen ist doch noch gelungen – ein Markstein
gesetzt … Halley stand ebenso deutlich am Himmel wie damals zu
Rehburg, vor sechsundsiebzig Jahren, als ich ihn mit Eltern und
Geschwistern gesehn hatte. Diesmal schien er mir etwas größer, doch
ebenso wenig imponierend wie damals – schweiflos, diffus, etwa wie
ein Garnknäuel … Ein Wiedersehen eigener Art, und unter Umständen, die damals keine Phantasie ersonnen hätte: in den Präludien der
Wassermannzeit … Wieviel Zeit muß verfließen, ehe man den eigenen
Vater versteht.* Da erst, in diesem Satz, ist das ›kosmische Ereignis‹
ganz auf die Lebenszeit zurückgenommen. Zwei Wochen später im
Flugzeug: *Über der Straße von Malakka fällt der Blick auf ein armes,
kleines Wölkchen, das sich zerfasert – bald wird es sich auflösen, nicht
mehr vorhanden sein. Doch nicht verzagen: auch hier Monaden –
Leibniz hilft.*

Verteidigung der Aufklärung
gegen neue Kometenängste

Von seinen Göttinger Vorlesungen, denen er Erxlebens »Anfangsgründe der Naturlehre«[3] zugrunde legte, haben wir nur einen Eindruck durch Gottlieb Gamaufs »Erinnerungen aus Lichtenbergs
Vorlesungen«[4]. Die Zuverlässigkeit ist umstritten im Maße des Mißtrauens, das der Titelbegriff »Erinnerungen« nahelegt und dem
Gamauf in den Vorreden zum ersten wie letzten Bändchen Raum gibt:
Es sind ja nicht seine *Vorlesungen, welche hier das Publikum erhält, es
sind nur meine Erinnerungen aus denselben.* Und diese Erinnerungen
haben im Anfang 12, am Ende 22 Jahre zu überbrücken, so daß der
Berichterstatter sich nicht mehr festlegen mag, *welches eigentlich
Lichtenbergs Worte, und welches meine Zusätze sind.* Doch ist nach
dem Abschluß des Unternehmens das Zutrauen in die Erinnerung
gewachsen, wenn es in der Vorrede von 1818 heißt: *Worauf ich bey
allen vorhergehenden Bändchen sah, nur das zu geben, was Lichtenberg sagte, und so viel als möglich, es mit seinen Worten zu geben:
blieb auch bey diesem mein Hauptziel. Aber ganz konnte es auch hier
nicht erreicht werden.* Man wird aber, wie ich meine, Lichtenbergs
Witz heraushören, wenn es um einen seiner Lieblingsgegenstände
geht: die Kometen (in Gamaufs vorletztem Teil von 1814).
Da ist nämlich unmittelbar der Ärger des zwar ›aufgeklärten‹, doch
nie ganz vom ominösen Verhältnis gelösten Astronomen zu spüren,
daß die Vernünftigung der einstmals unheilvollen Zeichen zu bahnge-
bundenen und damit berechenbaren physischen Körpern, diese große
Leistung des nachnewtonischen Jahrhunderts, gerade mit dem Anschein der Berechenbarkeit zu neuen Unheilsprognosen entstellt worden ist. So habe Maupertuis in einem Brief über den Kometen von
1742 geschrieben, ein solcher Komet könne, *wenn er gegen unsere
Erde angerannt käme,* dieser ein großes Stück entreißen und mit sich
fortführen. Lalande war 1773 in »Réflexions sur les Comètes, qui peu-
vent approcher de la terre« noch einen Schritt weiter gegangen und

---

3 Ab der 3. Auflage in der eigenen Bearbeitung.
4 In 5 Bändchen. Wien und Triest 1808-1818.

hatte den Parisern *eine entsetzliche Angst* eingejagt mit der Behauptung, *ein Komet könne an die Erde anstoßen und dann dieselbe entweder fortstoßen, oder mit derselben wie zwey Quecksilbertropfen zusammenkleben.* Nun bleiben beide Skribenten hinter ihrem Zeitalter zurück, indem sie für die jeweils anstehenden Kometen nichts auf Berechnung Gestütztes behaupten. Sie schüren eine unbestimmte Furcht vor der Gattung, von der man nie weiß, wieviele Mitglieder sie hat. Doch Gamauf hat hier wohl ziemlich genau Lichtenbergs Erwiderung auf Maupertuis' spekulative Ängstigung notiert: *Aber der Komet soll sich nur hüten, daß er nicht selbst dabey sehr übel ankomme und von unserer Erde mitgeführt werde, statt sie mitzuführen, wie es etwa dem Mond ergangen ist, wenn er auch so ein Raubvogel gewesen seyn sollte.* So etwas erfindet kein nachschreibender Memorialist, kein mitschreibender Studiosus.

Da den Vorlesungen über Astronomie die 6. Auflage des »Erxleben«, die letzte von Lichtenberg 1794 bearbeitete, zugrunde lag, gibt Lichtenbergs Kometentheorie auch Aufschluß über den Kenntnisstand zu und nach diesem Zeitpunkt. Er verwendet nämlich ein *unrichtiges Faktum,* das durch sein Ansehen verbreitet wurde und noch 1812 der Richtigstellung durch den Mitherausgeber der postumen Ausgabe der »Vermischten Schriften«[5] in neun Bänden, F. Kries, bedürftig war. Denn Lichtenberg hatte vorgetragen, der Komet von 1754 sei zwischen Erde und Mond hindurchgegangen, folglich der beste Beweis aus der Erfahrung selbst, daß man von einer Annäherung der Kometen nichts zu befürchten habe. Auch lasse *ihre Lockerheit und nebelartige Beschaffenheit* jede Furcht vor ihnen verschwinden – vollends vor ihren Schweifen, da *vermuthlich die Dünste eines Kubikfußes Wassers hinreichend wären, eine ähnliche Erscheinung darzustellen.* Die Unwahrscheinlichkeit eines Zusammenstoßes ist dann nur noch ein Hilfsargument; es würde sowieso nichts passieren. Über die Bahnfestlegung hinaus hat also die Aufklärung auch physikalisch die Oberhand behalten, mit ihr die Folgerung: *Und so darf man denn wegen der Kometen vollkommen ruhig schlafen, wenn uns nur sonst nichts quält.* Der Konditionalsatz kennzeichnet auch hier das unverkennbar Lichtenbergsche: Aufklärung nützt nur, wenn sich das ›Gemüt‹ nicht gegen sie durchsetzt. Das wußte keiner besser. Deshalb ist

5 1800-1806.

auch der Authentizität verdächtig, was die Umständlichkeit aller Gegengründe gegen die Kometenfurcht abschließt: Ganz unmöglich sei es eben nicht, daß eine solche Kollision passiert, sie sei womöglich schon einmal vorgekommen: *Aber was ists dann weiter! Soll denn entweder dieser Klumpen Erde, oder wir auf derselben, ewig dauern wollen.* Fast so hatte einer der Aufgeklärtesten jenes Jahrhunderts seinen weichenden Grenadieren in der Schlacht von Collin zugerufen: »Hunde, wollt ihr denn ewig leben!« Das kann doch die Vernunft keinem versprechen, wie auch immer sie mit Vorurteilen und Ängsten sonst zurecht kommt. Nur gab es zu dem bitteren Trost der Vernunft – mit dem erst das Jahrhundert des ›Wärmetods‹ ganzen Ernst machen sollte – eben jenes *unrichtige Faktum* einer vorgefallenen Kometenpassage zwischen Erde und Mond. Schon zur Lebenszeit Lichtenbergs ein Signum, wie es auch Aufklärer sich wohlgefallen ließen und dann im Wohlgefallen daran leichtgläubig zum empirischen Datum erhoben.

Der fliegende Sessel
und die domestizierten Umtriebe

Man vergesse nicht: es war nicht eine Idee vom *Menschen*, sondern die vom Übermenschen, die diesen mit der Gewißheit wie dem Bewußtsein ausstattete, für die ganze Welt in ihrer ganzen Zeit die Verantwortung zu tragen.

Es war, in Nietzsches Denken, der äußerste Gegenpol zu seinem versuchten, dann doch nicht durchgehaltenen Epikureismus: der mit dem Verzicht auf jede Weltordnung und Weltverwaltung verbundenen Legitimierung des Weltgenusses im ruhenden Zuschauen. Jeder mit seiner vom Atomzufall gelassenen Lebenszeit ein Weltbetrachter wie im Theater, mochte die Szene gerade und nur zufällig der Untergang der anderen sein. Das Recht, nicht Retter der Welt und Träger ihrer Bestandsverantwortung zu sein, beruht auf der drangvollen Enge, die sie ihrerseits jedem einzelnen Leben zwischen Geburt und Tod, im Niederstürzen der Welttrümmer (*katastrophē*) einräumt. Ein Epikureer – einer, der die Welt wie in der Einhegung eines Gartens (*kēpos*) zu erfahren sich selber erlaubt – konnte der kommende ›Übermensch‹ nicht sein. Nur war er, wie jener, aus dem Antagonismus zum Christentum heraus gewünscht.

Nach Nietzsche – und mit dem verächtlichen Gestus gegen seine Vokabeln – ist das Zuschauertum zum Zynismus diffamiert. Ob im ›Fortschritt‹ oder auch in dessen Gegenteil – alle stehen in der Pflicht und der Anstrengung, aus der Welt etwas zu machen, was in ihr und für sie noch nicht gemacht ist, oder wenigstens zu verhindern, was in ihr gegen sie gemacht wird oder werden kann. Die Differenz zwischen Fortschreiten und Quietismus verschwindet: Unterlassung kann zur Tugend werden, obwohl man keinen in der neuen Tugendhaftigkeit und kraft ihrer Kraft schlechtweg *zuhausebleiben* sieht.

Aber auch, wer den Vorwurf der Unverantwortlichkeit nicht scheut und auf seinem Zuschauerprivileg besteht, wird nicht seßhaft und läßt die Welt Revue passieren. Etwas hat sich für ihn geändert seit der Antike: Die *Schauplätze* sind kontingent geworden. Es ist nicht einer so gut wie der andere, sondern jeder mit dem Zweifel gespickt, es

müsse sich *anderswo* und *anderswann* mehr und Bedeutenderes sehen
lassen. Deshalb ist der Zuschauer so ruhelos wie der ›Entscheidungs-
träger‹ (helvetisch: ›Entscheider‹). Den Schauplatz zu wechseln ist so
wichtig wie den Konferenzsaal.

Das Tagebuch des Schaulustigen, auch des ›ausgedienten‹ Tathungri-
gen, ist in hohem Anteil Reisejournal, wie des späten Ernst Jünger
»Siebzig verweht«. Fragt man sich, wer diese Schaunotizen sonst geschrieben haben könnte, mag man ratlos bleiben; doch gibt es eine
sichere Antwort auf die Frage, wer sie *nicht* geschrieben haben
konnte. Es gibt den Beleg. Als dem im hohen Alter Stehenden eine
neue Aussicht, die in die Karibik, eröffnet wird, erinnert er sich einer
Äußerung des schon toten Philosophen: *Heidegger warnte mich vor
solchen Umtrieben.*[6] Jünger hat die Entgegnung bereit, die er dem
noch Lebenden vielleicht vorenthalten hatte: Er vertauscht den Welt-
bewegten mit dem Bezugssystem seiner Bewegung: *Es kommt aber
nicht so sehr darauf an, die Bewegung zu vermeiden, wie darauf, sie
durch sich hindurchgehen zu lassen, als säße man im Sessel bei einem
spannenden Buch.* So mag die Weltumtriebigkeit einem Bewußtsein
von Relativität der Bewegung – nicht mit deren Theorie zu verwechseln – entsprungen sein. Oder sie möchte es gern, als sei auf die
spannenden Bücher nicht so recht Verlaß und man müsse für sie am
besten selber sorgen. So verkennt der Umgetriebene das Moment der
Kontingenz, der fraglichen Auszeichnung des jeweiligen Standorts,
des Sessels gleichermaßen wie der Karibik – was eben nicht dazu verführt, im Sessel sitzen zu bleiben und nach einem anderen Buch zu
greifen, wenn das eine sein Versprechen nicht hält.

Doch steckt in Jüngers Relativierung mehr: Sie läßt die Chancen der
Simulation von Erfahrung offen. Der mehr als Neunzigjährige reist
nach Kuala Lumpur, um den Halleyschen Kometen ›wiederzusehen‹,
den er im Rehburg der Kindheit 76 Jahre zuvor dank der Vorsorge des
Vaters für die Merklichkeit einer fast schon kosmischen Lebensspanne
gesehen hatte. Die Umständlichkeit des ›Verfahrens‹, um die Erfahrung machen zu können, erscheint nur dann groß, wenn man sich die
Ausgangsbedingung umgekehrt vorstellt: Der Vater hätte dem Sohn
die Lebensmarke nur setzen können, wenn er mit ihm nach Malaysia
gefahren wäre. Nun, im Frühjahr 1986, ist die Spannung derer, die

6 Ernst Jünger, Siebzig verweht, Band II, Stuttgart 1981, 478.

zuhause geblieben sind, nicht geringer, sie ›sehen‹ in ihren Sesseln mit
der Optik der Sonde »Giotto« per Television mehr als das ferngereiste
Auge mit dem Feldstecher auf den Weckruf hin »Der Komet ist da!«
Doch ist die ›Bedeutsamkeit‹ unvergleichlich, obwohl das Gebilde die
kindliche Enttäuschung nur bestätigt: *ebensowenig imponierend wie
damals – schweiflos, diffus, etwa wie ein Garnknäuel.* Doch gerade die
optische Ohnmacht – die ausdrücklich gegen die Macht der alten Maler an dem Stern von Bethlehem, ja gegen die langbelichteten Platten
der Himmelsphotographie abgehoben wird –, gerade die Dürftigkeit
der ›Erscheinung‹ ergibt den platonischen Verstärkereffekt der *Ana-
mnesis*, die keiner der Sesselhocker für »Giotto« haben kann. Und
doch gleicht die Mühelosigkeit der aeronautischen Anreise, die Entfernung nur als ›Wissen‹ kennt und damit faktisch die Bewegung
relativiert, dem, was die Simulation fortgeschrittener Planetarien bietet und mehr und mehr jedem ins Haus bringen wird, dem es nicht auf
das ›Original‹ der Lebensmarke ankommen muß. Die Doppelbezie-
hung der ›Erscheinungen‹ zur Identität des Kometen, dieser erlebte
›Platonismus‹, macht es aus, daß des toten Heidegger Warnung vor
solchen Umtrieben für diesmal unerinnert blieb. Ging es doch eher
um eine magische Beschwörung der Lebensbegünstigung als um eine
deskriptive Verifikation. Nicht zufällig münden Neoplatonismen in
magische Praktiken. Hier aber war es die Zeitspanne der Wiederkehr,
die es fast gleichgültig machte, von welchem *Standplatz* der Erde her
das Ereignis ›eintrat‹. Es war der Sessel, der ein ›fliegender‹ geworden
war; nur ein Rest von ›Umtrieben‹ wie ein Rest vom Kometen.

»Der Komet« – eine Komödie

Wie andere Aufklärer auch glaubte Lichtenberg an den Fortschritt, ausgenommen sein Tempo. 1782 hatte er im »Göttinger Taschen-Kalender« unter der Rubrik »Neue Erfindungen« (immerhin als jährlich vorgesehene Institution aufs Fortschreiten eingerichtet) die französischen ›Luftschiffe‹ Montgolfiers mit Mißtrauen angezeigt. Doch genügte ein Jahr, um ihn im »Göttingischen Magazin« des Herbstes 1783 eingestehen zu lassen, er sei nun des rechten Glaubens, ausgenommen die Menschenverkehrsfähigkeit der Flugkörper. Der Fortschritt überholte den Buchdruck. Eben im Oktober 1783 fand der ausgeschlossene Menschenaufstieg statt. Lichtenberg retraktierte wiederum und stellte die Sache im genannten »Magazin« 1784 auf eine solide Ebene der Erläuterung und Einordnung durch »Vermischte Gedanken über die aërostatischen Maschinen«.[7]

Zwar ist das Jahrhundert noch nicht zuende, aber die Eile der Vernunft läßt es geraten erscheinen, für dieses Ende schon gedanklich vorzusorgen: eine Bilanz zu entwerfen, die man fatalerweise nicht mehr würde ratifizieren können: *Unser achtzehntes Jahrhundert wird sich sicherlich nicht zu schämen haben, wenn es dereinst sein Inventarium von neu erworbnen Kenntnissen und angeschafften Sachen an das neunzehnte übergeben wird, auch selbst wenn die Überreichung morgen geschehen müßte.* Es würde dann gefragt werden, *was hast du geliefert und was hast du Neues gesehen?*, und seine Antwort wäre nicht zaghaft oder zweifelnd, sondern *kühn*, eine Litanei von Schritten des Fortschritts. An der Spitze steht die Meridianvermessung zur Bestätigung der Erdkörperform, dann die Bezwingung der Gewitter, die Aufladung der Leidener Flaschen, Linnés Naturinventar. Die große Ordnungsstiftung nach Menschenmaß steht noch vor der Domestifikation der Kometen, obwohl diese doch vor dem eigenen Teleskop sich vollzog: *ich habe einen Kometen wiederkehren sehen, als der Urlaub aus war, den ihm mein Halley gegeben hatte.* Hier spricht zwar das Saeculum, aber dasselbe hätte auch Lichtenberg zu sagen, wie er weiter diese Doppelrolle spielt, wenn unter den Großer-

7 Georg Christoph Lichtenberg, Schriften und Briefe ed. Promies, Band III, 63.

scheinungen des Jahrhunderts zuletzt Garrick genannt wird, der von Lichtenberg wie von keinem sonst beschriebene Schauspieler.

Dennoch: Mit dem Kometen hatte sich die Vernunft ein Zeichen gesetzt, indem sie ihn als Zeichen absetzte; die Präzision in der Berechnung von Bahnen und Perioden machte zwar die alte Furcht zunichte, gab aber einer neuen Raum, die sich auf die Kreuzung der Erdbahn durch Kometenbahnen fixierte und schließlich anstelle der Karambolage solider Körper den neuen Typus von Unaufgeklärtem setzte, von dem Lichtenberg in seinem Katalog rühmte, es seien anstelle der einen Luft in seiner Epoche dreizehn Arten von ›Luft‹ getreten, die nicht alle lebensdienlich seien. Das ließ er am Kometen aus.

Der Zusammenprall der Erde mit dem Kometenkern gab die Unheilsphantasie frei, als der Durchgang der Erde durch den bei Annäherung an die Sonne gewaltig anwachsenden Schweif zu dem Verdacht genügte, der ›Weltuntergang‹ könne im Verbrennen oder in der Vergiftung der Erdatmosphäre durch die feurigen Gase des Kometen bestehen. Solange ›nur‹ an die Kollision gedacht wurde, lag alles an der Genauigkeit der Bahnberechnung, und da schien die Hoffnung Raum genug zu haben, um alles mit der neuen Gewißheit zu überlagern, daß Kometen regelmäßig wiederkehrende Erscheinungen seien. Fontenelle, Sekretär der Pariser Akademie der Wissenschaften, schrieb in seiner Geschichte der Akademie für 1699[8] und für 1706[9], zwei Kometenerscheinungen könnten durch nur wenige Bahndaten auf ein identisches Objekt zurückgeführt werden, aber die den Himmelskörpern abgeforderte Genauigkeit ihrer Positionen sei damit bei weitem nicht gegeben. Fontenelle kannte noch nicht die späteren Beirrungen, die aus Veränderungen der Bahndaten beim Passieren der Massen des Sonnensystems jedesmal den Kometen ausbrechen lassen konnten. Die zweite Hälfte des 17. Jahrhunderts war kometenreich genug gewesen, um Grundlagen für künftige Verifikationen zu legen – jedenfalls war die Zeit kometenreich erschienen, weil es eine disziplinierte und instrumentell gerüstete Aufmerksamkeit auf das Phänomen gegeben hatte, was nicht nebensächlich ist, wenn es sich um überwiegend so lichtschwache Erscheinungen handelte. In seinem Nachruf auf den Astronomen Cassini hat Fontenelle darauf hingewiesen, daß den Ge-

8 Erschienen 1702.
9 Erschienen 1731.

sichtslosen erst Augen für diese Art von Dingen gegeben werden mußten. Am Ende des Jahres 1652 war Cassini zum ersten Mal auf die Probe gestellt worden und genügte ihr nach allen Regeln seiner Kunst, wie der 1653 dem Herzog von Modena gewidmete Kometentraktat belegte. Schon daß er für die Kometen auf den Grundsatz des Kopernikus zurückgriff, den dieser für die Planeten aufgestellt hatte, am Himmel könne Unregelmäßigkeit nur optischer Schein sein, treibt das Kometenproblem in die Richtung, in der Cassini noch nicht ans Ziel gekommen war: Sie als Mitglieder der (erweiterten) Planetenfamilie auszuweisen. Daß sie solidlangfristige Identität hätten und auf mathematisch erfaßbaren Bahnen behielten, war noch ein Stück der cartesischen Kosmologie und nicht ganz das, was Newton und Halley von ihnen verlangen würden. Was den Unterschied ausmachte, sagten die Cartesianer: Kometen waren Planeten eines *fremden* Wirbelsystems, zentrifugal aus diesem herausgeschleudert und den *hiesigen* Wirbel durchschlagend, um ihn als erratische Fremdlinge wieder zu verlassen. Daran hatte Fontenelle in seinen frühen »Weltengesprächen« (»Entretiens sur la pluralité des mondes«) festgehalten: *Les Comètes ne sont que des Planètes qui appartiennent à un Tourbillon voisin.* In späteren Auflagen seines überaus erfolgreichen Dialogs erwähnt er dann die ›Feinde‹ dieser Lehre. Aber erst der Nachruf auf Cassini von 1712 zeigt, wie wenig der Aufklärer auf der Höhe des Problems gewesen war.

XI. Kosmologisches Pathos

Der Mensch
ist ein pathetisches Tier.

Alfred Polgar »Max Pallenberg.
Eine Studie«

Verlorene Paradiese

Das Paradox einer Kosmogonie kann darin bestehen, daß der rationale Zustand des Universums verlassen werden muß, soll eine Welt überhaupt entstehen können.

Von dieser ambivalenten Art ist die Ansicht von Weltentstehung, die die antike Atomistik gefunden hatte. Der reine Urzustand, in dem die Atome ihrer Eigenheit überlassen waren, bestand im Fall der unteilbaren Urkörper durch den unendlichen leeren Raum auf parallelen Bahnen gegenseitiger Unangefochtenheit und Unberührtheit. Der Zufall – der sich in anderem Zusammenhang Freiheit nennen sollte – brachte eine einzige Abweichung in diesen Urzustand. Ein Atom nur brauchte sich des Urvergehens schuldig zu machen, seine Bahn zu verlassen, im Zusammenstoß mit einem und dann mit zahllos vielen anderen Atomen den chaotischen Wirbel zu erzeugen, dessen Konsolidierung schließlich das ergeben sollte, was *Kosmos* genannt zu werden den Griechen nur noch Erinnerung war. Die Unendlichkeit der Welt im unendlichen Universum entstand aus der Verletzung derjenigen Regel, die den Atomen ihren Zustand perfekter Selbsterhaltung gesichert hätte.

Es war ein Paradies für Atome und nur für diese gewesen, aus dem die einzige Sünde, die Atomen überhaupt möglich ist, sie vertrieben hatte, um etwas werden zu lassen, was durchaus nicht in ihrer Bestimmung lag: Welten. Daß diese wiederum vergänglich sind und in Trümmer zerfallen werden, ist nur die Konsequenz ihres dubiosen Ursprungs. Unter höherem Aspekt ein Ereignis zweiter Klasse, auch wenn es als Schicksal des Weltbewohners Mensch erst Weltuntergang im drohenden und schreckenden Sinne sein kann. Rückkehr ins Paradies der parallelen Bahnen kann es nicht geben, wenn ein einziges Mal irgendwo Unordnung entstanden ist: Weltaufgänge und Weltuntergänge sind dann die Episoden der gestörten Sterilität.

Im Hagel der Atome, unter den für alle gleichen Zufällen des unendlich gesplitteten Zufalls, steht jeder zu Recht, der Nutznießer einer Welt ist, die nur durch Ausscheren aus der Regularität entstehen konnte und unter deren Fortbestand nun selbst zu leiden hat. Nicht erst im Weltuntergang – wie Horaz den unverdrossenen Stoiker im

Niederbruch des Himmels besingt – bewährt sich der Weise; jeder
seiner Augenblicke ist darin dem anderen gleich, und sich Furcht oder
Hoffnung zu überlassen daher sinnlos.

Dennoch setzt der Epikureer der heroischen Attitüde des stoischen
Welttrotzes eher eine idyllische Unverzagtheit vor dem Unabwendba-
ren entgegen. Der Garten ist Schulort und Gleichnis; aber er ist nicht
das Paradies, sondern nur dessen philosophische Substitution. Alles
war Untergang, aber es gab Reservate, ihn heiter zu begehen: Zuschauer auch dessen zu bleiben, was dem eigenen Dasein nahe käme.
Den Felsen in der Brandung des atomaren Weltmeeres, auf dem nur
der Schiffbruch Schicksal sein konnte, als Episode wahrzunehmen,
hieß, noch und allererst genießen zu können, wovon es letztlich nur
die Ausnahme des serenen Gemüts gab: die Abschirmung des kleinsten aller möglichen Paradiese.

Was Epikur gänzlich zu fehlen scheint, der Antike wohl überhaupt fern
lag, ist der Gedanke an die Kostbarkeit des Endlichen. Die Heiterkeit
im Zwischenspiel der Welten, die ungewisse Verschonung des Gartens
inmitten der Weltwildnis waren mit weiser Gelassenheit zu ertragen
und sogar zu genießen. Es hatte ohnehin nichts zu bedeuten, was man
dafür oder dagegen täte, an Wert oder Unwert daran fände. Jedenfalls
wurde dem Genuß nichts hinzugefügt durch seine Bedrohung; alles
galt dem einen, ihr ihn abzuringen, ihn sich nicht nehmen zu lassen.

Jede Kosmogonie hält für ihre unvermeidlichen Untergänge ihre eigenen Tröstungen bereit. Das verzehrende Endfeuer, das den Kosmos
zerstört, reinigt sich dabei selbst zum erneuernden Urfeuer, das den
Phönix aus der Asche auferstehen läßt und, für eine Weltperiode ge-
zähmt, an den Hängen der Vulkane die feurigsten Weine nährt. So, als
von Epikur verachtetes Beispiel allzu gefällig angebotener philosophischer Freundlichkeiten, der Weltzyklus der Stoiker. Aber noch Kant
läßt in seinem genialen Jugendwerk die bewohnbare Zone der entstehenden und vergehenden Welten aus dem unerschöpflichen Fundus
der im Unendlichen bereitstehenden Materie immer neu sich gestalten, als gelte es, ein immer neues Königsberg auf dem Gipfel niemals
endgültiger Aufklärungen und auf dem einzigen beruhigend festen
Erdboden fern von jedem Lissabon zu etablieren.

Erst die Thermodynamik des folgenden Jahrhunderts scheint – in Vorbereitung des ›heroischen Nihilismus‹ und als Katastrophe aller vor-
angegangenen Idealismen – die kosmologische Depression in die

Euphorie der biologischen Evolutionismen hineingetrieben und durchgesetzt zu haben, in Unkenntnis der inneratomaren Energiequellen, die wiederum das folgende Jahrhundert mit der Entdeckung des Fusionszyklus der Sonne der Entropie zunächst als Verzögerung entgegensetzen sollte. Ein beträchtlicher Zeitgewinn von Jahrmillionen, aber doch kein Aufhalten der dekadenten Endgültigkeit im Ganzen. Das kann, wie sich zeigt, nur eine zyklische Universaltheorie zuwege bringen.

Die Vorschrift für eine vollkommene Theorie hatten die Athener dem von ihnen erfundenen attischen Protophilosophen Musaios in den Mund gelegt: Aus Einem ist alles hervorgegangen und zu Einem wird alles wieder. Die Vollkommenheit dieses Schemas läßt sich an den Mängeln der atomistischen Kosmogonie erläutern. Deren Ausgangszustand: die strikte Selbsterhaltung der Atome durch ihre absolute Separation von allen anderen auf den Parallelbahnen im Raum, läßt sich nach dem ›Seitensprung‹ (clinamen) schlechthin nicht wiederherstellen. Vielmehr steigert sich das Maß der Unordnung durch Verwicklung immer weiterer Solitäre in die Wirbel und Welten sowie deren Trümmer. Noch für Kants Kosmogonie gilt die Irreversibilität: Der Ausgangszustand der homogen im unendlichen Raum verteilten Materie wird, einmal auch nur geringfügig gestört, endgültig zerstört, wenn auch zugunsten erhabener Ordnungsziele. Erst ein pulsierendes Universum, das aus einem explodierenden Massepunkt entsteht und aus einem Grenzzustand der Expansion wieder zu seinem Ausgangszustand zurückkehrt, zeigt den unschätzbaren Vorzug jener Musterformel des erfundenen Atheners: Ein Ausgangszustand, zu dem ein physisches System zurückkehren kann, darf als Durchgangszustand zu einer weiteren Weltgeschichte und damit zu immer erneuten Wiederholungen des Urmusters verstanden werden.

Ein zunächst nur klein erscheinender Nebenvorteil dieser Erfüllung des theoretischen Ideals liegt in der Freiheit der Bewertung der symmetrischen Endzustände. Das Gemüt befriedigt sein Bedürfnis, indem es die Ästhetik der höchsten Ausformung und äußersten Mannigfaltigkeit bevorzugt und darin das Ziel aller Geschichte sieht; ebenso findet es sein Genügen in der rationalen Strenge der indifferenten Einheit als der gleichzeitigen Vollstreckung der Vereinigung aller Teile in ihrem Ursprung. Die Theorie schreibt nicht vor, wie sich das Gemüt zu entscheiden hätte.

Man beobachtet solche emotionalen Konnotationen am besten an subtilen und sensiblen Geistern, die kein ausschließliches und nicht einmal ein sehr intensives Verhältnis zu einem theoretischen *Corpus* haben. Kopernikus und Galilei, Darwin und Einstein, Marx und Freud haben ihre heftigsten Wirkungen auf solche Empfänger ausgeübt, denen nachweislich ihre Theorien und erst recht deren Begründungen nur unvollkommen zugänglich, oft nur vage bekannt waren. Man darf auch getrost sagen, daß Ungenauigkeit in der Herstellung von Beziehungen zwischen physikalisch-kosmologischen Theorien und klassischen Philosophemen nicht bei wissenschaftlichen Laien allein vorkommt; sie kann bei prominenten Physikern und Astronomen unseres Jahrhunderts an deren forsch gestifteten Beziehungen zur Philosophie aufs schönste wahrgenommen werden.

Das ist kein Nachteil, erfordert aber die präzisere Bestimmung sachlicher Autorität und die Bewertung solcher Äußerungen unter theoretischen Restriktionen. Es wäre zu bedauern, wenn die gebotene Vorsicht des Betrachters derartiger Bemühungen jemals zu zaghafter Zurückhaltung in der Herstellung weiterer Konjunktionen führen sollte. Die Toleranzbreite theoretischer Risiken ist eine zu hütende Kostbarkeit.

Unter den Verbindungen von Ungenauigkeit der Kenntnis und Intensität der Wirkung ist eine der Aufmerksamkeit wert, die sich im späten Tagebuch von Ernst Jünger findet. Am 29. Mai 1975 notiert er sich in Agadir: *Wenn wir den Astronomen glauben wollen, daß sich das Universum aus der Explosion eines Uratoms entfaltete und seitdem sich vom Ort des Ursprungs entfernt, dann dürfen wir dort das Paradies vermuten, das ungeteilte Glück. Wir suchen es, nach Plato, in der Wiedervereinigung.* So ließ sich die Kosmologie, die zum Zeitpunkt der Notiz gerade ein Jahrzehnt den Gedanken eines Anfangs trotz allen metaphysischen Suspekts zu denken gewagt hatte, als Mythos lesen. Das ist noch schwächlich ausgedrückt. Zu sagen wäre, daß sie sich nicht nur so lesen läßt, sondern ihrem Typus nach darauf drängt, so gelesen zu werden. Freilich erreicht dieses Drängen nur den Leser, der es wahrzunehmen geübt ist.

Greifbar ist Jüngers Anspielung auf den Androgynenmythos, den Aristophanes im »Symposion« Platos vorträgt. Zwar sind die doppelgeschlechtlichen Kugelwesen nicht die alleinige Urform des Menschen, sondern eine in der Urzeit bestehende dritte Ausgestaltung seiner sexuellen Möglichkeiten; zweifellos aber die potenteste, denn die Götter müssen ihren Ansturm fürchten, so daß Zeus sie zu ihrer Entmachtung halbiert.

Das gibt dem Gott Eros die Gewalt seiner Wirkung: die getrennten Hälften zum Geschlechtsakt zu vereinigen. Jünger erkennt die sexuelle Monade im kosmogonischen Urzustand wieder, dessen Zersprengung unter expansivem Energieverlust durch die Gewalt der Schwere umgekehrt und zur implosiven Vereinigung zurückgeführt wird. Um diese Projektion als zulässig zu akzeptieren, bedarf es des Zugeständnisses, daß der platonische Mythos auch eine Erfüllung des Wunsches der Vernunft war, sich mit der Kontingenz des Faktischen nicht zufriedenzugeben: in diesem Fall mit der Dualität der Geschlechter, deren genetischen Vorteil Plato noch nicht kennen konnte.

So sind der Mythos vom elternlosen Gott Eros und die Theorie von der kosmogonischen Zyklik Darstellungen des Grundbedürfnisses der Vernunft, faktische Mannigfaltigkeiten nicht hinzunehmen, sondern auf homogene Einheiten zurückzuführen. Diese tragen wiederum den Grund dafür in sich, im Ausgangszustand nicht zu verharren, vielmehr die als faktisch unanstößig gewordene Mannigfaltigkeit hervorzubringen, die wiederum durch das Fernziel ihrer Wiedervereinigung gerechtfertigt oder getröstet wird. Die Bildungen des Mythos und der Theorie sind nicht nur je auf ihre Weise und nach ihrem Leistungsgrad Produktionen der Vernunft; sie sind ohne Rücksicht auf den Unterschied der Effizienz Selbstdarstellungen der Vernunft in ihren elementaren Bedürftigkeiten.

In der vollkommensten Gestalt der Theorie von der Welt im ganzen, wie sie Musaios der Form nach ein für allemal beschrieben hatte, ist der Grenzwert des Logos von dem des Mythos nur an der Art der verwendeten Namen zu unterscheiden. Anders gesagt: Die Äußerungsformen der Vernunft stehen in Konvergenz. So hält sich die neuplatonische Spekulation von der Herkunft des Geistes, der Seele und der Welt aus dem Einen und von ihrer Rückkehr zu diesem Einen hart auf der Grenze zwischen dem alten Mythos und der neuen Philosophie. Der Mythos scheint die Lizenz einzubringen, immer noch etwas mehr zu sagen, als es der Disziplin des Logos gestattet ist. Die neuplatonische Spekulation geht über den Standard der Theorie insofern hinaus, als sie das Verlassen des Einen durch seine Natur begründet sein läßt; denn als das Gute ist es Verschwendung und Austeilung

dessen, was es selbst ist. Die Vielheit ist die Veranstaltung des Einen
selbst: und doch ist Verunstaltung in der Ausbreitung der Welt, da sie
es selbst nicht mehr sein kann. Deshalb ist die Umkehr vom Vielen als
Wiedererlangung des Glücks der Einheit letztlich die des verlorenen
Paradieses der Ungeteiltheit. Daß die Theorie, wie spekulativ sie sein
mag, dem Mythos weicht, liegt an dem theoretisch nicht zulässigen
Vorzug, den das Gemüt dem Ausgangszustand der paradiesischen
Einheit gibt.

Unter dem Aspekt rationaler Befriedigung führt die rückgewonnene
Einheit jedoch nur dann zum Schema der Vollkommenheit, wenn sie
Durchgang zur erneuten Emission von Mannigfaltigkeit werden kann.
Was das Heimweh des Gemüts nach endgültiger Wiederkehr der Ein-
heit verständlich macht, ist, daß sie dem Individuum erspart, bloßes
Exemplar seiner Gattung zu sein und innerhalb der Vielheit um die
Nähe zur Gattungsgemäßheit konkurrieren zu müssen. Vielheit im-
pliziert die Anstößigkeit der Faktizität: das Prinzip des unzureichen-
den Grundes für die Existenz jedes dieser Exemplare seiner Gattung.
Deshalb mußte der Mensch, um eine Menschheit zu werden, zuvor
das Paradies verlassen haben – aus welchen guten oder bösen Gründen
sonst auch immer. An der verschlossenen und bewachten Pforte des
Paradieses beginnt die Vielheit als Fortpflanzung, als Vermehrung, als
Ausbreitung; in jedem der Akte aber, die dieser Vervielfachung zutrei-
ben, steckt zugleich das Verlangen, das genuine Minimum der Mannigfaltigkeit vergessen zu lassen.

Der heimliche, gelegentlich sogar offene Platoniker Ernst Jünger liest
das ›Standardmodell‹ der jüngeren Kosmologie als Mythos vom endgültig verlorenen Paradies. Er hat die Version im Auge, die jede
Sehnsucht nach Wiedervereinigung zur Vergeblichkeit verurteilt: das
expandierende Universum, dessen Galaxien und Supergalaxien sich
mit wachsenden Geschwindigkeiten im Raum verlieren, ohne jemals
eine Grenze der maximalen Expansion – nämlich der diese überwälti-
genden Gravitation – zu erreichen.

Daß dieses Modell die Kosmologen nicht befriedigt hat, liegt nicht
nur an der Trostlosigkeit vergeblicher Sehnsucht nach der verlorenen
Einheit. Es gibt auch hier eine Konvergenz des Ideals theoretischer
Vollkommenheit mit der unerläßlichen Einhaltung von Bedingungen
des Fortbestandes empirischer Erkenntnis. Für diese besteht die de-
struktive Bedeutung der unbeschränkten Expansion darin, daß es für

das Verfahren, die Verschiebungen der Spektren kosmischer Licht-
quellen gemäß dem nach Doppler benannten Effekt auszuwerten, eine
Grenze der Meßbarkeit gibt: Wenn die Strahlenquelle von der diffusen
Gesamtstrahlung aus dem Weltall nicht mehr unterschieden werden
könnte. Beim Verschwinden der Strahlungsquelle infolge ihrer expan-
siven Entfernung würde es die Integration der Objekte zur theoretischen Totalität nicht mehr geben.
Die Theorie kündigt die Linie an, bei deren Erreichung sie sich endgültig aufgeben müßte. Ihr Universum wäre nur transitorisch darstellbar. Nichts legte die Unterstellung nahe, der episodische Theoretiker
mit dem Namen ›Mensch‹ befände sich an dem begünstigten Raum-
Zeit-Punkt des Gesamtprozesses, der ihm gerade erst oder gerade
noch den Zugriff auf die Totalität einräumte. Damit aber wäre nur
abermals gegen das Grundgesetz der kopernikanischen Wendung verstoßen, der Mensch dürfe sich nicht eine Zentralstellung im Universum zuschreiben: wie damals nicht räumlich, so jetzt nicht zeitlich. Es
ist ein Verdacht kritischer Rationalität, daß der Beobachter, der sich an
einem durch irgendwelche Kriterien ausgezeichneten Punkt zu befinden glaubt, darin nur die Spiegelung seiner Position auf seine theoretischen Resultate mißdeutet. Daß die gegenwärtige Wissenschaft eine
empirisch fundierte Kosmologie hat, wäre bei einem unbegrenzt expandierenden Universum eine verdächtige Unwahrscheinlichkeit.
Es gibt also gute Gründe, sich an die Vorschrift des Musaios für die
Vollkommenheit einer Theorie vom Großen-Ganzen zu erinnern.
Eine wohltätige Erinnerung, denn sie genügt zugleich und beiläufig
dem erotischen Prinzip der Wiedervereinigung. Diese Erinnerung
nimmt einen grimmigen Zug an, sobald man an die Verschärfung
denkt, die Pascual Jordan dem Expansionsmodell gegeben hat, indem
er den punktuellen Ausgangszustand noch nach rückwärts auf die
Nullgrenze hin verlängerte, die Materie aus dem Nichts und sekundär
zur Auspreizung des Raumes entstehen ließ. Man könnte sagen, da
sei zugunsten der formalen Vollkommenheit der Theorie jede Furcht
vor dem Absurden abgelegt worden.
Bei Ernst Jünger sieht es aus wie ein Rest aus der Frühzeit seines
›heroischen Nihilismus‹, wenn er der endgültigen Expansion und damit der Vergeblichkeit jeder Sehnsucht nach dem verlorenen Paradies
den Vorzug gibt – dem, was er mehr wehmütig genießen kann als
verzweifelt betrauern muß. Was er wahrnimmt ist, daß am Anfang

nicht mehr das alte Chaos steht. Es würde nun am Ende stehen. Wenn
nur die Beobachtung lange genug durchhalten könnte, um das letzte
identifizierbare Objekt einer Weltinsel im kosmischen Hintergrund-
geräusch entschwinden zu sehen.

Umgeben vom Geräusch stände der letzte Theoretiker da. Eine leicht
modernisierte Bezeichnung für die Wiederkehr des Chaos, das nur für
den Anfang vermieden worden wäre. Jünger mag den Konflikt zwischen Heroik und Erotik in seiner mythischen Lesart des kosmologischen Modells nicht ausgetragen haben, weil ihm die Ausflucht der
Oszillation zu gnädig, ja, zu billig erschien. Vielleicht entging ihm das
theoretische Niveau dieser Lösung. Vielleicht witterte er die theoretische Gefälligkeit: die Befriedigung ausgerechnet unseres Gemüts als
vielleicht hinterhältigste Form jener Anthropozentrik, die sich zu versagen, ›heroischer Nihilismus‹ und theoretische Rationalität gemeinsam haben.

Einem einzigen Verdacht auf ein letztes – vielleicht sogar das größte –
Quantum an Anthropozentrik können wir uns nicht mehr entziehen,
würden es wohl niemals wollen: deren unterkühltem Residuum, das
in der Befriedigung an ›reiner‹ Rationalität, am gelungenen Selbstaus-
zeichnungsverzicht, besteht. Denn eben dadurch schon zeichnen wir
uns aus, daß wir so hartnäckig bis verzweifelt darauf verzichten, von
der Natur ausgezeichnete Wesen zu sein.

Umgang mit der Vergänglichkeit

Im Speisewagen irgendwo zwischen Paris und Lissabon läßt Thomas Mann seinem in die Rolle des Marquis de Venosta geschlüpften Felix Krull das schönste kosmogonische Kolleg *privatissime* zuteil werden, von dem man je erfuhr, gehalten von dem vielen Tief- und Hintersinns fähigen Professor Kuckuck. Es ist Weltliteratur und bedarf nicht einmal des Referats. Seine Pointe ist etwa die eines Essays desselben Autors mit dem Titel »Lob der Vergänglichkeit«

Worauf es ankommt, das beschäftigte ihn im letzten Jahr seines Lebens auch in seinem spätesten großen »Versuch über Tschechow«: nicht zuletzt und nicht zumindest das eschatologische Problem des schreibenden Nichttheologen, wie denn das von ihm zu besorgende Vergnügen der Welt zu vereinbaren oder gar zu vereinigen sei mit der Unausbleiblichkeit ihres über kurz oder lang unvermeidlichen, dazu noch vom Menschen selbst drohenden Untergangs. Und wenn nicht *der* Welt, doch *seiner* Welt in jener. Es sei nicht anders: *Man ergötzt mit Geschichten eine verlorene Welt, ohne ihr je die Spur einer rettenden Wahrheit an die Hand zu geben.*[1]

Auf die alte, bei Tschechow nicht weniger als bei anderen gestellte Frage, was man denn tun solle, habe auch dieser so wenig wie er selbst, Thomas Mann, eine andere Antwort als die: *Auf Ehre und Gewissen, ich weiß es nicht.* Dennoch erzähle man seine Geschichten fort; und nicht einmal ohne ein wenig Zuversicht, die der Wahrheit gegebene heitere Form könne befreiend wirken, allgemeiner noch und nicht ohne zweifelhaftes Pathos: *die Welt auf ein besseres, schöneres, dem Geiste gerechteres Leben vorbereiten.* In dieser Welt etwa, möchte man fragen, würde man den Adressaten noch erreichen, oder in einer anderen?

Hinzuzunehmen ist, was Thomas Mann im letzten Lebensjahr als Appell einer kleinen Anzahl oberer Geister an die Regierungen und Völker der Erde geplant hatte und zu organisieren begann: ein Jahrzehnt nach dem Feldzug gegen Hitler einen gegen die überraschend eröffnete Perspektive einer sich ums Dasein bringenden Menschheit.

---

1 Thomas Mann, Leiden und Größe der Meister, Frankfurt 1982, 1007.

Die Proklamation sollte ihren Wortlaut wesentlich aus dem »Lob der
Vergänglichkeit« beziehen. Dem Rückblick aus der Distanz eines
Vierteljahrhunderts wird am erstaunlichsten, daß da von Angst die
Rede nicht gewesen sein sollte. Mancher wird die Sprache schon nicht
mehr verstehen: Die Ehre der Menschheit stände mit der physischen
Fortexistenz der Spezies Mensch auf dem Spiel, wenn dieses vermeintliche Vernunftwesen sein Recht daraus, eine Geschichte zu haben und
ihrer nicht beraubt zu werden, durch eine Handlung aus dieser Geschichte selbst heraus zunichte machen würde. Groß mußte das
Argument sein. Es mußte sich anhören wie ein klassisches Stück Metaphysik, wenn auch nur noch als Vermutung ausgesprochen, bei
jenem ›Es werde‹ der biblischen Schöpfung mit allem in ihm Befohle-
nen sei es auf den Menschen abgesehen gewesen und nur dieser könne
widerlegen, es sei zu Recht auf ihn geblickt worden. Auf ihn, mit dem
*ein großer Versuch angestellt ist, dessen Mißlingen durch Menschen-
schuld dem Mißlingen der Schöpfung selbst, ihrer Widerlegung gleich-
käme.* Kein Beweis, eine philosophische Dichtung vom Typus jenes
Als-Ob, das nichts anderes läßt als die eine Option, daß *der Mensch
sich benähme, als wäre es so.* Ein Manifest, von dem man zweifeln
darf, ob selbst obere Geister ihm gewachsen gewesen wären.
Wie aber steht es dann mit dem Lob der Vergänglichkeit? Sie gibt dem
endlichen Sein die Würde, aber sie bietet sich nicht als Programm an,
sich selbst zu bereiten, was Würde verleihen könnte. Selbstbereitung
von Vergänglichkeit zerstört, was an ihr mit dem Pathos der Unver-
meidlichkeit zu loben wäre. Das Ende, das im Jahrhundert zuvor
einmal ›Wärmetod‹ genannt worden war, naht unfehlbar. Es kommt,
aber es darf nicht gemacht werden. Sich das Verhängnis selbst zu bereiten, mußte der Menschheit unmöglich machen, eben an jener
Würde der Vergänglichkeit teilzuhaben, die jeder ihrer Hervorbringungen die Kostbarkeit dessen gibt, was nicht immer da ist und sich
folglich nicht von selbst versteht. Nur als Geschick, das die Zeit und
ihre Spielräume unwiederholbar zur Einzigkeit jedes Moments bestimmt, gibt Vergänglichkeit die Weihe, daß jedenfalls etwas und nicht
nichts gewesen sein wird.
Es ist bewegend, das letzte Jahr dieses Jahrhundertgeistes – ohne Namen und ohne den Begriff – um das Prinzip einer *philosophischen
Eschatologie* kreisen zu sehen: Unendlichkeit nivelliert alles, läßt
den Wert der Individualität in der Gleichgültigkeit verfließen, die

unabschließbare Zeit werde solches oder ähnliches immer wieder produzieren. Ebenso aber vernichtet die Willkür zur Endlichkeit die Gnade einer unbekannten Frist, in der das Unbekannte und Unwahrscheinliche möglich bleibt, das an der Würde der Vergänglichkeit gerade deshalb erst seinen vollen Anteil gewinnen würde, weil es des ebenso möglichen wie ungewiß bleibenden Endes bewußter werden könnte.

Bewußtsein des möglichen Endes als dessen, was Gewichtigkeit des je Einzigen verleiht, kann freilich auch die Würde derjenigen sein, die einer willkürlichen Endlichkeit als Opfer ausgeliefert wären. Sie hätten die Geschichte nicht gemacht, die sich selbst aus ihrer Dimension der Zeit hinauskatapultiert. Suspekt ist die Bereitschaft dazu, durchaus Opfer sein zu wollen; suspekt als Verzicht darauf, der Geschichte ihre Chance zu lassen. Das Unvorhersehbare könnte die glückende Theodizee sein, von der keiner etwas ahnen kann, der von der Formel, wir machten die Geschichte, zu der Folgerung gelangt wäre, dann wäre es immer besser, ihr Opfer zu sein.

Da gilt: Man kann es werden, aber man hat es nicht werden zu wollen.

Die Welträtsel
und die Selbstüberschätzung ihrer Löser

Selbstüberschätzung ist der Wissenschaft konstitutiv. Aber das ist nicht ihr Laster, es ist der Kraftfundus ihrer Motorik. Wie hätte sie von denen, die sich ihrem Dienst verschrieben, verlangen können, was sie erforderte, ohne sie an der Konspiration ihrer Selbstüberschätzung teilnehmen zu lassen? Deren Enttäuschungen fing sie immer wieder auf durch Selbstüberschätzungen höherer Ordnung. Dafür ist ›Paradigmawechsel‹ kein deskriptiv gelungener Ausdruck, und daher mit Recht von seinem Erfinder Thomas S. Kuhn zurückgezogen worden (was allerdings nur zur Folge hatte, daß sich andere daran festkrallten, zuletzt wieder einmal die Theologen). Der Terminus ist ein Mißgriff, weil er das Moment der auffangenden Überbietung nicht enthält; es wird nicht ›gewechselt‹ (switch), sondern das Vorherige auf seinen partiellen Blickpunkt als dessen Scheinprodukt zurückbezogen: perspektivische Reduktion.

Als Friedrich Wöhler 1828 die Harnstoffsynthese gelang, die erste Herstellung eines sonst nur in Organismen produzierten Stoffes, hielt man im Prinzip die Erzeugung von Leben in der Retorte für gelungen. Goethe schuf der Selbstüberschätzung ihren ›faustischen‹ Ausdruck, indem er das Retortenkind, den Homunculus, noch schnell in Wagners Laboratorium einbaute. Wer hätte ahnen können, daß es nach eineinhalb Jahrhunderten noch immer der Zelloriginale bedurfte, um die ›Reproduktion‹ in der Retorte zu erzielen? Und diese Beglückung weniger um den Preis einer monströsen moralischen Verunsicherung der Wissenschaft selbst, des Gesetzgebers, der Gerichte.

Vor der Jahrhundertwende gab es einen Finalitätsrausch der exakten Wissenschaften, und die organische Chemie war dabei, nun zu diesen zu stoßen, weil sie erst recht sich die Befriedigung der Synthesen zu schaffen vermochte. Marcellin Berthelot (1827-1907), einer der Begründer der synthetischen Organik, gab der finalen Euphorie den Kernsatz ihrer Projektion auf die Kosmologie: *L'Univers est désormais sans mystère*. Am Ende des so verheißenen Jahrhunderts würde man genausogut das Gegenteil behaupten können, und dies gerade im

Hinblick auf eine Leistungssteigerung der kosmologischen Theorie, deren Typik deutlich die der Verschärfung der Probleme werden sollte.

In Deutschland beschlossen »Die Welträtsel« von Ernst Haeckel (1899) das Jahrhundert als das des kosmologisch wie biologisch durchgesetzten Entwicklungsprinzips. Kurz nach Darwins Hauptwerk (1859) hatte Haeckel 1866 mit der »Generellen Morphologie der Organismen« dem Grundgesetz die Ausführungsform der Stammbäume gegeben und zu deren Aufdeckung die folgenreiche ›biogenetische Regel‹ angegeben, die so etwas wie ein formales ›Weltgesetz‹ des Nachlebens aller jemals erreichten Formen in den jeweils gegenwärtigen Embryonalentwicklungen enthielt (nicht ohne Eindruck zum Beispiel auf die Geschichtsschreiber der Wissenschaften). Man darf bei Haeckels Werk und Wirkung nicht die Vorarbeit übersehen, die Hermann von Helmholtz für die Einheit des Naturbegriffs unter dem Primat des Evolutionsgedankens geleistet hatte. Er war von 1849-1855 Professor für Physiologie in Königsberg und wechselte mühelos beim Ortswechsel nach Bonn auch das Fach; fortan war er Vertreter des Faches Physik. In den Königsberger Jahren muß er auf Kants verschollene, nämlich vom Verleger niemals ausgelieferte Frühschrift von 1755 »Allgemeine Naturgeschichte und Theorie des Himmels« gestoßen sein. Deren Jahrhundertalter nämlich nutzte Helmholtz 1855, Kants Anteil am Entwurf der kosmogonischen Entwicklungsidee hervorzuheben, für die bis dahin vorzugsweise der Name von Laplace und seines zwischen 1799 und 1825 entstandenen »Traité de Mécanique Céleste« genannt worden war. Helmholtz schuf der Spekulation über die Entwicklungseinheit von Welt und Leben den Rückhalt im Konstanzprinzip der Energie, 1847 mit der konzentrierten Schrift »Über die Erhaltung der Kraft«, die ihn neben Mayer und Joule zum Ersten Hauptsatz der Thermodynamik führte. In den beiden Jahrzehnten bis zu Haeckels »Genereller Morphologie« konnte sich die Zusammengehörigkeit von Konstanzprinzip und Evolution auch für die biologische Theorie eben in der ›biogenetischen Regel‹ aufdrängen.

Der neue Universalismus der Welträtsellöser bildete sich heraus *und* schuf sich alsbald den Überdruß, der mit solcher Art theoretischer Übersättigung und Finalität einhergeht, und zwar in den Wissenschaften selbst als der vermeintliche Verlust an Lebensaufgaben ersten

Ranges für die Nachwachsenden, aber auch in einem erweiterten Bil-
dungspublikum, dem das gespannte Interesse am Nächsten und Über-
nächsten im wissenschaftlichen Progreß in Ermüdung umschlägt.
Unverfänglich aber aufschlußreich ist, wenn ein Nüchterner wie
Theodor Fontane schon 1878 an seinen Verleger Wilhelm Hertz
schreiben kann: *Die Welt sehnt sich aus dem Haeckelismus wieder
heraus, sie dürstet nach Wiederherstellung des Idealen*[2] – was hier syn-
onym mit dem Unerreichlichen ist, das unter den gelösten Weltpro-
blemen begraben lag.

2 5.11.1878. Werke, Schriften und Briefe, IV. Abteilung, Band II, München 1979,
628.

Ein Fall von ästhetischer Rache
am Theoretiker

Nach Kopernikus war die Welt wieder in Ordnung. Oder auch: noch in Ordnung. Das hört sich falsch an, weil so oft beschrieben worden ist, wie die Absetzung der Erde vom Mittelpunkt der Welt dem menschlichen Selbstwertbewußtsein zugesetzt habe. Aber Kopernikus war ein konservativer Chirurg gewesen und hatte es sein wollen: mit dem minimalen Eingriff die Weltordnung unter den klassischen Bedingungen der Astronomie wiederherzustellen. Daß Erde und Sonne die Plätze tauschen mußten, erschien ihm als geringfügiger, ja rechtmäßiger Preis dafür, daß die Konstruktion des Systems der Planeten so einfach und durchsichtig wurde, wie es sowohl ihrem Schöpfer als auch seinen Absichten mit der menschlichen Vernunft angemessen war. Dazu gehörte vor allem das Festhalten am geometrischen Element des Kreises als der Grundfigur aller Himmelsbahnen, der Kugel als der aller Himmelskörper.

Nicht Galilei, trotz seines Konflikts mit der Kirche, sondern Kepler machte Konsequenzen erkennbar, die Kopernikus befremdlich gewesen wären und ihm den Erfolg seiner Reform dubios gemacht hätten. Er hatte seinen Anstoß vor allem an der Unförmigkeit der Venusbahn im alten geozentrischen System genommen, das die Anklammerung des Venusstandes an den vermeintlichen Sonnenlauf weder erklären noch konstruktiv beherrschen konnte; Kepler nun fand den neuen Störenfried im Planeten Mars, dessen Bahn nach den präzisen Daten des Prager Vorgängers im kaiserlichen Astrologenhofamt Tycho Brahe derart exzentrisch zur Sonne verlief, daß die klassische Kreisform nicht durchgehalten werden konnte. Das erste von Kepler formulierte Gesetz über die Planetenbahnen war die Verallgemeinerung dieser Auffälligkeit: Die Planetenbahnen waren Ellipsen, in deren einem Brennpunkt die Sonne stand. Kepler hat diesen Befund nicht als theoretischen Triumph empfunden; er hat ihn als eine Niederlage der Vernunft, als Unterwerfung unter die Gewaltsamkeit des nach dem Kriegsgott benannten Planeten beschrieben. Das war zeitgeistgefällige Rhetorik, aber doch am langen Zögern Keplers, in die neue ›Lage‹ sich

zu finden, begründet. Es erleichterte den nächsten Schritt zum zweiten und auch schon zum dritten Gesetz, die Planeten bei verschiedenen Sonnendistanzen mit verschiedenen Geschwindigkeiten ihre
Bahn durchlaufen zu lassen, sowohl jeden einzelnen als auch alle im
Verhältnis zueinander. Und dies, obwohl noch kein Newton dagewesen war, der es als physikalischen Befund darstellen konnte. Dabei
wissen wir nicht einmal, ob Newton am Ende des Jahrhunderts Keplers Abhandlung über die Marsbewegung von dessen Anfang gekannt
hat. Nur daß man Kepler danach verstand, verstehen wir.
Nach dieser Umständlichkeit wird man es mir nicht gleich abnehmen,
daß ich nur etwas zur Lesung eines Gedichts beitragen möchte. Es
handelt sich um das Epigramm eines nicht weiter bekannten Lansius,
das ein Bildnis des Astrologen am Hof Rudolfs II. von Habsburg,
Johannes Kepler, verspottet und dabei des Künstlers Fehlleistung in
Zusammenhang mit der Himmelstheorie des Porträtierten bringt. In
Übersetzung aus dem Lateinischen der Zeit lautet der Sechszeiler:

> *Keplers Namen, ihn trägt das Bild, das gänzlich verfehlt ist.*
> *Aber sagt mir, warum so sich der Künstler geirrt?*
> *Schuld ist der Erde Lauf, sie bewegt sich nach Keplerscher Regel,*
> *Führt mit des Umschwungs Gewalt fort auch die bildende Hand!*
> *Liefe die Erde nicht um und bliebe immer in Ruhe,*
> *Nicht so übel verzerrt wäre das Keplersche Bild.*

Kepler selbst – wir wissen es aus einem Brief vom 15. Juli 1622, er war
längst nicht mehr in Prag, an einen Adressaten namens Seuß (Seussius)
– hat Anstoß an seinem Konterfei genommen und es allzu *großköpfig
ausgefallen*[3] befunden.
Nun ist die Deformation, die in diesem milden und nach Zeitgeschmack nicht respektlosen Epigramm angegangen wird, seit längerem als Stileigenart des Prager Hofes und der um Rudolf II.
versammelten Künstler erkannt und dargestellt. Diese Kapitale des
›Manierismus‹ hat die im Niedergang der Florentiner Renaissance entwickelten Techniken der optischen Verformung – auch im Dienst
religiös-gegenreformatorischer Entweltlichung bis hin zu Grecos

---

3 Johannes Kepler in seinen Briefen, edd. M. Caspar/W. v. Dyck, Band II, München
1930, 187.

himmelwärts gedehnten Ekstatikern und Visionären – der weltmystischen Kuriositätenschaulust des Habsburgers dienstbar gemacht. Da hatte man nicht mehr die naheliegende Erklärung, der paganen Weltlichkeit der in Italien kurial und stadtfürstlich protegierten Renaissance mit deren eigenen Kunstmitteln einen anderen Akzent zu geben, ohne sogleich in Grecos Widerspruch zu geraten. Aber wenn nicht diese ›Tendenzwende‹ eher widerspenstig in die Gegenreformation einschwenkender Maler weiterhin heiliger Gegenstände – was sonst war die Erklärung für eine ›weltliche Weltverzerrung‹, wie sie sogar dem Bildnis des Kaisers selbst widerfuhr, als ihm der nach Prag gezogene Flame Aegidius Sadeler 1609 – kurz vor Keplers Kapitulation gegen Mars – eine ›großkopfige‹ Ansicht abgewann?
Um nicht dahin mißverstanden zu werden, im Epigramm des Lansius wolle ich einen ›programmatischen‹ Text des Prager Sonderstils vorgeführt haben, muß ich auf der Quasi-Kontingenz der Analogie bestehen: Der tellurische Grund, auf dem der Künstler steht, ist in eine Unruhe geraten, die nicht einfach die der kopernikanischen Umlaufbewegung ist, weil deren erhabener Rang des Kreises wie der absoluten Gleichförmigkeit nur ›das Klassische‹ der Renaissance begünstigen oder ›ausdrücken‹ konnte. Es ist Keplers gesetzliche Planetenbewegung, die dem Künstler den Griffel oder Pinsel in die neue ›irreguläre Regularität‹ entgleiten läßt, ins Paradox also einer nach Ellipse und Beschleunigung kunstvoll und doch aberrativ zur Unverhältnismäßigkeit zumal des Kopfes und der Gesichts›teile‹ gleichsam kosmisch verurteilten Darstellung. Es war also nicht die kopernikanisch, es war die keplerisch im Raum aus ungekannten Ursachen bewegte Erde, die den befremdlichen ›Stil‹ von Prag erzeugt und als Unfähigkeit des Künstlers zur alten Ähnlichkeit zu verkennen gegeben hatte. Die kunstfertige Hand konnte nicht mehr sein, was sie zuvor gewesen war. Sie nahm am Weltschicksal der Erde teil und würde es künftig in immer neuen Varianten tun, unter Demütigung schließlich des perspektivischen Dünkels, dessen theoretische wie technische Bedingungen den letzten Gipfel aller Klassizität, die Renaissance, ermöglicht hatte.
Nun hat der Epigrammatiker zwar die Konsequenz der elliptischen Deformation launig ins Wort gesetzt, aber der Erfinder dieser Projektion der kosmologischen Veränderung auf die schreibende wie zeichnende Hand als Argument war wenig später Galilei, der doch von

Keplers Astronomie der elliptischen Deformationen nicht Notiz nehmen wollte, um seinen Kopernikanismus nicht durch die Preisgabe
der klassischen Postulate zusätzlich zu gefährden. Im Zweiten Tag
seines »Dialogs über die Weltsysteme« verteidigt er zwar die Komple-
xität der dreifachen Erdbewegung, läßt aber gerade die ›Natürlichkeit‹
der Kreisbewegung als Abschirmung gegen jede Irregularität in Kraft.
In Venedig wie an seiner Universität Padua brauchte man den Manierismus als Entweltlichung der Klassizität am Himmel sowenig wie auf
Erden. Die Bewegung einer Schreibfeder auf dem Papier ist zwar in
die Erdbewegungen involviert, aber nur unter einem Aspekt, der ihre
Funktion als Schreibwerkzeug nicht tangiert: Die Schriftzeichen oder
Bildnisse erzeugende Bewegung ist nur auf das System der nächsten
Umgebung als ein in der begrenzten Zeit der Schreibhandlung stabiles
bezogen. Anders ausgedrückt und auch auf Keplers Porträt bezogen:
Die ›absoluten‹ Abenteuer einer Zeichenfeder im Raum sind unerheb-
lich für das, was sich zwischen der Hand und dem Papier abspielt,
gleichgültig ob die Jahresbahn der Erde ein Kreis oder eine Ellipse ist.
Der ästhetische Einfall des Epigrammatikers verliert nichts an Gefälligkeit durch die Abfuhr, die in Galileis Dialog der simple Simplicio
durch den von Venedig nach Aleppo gereisten Sagredo erfährt: Seine
Schreibbewegung ist gegen die Fahrtbewegung des Schiffes von exklu-
siver Prägnanz, darauf kommt alles an. Der Zeichner hätte auf dem
fahrenden Schiff *ein ganzes Historienbild mit vielen völlig richtig kon-
turierten und in tausend und abertausend Richtungen schattierten
Figuren herstellen können, mit Landschaft, Bauten, Tieren und anderen Dingen, obgleich die eigentliche, wahre, absolute Bewegung,
welche die Federspitze ausführt, nur eine zwar lange, aber höchst einfache Linie darstellen würde. Was die dem Maler eigene Tätigkeit
betrifft, so hätte er aufs Haar dasselbe gezeichnet, wenn das Schiff
stillgestanden hätte.* Am Ende ist nur das kosmisch Unerhebliche für
unsere Wahrnehmung, sogar für unsere ganze Kultur erheblich und
darin ›wirklich‹. Keplers Ellipsen konnten auf die Prager ›Kunstszene‹
nicht durchschlagen. Umso amüsanter die Imagination, sie hätten es
doch getan.
Als für Kopernikus die Welt wieder in Ordnung gekommen war, zeigte
sich ihm dies am Verschwinden jener ›Epizykel‹, mit denen auf dem
Höhepunkt der antiken Astronomie Ptolemaeus den Schwierigkeiten
des Kreisbahnpostulats abgeholfen hatte: Die Planeten durchliefen ex-

zentrische Kreise, deren Zentren auf konzentrischen Kreisen um die Erde liefen. Die ›Unnatürlichkeit‹ dieser Konstruktion lag darin, daß die geozentrischen Kreise ›leer‹ waren und die ›wirklichen‹ Bahnen deformiert waren. Es kann hier alles beiseite bleiben, was das theoretische *Skandalon* steigerte. Die Erfindung der Epizykel war schon ein Unternehmen, die Welt unter Erhaltung der ›Natürlichkeit‹ aller Himmelsbewegungen ›in Ordnung zu bringen‹; und der Erfinder dieses Kunstmittels wie sein Namengeber war Apollonius von Perge im ausgehenden dritten vorchristlichen Jahrhundert, nach Euklid der große Meister der Geometrie. Daß seine Vorleistung für die von Kopernikus überwundene Astronomie im Hinblick auf Keplers verformtes Porträt hier festgehalten werden muß, hat einen nicht nur tiefen, sondern tiefen Grund: Auch für Kepler noch stellte jener alte Meister das Kunstmittel bereit, um aus der Niederlage des Kreisgebotes herauszufinden.

Mit Verfahren und – was nie unwichtig ist – mit Namen. Apollonios hinterließ die *Konika*, eine Theorie der Kegelschnitte in acht Büchern, von denen sieben teils arabisch, teils griechisch erhalten blieben. Hier stand eine ›Ableitung‹ des Kreises aus der Ellipse bereit, mit der sich für Kepler die Metaphorik der Gewalttätigkeit des Kriegsgottplaneten auflöste: Die von Apollonios so benannte Ellipse war die ›natürliche‹ Grundfigur einer geschlossen-periodischen Bahnbewegung, deren ›Grenzfall‹ bei unendlicher Annäherung beider Brennpunkte der Kreis war, nach der anderen Seite beim Auseinanderrücken der Brennpunkte die ›Parabel‹, bei unendlicher Distanz die ›Hyperbel‹ wurde – ein Vorrat an Namen und Varianten der Grundfigur, der noch die Integration der Kometen in eine wohlgeordnete Sonnensystematik erlauben wird. Der ›manieristische‹ Verdacht wurde durch Kenntnis des Apollonios gegenstandslos, und tatsächlich hatte schon Keplers Vorbild und Lehrer Tycho Brahe für den Kometen von 1577 mit dem Nachweis der nicht-sublunaren Natur die neue ›Natürlichkeit‹ einer Abweichung von der Kreisbahn behauptet – und das bei Tychos Festhalten an einer ›reformierten‹ Geozentrik. Apollonios hatte die ›Beweislast‹ für Natürlichkeit – solange es keine Physik der Himmelsbewegungen, keine *mécanique céleste* gab – umgekehrt: Eher war der Kreis eine Sonderlichkeit der Ellipse als diese eine Verzerrung des Kreises. Es gab keinen kosmischen Manierismus – oder ästhetisch: nicht die idealisierte Abbildung gab ›das Wesentliche‹, eher fast, so die Tendenz, die Karikatur.

Da die Verspottung des Kepler-Porträts hier in einem ästhetischen
Kontext steht und den theoretischen eher ›reflektiert‹ als induziert,
mag ein Blick auf die Zugehörigkeit jenes Ellipsenmeisters Apollonios
von Perge zum hellenistischen ›Manierismus‹ die Vermutungen illu-
strieren, die in solchem Dämmerlicht gestattet sein mögen, wo jeder
Umriß, jeder Schatten, jede Andeutung dem Verstehen hilfreich werden kann. Apollonios wurde nach der Lehrzeit im Wissenschaftszen-
trum Alexandria, wo sich Theorie und Technik näher berührten als
irgend sonst in der Antike, von der Metropole des Attalidenreiches
Pergamon angezogen, zu dessen kurzlebigem Glanz er wohl mit den
Konika beigetragen haben mochte. Da über die Lebensdaten des
Apollonios wenig bekannt ist, bleibt es Spekulation, ihn noch den Bau
des Tempels mit dem Gigantomachiefries – wohl in den achtziger Jahren des zweiten Jahrhunderts – erleben zu lassen, in dem sich die
Arbeit am Mythos der Griechen ihre letzte große Selbstdarstellung
gab. Der Reiz dieser unerweisbaren Konvergenz besteht im Thema
des Relieffrieses: der verzweifelte Kampf der Götter des Olymps gegen den Ansturm der Giganten, der Gaia-Ausgeburten, als Rettung
der menschengestaltigen Götterwelt vor der Ungestalt der in die Tiefe
verbannten Zwischengeneration zwischen dem Chaos und dem Kosmos des Zeus, dessen mit Alkmene gezeugter Sohn Herakles im
Löwenfell eingreifend die Niederringung der Giganten entscheidet.
Wer in der Berliner Rekonstruktion auf der westlichen Freitreppe zum
Altarhof emporgeht, ›erlebt‹ die Voraussetzung des Kultes, indem er
ihre Darstellung passiert und unter sich läßt, was die Arbeit am Mythos als Endgültigkeit errungen hatte und nun stetig feierte. Mit der
Überwindung von Ungestalt durch eine neue Theorie der Erzeugung
aus dem Kontinuum der Schnitte am Kegel hatte der Mathematiker
eine funktionale Analogie zwischen Mythos und Theorie vorgezeigt,
von der schwerlich anzunehmen ist, sie hätte ganz übersehen werden
können. Um die Niederzwingung des Monströsen, der Unheilsgestal-
ten am Himmel ging es aber auch, als sich die Theorie der Kegelschnitte anbot, die Fremdartigkeit der Kometen als bloße Ausartun-
gen des Prinzips der Planetenbahnen zu erfassen und damit der
Berechenbarkeit ihrer Wiederkehr als der Bestätigung jeder Gesetzlichkeit zu unterwerfen. Ein Jahrhundert nach Keplers »Astronomia
nova« veröffentlichte Edmond Halley 1705 seine »Synopsis Astrono-
miae Cometicae«, worin er die großen Kometen von 1531, 1607 und

1682 als bahnidentisch erwies und damit zu Erscheinungen des Peri-
hels ein und desselben Objekts machte, dessen ›Natürlichkeit‹ der
Schlüsselerfolg des Jahrhunderts der Aufklärung wurde.

Daß allerdings die Periodik ›seines‹ Kometen in einem ›natürlichen‹
Verhältnis zum individuellen Menschenleben stehen könnte, brauchte
Halley noch nicht in Erwägung zu ziehen: Als einer der frühesten
Theoretiker der Rentenversicherung ging er mit zu niedrigen Werten
der ›Lebenserwartung‹ um, als daß die Wiederkehr des Kometen zum
Ereignis *eines* Lebens hätte werden können.

Die Hinfälligkeit des Nichts

Auf die Leibnizfrage, warum überhaupt etwas und nicht vielmehr nichts existiert, hat ein spekulativ zugreifender Kosmologe dieses Jahrhunderts die Antwort gegeben: »Weil das Nichts instabil ist.« Dieser Satz kann nicht falsch, er muß aber auch nicht wahr sein. Über das Nichts läßt sich nichts – und daher alles – sagen. Das hat schon Plato zu der Aushilfslösung veranlaßt, das Nichtseiende könne nicht ganz und gar nichts sein, alles darüber zu Sagende schlichte Unwahrheit, wie es Parmenides entschieden hatte und die Sophisten – nach der Bosheit des platonischen Sokrates – sich zunutze gemacht haben sollten. Tautologisch ist Heideggers Satz, daß das Nichts *nichtet*, worin die idealistische Implikation sich versteckt, es selbst könne sein, was es *nichtet*, da ihm sonst kein Objekt seines Nichtens zugeschrieben wird. Dann würde das Nichts gerade und einzig dahingehend im *Sein* aufgehen. Dieses, aus derselben Sprachecke herkommend, vermag seinerseits nichts anderes, als daß es wie im schönsten Reim *lichtet*, und zwar *sich*. Alles Seiende tut kraft seines Seins dann das, was sich nur *im Licht* tun läßt, indem es *zeigt*, und zwar *sich*.

Durch diesen Zwischenschritt bekommt die Ontologie (neuer Zeitrechnung) Anschluß an die Phänomenologie, denn *das Phänomen* ist doch wiederum nichts anderes als der Inbegriff dessen, was *sich zeigt*, und der Arten und Weisen, *wie* es sich zeigt. Der neutrale Name der bloßen *Erscheinung* ist im vorgegebenen Interesse der Abweisung erkenntnistheoretischer Scheinprobleme abgelegt, damit alles so aussehen kann, als seien *Welt* und *Dasein* derart füreinander bestimmt, daß es unsinnig wäre, danach zu fragen, wie sie denn zueinander kommen könnten oder schon gekommen wären. Man hat – wie so oft, wenn etwas zum ›Scheinproblem‹ erklärt wird – eine Problemvermeidungsoperation vor sich. Der Jubelruf »Operation gelungen!« läßt dann die Erben für eine Weile still werden.

Über die Ausdeutung des griechischen Mediums von *phainesthai* als Sichzeigen kommt ›das Sein‹ schließlich auch zu seiner Doppelrolle in der Seinsgeschichte: sei es, daß es *sich zeigt*, sei es, daß es *sich verbirgt*. Es ist also auch und gerade dann am Werke, wenn die falschen Fragen nach ihm gestellt werden: wie die nach dem Seinsgrund, statt nach dem Grund des Seienden, insofern es sich zeigt oder verbirgt. So wird die Seinsgeschichte die *genetische Reduktion* der Phänomenologie – nicht eine der ›Reduktionen‹ in der Phänomenologie selber oder zu ihrer Eröffnung. Genetische Reduktion auf die Wurzel des Mißverstands hin, der in ihrem Phänomenbegriff stecken soll. Tatsächlich ist der (alsbald aufgegebene) Phänomenbegriff der neuen Ära weniger skeptisch, verstohlen fast wieder so ›optimistisch‹ wie Leibniz' systemimmanente Antwort auf seine Frage: Die Welt ist, weil sie zu sein verdient – als die dem Dasein sich zeigende die freundlichste der möglichen.

In der Beantwortung der Frage nach dem Seinsgrund gehen die beiden Antworten, die metaphysische und die kosmologische, diametral auseinander. Wenn das Seiende zu sein verdient, weil es sich in Gestalt der besten der möglichen Welten zu zeigen vermag – und sei dies eine, deren Bonität gerade darin besteht, daß sie sich als ständig *besser werdende* zeigt –, so müßte doch von der Folge auf den Grund, vom Faktum auf das Prinzip rückgeschlossen werden: Wie die Welt ist, hat sie es verdient, dem Nichts vorgezogen zu werden. Mit diesem Verfahren gerät man zu leicht auf die Gegenposition Schopenhauers: Wie die Welt ist, hat sie es nicht verdient, dem Nichts vorgezogen zu werden, und es ist allemal an der Zeit, das Nichts dem Sein vorzuziehen.

Das kosmologische Argument aus der Instabilität des Nichts stellt so hohe Ansprüche nicht. Daß das Nichts instabil ist, hat zum Faktum nur das eine, daß *überhaupt etwas* ist. Und danach ist in der Leibnizfrage auch nur gefragt gewesen. Es kann das *minimum alicuius*, das Allerwenigste vom Überhaupt-etwas sein – etwa jene dichteste und undifferenzierteste Urmasse, von der die Kosmologie ausgeht, um sie zum Universum explodieren zu lassen. Aber das ist nicht die einzige mögliche Bestimmung: Es kann auch jenes von Descartes der Neuzeit mitgegebene Überhaupt-etwas des *Cogito sum* sein, das sich auch als undifferenzierte simultane Einheit im Zweifel selbst und diesem ergibt, wobei alles Weitergehen vom Moment der absoluten Selbstgewißheit her von diesem abfällt (Umweg über ein Deduktionsprinzip nach der Idee des *ens infinitum*) oder von diesem abbekommt: die dem Subjekt gleichrangige, weil von diesem notwendig gemachte Objektivität einer ›Welt überhaupt‹. Mißlingt die Operation, vom cartesischen Faktum des *Cogito sum* die Welt zu deduzieren oder ›zur reinen Anschauung zu bringen‹, bleibt immer noch dieses andere *minimum alicuius*, dieser Ausschlag der Instabilität des Nichts, wie er sich im Selbstbewußtsein darstellt. Die vermeintliche Frivolität der kosmologischen Antwort ist der Annahme einer kosmischen Urmasse durchaus äquivalent: In beiden Fällen ist die Urentscheidung zugunsten des Seins gefallen, das sich in beiden Extremen unverweilt zum Ganzen des Seienden ›entfaltet‹ – ob expandierend oder projizierend ist dabei von sekundärer Bedeutung. Um nicht zu sagen: Geschmackssache.

Geschmackssache, das mag sich oberflächlich anhören, ist es aber nicht. Es mag gut sein, das *Ich* jenes *Cogito* mehr aus der Welt herauszuhalten, es weniger verantwortlich für sie zu machen. Als Episode einer Weltexpansion, die nur für diesen Augenblick von sich selbst ›erfährt‹, wiegt sich das Bewußtsein leichter, ist es doch von der Sache her zum Zuschauen bei der Sache bestimmt. Das ist schon in Kants jugendlicher Wellenkosmogonie – Wellen von Welten – programmiert. Die Qualität der Welt bestand darin, daß sie diesen Augenblick hatte oder bekam, womöglich wieder und wieder bekam. Instabil mußte auch in Kants »Allgemeiner Naturgeschichte und Theorie des Himmels« der Ausgangszustand einer im absoluten Raum homogenrational verteilten Urmaterie sein: Die Welt war das Resultat ihrer kontingenten *Störung*, in deren Gefolge alles den Massenkräften überlassen werden konnte. Hat man sich dem Ideal der Einheit als Inbegriff von Rationalität verschrieben, ist die *homogene* Raumverteilung einer universell *gleichen* Materie nur die zweitbeste Ausgangsbestimmung; der nach Entdeckung der ebenfalls gleichmäßig den Raum erfüllenden 3-Kelvin-Strahlung gefolgerte Urzustand *einer* ›singulär‹ verdichteten und daher instabilen Urmasse – die nicht ›gestört‹ zu werden braucht, weil sie ›sich stört‹ und zur Expansion wie Ausdifferenzierung ›nichtet‹ – genügt dem Ideal noch genauer. Nicht das Nichts wäre instabil, sondern jene ›Singularität‹, die sich nicht hält, wie sie nicht gehalten werden kann, weil die Vernunft zwar *Unizität* verlangt, nicht aber *Singularität* duldet. So wäre das Universum das Resultat der Unerträglichkeit des Unzulässigen. Dabei muß genetisch dieser als unzulässig erschlossene Anfang kein absoluter sein; er kann seinerseits der Durchgangspunkt einer Massenkontraktion, einer Weltenimplosion durch den Grenzwert ihrer Verdichtung und damit ihrer Umkehrung am Singularitätswendepunkt sein. Mit der behaupteten Instabilität des Nichts hätte dies wiederum zu tun: Die Nichtung einer Welt wäre die Bedingung für die Neuverteilung der Weltchancen, nicht zu schade für das Bild einer *Apokatastasis pantōn*. Das vom (fiktiven) Urphilosophen der Athener Musaios gefundene Schema aller Vernunftprozesse, wonach *Alles aus Einem entsteht und dazu vergeht*, erfüllte sich griechenmäßig immer noch oder immer wieder am Kosmos selber.

Das Nichts ist hinfällig, aber das Sein auch – oder das Eine sowenig wie das Andere. Man kann es sich aussuchen, denn man weiß, daß das Nichts die Erfindung unseres Maßstabs für das Seiende ist, dieses mithin nur unter heimlicher Mitnahme von jenem ausgedacht wird. Insofern es *Faktum* der Erfahrung ist, daß überhaupt etwas ist und nicht eher nichts, beruht sie jedenfalls auf einer Anomalie des Nichts, die Kosmogonie auf seiner Pathologie, für sich selber *letal* zu sein: singulär hinsichtlich der Unzeitlichkeit seiner nackten Existenz, die – wie die des rechten Existenzphilosophen seligen Andenkens – reine *Kontingenz* ist: Beschaffenheit dessen, was nur etwas werden kann, indem es sich nicht in dem hält, was es ist.

Das ganze kosmogonische Pathos also nur ein Sprachspiel nach des Musaios Regeln? Vielleicht. Doch ein Sprachspiel, nach dessen Vorschriften zu verfahren wir nicht vermeiden können, wenn wir uns Fragen gestatten, die sich den ›Bordmitteln‹ der Erfahrung entziehen, weil sie durch deren bloße Tatsächlichkeit schon ganz eingenommen sind. Lehrreich bleibt es allemal, wenn einer versucht, aus dem Sprachspiel ›auszusteigen‹ – wie Schopenhauers ›Wille‹, das Nichts zur Entelechie des Seins zu machen, nicht ohne den *guten Grund* der vorausgehenden Unbeantwortbarkeit der Seinsgrundfrage. Aber ist das nicht doch das alte Sprachspiel?

Zwischen ›Wärmetod‹ und Kohlenstoffzyklus

*Jenseits des Nordens, des Eises, des Todes –
unser Leben, unser Glück … Wir haben das
Glück entdeckt, wir wissen den Weg, wir fanden den Ausweg aus ganzen Jahrtausenden
des Labyrinths.*

Nietzsche, Der Antichrist § 1, 1888.

Die der deutschen Sprache eigentümliche Wortverschweißungskunst
hat der Welt einige Kompositionen beschert, die sich schon deshalb
nur als Fremdwörter übernehmen ließen, weil sie auch etwas von der
Mentalität ihres Ursprungs mit sich führten. Kein Zufall ist es, daß
dazu die Apokalypsenneigung gehört, die vor einem Jahrhundert den
›Wärmetod‹ erfand, vor diesem die ›Eiszeit‹ (1837) und nach ihm das
›Waldsterben‹.

Der ›Wärmetod‹ enthielt *in nuce* das *Fin de siècle*, obwohl es zunächst
nur die ferne Zeitperspektive des Zweiten Hauptsatzes der Thermodynamik auf die universale Bezeichnung brachte, daß alle Tempera-
turdifferenzen im Weltall auf ihre Nivellierung und damit auf die
Erschöpfung der Bewegungsenergie tendierten. Genau in der Jahrhundertmitte war dieses Verhängnis für alles Leben gefunden worden.
Die spezielle Fragestellung nach der Zuverlässigkeit der Sonne für die
Erde war die akutere Bedeutung, weil der Prozeß ihrer Wärmeerzeu-
gung nur chemisch als Verbrennung verstanden werden konnte und
das Nachlassen dieser Lebensbedingung einen engen Zeithorizont eröffnete. Jahrtausende waren die Maßeinheiten. Das änderte sich erst,
als 1937/38 der Bethe-Weizsäcker-Zyklus den Wärmevorrat der Sonne
um die physikalische Dimension der Kernverschmelzung auf Jahrmillionen erweiterte. Da allerdings waren die Schrecken des ›Wärmetods‹
für das Menschenwesen und seine Kultur zwischen den zwei großen
Kriegen durch näherliegende Erfahrungen und Befürchtungen schon
in Vergessenheit geraten.

Stattdessen hatten Geologie und Paläontologe den Verdacht erhärtet,
der rezente *homo sapiens* könne die biologische Episode einer Zwi-

scheneiszeit sein. Da ging es um Klimaschwankungen, die in Jahr-
zehntausenden zu bemessen waren; und erst als der Schauplatz der
Menschwerdung durch die Sensation der Funde, gar der Fußspuren
nach Afrika verlegt wurde und die Datierungsmethoden die Jahrmillionen überschreiten ließen, wurde der Wechsel von Vorrücken und
Rückgang der skandinavischen und alpinen Gletscher eher zu so etwas wie der harten Schule der zwischen den Eisrändern sich behauptenden Intelligenzler.

Gerade am ›Wärmetod‹ der harmlos so benannten Klimaschwankungen vorbei wurde der Mensch zum Naturwesen *gegen* die Natur. Als
die Temperaturen im Jahresmittel um 4-12° absanken, die Gletscher
sich mit Jahresgewinnen von 100 bis 230 m in Marsch setzten, war es
die Ausweich- und Wanderungstüchtigkeit der Altsteinzeitjäger,
durch das Fallen des Meeresspiegels um 80 bis 100 m begünstigt, das
Landbrücken zu künftigen Inselparadiesen auftauchen ließ. Die gewaltige klimatische Selektionsmaschine schuf den zerebral flexiblen
homo sapiens sapiens, der sich schließlich den Zugang zu den fossilen
Speichern der Sonnenenergien viel früherer Erdzeitalter öffnete, um
sich Unabhängigkeit von allen Schwankungen der Gunst seiner Lebensbedingungen zu verschaffen. Doch ist ihm das Erbe jener frühesten Überlebenskunst geblieben: die Lust zur Erprobung seiner
Beanspruchbarkeit durch die Natur *und* die Furcht vor deren faktischer Übermacht. Daß die Erdepoche der Klimaschwankungen noch
nicht zuende ist, durch die das zweieinhalb Millionen Jahre alte Plei-
stozän in etwa zwanzig Wellen hindurch mußte, und die Gegenwart
durchaus die Frist einer weiteren Interglazialphase haben könnte, ist
der eine Aspekt; der andere die menschliche Veränderung der Atmosphäre, als ›Treibhauseffekt‹ die Abschmelzung der polaren Eismassen, das Ansteigen des Meeresspiegels – und dies auf kürzere Sicht als
die nächste ›Eiszeit‹.

Eine der großen Proben auf das, was der Mensch aushalten kann, fand
im letzten Jahrzehnt des neunzehnten Jahrhunderts statt, ebenso die
Zeitgenossen faszinierend wie alsbald anachronistisch anmutend:
Fridtjof Nansens dreijährige Expedition mit der »Fram«, die den
Nordpol durch Nutzung einer angenommenen Meeresdrift erreichen
sollte, indem sie sich »in Nacht und Eis« einfrieren ließ. Fast zur
selben Zeit erkannte der Schwede Andrée den Ballonflug als das taug-
lichere Mittel im Polwettbewerb – und scheiterte tödlich, während

Nansen Schiff und Mannschaft heimbrachte, freilich ohne den Pol zu erreichen.

Das Eigentümliche seiner Unternehmung kann man als Annäherung an den ›Wärmetod‹ beschreiben. Und so hat es Nansen getan. Am Ende der ersten Polarwinternacht reflektiert der Tagebuchschreiber über eine Erdzukunft, deren Horizont nur ›Jahrhunderte‹ entfernt liegt: *Die Welt, die kommen wird! Wieder und immer wieder kehrt dieser Gedanke mir zurück. Ich blicke weit über die Jahrhunderte hinaus ... Langsam und unmerklich nimmt die Wärme der Sonne ab, und in derselben langsamen Weise sinkt die Temperatur der Erde. Tausende, Hunderttausende, Millionen von Jahren entschwinden, Eiszeiten kommen und gehen, und die Wärme nimmt immer mehr ab; ganz allmählich dehnen sich die treibenden Eismassen weit und immer weiter aus, immer weiter dringen sie nach südlichen Breiten, ohne daß jemand es bemerkt, bis endlich alle Meere der Erde eine einzige Eismasse sind. Das Leben ist von der Erdoberfläche verschwunden und nur noch in den Tiefen des Oceans zu finden.* Für diese Annahme des unter der Eisdecke fortbestehenden Lebens hatte die Expedition bei ihren Lotungen in unerwartete Tiefen des Polarmeers (dessen Becken bis dahin für flach gehalten worden war) Kleingetier aller Art heraufgebracht.

Aber der Gedankengang des Winters 1893/94 ist noch nicht am Ende. Die Temperatur würde weiter sinken: *Das Eis wächst, es wird dicker und immer dicker, die Herrschaft des Lebens verschwindet. Millionen von Jahren rollen vorüber, bis das Eis den Meeresgrund erreicht. Die letzte Spur von Leben ist verschwunden, die Erde ist mit Schnee bedeckt. Alles, wofür wir gelebt haben, besteht nicht mehr, die Früchte all unserer Mühen und Leiden sind schon vor Millionen von Jahren hinweggelöscht, begraben unter einem Leichentuch von Schnee.* Nun erst ist die Erde ein Stern unter Sternen geworden, ganz dem Weltgesetz der Starre und des Schweigens erlegen.

Nansen hat die Empfindung der Vergeblichkeit seines Unternehmens im Hinblick auf den ›Wärmetod‹ als Versiegen der Sonne am Erdhimmel aufgefangen mit dem Trost der kosmischen Wiederholung: Es ist nicht mehr das ›kleine‹ Schicksal des Mannes, der beim Andrang der Eismassen gegen sein Schiff im Bett liegt und in Darwins »Entstehung der Arten« vom Kampf ums Dasein liest – wie er ins Tagebuch als inszeniert anmutende Passung geschrieben hatte, es ist das ›große‹

Schicksal aller Welten im Raum, dessen sich bewußt zu werden seinem
Erlebnis die Aura einer Gültigkeit verschaffen muß, für die keine Gefahr und kein Leiden ein zu hoher Einsatz sein können.

Man darf sich nicht vorstellen, der Gedanke an technische Mittel für
die Überwindung der sich ballenden Widerstände der Natur hätte dieses Hirn auch nur flüchtig gestreift – der Ausblick auf die fernen
Welten, denen nichts anderes als dieselbe Mühsal bevorstände, wäre
zunichte geworden. Am Ende eines weiteren Jahrhunderts, das den
Nordpol unter und über dem Eis routinemäßig zu queren erlernte
und sogar den Einzelgänger zu Fuß übers Eis dorthin wandern ließ –
mit der Logistik von Hubschraubern und Funkverkehr –, ist es weder
respektlos noch wehleidig zu sagen, daß die »Fram« in ihrem Eisdock
schon eine unvermerkte Komik ausstrahlt, obwohl sie doch ein Quartier jederzeitigen Schreckens hätte werden können und mehr als
einmal beinahe geworden war. Wäre es nicht ein zu großes Wort,
möchte man sagen, sie lag mit ihrem konstruktiven Trotz in Nacht
und Eis auf einer Epochenschwelle. Das Recht, dies zu denken, besteht darin, daß es vorher keiner für möglich, nachher keiner mehr für
nötig befunden hätte.

Ein einziger Satz kann beleuchten, was es bedeutet zu sagen, die
»Fram« bezeichne die Schwelle zwischen Epochen: Es gab elektrische
Beleuchtung an Bord inmitten von Eis und Nacht. Solange die Maschine lief, war das schon kaum noch besonderes; aber als man im
Winterstandort die Kesselfeuer löschen mußte, konnte der Strom nur
mittels eines Windrades von einiger Anfälligkeit geliefert werden. Der
Gipfel der Autarkie war ein Göpelwerk für Menschendienst, das allerdings nie benutzt wurde. Schließlich wurde schon nach dem zweiten
Winter die ganze Anlage wegen Verschleißes abgebaut: Das leuchtende Schiff in der Polarnacht war ein Stück zu weit in die Zukunft
hinein geplant.

Nansens euphorischer Satz vom Anfang der ersten Polarnacht mußte
abgetan werden: *Die Bogenlampe unter dem Kajütsoberlicht läßt uns
das Fehlen der Sonne vollständig vergessen.* Und noch ein Vierteljahr
später: *Die Bogenlampe beschien heute wie eine Sonne eine frohe Gesellschaft … Wunderbar, welche Wirkung das Licht ausübt! Ich
glaube, ich werde noch Feueranbeter; es ist seltsam genug, daß die
Feueranbetung in den Polarländern nicht vorkommt.* Im Gegenteil:
Würde man den Kult ohne den Dynamo ertragen haben? Es war keine

Kuriosität, das erste Aufleuchten elektrischen Lichts in der arktischen
Finsternis, es war auch keine bloße Episode aus der Technikgeschichte
der Beleuchtung – es war inmitten des *Fin de siècle* ein Erlebnis von
hoher Dignität, ein Lichtsignal gegen das Fatum des ›Wärmetods‹,
noch lange bevor dieser – etwa ein halbes Jahrhundert später – um
Jahrmillionen aufgeschoben wurde und nochmals ein halbes Jahrhundert danach einen Drohungsnachfolger in Gestalt der ›Überwärmung‹
der Atmosphäre infolge verhinderter Rückstrahlung des Sonnenan-
teils in den Weltraum erhielt, der irgendwann die arktische Eiskappe
abschmelzen lassen und die »Fram« zum unverständlichen Fossil de-
gradieren würde. Komik lauerte somit in beiderlei Eschatologien.
Seit in den Köpfen festsaß, daß die Erde rund sei, hatte das Abenteuer
Form angenommen, sie zu umrunden. Die Kontinentalmassen blok-
kierten die reinen Orbitalkurse. Es mußten Kaps weit im Süden
umschifft werden, und im Norden forderte die Suche nach den ›Pas-
sagen‹ zwischen Küsten und Eisrand viele Opfer. Auch Nansens
Konzept war das einer Kreisbahn vom Osten der sibirischen Küste
über den Pol in die Grönlandsee westlich Spitzbergen. Erst als die
Eisdrift mit der »Fram« als Fracht nicht so nahe wie erwartet an den
Nordpol herantrieb, entschloß er sich, auszusteigen und mit Hun-
deschlitten auf den Pol hin den Fußmarsch zu wagen. Immerhin
erreichten sie den nördlichsten Punkt, zu dem Menschen jemals vor-
gedrungen waren, doch legte sich das Eis in Rinnen und Rücken ihnen
in den Weg und zwang sie zur Umkehr und nochmaligen Überwinte-
rung an unbekannter Küste ohne die Geborgenheit ihres Schiffes, das
nach demselben Winter den Eisrand erreichte und zuletzt aus seinem
Winterlager freigesprengt werden konnte. Nun bekam der Kreisbo-
gen einen Schluß von spätzeitlicher Mythizität: Fast auf den Tag
gleichzeitig trafen die beiden Gruppen der Expedition wieder in Nor-
wegen ein und erreichten sich nun mühelos telegraphisch. Der Tele-
graph muß erwähnt werden, weil er daran erinnert, daß schon im Jahr
nach Vollendung des »Fram«-Kreises Marconi den drahtlosen Funk
aus den Versuchen von Heinrich Hertz entwickelte, der die Qualen
der Odyssee von Verschollenen als fast überflüssige Verschärfung der
Bedingungen dieser Expedition erscheinen läßt.
Aber wo wäre die mythische ›Bedeutsamkeit‹ dieses Kreisschlusses
geblieben – wohl der letzten Odyssee heimwehleidender Männer und
wartender Frauen –, wenn die autarke Stromversorgung nicht nur

dem Licht, sondern auch dem Heimatanschluß hätte dienen können?
Nicht einmal in der Astronautik gab es eine Wiederholung solcher
Ausgeschlossenheit von der Welt, nur symbolisch für die wenigen Minuten beim Durchlaufen des Funkschattens hinter dem Mond und
beim Wiedereintritt in die Erdatmosphäre. Es ist kein Raum mehr für
Odysseen, für diese eine Art von mythischer Daseinsbewegung, in
einer Welt, die sich selber unter dem Stichwort der allgegenwärtigen
›Kommunikation‹ versteht. Daher auch ihr Hunger nach Funksigna-
len von anderen Sternen. Sollte man dort etwa anderen Sinnes und
Wesens sein, kein Bedürfnis haben, von sich erfahren zu lassen und
von anderen erfahren zu wollen?

XII. Der verschärfte Blick ins All

Am Fernrohr
scheiden sich Geister und Geschlechter

Der sehend werdende Blindgeborene ist ein Typus der Aufklärung, gerade weil sie an die biblischen Wunder des Sehendmachenden nicht glauben darf, nur ihre eigenen Starstecher als Bewirkende eines Ereignisses kennt, an dem sich die Dogmatiken der Theoretiker der Vernunft scheiden.

Zuvor ist schon der Gegentypus herausgehoben, die Konfiguration der das Sehen und Sehendmachenlassen Verweigernden. Galileis Fernrohr reizt sie zum Widerspruch. Sie wissen seit Aristoteles, wie die Welt beschaffen ist, und kein optisches Hilfsmittel kann diesem Wissen etwas anhaben. Es kann nicht an der Sache liegen, wenn sie sich nicht so ausnimmt, wie sie es müßte; folglich liegt es am Instrument oder an der Narretei seines Benutzers.

Es hat nichts mit Einflüssen, mit literarischer Fortpflanzung zu tun, wenn der Gegentypus mit der Leistung der ›aufklärenden‹ Wissenschaft und ihrer Weltoptik Belebung erfährt, anekdotische Zutaten, deren Varianten die Konstante umspielen und so aus dem Spiel heraushalten.

Lichtenbergs bevorzugter Standort für die Beobachtung der Unvernunft ist London, wo er allerdings den Törichten leichter aus dem Weg gehen kann als in Göttingen. Ungeachtet seiner selektiven Erfahrung ist sein Fazit: *Wenn ich Kinder und Geld hätte, so schickte ich sie bis ins 15te Jahr nach England, bis ihnen das Selbstdenken habituell würde und ihr natürlicher Verstand gesichert wäre, und durch unsere polyhistorischen Schwatz-Methoden nicht mehr verdorben werden könnte.*[1] Das Alter der Heimholung nimmt keine Rücksicht darauf, daß sie dann den großen Garrick noch nicht gesehen haben würden, dessen Schauspielkunst vor allem anderen Lichtenbergs Londoner Tage erfüllte. Die Fähigkeiten dieses Mannes ›erklärt‹ Lichtenberg in seinen an Heinrich Christian Boie für das »Deutsche Museum« geschriebenen Briefen aus dem englischen Ideal der Empirie, das schon die literarische Rollengebung bestimmt. Beobachtung des ›Lebens‹

1 An Schernhagen, 12. August 1776; Briefwechsel Band I, München 1983, 627.

befreit vom Schema der Typisierungen. Sie findet bei jedem, vom Advokaten bis zum Ladendiener, *ihre eigene Staatsklugheit, ihre eignen Grundsätze des guten Geschmacks, ihre eigne Physiognomik, ja ihre eigne Astronomie.* Das will ›mitgesehen‹ sein, wenn es je soll ›mitgespielt‹ werden können.

Das ist der Punkt, an dem der Theaterberichterstatter aus Eigenem beisteuern kann, was sich dem ›Leben‹ ansehen läßt. Da will sich einer vor seinen Untergebenen eben mit einer ›eignen Astronomie‹ zeigen, indem er mit dem Mann vom Fach konspiriert, sich *das Ansehen einer Kollegialschaft* gibt. Wohlgemerkt, es ist immer noch von der Ergiebigkeit des ›Lebens‹ für die ›Kunst‹ die Rede: *Ich zeigte einmal einer Gesellschaft, die wenig oder nichts von Astronomie wuste, den zunehmenden Mond durch ein Fernrohr, das stark vergrösserte. Verschiedene darunter fragten, ob nicht Tropfen auf dem Glase hingen?* Der erfahrene Beobachter weiß, wie pockennarbig die Helldunkelgrenze bei gevierteltem Mond wegen der Kraterränder aussehen kann, und gesteht *wirklich einige Aehnlichkeit mit Regentropfen an einer Fensterscheibe* zu, wenn sich in ihnen *etwa die gegenüberstehenden Häuser dunkel und der Himmel hell darstellt.* Das wäre also noch kein ›erfolgreiches‹ Selbstdenken. Aber doch eine authentische Vorstufe, die beinahe das Lob des Teleskopmeisters für die seit Fontenelle bevorzugten Adressaten der Aufklärung über ›die Welten‹ verdient: *Dieses war alles gut, es waren Frauenzimmer, die keinen Anspruch auf Gelehrsamkeit machten, und ihrer Empfindung getreu fragten.* Sie dürften dann auch umso leichter des Besseren belehrt worden sein. Aber nun betritt der andere Typ die Szene, der schon alles *weiß* und daher nichts Rechtes *sieht.* Er spricht die Sprache der gelehrten Konspiration: *Allein auf einmal wendete sich ein Mann gegen mich, und drückte die unwissenden sanft zurück: sagen Sie mir einmal, fragte er, sind diese Tropfen nicht eigentlich was man influxum lunae physicum nennt?*[2] Wer der Mitwisser des okkulten Einströmens aus dem Weltraum war, erfährt man ein Stück später – nachdem Lichtenberg noch ein weiteres Beispiel für standesspezifische Astronomie mitgeteilt hat: die Polhöhenbestimmung eines eingebildeten reichen Krämers – mit doublierter Verächtlichkeit: *ein nicht mehr ganz nüchterner katholischer Kanonikus.* Da ist also der Gegner aller Vorurteile, ein prächtiges

---

2 An Heinrich Christian Boie, 10. Oktober 1775; Briefwechsel Band I, 554.

Exemplar für solche ganz in Weiß-Schwarz. War sich Lichtenberg, als er dies aus London für Boies Publikum schrieb, klar darüber, wie nahe der Verdacht lag, es könne nur eine Begebenheit aus Göttingen sein, dessen Bewohner Lichtenberg allerdings für sehr aufklärungsbedürftig hielt, unter denen er aber die Zahl seiner Feinde zu vermehren sich doch scheute?

Die Nachwelt weiß es besser und genauer. Sie hat den Brief Lichtenbergs an Joel Paul Kaltenhofer, der unterm 23. August 1773 aus Stade geschrieben war. Lichtenberg befand sich dort auf der Hauptstation seiner Vermessungsreise, die er im Auftrag der königlichen Ämter in Hannover unternahm. Der Professor aus Göttingen mit seinen exotischen Gerätschaften ist eine Attraktion der Neugierde, jenes natürlichen Rezeptors für das Licht der Vernunft, das klein anfängt – ehe es (zumeist) wieder erlischt. In Stade wird er von Personen ungenannten Geschlechts gefragt, wenn sie die Sonne durch das Fernrohr mit Fadenkreuz sehen, *ob das Creutz in der Sonne wäre.* Aus der Vorstation Osnabrück noch schließt Lichtenberg den Fernrohranekdoten die von dem Mann an, der die Mondflecken für Tropfen auf dem Objektiv hielt und dazu nachfragte, *ob eigentlich diese Tropfen nicht dasjenige wären, was man influxum lunae nennte.* Dem Manne sei übelzunehmen, daß er *seiner Dummheit ein gelehrtes Ansehen zu geben gewußt, welches diese Dame nicht übel kleidet.* An der dem Lebenserfahrungsquell näheren Stelle ist von kanonischer Profession sowenig die Rede wie von Konfession. Beides geht mit einem Dritten zu dem vernichtenden Satz auf: *Dafür war aber der Held von Münster.*[3] Dagegen muß der vorurteilsvolle Aufklärer etwas gehabt haben.

3 Briefwechsel Band I, 356f.

Entzweiung von Sichtbarkeit und Unsichtbarkeit

Zwei Stimulantien gegen den Selbstgenuß der Dekadenz machen dem *Fin de siècle* des 19. Jahrhunderts ein Ende: die Hygiene und die Beleuchtung. Schon scheint das unsichtbare Heer der Bakterien bezwungen und keiner ahnt, daß es nur die erste Spielart des Unsichtbaren ist, mit dem das neue Jahrhundert seine Ängste haben wird. Nicht nur als mit dem bis dahin Unbekannten, sondern auch mit der ständigen Fortzüchtung von Resistenzen, die mit jedem Beinahe-Sieg verbunden sind. Am Ende des Jahrhunderts wird man jährlich nahezu eine Million Hospitalinfektionen zählen (und unterschätzen?), mit denen die Nutznießer der Gesundheitsfabriken, die Träger neuer Herzen etwa, entlassen werden.

Aber das neue Licht, die elektrische Entfinsterung der Städte, diese buchstäbliche Erfüllung der Aufklärungsutopien? Deren Preis ist nicht in den Eingeweiden spürbar, nicht nach Infekten und Rezidiven zu zählen. Was am Anfang des Jahrhunderts ein Triumph gewesen war, läßt die Welt an dessen Ende um eine ganze Dimension verarmen. Die Lichtfluten, die der Nacht und allen Verborgenheiten in ihr – den lieblichen wie den kriminellen – den Garaus machen sollten, kontaminierten die Atmosphäre ineins mit dem Ausstoß an Gasen und Stäuben, ohne die der Lichtstrom nicht zu gewinnen war. Der Gedanke daran lag in weiter Ferne, als F. T. Marinetti am 20. Februar 1909 ins »Manifeste du Futurisme« den triumphierenden Imperativ aufnahm: »Tod dem Mondschein!« Da war ›Elektrisch‹ schon ein nahezu sakrales Attribut.

Man sollte sich die Beobachtung nicht vorenthalten, wie nahe an jener Jahrhundertwende die Steigerung der Sichtbarkeit und die Vorzeichen für die Panik vor dem Unsichtbaren beieinander lagen. Als Marinetti die Zeitgenossen im ersten einer Reihe von hybriden ›Manifesten‹ zum Verschwindenlasssen des Mondes aufforderte, war es gerade 15 Jahre her, seit Alexandre Yersin den Erreger der Pest entdeckt hatte und damit jener einzigen Bedrohung auf die Spur kam, die jemals die Menschheit in geschichtlich faßbarer Zeit an den Rand des Aussterbens getrieben hatte. Seit dem Pestjahr 1348 hatte diese Seuche mehr Opfer gefordert als alle Kriege seither; aber dem Kriegertod fehlte die

Unheimlichkeit der unerklärten Übermacht. Krieg spielte sich ganz im Raum der Sichtbarkeit ab. Erst als er die Anschaulichkeit von Waffe und Tod, von Sieg und Niederlage verlor, stieß er die erleuchteten Städte ins archaisch geglaubte Dunkel zurück: Es wurde nicht dunkel, es wurde ›verdunkelt‹. Der Mondschein kehrte zurück und verhöhnte den gegen ihn gerichteten Tötungsaufruf. Der ›Futurismus‹ wandelte sich zum Maschinenkult.

Doch blieb das alles, im großen Zug des Jahrhunderts, Episode. Zwar würde die Menschheit nicht von der Erde emigrieren, aber sie delegierte ihre ›Anschauung‹ der Sterne an Geräte, die aus Orbitalbahnen ungestörte und unverzerrbare Himmelsbilder lieferten.

Das Widerspiel von Sichtbarmachung des Unsichtbaren und Entschwindenlassen des Sichtbaren, das den menschlichen Weltumgang dieses Jahrhunderts prägt, ist in eigentümlicher Weise von der Elastizität des Bewußtseins vorweggenommen und auffangbar gemacht. Sie besteht zwischen dem überschießenden Zugriff seiner Intentionalität auf die Fülle seiner Gegenstände, der Intensität seiner Erlebnisse, also der ›Klarheit‹ des ihm in Unmittelbarkeit Zugänglichen einerseits und der Dürftigkeit des im schmalen Affektionsspalt der Urimpressionen mit ihrem verfließenden und sich verlierenden Retentionsnachklang andererseits als Verzicht auf den Weltüberfluß über das zur ›Distinktion‹ Notwendige und zur Handhabung Genügende, das also, was zur intentionalen Ökonomie zwingt. Das auf Unmittelbarkeit versessene Bewußtsein hat sich auf Mittelbarkeiten eingelassen und schließlich überwiegend eingeschränkt, um das Ganze nicht ganz zu verlieren. Noch Quellen, die seit ihrer Auffindung oder gar kritischen Sicherung niemals ›herangezogen‹ oder ›ausgeschöpft‹ wurden, oder Datenbestände, die niemals angezapft wurden, weil nicht einmal ihre Inventare noch beachtet werden, dies alles sind Magazine einer *Mittelbarkeit*, die nur die Zuverlässigkeit des Möglichen verstärken, als müsse eines Tages doch in einem gegen das ›Paradigma‹ verstoßenden Fall auf sie zurückgegriffen werden. Die Vergeßlichkeit, als Gegenkraft einer sich verzweifelt behauptenden *Memoria*, hat sich ihre Kautelen fürs Unerwartete geschaffen. Denn dieses straft das leichtfertige Vergessen, ohne Spur des Vergessenen, am Leben.

An der Unabsehbarkeit der Verhältnisse von Einhaltung und Abweichung scheitern alle Ethiken des Verzichts aufs Allzuviele, der Delegitimierung des prospektiv Bedenklichen in jenem Areal der Mittelbarkeit – reduktiv ist das Bewußtsein ohnehin aus Zeitnot. Gerade deshalb wird es nie wissen, was in den mittelbar thesaurierten Beständen ›steckt‹.

Welche Verlegenheit entstand, als man für die frühesten ›Röntgensterne‹ – also durch die Atmosphäre definitiv der Unmittelbarkeit entzogene Objekte – keine optischen Identifikationen finden konnte, bis sie durch Heranziehung älterer und schon abgeklungener Nova-Phänomene dann doch gelangen und dazu noch theoretisch ›aufgeklärt‹ werden konnten. Solcher Zeitverzug ist nur *eine* der Spezifikationen des allgemeinsten Sachverhalts, den die Astronomie – seit dem Altertum exemplarisch für ausgeübte ›Strenge‹ wie für widerfahrenes Leid am Ungenügen der Wissenschaftsideale – gleichsam parodierend ›vorführt‹: *Je verfeinerter die Technik, um so geringer der Kontakt, den der Beobachter direkt mit seinen Daten hat.* (R. Kippenhahn) Am Mond sollte gerade das Entgegengesetzte demonstriert werden: der ›Griff in den Staub‹ als Lösung (fast) aller Welträtsel – und umwegige Vollstreckung des Imperativs *Tod dem Mondschein!*, in einem 1909 noch unerahnbaren Hintersinn. Doch blieb es beim ›Schein‹, auch wenn die Leuchtkraft des Rätsels nur für Provinzler ungemindert fortbestand. Man war dort. Doch auch da?

Die Schwärze des Nachthimmels

Der Wechsel von Tag und Nacht bestimmt unser Leben nachlassend, fast kaum noch merklich. So konnten sich die Spareffekte an Energie durch Einführung der europaweiten Sommerzeit nicht sehen lassen. Aber die die Nacht zum Tag machenden Beleuchtungstechniken sind, aufs Menschheitsalter gesehen, späteste Faktoren für ein durch die Tag-Nachtperiodik geprägtes Leistungswesen: Dürftig über Jahrhunderttausende die Beleuchtungsmittel, ebenso geringfügig die natürliche Vorgegebenheit von Dunkel und Helle beeinflussend, wie das Bedürfnis bestanden hatte, sie ihr zu entziehen – noch nicht einmal, um die Bibel zu lesen, brauchte man Licht im Haus, solange es Bibeln im Haus nicht gab. Öllampen und Wachskerzen waren teuere und daher am ehesten für kultische Zwecke reservierte Besonderheiten. Das Licht, ohne das man zum Heil nicht sollte gelangen können, war in der metaphorischen Sprache verbreiteter als in der banalen Realität. Für die Arbeitseinteilung war gut vorgesorgt. Gerade in der Jahreszeit, die das Licht am nötigsten machte, um Nahrung zu gewinnen, war die Tageshelle am längsten, das Nachtdunkel am kürzesten. Man brauchte sich den Kopf nicht zu zerbrechen, weshalb das zur Weltordnung gehörte. Nur für die Nachtwachen, die zivilen wie die militanten, war die Aufteilung auch der Nacht ein Erfordernis; von den Stunden der Nachtwachen ist daher in den Quellen häufiger die Rede als von denen des Tages. Die Mönchsdisziplin hat das tief in die Kulturzentren hineingetragen. Schwer mit der ›Weltordnung‹, die immerhin mit einem Sechstagewerk begonnen hatte, erschien dann verträglich, was an Kunde vom Rand der Welt kam, wo es jenseits der Polarkreise eine Jahresperiodik von Helle und Dunkelheit geben sollte – gut ›in der Ordnung‹ doch wiederum dadurch, daß dort Tagewerke auf Acker und Weide nichts erbrachten und der Vorteil des tierischen Winterschlafs erkennbar wurde. Erst der ›neugierige‹ Typus des neuzeitlichen Abenteurers bekam dann auch ›zu sehen‹, was die Winternacht an Himmelspracht zu bieten hatte. Die im trivialen Bürgerleben verschlafenen Nächte bekamen ihre Auffälligkeit wie die plötzlichen Sonnenuntergänge der Tropen und die Greifbarkeit der dann aufleuchtenden Sterne.

Wie immer in der theoretischen Einstellung geht es in diesem Kontext
um die ›Lockerung‹ des Selbstverständlichen, die Erregung von Aufmerksamkeit aus der ›Lebenswelt‹ heraus: nicht neue Gegenstände,
sondern dieselben neu. Das bedarf der Hervorhebung gegen die Unterstellung, die Wissenschaft sei aus dem Kuriositätenkabinett hervorgegangen, das Erstaunen an der Wurzel der Philosophie habe sich am
Ungewöhnlichen entzündet. Letztlich belehrt uns die Pathologie über
das, was am schwersten zu bestimmen und beschreiben ist, obwohl es
sich nicht verbirgt: über die Gesundheit. Und zum Mond ist man
gefahren, wie sich hintendrein erwies, um endlich den Blick auf die
Erde als Himmelskörper in ihrer Gänze und vor der reinen Schwärze
des Himmelshintergrundes zu gewinnen.

Der vielbewunderte ›blaue Planet‹ Erde hat die Zeitgenossen gefesselt
und gemahnt – dieselben Lebewesen, die noch nicht einmal aus den
geringen Entfernungen der Shuttle-Umkreisungen auch nur in Spuren
ihrer Anwesenheit und Wirksamkeit auf der Erdoberfläche wahrnehmbar sind: ihre größten Städte nur wie landschaftliche Muster
ohne Bewohner und deren überquellende Umtriebigkeit. Für den
Blick aus dem Raum auf das Ganze der Erdkugel gibt es den Menschen nicht.

Daß diese Himmelserde ihre Leuchtkraft vor der Schwärze des
Raumes bekam, war auch mit Schulwissen jedermann so einsichtig,
daß es keine Fragen übrig zu lassen schien: Die retrospektive Optik
war durch keinerlei atmosphärische Trübungen und Brechungen beeinträchtigt. Genügt das, um die Nacht des Weltraums so ›absolut‹ zu
machen, daß kein Streulichtverstärker etwas ausrichten könnte?

Hier ist nicht eine Frage aufzuwerfen, weil sie zu einer aufregenden
oder für ihr Sachgebiet aufschlußreichen Antwort führen könnte oder
müßte; es ist ihre Signifikanz für das Verhältnis von Theorie und Lebenswelt, für die Art der Heraushebung aus dem Gewöhnlichen, was
daran interessiert. Man ist nicht über die Antwort erstaunt, vielmehr
über die Frage: Warum ist die Nacht dunkel, der Himmel im Fall
seines reinen ›Sich-zeigens‹ schwarz? Was würde aus Alkor über Mi-
zar, dem Renommiersternchen für die Augenschärfe der Jungen auf
dem Großen Bären, wenn die Nacht nicht dunkel genug wäre, ihn
›sich zeigen‹ zu lassen? Die Antwort, auf die es hinausläuft, ist in allen
Varianten eher beunruhigend als befriedigend: Wir würden keine
Sterne sehen, wenn es nicht so wenige davon gäbe – obwohl es doch

mehr als genug sind und mit jeder neuen Zahl, die man in einer Lebensspanne vorgesetzt bekommt, entsetzlich mehr überviele werden,
als hätte man es auch spiegelbildlich mit einer ›Bevölkerungsexplo-
sion‹ zu tun.

Seit Newton gibt es den Begriff des absoluten Raumes an einer nüchternen und diesseits der metaphysischen Spekulation liegenden Sy-
stemstelle: Der von Kräften unbeeinflußte Trägheitszustand physischer Körper ist nur auf den absoluten Raum bezogen definierbar;
diese Definierbarkeit ist in den Begriffen der Beschleunigung wie der
sie bewirkenden Kraft vorausgesetzt. Nun betrifft dies systematische
Bedürfnis nur den Raum (und die Zeit), nicht die im Raum befind-
lichen Körper. Es könnte, gerade wegen des absoluten Bezugssy-
stems, ein einziger sein und dieser *realiter* bewegt oder ruhend. Die
Minimierung des Problems war spätestens nach Erfindung des Fern-
rohrs aussichtslos: Mit jeder gesteigerten Leistungsfähigkeit der In-
strumente zeigten sich neue leuchtende Massen im All.

Für Newton gab es das Problem seiner neuen Himmelsphysik: Jede
endliche Anfüllung des unendlichen Raums mit Körpern mußte infolge der Anziehung dieser Massen aufeinander schließlich den Kol-
laps des Ganzen zu einem Einzigen in endlicher Zeit zur Folge haben.
Wer denkt, das sei nicht so schlimm, wir wüßten schon Schlimmeres
für die Welt, denkt nicht mit Newton: Sein Universum darf keine
Konvergenz auf ein ›natürliches Ende‹ haben, denn das verstieße gegen eine Religion, in der der Schöpfer sich den Untergang seiner
Schöpfung als seine Entscheidung und Handlung vorbehalten hat.
Folglich muß das Verhältnis von unendlichem Raum und Massenan-
füllung durch die naturphilosophische Vernunft so angesetzt werden,
daß ein aus sich und in sich stabiles System entsteht, dem gegenüber
der Gottesbefehl zu Untergang und Gericht ein Gewaltakt von der
Unvermutbarkeit des Diebes in der Nacht werden kann. Diese Voraussetzung der Stabilität wird im unendlichen Raum erfüllt durch eine
homogene Verteilung der Sternmassen, so daß kein Punkt als Zentrum
der Gravitation ausgezeichnet und damit Beginn der Kondensation
der Materie vom Vielen zum Einen hin wäre.

Nun wäre Newtons stabiles unendliches und homogen sternbesetztes
Universum ein solches, in dem wir *keinen* Stern sehen könnten, weil
wir *nichts als* Sterne sähen. Die Statik der rational optimierten Welt –
als Angewiesenheit nach Anfang und Ende auf die Gottesmacht –

hätte den hohen Preis der Zerstörung auch noch des letzten Zuges von Anthropozentrik in der Konsequenz des Kopernikus: Hatte der Mensch den *bevorzugten* Anblick des Weltalls aus dessen Zentrum heraus längst verloren, so müßte er nun, ginge alles mit rechten Dingen zu, *jedweden* Ausblick in die Sternenwelt im Maße der Entfernung von der Schöpfung – deren Datum Newton errechnet hatte – mit dem Eintreffen von immer mehr Sternenlicht aus größeren Lichtjahrweiten einbüßen, nachdem über Adams Paradies außer Sonne, Mond und Planeten noch kein einziger Stern gestanden hatte. Newton ahnte nichts von den seither gefundenen Entfernungen, nichts auch nur von der Größe unserer Milchstraße, die er als System noch nicht erkannt hatte. Sonst hätte ihn seine biblische Chronologie vorerst über seine Schwierigkeit hinweggetröstet: Die knapp sechstausend Jahre seit dem Weltanfang reichten bei weitem nicht aus, um über die Weiten von Millionen von Lichtjahren hinweg dem Anblick unseres Sternenhimmels das befürchtete Lichtverdichtungsende zu bereiten. Zieht die Erde, wie heute angenommen, ihre Bahn um das Zentrum der Milchstraße mit einem Radius von 40 000 Lichtjahren und mit einer Umlaufzeit von 250 Millionen Jahren, so wäre die daraus folgende Ernüchterung gewesen, daß unsereiner noch Sterne zu sehen vermag, weil auch nur von der Masse seiner nächsten kosmischen Umgebung allzu wenig Licht zu ihm gelangt sein kann.

Für Newton gab es also einen Ausweg, wenn auch der Tendenz nach keinen mit seinem Gottesbegriff ganz verträglichen. Damit sich das nicht zu kindlich-fromm ausnimmt, sei darauf hingewiesen, daß noch zu Anfang dieses 20. Jahrhunderts die Nachbargalaxie des Andromedanebels auf eine Distanz von 20 Lichtjahren geschätzt worden war (Bohlin, 1907). Doch schon 1952 war mit der Korrektur auf 800 000 Lichtjahre der Zeitrahmen Newtons weit überschritten – keine spürbare Erschütterung, da spätestens die geologische und biologische Paläontologie den Weltkalender Newtons außerkraftgesetzt hatten. Aber gerade im Zusammenhang mit der erweiterten Weltzeit war das Paradox der Sternensichtbarkeit wiedergekehrt.

Kindesrecht, Ptolemäer zu sein –
Kindespflicht, Kopernikaner zu werden

Daß unsere Wahrnehmung nicht kopernikanisch ist und es nie werden wird, ist nur noch als Banalität auszusprechen. Was auch immer wir wissen, die Sonne geht über uns auf und unter, insgeheim sogar für uns auf und unter. Daß es nur die Sprache sei, die uns da verhext habe, mag annehmen, wer ihr soviel zutraut.

Die Kindheit ist nicht nur vor-, sie ist außerkopernikanisch. Es gehört zu den obligaten Frühreifefällen der Vernunft, wenn der Knabe Giacomo Casanova zu Schiff auf der Brenta die wahrgenommene Relativität der Bewegungen sogleich auf das Weltall zu projizieren weiß. Auch die Erinnerung huldigt dem Zeitgeist.

Kinder sind noch als Ptolemäer nicht zufriedengestellt. Ihr Universum dreht sich nicht nur unverwandt um sie, es begleitet sie wie ein gehorsamer Lakai. Manchmal hat man den Eindruck, die Neigung zum Erzählen der Kindheitsgeschichten sei vorzüglich auf dieses Merkmal der Weltgunst gerichtet: Es war einmal eine Welt so für uns dagewesen, daß sie sich vor uns verneigte, mit uns weinte, Eskorte auf all unseren Wegen war.

Das schönste Stück akopernikanischer Verkindlichung der Welt in deutscher Sprache, das ich kenne, sind sechs Verse, die Hans Carossa der Ausgabe seiner Gedichte von 1940 – die er für die letzte von eigener Hand hielt – vorangestellt hat:

> *Im Uferwald verborgen*
> *Lag die Morgensonne.*
> *Wir stießen vom Strand.*
> *Sie sprang ins Wasser,*
> *Gab über den Strom uns*
> *Ein funkelnd Geleite.*

Dieses Vollendete reicht in Vorstufen zurück bis ins Jahr 1913. Da ist am 12. Mai in Rom fürs Tagebuch festgehalten, wie ein Gedanke sich noch ganz unbeholfen Ausdruck sucht, der noch nicht auf die Kind-

lichkeit der Weltsicht bezogen ist, obwohl in eben diesem Jahr – und
zunehmend in den Jahren des Krieges – die Anamnese der Kindheit
immer mehr den von der Düsternis der Arzterfahrung Doktor Bürgers sich abwendenden Dichter erfaßt. Als erstes Notat:

> *Kaum hast du die Brücke betreten*
> *erhebt sich tief unten im Ufergebüsch die Sonne*
> *und geleitet dich leuchtend über den Strom.*

Es ist der Gang über eine Brücke, unverkennbar über den Tiber, der
die Geleiterfahrung evoziert – ›Geleit‹ ohnehin ein Lieblingsbegriff
des Autors von »Führung und Geleit«, das in der zweiten Version die
Endgültigkeit des ›funkelnd Geleit‹ annimmt.
Schwächer, ein Rückfall in optische Entschuldigung der naiven Weltansicht, ist die dritte Variante, auch in der Zaghaftigkeit des Verzichts
auf die erste Person zugunsten der zweiten:

> *Im Strandgebüsch erwartet dich das Bild der Sonne.*
> *Betritt die Brücke, so springt es hervor,*
> *gibt über den Strom dir ein funkelnd Geleit.*

Das Gewußte drängt sich vor, degradiert die Unmittelbarkeit der
Empfindung zum ›Bild‹, überläßt es dem anderen, so töricht zu sein,
dies sich sagen zu lassen. Verfall in Rhetorik, die weder nach Zeit noch
nach Ort dem ›Erlebnis‹ das Seine gönnt.
Das im Tagebuch nach einem halben Jahrhundert nachzulesen, berei-
chert die Kenntnis einer literarischen Entstehungsgeschichte, vor
allem aber wird vergegenwärtigt, wie weit es noch war vom ersten,
aber erregten Erfassen des Motivs bis zu seiner ausgetragenen Reife.
Für dieses Gedicht vorzüglich gilt, daß einer erst in späten Jahren die
Sprache für das findet, was er in der Kindheit gedacht und gefühlt
hat.
In diesem *Jahrhundert des Kindes* – an seiner Schwelle von Ellen Key
proklamiert – hätte es nichts Unerlaubtes, nichts dem Zeitgeist Wid-
riges zu sagen, daß Kinder ungefragt und ungesagt Ptolemäer sind. Sie
lassen die Welt um sich und für sich rotieren, und die ›Anwendung‹
dieser Grundierung ist nie ganz frei vom Magischen, von der Gewalt-
haberschaft über die sich im Josephtraum verneigenden Dinge.

Wenn das *Jahrhundert des Kindes* auch deshalb so heißt, weil Kindheit
der nostalgisch erinnerte Zustand aller darüber Hinausgewachsenen
ist, die letzte Renaissance der Idylle, die ins Leben mitzuführen oder
dort zu beleben ein gutes *Officium* der zeitgenössischen Literatur ausgemacht hat – bis auch dort die Dämonen entdeckt wurden, die die
Reife künftiger Früchte zu vergiften beginnen –, wenn das also den
Stolz auf das Verlorene im Kindersäkulum ausmacht, gibt es den Zwist
zwischen dem uralten Glauben, aus dem Munde der Kinder (wie der
Toren) komme die Wahrheit, und dem neuen Glauben, eine ›Wahrheit‹
von der Dignität der kopernikanischen sei es nicht wert, dem Gnaden-
stand des Kindes den Zweifel zu infizieren, es sei womöglich doch
nicht alles so, wie es sich zeige – mithin das Traumgeneigte in Wirklichkeit ungeneigt.

Was damit gemeint ist, wird man deutlicher wahrnehmen, wenn man
sich vergegenwärtigt, daß es nicht immer so gewesen ist, eher das
Letzte wieder einmal der Widerspruch und die Widersetzlichkeit gegen das Vorletzte: gegen den kleinen Erwachsenen des vorhergehenden Jahrhunderts. Und was die Wahrheit angeht, so hatte das Säkulum
der Vernunft in Unstimmigkeit mit Kants Fazit der Aufklärung gerade
zum Kriterium der von Bildung und Verbildung noch unbefangenen
Vernunft – der mündigen Vernunft Unmündiger vor ihrer Unterwerfung unter die Regularien der intellektuellen Unmündigkeit als ›Bildung‹ – den Beweis zugeschoben, es könne gar nicht früh genug sein,
um im Euklid ohne den Euklid das Folgesystem seiner geometrischen
Sätze aus dem Eigenen zu entwickeln. Das war fast ein Gemeinplatz
der Biographik und Autobiographik geworden, angefangen in der
Pascalbiographie der Schwester Gilberte. Das Naturwüchsige der Vernunft – erst im Geniebegriff eine degenerative Expansion annehmend
– nutzt den Freiraum der Kindheit, sowohl um sich in seiner Durch-
bruchsmächtigkeit zu erweisen, als auch, um der Kindheit das Glück
der Unwissenheit zu rauben. Da werden dann, in der Konsequenz, die
Unerwachsenen und wohl auch dem Ungewachsenen zu Kopernika-
nern kraft eigenen Sinnes.

Jungkopernikaner und Jungptolemäer – in noch radikalerem Sinn als
dem der astronomischen Systematik sind das Welten, durch Jahrhunderte getrennt. Gemeinsam ist ihnen, daß sie Erwartungen erfüllen,
die auf die Vernunft gesetzt werden als das Organ der Durchbrechung
des Scheins dort, als Unbefangenheit der Überlassung an ihn und der

Begünstigung durch ihn hier. Kindheiten, Epochen im Verhältnis zum Gestirn Ausdruck verschaffend.

Wenn die Erde kugelförmig ist, kann ihr die Kreisbewegung um die eigene Achse mit derselben Natürlichkeit zugeschrieben werden wie dem Himmel. So argumentiert Kopernikus am Anfang seines Hauptwerkes. Im weiteren Verlauf verändert er die formale Äquivalenz von Himmel und Erde in eine Argumentation zugunsten der Erdbewegung, indem er es als zweifelhaft erscheinen läßt, ob der Himmel nicht nur in seinem Innenraum, sondern auch nach außen endliche Kugelgestalt habe. Die Endlichkeit des Himmels war nämlich erst aus seiner Tagesbewegung gefolgert worden: Nur ein endlicher Körper konnte diese Umdrehung vollziehen. Läßt man hypothetisch die Bewegung des Himmels entfallen und schreibt sie der Erde zu, braucht der Himmel trotz der erscheinenden Endlichkeit seiner inneren Kugelgestalt jenseits dieser Innenfläche nicht mehr endlich, weil nicht mehr bewegt zu sein.

Die Endlichkeit der Welt kann dem fortdauernden Streit der Naturphilosophen überlassen werden. Was für den Sternenhimmel ungewiß bleibt, ist für die Erde zu entscheiden und schon entschieden: ihre Kugelgestalt. Diese Überlegung schließt Kopernikus mit der Frage, warum wir eigentlich noch zögerten, der Erde eine Bewegung zuzugestehen, die ihr der Form nach von Natur entspricht, statt diese Bewegung der ganzen Welt zuzuschreiben, obwohl man deren Begrenzung nicht kennt und auch gar nicht kennen kann.

An dieser Stelle, wo er die tägliche Umdrehung zwar am Himmel erscheinen, der Realität nach aber der Erde zusprechen will (*in caelo apparentiam esse et in terra veritatem*), bedient sich Kopernikus des altbekannten Schiffsvergleichs mit dem Vergilzitat: *Provehimur portu terraeque urbesque recedunt?* Nun hat Kopernikus nicht als erster die Abhängigkeit der erscheinenden Bewegung vom Zustand der Ruhe oder Bewegung des Beobachters festgestellt; derartiges findet sich schon in der »Katoptrik« des Euklid sowie bei arabischen und lateinischen Verfassern von Optiken. Die Anwendung des Schiffsgleichnisses auf die Kosmologie hat aber Nikolaus von Cues in der »Wissenden Unwissenheit« vollzogen, wie schon Riccioli in seinem »Neuen Almagest« feststellt und mit der Behauptung verbindet, Kopernikus habe dieses argumentative Element vom Cusaner entlehnt.

Das Gleichnis gehört also ursprünglich in den Katalog der optischen

Täuschungen. Es kann vorkommen, daß die Vertauschbarkeit der Bewegung von Erde und Himmel in den kosmologischen Schulen als bloßes Beispiel für die Unsicherheit des Wahrnehmungsvermögens eingeführt wird. Dies ist bei Campanella der Fall, wenn er den ganzen Vergleich in *einem* Satz auf die Zweifelhaftigkeit der Wahrnehmungsleistung bezieht: *Et qui est in navi, non navim, sed terram moveri credit, uti et Pythagorici, non terram, sed solem.* Der Vergleich ist nicht nur hinsichtlich der optischen Erscheinungen, sondern hinsichtlich des Verhaltens von fallenden und geworfenen Körpern auf der Erde in das Arsenal der kopernikanischen Argumentation eingegangen.

Nun ist das Zeitalter der Aufklärung mit dem elementaren Gedanken verbunden, die in der Tradition der Philosophie und Wissenschaft gefundenen Einsichten müßten auch in der Entwicklung des Individuums als authentische und spontane gefunden werden können. Fast möchte man vermuten, es müsse in der Biographik und Autobiographik des 17. oder 18. Jahrhunderts auch den authentischen Kopernikaner geben. Es würde dann naheliegen, daß er den Grundgedanken an einer optischen Beobachtung vom Typus des Schiffsgleichnisses ›erfinden‹ müßte.

Nicht immer liefert die Geschichte, was sie ihrer Logik nach zu liefern hätte. Aber das 18. Jahrhundert ist ein Jahrhundert seltener Konsequenz. So verwundert nicht, daß es auch in diesem Fall den Beleg stellen kann.

An seinem neunten Geburtstag wurde Giacomo Casanova 1734 von der Mutter und dem Abbate Grimani von Venedig nach Padua gebracht, um in Pension bei einem Chemiker und Antiquar der ungesunden Luft Venedigs eine Weile entzogen zu sein. Man benutzt den täglichen *Burchiello*, eine hausartige Gondel, die während der nächtlichen Fahrt auf der Brenta den Reisenden unter einem Segeltuchdach Unterkunft und Schlaf ermöglichte.

Casanova schildert im ersten Kapitel der »Histoire de ma Vie« sein Erwachen auf dem fahrenden Schiff. Die Mutter hatte ein Fenster gegenüber seinem Bett geöffnet, die Strahlen der aufgehenden Sonne fielen herein, und er konnte durch das Fenster die vorbeiziehenden Wipfel der Bäume am Ufer des Flusses sehen. Die Bewegung des Schiffes war so gleichmäßig, daß er davon nichts spürte und glauben konnte, es seien die Bäume, die wanderten. Die Mutter klärt ihn auf, es sei das Schiff, was sich bewege, nicht die Bäume. Da setzt die Vernunft ein, sich selbst aufzuklären: *Ich begriff augenblicklich, wie diese Erscheinung zustande kam, und mit meinem erwachenden und ganz unvoreingenommenen Verstand dachte ich folgerichtig weiter.* Dann sei es durchaus möglich, sagt er zur Mutter, daß auch die Sonne sich gar nicht bewegt, sondern daß wir es sind, die sich von Westen nach Osten bewegen. Die Umgebung des Neunjährigen spaltet sich sogleich in die naiven Antikopernikaner, die Mutter und den Abbate, die den Unverstand des Kindes beklagen, und den begeisterten Signor Baffo, der den kleinen Selbstdenker mit einem Kuß bestätigt und ihm Mut zuspricht, sich stets sein eigenes Urteil zu bilden und die andern lachen zu lassen.

Die Szene ist die philosophische Grundsituation seit dem milesischen Philosophen und dem Gelächter seiner Magd: unangefochten durch das Unverständnis der Umwelt und im Bewußtsein, einen Augenblick erwachender Authentizität der Vernunft getroffen zu haben, erläutert der Philosoph dem Kind die Grundzüge der kopernikanischen Theorie. Im Rückblick stilisiert der Autobiograph diese Szene zum Kreuzungspunkt seiner persönlischen Entwicklung: *Das war die erste wirkliche Freude, die ich in meinem Leben genoß. Ohne Signor Baffo hätte dieser Augenblick genügt, um mein Urteilsvermögen empfindlich zu treffen; die Leichtgläubigkeit aus Feigheit hätte sich eingeschlichen. Das Ungeschick der beiden andern hätte sicherlich in mir eine Fähigkeit abgestumpft, von der ich nicht weiß, ob sie mich sehr weit gebracht hat; aber ich weiß, daß ich nur ihr das ganze Glück verdanke, das ich genieße, wenn ich mit mir selbst allein bin.* Allen Verächtern der größten Selbstdarstellung des 18. Jahrhunderts sollte schon dieser Einstand zu bedenken geben, daß die Geschichte des vielfältigen Liebhabers im Vordergrund nur den Ausgang von der Einsamkeit und die Rückkehr in die Einsamkeit konturiert.

Die Selbstfindung der Vernunft hatte in Padua alsbald Gelegenheit zur Selbstbehauptung. Der Magister Gozzi hatte nichts von einem Philosophen an sich und ließ den jungen Giacomo die peripatetische Logik und das Planetensystem des Ptolemäus erlernen. Wenn wir dem Autobiographen glauben dürfen – aber wir müssen es nicht, denn darauf kommt es nicht an –, fand der Lehrer beim Schüler nur beständigen Spott. Er ließ sich durch Thesen, denen er nichts entgegenzusetzen hatte, in Hitze bringen, denn für ihn *schwebte die Erde unverrückt im Mittelpunkt des Weltalls, das Gott aus dem Nichts erschaffen hatte.*

Als Casanova Jahre später, 1748 in Parma, einen Sprachlehrer für die
des Italienischen unkundige Dreimonatsgeliebte Henriette engagiert,
trifft er mit Valentin de La Haye, der sich als Professor der Mathematik ausgibt, wieder auf einen Antikopernikaner, der ihn zum Lachen
bringt, indem er behauptet, ein Christ könne das System des Kopernikus nur als Hypothese akzeptieren. Casanova bringt ihn seinerseits
zum Lachen mit der Antwort, nur das kopernikanische könne *das
System Gottes sein, weil es das der Natur sei, und die Heilige Schrift sei
nicht das Buch, aus dem die Christen Naturgeschichte lernen könnten.*
Obwohl Casanova von Henriette berichtet, sie habe über alles vernünftig geurteilt und sei *ohne gelehrt zu sein, scharfsinnig wie ein
Mathematiker gewesen,* hat es offenbar keinen Zusammenstoß zwischen ihr und dem Antikopernikaner gegeben. Das entspricht der
Auffassung Casanovas vom Verhältnis der Frau zu den Wissenschaften: keine wissenschaftliche Entdeckung sei von einer Frau gemacht
worden, und die Grenzen des schon Erkannten zu überschreiten, bedürfe es einer *Kraft, die dem weiblichen Geschlecht fehlt.* Erst eine
spontane Entdeckung, wie die des neunjährigen Giacomo auf der
Brenta, verleiht der Vernunft die Energie zur Selbstgewißheit, die sie
in den Konflikt mit den trägen Gewißheiten des Erlernten führt.
Vom Glück seines Lebens spricht Casanova noch einmal, als er im
August 1760 in Genf Voltaire besuchen und lange Gespräche mit ihm
führen darf. *Dies ist der glücklichste Augenblick meines Lebens. Endlich sehe ich meinen Lehrmeister; schon seit zwanzig Jahren, Monsieur, bin ich Ihr Schüler.* Mit diesen Worten führt sich Casanova bei
Voltaire ein, nicht ohne die Absicht, auch in »Les Délices« den Kenner
auf dem Gebiet der italienischen Literatur herauszukehren. Der vene-
zianische Landsmann Casanovas, Algarotti, ist das erste Thema; sein
»Newtonianismo per le dame« habe, so meint Casanova, auch die
Damen dazu gebracht, über das Licht reden zu können. Voltaire gibt
sich skeptisch: *Hat er das wirklich fertig gebracht?* Nicht ganz so gut
wie Fontenelle in seinen »Weltengesprächen«, ist Casanovas Antwort.
Vielleicht nicht die geschickteste gegenüber dem Verächter des Sekretärs einer Akademie, die sich Voltaire verschlossen gegeben hatte, der
nichts mehr wünschte, als ihr anzugehören.
Als Casanova Voltaire schließlich in dessen Schlafzimmer begleiten
darf und auf dem Tisch neben der »Summa« des Thomas von Aquino
das Epos seines Landsmannes Tassoni erblickt, lobt es Voltaire als das

einzige tragikomische Epos der italienischen Literatur, seinen Verfasser als einen Weisen. Das bestreitet der Gast mit der Begründung, Tassoni mache sich über das kopernikanische System lustig und behaupte, man könne damit weder die Phasen noch die Verfinsterungen des Mondes erklären. Das wieder weiß Voltaire nicht. Er notiert sich, wo Tassoni solchen Unsinn geschrieben habe. Diese Stelle aus dem Gespräch mit Voltaire ist deshalb aufschlußreich, weil sie die Durchschlagskraft des früh entwickelten kopernikanischen Motivs bei Casanova nachweist: Als er aus dem Munde seiner höchsten Autorität ein Lob für die Literatur seiner Heimat mitnehmen könnte, schränkt er es mit einem Einwand ein, der ihm als ununterdrückbar erschienen sein muß. Der frühe authentische Gedanke auf der Brenta ließ nichts anderes zu.

Voltaire wird die Erregung nicht verstanden haben, aus der heraus ihm sein Besucher das Kompliment auf Tassoni nicht abnimmt. Voltaire ist nicht nur ein literarischer Aufklärer, sondern auch ein literarisch Aufgeklärter; Casanova versteht sich als einen Selbstaufklärer, dem das Erlebnis der Frühreifung zum Kopernikaner auf der Brenta durch Anschauung und Augenschein zuteil geworden ist, als Konversion aus momentaner Evidenz. Die Sprache ist dann kein Problem mehr. Casanova hatte sich, diesseits aller literarischen Vermittlung und ausdrücklich gegen die Wahrscheinlichkeit seiner Herkunft, aus dem schnell geklärten kindlichen Irrtum auf der Brenta eine Leitmetaphorik für die Weltorientierung ausfindig gemacht. Sie veranlaßt ihn, sich geradezu ›idealtypisch‹ abzusetzen von den literarischen Bildungskonfigurationen, die ihm zur Zeit der Begegnung mit Voltaire längst in Gestalt von Algarotti und Fontenelle vertraut sind. Er begeht einen schlimmeren Fehler als Voltaire mit seinem Lob über den Antikopernikaner Tassoni – er meint, mit seinem Vorzug Fontenelles vor Algarotti artig und gefällig gegenüber dem Franzosen Voltaire zu sein, und verkennt die entscheidende Differenz, daß Fontenelle noch Cartesianer, Algarotti aber bereits Newtonianer ist. Eine Differenz, auf die Voltaire alles ankam, weil er in Schuldifferenzen dachte, während Casanova an die autogene Loslösung von der Lebenswelt durch einfache Umkehrungen denkt, für die Descartes kaum weniger Anlaß gab als Newton.

Gewißheiten sind zerstörbar, am empfindlichsten die, deren Selbstverständlichkeit sie unbemerkbar und damit unbefragbar gemacht hat.

Die Sprache des ›natürlichen Weltbildes‹ ist ungebrochen, aber ihre
Geltung ist verändert. Daß man noch vorkopernikanisch spricht, die
Sonne gehe auf oder unter, hat mit dem Denken nichts zu tun: Im
Denken richten wir uns darauf ein, auf Fragen zu antworten. Die
Sprache lenkt uns keinen Augenblick ab von dem, was wir wissen,
oder von der Unsicherheit, etwas nicht zu wissen, oder von der Bereitschaft, vermeintlich Sicheres durch neue Aspekte oder Resultate
zu korrigieren. Es mag da andere Rücksichten geben, die die Korri-
gierbarkeit hemmen, die Sprache steht uns hier nicht im Rücken. Im
Artikel »certain, certitude« des »Dictionnaire Philosophique« gibt
Voltaire gerade die Konstanz der vorkopernikanischen Alltagssprache
bei radikaler Aufhebung ihrer Geltung als Beleg für den Modus, in
dem Gewißheit ihre lebensweltliche Fraglosigkeit verliert, ohne ihre
sprachliche Form aufzugeben: *Si vous aviez demandé à la terre entière
avant le temps de Copernic: »Le soleil est-il levé? s'est-il couché au-
jourd'hui?« tous les hommes vous auraient répondu: »Nous en avons
une certitude entière.« Ils étaient certains, et ils étaient dans l'erreur.*
Von allen anderen Beispielen, die Voltaire für gebrochene Gewißheiten in der menschlichen Geschichte anführt, unterscheidet sich dieses
dadurch, daß es seiner sprachlichen und situationellen Gegebenheit
nach völlig unverändert möglich geblieben ist.
Nun kann das in der Sprache enthaltene ›Vorverständnis‹ aus seiner
Latenz heraustreten und zur Theorie werden. Aber in der einmal an-
gesetzten Theorie finden Prozesse statt, die nicht mehr auf jenes
Vorverständnis zurückgehen, sondern Theorie durch Theorie ersetzen
und umbesetzen, ohne auf den Sprachgebrauch durchzuschlagen. Der
Nachweis, daß Theorie einmal ganz auf Sprache und sprachliches Vorverständnis angewiesen ist, würde, auch wenn er sich erbringen ließe,
nicht bedeuten, daß Sprache ständig intentional auf Theorie bleibt.

Nachdenklichkeit als Bedenklichkeit

›Astronoetik‹ soll nicht als Alternative zur ›Astronautik‹ so heißen: zu denken statt hinzufahren. ›Astronoetik‹ tituliert auch das Bedenken selbst, ob und gegebenenfalls welchen Sinn es hätte hinzufahren. Es könnte sein, daß sich auch nach Hin- und Rückfahrt nicht entscheiden ließe, ob es den Aufwand gerechtfertigt habe. Das liegt an der Zuspitzung der Erwartungen: Der erste Stein vom Mond sollte, den Verheißungen der Betreiber nach, den Ursprung des Sonnensystems endgültig aufklären. Ein paar Jahre später hätte man den Stein auch von einem unbemannten Vehikel holen lassen können. Tatsächlich ist nicht einzusehen, weshalb ein Stein vom Mond so viel aussagekräftiger sein sollte als ein ausgewähltes Stück von der Erde. Was bedenklich stimmt, ist die Qualität der Argumente, weil sie zu verbieten scheinen, schlechtweg einzugestehen, wir hätten nicht ertragen, keine Bestätigung dafür gesucht und erlangt zu haben, daß *Menschen* eben dies *können*. Die vermeintlich ›höhere‹ Rechtfertigung ist tatsächlich eine ›niedere‹, denn es gibt keine Rechtfertigungen von höherer Dignität als das Wissenwollen des Menschen, *was er kann*, auch und nie zuletzt: was er aushalten kann. Er betätigt darin etwas von seiner ›Natur‹: daß ihm *die* Natur nicht zu wissen vergönnt hat, wozu er imstande ist, wie sie es jedem anderen ihrer Geschöpfe mitgegeben hat.

Es wird viel davon geredet, wir müßten nicht alles machen, was wir machen können. Ganz abgesehen davon, wie es um die Prognose für diesen Verzicht steht, muß demzuvor doch die Bedingung erfüllt sein, daß wir etwas zu können gewiß sind, um es dabei bewenden zu lassen. Aber diese Bedingung ist unerfüllbar. Wir wissen, was wir können, nur dadurch, daß wir es machen, und nicht eher als wir es gemacht haben. Wer allerdings meint, dabei stände die Schöpfung auf dem Spiele, überschätzt, was der Mensch könnte, wenn er seine Möglichkeiten ausschöpfte. Es geht um nur sehr wenig, wenn man unterstellt, der Mensch werde gar nicht zu unterlassen imstande sein, alles zu machen, was er könne, um sich eben dessen zu vergewissern. Es ist Heuchelei zu verschweigen, daß es nur diesen einen starken Grund gibt, Unternehmungen von nicht unmittelbar bestimmbarem Nutzen bei hohem Aufwand durchzuführen, daß wir es nicht ertragen können, die Grenzen unseres Könnens undefiniert zu lassen. Man stelle sich nur vor, es sei da noch ein einziger Achttausender unbestiegen, einer der beiden Pole unerreicht... Die Rechtfertigungen für so überflüssige Bereinigungen der Unbetretenheitsreste dürfen zurückhaltend bis frivol sein, weil das Maß der Aufwendungen sich in Relationen hält, die keinen Anstoß erregen. Das Risiko spielt merkwürdigerweise eine geringe Rolle: Es kommen beim Bergsteigen in jedem Jahr viel mehr Menschen um, als die gesamte Astronautik gefordert hat und wohl fordern wird, die mit ganz anderen Risikoausschaltungskapazitäten arbeitet, als sie jemals etwa der Polarforschung zu Gebote standen. Niemand hält einen auf, der in Halbschuhen zum Südpol gehen will.

Astronoetik besteht nicht aus *Science Fiction*, wohl aber aus Gedankenexperimenten, die sich der phänomenologischen Verfahrensweise *freie Variation* zuordnen lassen müssen. Von dieser Art ist der Versuch, sich vernünftige Wesen auf einem anderen, erdnahen Planeten vorzustellen, etwa auf dem Mars, die sich überlegen, ob sie Astronautik betreiben sollten, etwa mit dem Ziel Erde. Was wir *Vernunft* nennen, muß sich als Umkehrbarkeit der Sichtweise bewähren können, als ablösbar von den kontingenten Bedingungen des Ausgangspunktes, den wir innehaben. Sie würden Rekognoszierungen mit ferngesteuerten unbemannten Sonden unternehmen, die ihnen Informationen aller Art über den sonnennäheren Weltkörper aus angemessenen Distanzen verschaffen könnten. Nehmen wir an, solche Sonden würden etwa die Umlaufbahnen von Wetter- und Aufklärungssatelliten als Rückmeldepositionen erreichen, wäre das Resultat der Marsspezialisten, der erkundete Planet sei so vielgestaltig und interessant, daß es sich lohnen müsse, authentische Erfahrungen dort zu sammeln – also hinzureisen! Würde man aber etwas wissen von der möglichen Zielsetzung, von dort einen Elefanten zurückzubringen? Nein, weder solche noch anderes von anderer Art könnte man auch nur vermuten. Noch unwahrscheinlicher ist, daß man gewisse Regelmäßigkeiten der Erdoberfläche als Produkte intelligenter Urheber auffassen könnte – weshalb soll es vernünftig sein, in anderer als gleichmäßiger Verteilung die Landoberfläche einer Kugel zu besiedeln, um die günstigsten Entfernungen aller von allen als Bedingung der Vermeidung von Kollisionen einzuhalten? Zusammenballungen in großen und kleinen Siedlun-

gen und zur Kompensation der dadurch entstandenen Zwischen-
räume strichförmig wahrnehmbare Verkehrsunterbauten, von uns
Schienenwege und Autobahnen genannt, sind unter dem Aspekt rationaler Verteilungen kaum vertrauenswürdige Indikatoren, sowenig
uns der Aufwand eines Spinnennetzes zum Fliegenfang einleuchten
will, wenn es eine Froschzunge auch tut. Was diese Überlegung fraglich macht, ist die Präzisierung des fremden ›Interesses‹ an der Erde,
wenn sich die Vorerkundungen eignen sollen, den Konsens anderer
Vernunftwesen aus der Evidenz heraus herbeizuführen, man müsse
höchstselbst dort gewesen sein. Spezialisten wollen es immer, doch
sind sie für die Fragen ihrer Kompetenz zugleich Außenseiter der
Vernunft: Was sie für lohnend halten, an Ort und Stelle zu besichtigen,
muß erst durch Überzeugungsvorgänge bestimmter Art auf andere
übertragen werden, wenn es deren Zustimmung erfordert, Astronautik zu betreiben, den Aufwand zu rechtfertigen. Wir nennen diese
Anstrengung der spezialisierten Vernunft, sich zur allgemeinen zu machen, ›Rhetorik‹. Sie ist das Werbungs- und Bewerbungsverfahren der
Vernunft unter der Voraussetzung, daß nicht jeder für alles Kompetenz besitzen kann. Insofern bedarf es schon der ›Überzeugungskraft‹,
uns selber soweit zuzureden, daß wir gedachten Marsbewohnern den
verantwortlichen Rat geben könnten, die Erde samt uns herkommend
zu erforschen. Welches Risiko beiderseits!
Was wir den gedachten Marsbewohnern unterstellen, wenn wir sie
nach gründlicher automatischer Vorerkundung des Erdplaneten beim
Antritt der astronautischen Autopsie zu imaginieren versuchen, ist
nicht nur die Projektion unserer theoretischen Neugierde auf vernünftige Subjekte, die ein ihnen unbekanntes Objekt für ›interessant‹
genug befunden haben, etwas dafür anzulegen und zu riskieren, es ist
auch die Kopplung von Können und Handeln, als ob nur dieses über
jenes den endgültigen und befriedigenden Aufschluß gäbe. Dieses für
den Menschen konstitutive *Wir werden es – obwohl wir nicht alles
machen müssen, was wir können – trotzdem tun!* ist mindestens
ebenso zweifelhaft als Konstante der Vernunft wie die Neugierde, die
nicht ungewußt lassen kann, was gewußt zu werden vermag. Die
Selbstbestätigung eines Könnens durchs Machen, insofern dieses nicht
nur *Herstellung*, sondern Selbsteinsatz von Leben oder (partiell) Lebenszeit ist, die keinem als Prämie für ein Gelingen restituiert werden
kann, diese gern und oft als *Annahme einer Herausforderung* durch

eine abenteuerlich-riskante Sache bezeichnete ›Unternehmungslust‹
läßt sich nur bei Vernunftwesen annehmen, die einen Mangel an Einsicht in ihr Können aufweisen. Aber welche andere Einsicht in das
Ausmaß oder die Begrenztheit eigenen Könnens läßt sich denken als
die, das Können durch Handeln, die Möglichkeit durch Realisierung
zu erproben? Die Schwierigkeit ist aus den Begriffsübungen der spekulativen Theologie bekannt: Bedeutet die Allwissenheit eines all-
mächtigen Wesens, daß es *weiß*, was es *kann*, ohne daß oder bevor es
eben dieses *gemacht* – also: eine Welt aus dem Nichts erschaffen – hat?
Und muß man, sofern darauf eine verneinende Antwort zu geben ist,
die Konsequenz ziehen: Also *mußte* Gott die Welt erschaffen, um
seine Allwissenheit von der Ungewißheit zu befreien, seiner Allmacht
sei die *creatio ex nihilo* versagt? Steckt mehr Vernunft in der Antwort:
Auch Gott muß nicht alles tun, was er kann, und zwar gerade deshalb,
weil er Gott ist? Dann wäre die Weltschöpfung *für ihn* ganz überflüssig gewesen – und womöglich unverantwortlich, da er aus Allwissenheit wissen mußte, was dabei und dadurch herauskommen würde.
Diese Unverantwortlichkeit, die Welt ins Dasein und darin sich zu
überlassen, spricht für eine ›Theodizee‹, in der es die göttliche Macht
gar nicht unterlassen *konnte*, der göttlichen Selbsterkenntnis den Beweis für den Umfang des göttlichen Könnens zu verschaffen. Gott,
insofern er als Welturprung zu denken ist, wäre also die Hypostase
jenes *Trotzdem!*, mit dem der Mensch dem Einwand gegen die Anwendung seines Könnens begegnet, er müsse doch nicht alles tun,
wozu er sich imstande glaube. Da dieser Selbsterprobungstrotz gegen
Selbsterhaltungsargumente resistent ist, kann ihm nicht einmal eine
anthropogenetische Funktion nachgewiesen werden. Daraus leitet
sich die Furcht ab, die Gattung könne auf dem Spiel stehen, wenn der
Mensch alles tue, was er könne – gegen das: *Wir müssen es doch
nicht!*
Was wir den imaginären Marsbewohnern, die sich mit dem Plan abge-
ben, den benachbarten Erdplaneten zu besichtigen, nicht zu unterstellen brauchen, ist die Furcht, ihre Astronauten könnten die ihnen
aufgetragene und den Zweck des Unternehmens rechtfertigende
Rückkehr *vergessen*. Zwar ist noch keine irdische Sonde vom Mars
zurückgekehrt, aber die automatischen Laborleistungen auf dem
Marsboden haben Erwartungen auf ›Besonderheiten‹ enttäuscht; und
so muß in das Gedankenexperiment der Richtungsinversion die Über-

legung einbezogen werden, daß der Mars für Vernunftwesen ein *Reich der Langeweile* sein könnte. Dann aber würden die Erdbesucher, wo auch immer sie landeten, in eine Sphäre der *Reizüberflutung* eintauchen, deren Wirkung auf sie – wenn nicht die einer tödlichen ›Gewalt‹ – zumindest die des Sichverlierens an eine Erlebnisfülle und damit die des *Vergessens* der Heimkehr sein könnte. Schon die platonische Seele war gefährdet vom Vergessen ihrer Herkunft in der Welt der Erscheinungen, des Verlustes der *memoria* als der Mahnung, nicht im Genuß des Hierseins zu versinken. Die einzige Art von Ökonomie, die jeden fremden Erdbesucher davor bewahren könnte, nicht heimkehren zu wollen, wäre die nackte Hochschätzung der *Leistung*, nachweislich hiergewesen zu sein: statt der Neugierde die Zielankunftsbestätigung, wie sie der Polarforscher erfahren hatte, dem sich an einem singulären Punkt der Erdoberfläche nichts Unterscheidend-Besonderes darbot – auch von ihm nicht gesucht wurde – als die möglichst exakte Positionspeilung mit der Implikation des Befehls, sofort in der einzig möglichen Gegenrichtung abzuziehen – also der Lizenz zu gehen, wohin und wie immer er fortan wolle. Die Erstersteigungen höchster Gipfel, auch die Ersterreichung des Mondes, haben mit dieser *Implikation der Umkehr* alles gemeinsam. Und es ist zu erwarten, daß die *idealiter* durchvollzogene Astronautik aus lauter Umkehrimplikationen bestände. Man hat es bei den Musterunternehmen der Polarforschung mit einer eigenen gebrochenen oder sich brechenden *Intentionalität* zu tun, deren Grund darin liegt, daß der ›Gegenstand‹ absolut punktuell ist. Auf den einmal erreichten Polen war das *Vergessen* der Umkehr schlechthin unmöglich. Der Triumph der Zielerreichung – schon bei Amundsen und Scott der Zielphotographie mit dem bloßen Dokumentarwert der gesetzten Fahne – wurde erst und nur bei der Heimkehr aktiviert: Man denke an das Einlaufen der »Fram« in Tromsö aus dem ungebrochenen Schweigen heraus, das so kurz vor der Herrschaft der Funktechnik noch kein Jahrhundert später wie etwas Unfaßbar-Vorzeitliches wirkt. Heimkehrende Astronauten würden immer hinter ihren Erfolgssignalen weit im Rückstand bleiben.

Echtzeit und Echtheit

Des zweifelhaften Übergebrauchs der Vokabel ›echt‹ haben wir uns lange erfreuen müssen – zumal als Verstärker anderer Zeit-Wörter: ›echt Spitze‹ etwa in ›echt geil‹ –, und Abnutzungserscheinungen sind unverkennbar. Da man beginnt, es wieder hören zu können, darf vielleicht etwas über die überhörte Komposition in ›Echtzeit‹ bemerkt werden. Zwischen ›*Ecclesia spiritualis*‹ und ›Egoismus‹ ist der Begriff nicht einmal in Ritters gründliche Eisler-Erneuerung eingegangen, die nicht leicht etwas von der Geistesfrontseite ausläßt. Dabei ist das Phänomen, das dem Begriff die Anschauung beisteuert, dem Zeitgenossen des Fernsehens überaus vertraut, wenn er sich darüber wundert, wie die Aufnahmeteams es wieder einmal geschafft haben, bei der nun ›echt spontanen‹ Erregung einer Demonstration pünktlich zur Stelle zu sein und dies auch zeitgleich in die Tagesschau einzuspeisen – da ist alles echtzeitlich, obwohl der Zuschauer das nur nachprüfen könnte, wenn er wüßte, wie man sich *rechtzeitig* für den Termin arrangiert hatte.

Über die Herkunft des Terminus gibt es keinen Zweifel: Er stammt aus der Computerterminologie, und da vor allem vom ›Echtzeitsimulator‹. Er setzt voraus, daß Rechneranlagen Daten mit einer für menschliche Reaktions- und Sinnesleistungen unerheblichen Zeitspanne verarbeiten und mit einem vorgegebenen Standard abgleichen können. Die ›Echtzeit‹, mit der ein Simulator eine Situation auf Grund einer Reaktion verändert, ist also eine technisch immer verzögerte, aber praktisch unmerkliche ›Gleichzeitigkeit‹. Die Echtzeit nutzt aus, daß jeder Proband, jeder Beobachter eine ›Eigenzeit‹ hat, in der er Daten gerade noch als different und distant wahrnehmen kann. Der ›Echtzeitsimulator‹ muß innerhalb dieser Spanne seine Leistung ausbringen können. Riskante Handlungen lassen sich ohne Risiko simulieren, wenn der Zeitmaßstab des Systems, innerhalb dessen oder auf das hin agiert werden soll, und der des agierenden Quasi-Systems, das wir gern Subjekt nennen würden, einander genau zugeordnet werden können. Der Pilot im Simulator wird ›sofort‹ mit der Veränderung der Lage seines Geräts konfrontiert, die er durch eine oder mehrere Handlungen ›bewirkt‹ hat. Da er seinen Eigenzeitbedarf hat, bemerkt er den technischen Zeitbedarf nicht, wenn der Rechner seinen ›Leistungen‹ gewachsen ist.

Die Anknüpfung an den Echtzeitsimulator läßt mich die Verschärfung des allgemeineren Problems übergehen, daß Prozeßrechner in technische Vorgänge einbezogen sein können, bei denen die Zeitdistanz zwischen Meßwerteinlauf und Steuerungswertausgabe weit unter dem Eigenzeitwert von Sinnesorganen liegen kann. Hier soll ›Echtzeit‹ in ihrem Bezug auf die Humanwelt genommen werden. Das gilt für alles, was man ›Krisenmanagement‹ zu nennen gelernt hat: Da stellt sich die Frage, bei welcher Verkürzung von Entscheidungsfristen eine Reaktion auf ein definiertes Ereignis exklusiv an den Computer delegiert werden muß, soll es nicht zur Reaktion in jedem Fall ›zu spät‹ sein. Auch wo die Zeit ausreicht für eine kumulative Dateneingabe, wird der Rechner im Maße seiner Leistungsdichte in den Übergang zwischen ›Entscheidungshilfe‹ und ›Entscheidungsinstanz‹ hineingezogen. Und damit wächst sein Echtzeitbedarf. Dann genügt es für den Börsenverkehr nicht mehr, die einlaufenden Daten in den Rechner einzuspeisen und ›abzuwarten‹, welche Bewertung er ihnen nach dem vorgegebenen Programm zuteil werden läßt. Der Computer wird selber Empfänger der Nachrichtenströme von den Börsen in aller Welt mit ihren Zeitdifferenzen *just in time*. Er hat die Transformation für seinen Standort schon parat, wenn das Geschäft einsetzt und nach dem Lauf seiner Entwicklung. Diese Echtzeitgemäßheit macht den Rechner zum Beschleuniger von Tendenzen, aufwärts wie abwärts. Er ist ein Verstärker, wie auch der Simulator die Krisensituationen für Probanden zu ›dramatisieren‹ disponiert ist. Steigert er die Unempfindlichkeit für Risiken, da doch keinem Probanden vorenthalten werden kann, daß er ›nur‹ in simulierte Lagen kommt? Diese Frage leitet schon über zu der nach der ›Erlebnisqualität‹ von Simulationen. Wird erlebt oder wird nur als ›Empfänger‹ fungiert, dem die empathetische Seite der Erfahrung nicht geboten werden kann, Zeuge einer Selbstpreisgabe im Ausdruck zu werden, die in jedem Augenblick vom Scheitern, vom Einbruch, vom Aussetzen der Konzentration gefährdet ist? Gehört zum Erlebnis, daß sogar die ›Perfektion‹ nicht absolut verläßlich ist? Sie mag es nicht sein, aber sie ist darauf angelegt, es zu suggerieren. Indem sie sich als das jederzeit gleichermaßen Mögliche präsentiert, als das sie den Grad der Perfektion erreicht, ist sie auch das von der Echtzeitbedingung Abgelöste: Es wird gleichgültig, ob man Zeuge im Augenblick der Erzeugung ist oder der sich des perfekten Mittels perfekter Darbietung beliebig bedienende ›Besitzer‹ der technischen Anwartschaft auf das Produkt.

Zerstört also die Simulation endgültig den Hiatus zwischen Original und Reproduktion? Man muß sich noch einmal den Echtzeitsimulator vergegenwärtigen, der eine unvorhergesehene Situation zu produzieren und jede Reaktion darauf sofort in die genau entsprechende Veränderung der Situation umzusetzen hat. Das Unvorhergesehene hat ›Erlebnisqualität‹. Der Proband im Flugsimulator weiß nicht, was ihm bevorsteht; es läßt sich nicht referieren und nicht reproduzieren – und ließe es sich, so wäre durch einen Zufallsgenerator die Ausgangslage dem festen Programm zu entziehen. Jeder Test ist ein ›Original‹ im Spielraum der definierten Anforderung. Überträgt man dies auf die ästhetische Differenz von Original und Reproduktion, so bleibt die Bindung aller Reproduktionen an ein Primäres, das seinerseits die Ausführung einer Vorschrift, z. B. des Notentextes einer Komposition, ist. Perfektion ist hier kein eindeutiger Begriff mehr. Sie schließt Fehler aus, gibt aber der Vorschrift keine Eindeutigkeit. Perfektion wird, was sich von selbst versteht; aber die ›Performation‹ kennt nichts, was sich von selbst versteht.

Ein Grab am Fuße des Fernrohrs

Als die Alte Welt in den Wissenschaften und ihren Schulen wie Moden noch nicht Nachzüglerin der Neuen war, im ersten Jahrzehnt des Zwanzigsten Jahrhunderts, fuhren theoretische Missionare wie Glaubenswillige ›nach drüben‹, um zu sehen und sich sehen zu lassen. Ich erinnere an Sigmund Freud und Max Weber, vor allem aber an den Wiener Physiker Ludwig Boltzmann, der seine Offenheit wie seine Verblüffungsfestigkeit in der »Reise eines deutschen Professors ins Eldorado« beschrieben hat. Er beherrscht die Kunst, ersten Sätzen der Bewunderung die Differenzierungen und Einschränkungen mit Dezenz folgen zu lassen.

Etwa diesem: *Die Universität Berkeley, wo ich zu wirken hatte, ist das Schönste, was man sich denken kann* ... Es liege darüber ein *gewisser philosophischer Hauch*, denn Berkeley habe ein hochangesehener englischer Philosoph geheißen, *dem man sogar nachrühmt* – und nun kommt ein erster Rückschlag –, *der Erfinder der größten Narrheit zu sein, die je ein Menschenhirn ausgebrütet hat, des philosophischen Idealismus* ... Die Vorsicht, die nach dem Anblick der Schönheit die Überlegung zum Namen aufnötigt, schärft nur die Aufmerksamkeit für den Freimut, mit dem man sich dort der Last des Namens erwehrt: in einem eigenen Lehrgebäude der Philosophie, das gerade nicht *ein Lehrgebäude aus Phrasen und Hirngespinsten* sei, vielmehr *ein veritables Gebäude aus Stein und Holz*, dessen innerer Realismus der äußeren Realität entspricht, da dort *mit Stimmgabeln, Farbscheiben, Kymographien und Registriertrommeln die Psyche erforscht wird.* Philosophie aus dem Labor, und dazu nicht in Hinterzimmern wie in Wien, das gefiel dem Vorvater des Wiener Kreises und seines Positivismus, der freilich von *seiner* Art, den Titel ›Idealismus‹ zu gebrauchen, nicht ablassen wollte – und dafür gerade im Neuland der Wissenschaft die Musterstücke fand: die Stifter dieser Freigehege für Forschung und Lehre.

Die Lick-Sternwarte hat es Boltzmann angetan: *Ich habe lange überlegt, was merkwürdiger ist, daß in Amerika Millionäre Idealisten, oder daß Idealisten Millionäre sind. Glücklich das Land, wo Millionäre ideal denken und Idealisten Millionäre werden!* Der Seligpreisung folgt die kleine Ernüchterung, daß der munifizente Lick sich doch auch eine Gegenleistung ausbedungen, ganz schlechtweg: etwas gekauft hatte, was gar nicht so marktgängig ist, zumal wenn man aus der Metaphysik ausscheiden mußte: Unsterblichkeit. Im Inneren des riesigen Pfeilers, der das Riesenteleskop von 28 Zoll trägt, hat sich der Sternwartenstifter beisetzen lassen. Boltzmann nimmt nicht die Attitüde der Geldverächter in seiner Disziplin an, läßt den gekauften Nachruhm als Monument im Wortsinne zur Nachfolge im Förderungswillen großer Zwecke gelten: *Ich durchschaue ihn. Er wußte gewiß, daß es für ihn gleichgültig ist, wo seine Gebeine ruhen; aber der Welt wollte er ein sinnfälliges Zeichen geben, was das letzte Ziel eines Millionäres sein soll. Fürwahr! Er hat sich für sein Geld die Unsterblichkeit gekauft.* Boltzmann ist, wie es noch ganz zu Recht in einer Phase des unbeschleunigten Fortgangs der Wissenschaften anzunehmen war, von der langfristigen Spitzenstellung eines so gewaltigen Geräts der Ausschau ins Universum überzeugt und nicht zurückgehalten von der Skepsis, daß es auch auf dem Felde erwerbbarer Unsterblichkeiten eben infolge der Nachwirkung großer Beispiele und ›sinnfälliger Zeichen‹ eine gewisse Überfüllung geben könnte, verbunden mit der unvermeidlichen Wertminderung jeder einzelnen dieser rechtmäßigen Unsterblichkeiten. Auch daß der Wandel der Wertungen den Zudrang zum wissenschaftlichen Mäzenatentum schwächen und mit der Stiftung von Kunstsammlungen und zugehörigen Museen noch Dauerhafteres erhofft werden könnte. Auch Boltzmann unterscheidet im Plural der Unsterblichkeiten die ästhetischen von den theoretischen, nicht ganz zum Vorteil dieser: *Freilich die Begeisterung, die man um Geld bekommt, ist nur eine Begeisterung zweiter Güte; die Liebe, die man um Geld bekommt, nicht einmal dritter Güte; aber einen Steinwayflügel bekommt man um Geld, eine Amatigeige, einen Böcklin und nun auch die Unsterblichkeit.* Warnung vor allem, keinen Standpunkt außerhalb der realistischen Bedingungen von Lebensformen und -leistungen zu suchen, von dem aus sich das unentbehrliche ›Mittel der Mittel zu Zwecken‹ verachten ließe.

Wer sich dazu im Überschwang der ›reinen Geistigkeit‹ verführen läßt, kommt oft genug in die Lage eines Fachgenossen Boltzmanns in Amerika, des Physikers Rowland. Der hatte gerade eine vielbeachtete ›Fastenpredigt‹ für Theoretiker gehalten, sie sollten nicht nach Gelderwerb streben, als er im Jahr darauf von heftigen Beschwerden zu ärztlicher Konsultation genötigt wird und erfährt, er habe höchstens noch drei Jahre zu leben. (Die Maxime der rücksichtslosen Wahrheitspflege am Kranken war gerade wieder einmal im Schwange!) Da besagter Kollege eine Frau und vier Kinder hatte, warf er sich geradezu auf den Gelderwerb, erfand den Typendrucktelegraphen, ließ ihn patentieren, und dies alles noch rechtzeitig, um seiner Familie ein Vermögen von 200 000 Dollar (zum Jahrhundertwendenkurs) zu hinterlassen. Er hatte experimentell widerlegt, was er theoretisch behauptet hatte: das Mißverhältnis zwischen Forschungs- und Erwerbsgeist. Boltzmann kennt solche Erfahrungen und vermeidet elegant, den Kollegen Rowland des ›Identitätsverlusts‹ überführt sein zu lassen, indem er noch einmal etwas bewundert: *Weißt Du, lieber Leser, was ich an Rowland am meisten bewundere? Daß er gleich eine so einträgliche Entdeckung bei der Hand hatte.* Bei der Hand gehabt – das ist von schönster Ironie, denn man darf es verstehen als den Zustand, in dem sich einer befindet, der sich versagt hatte, mit seiner Kunst Geld zu verdienen, ehe ihn nicht die Sorge zwang, ›Vernunft anzunehmen‹.

Boltzmann wußte noch nicht, worin das Monument seines Nachruhms in letzter Instanz bestehen würde. Als er sich im September 1906 in Duino aus Furcht vor drohender physischer Debilität das Leben nahm, hatte sich ein Wiener Maturant gerade entschlossen, bei Boltzmann Physik zu studieren, und dazu unter Mühen den Widerstand des auf Erwerbstüchtigkeit bestehenden Vaters überwunden: Ludwig Wittgenstein. Es spricht für Boltzmanns Aura, daß Wittgenstein den Gedanken an die Physik aufgab und nach dem Vaterwillen mit dem Studium des Maschinenbaus begann. Eine der Episoden, die folgen sollten. Der unausführbar gewordene Entschluß wird Boltzmann eine längere Unsterblichkeit, zumindest unter Philosophen, verschaffen, als sie Lick im Beton des Teleskopsockels finden konnte.

Zugleich macht es traurig, daß Wittgenstein nicht die Gelegenheit bekam, in einer Sache von Boltzmann etwas zu lernen, mit der er lebenslang das schwierigste Verhältnis hatte: der des Geldes. Mit welcher Eleganz hätte Boltzmann dem jungen Physiker den Widerwillen am Millionenerbe des Vaters austreiben können, das ihm schon ein paar Jahre später zufallen sollte.

XIII. Genau wie bei uns – oder ganz anders?

Ein Fall endgültigen Meinens

Es sei Sache der Philosophie, sagt Kant, zu unterscheiden zwischen dem, was zur Überredung gehört, und dem, was zur Überzeugung kommen läßt. Es hört sich ganz nach Sokrates an, daß durch Überredung *der Verstand berückt, aber nicht überführt werde.* Für Plato wie für Kant liegt zwischen Meinung und Wissen ein Hiatus, der durch kein Hilfsmittel überbrückt werden kann. Es gibt folglich keine ›Steigerung‹ irgendeiner Wahrscheinlichkeit zur Wahrheit. Andererseits ist ›Meinung‹ für Kant nicht schon die Antithese zum Wissen, denn es gibt noch diesseits der bloßen ›Meinung‹ die spekulative Setzung des Unerkennbaren, der *Gegenstände der bloßen Vernunftideen, die für die theoretische Erkenntnis gar nicht in irgend einer möglichen Erfahrung dargestellt werden können.* Was nicht einmal Gegenstand einer *möglichen* Erfahrung sein kann, hinsichtlich dessen kann man *nicht einmal meinen...* Das gilt natürlich für die klassischen ›Gegenstände‹ der Metaphysik, zumal für Gott, die Seele und die Freiheit.

Damit ist eine gewisse Aufwertung der Meinungssachen verbunden. Obwohl es faktisch für uns unmöglich sein kann, über sie durch Erkenntnis zu entscheiden, bleiben sie doch *jederzeit Objekte einer wenigstens an sich möglichen Erfahrungserkenntnis.* So sei der Äther der *neuern Physiker* eine bloße Meinungssache, weil vom Denken eine solche Schärfung der äußeren Sinne nicht ausgeschlossen werden kann – also wohl: mittels Instrumenten angenommen werden kann, daß dieses feinste Fluidum *wahrgenommen werden könnte,* was doch nicht aufhebt, daß er *nie in irgend einer Beobachtung, oder Experimente, dargestellt werden kann.* Zwischen der Wahrnehmung und dem Beweis klafft nochmals jener Hiatus.

Auf diese Differenz kommt es nun auch beim nächsten Beispiel für ein Meinen an, das sich über die *Hirngespenster* erhebt, zu deren Annahme die Vergegenständlichung bloßer Vernunftideen verführt: die Annahme der Bewohner fremder Welten, anderer Planeten. Dies ist nicht Sache der Spekulation aus reiner Vernunft, sondern durchaus *Meinungssache.* Denn wenn wir solchen anderen Planeten *näher kommen könnten, welches an sich möglich ist, würden wir, ob sie sind oder nicht sind, durch Erfahrung ausmachen.* Es gibt also ein Verfahren, dessen Befolgung zur Entscheidung der Frage führen würde. Doch muß Kants Formulierung im Kontext wörtlich genommen werden, daß ein *Näherkommen* noch nicht die Vorschriften von Beobachtung und Beweis erfüllt, wie es beim Äther gesagt worden war. Ob solche Planetenbewohner sind oder nicht sind, würde im Näherkommen auszumachen sein; doch wäre mehr erfordert für jedes weitergehende Urteil, etwa das der hier noch nicht thematischen ›Fremdwahrnehmung‹, ob solche Wesen ›vernünftig‹ seien. Dies alles wird aber von Kant ›erledigt‹ mit der Schlußformel dieses Exempels: ... *aber wir werden ihnen niemals so nahe kommen, und so bleibt es beim Meinen*.[1] Es gibt also ein *endgültiges* Meinen unter dem Vorbehalt des Raumes, für den die Prognose der Unüberwindbarkeit schlechtweg festgestellt wird.

---

1 Kritik der Urteilskraft, § 91; ed. Cassirer Band V, 550.

Irgendwo aber anderswo

Den Mangel an Vernunft in der Welt konnte nur die Vernunft entdekken und beklagen. Es ist das Paradox der Aufklärungen, daß sie zu ihrer Bedingung machen müssen, was doch erst ihr Produkt sein kann. Diese Mißlichkeit ließ sich nur beheben, indem die Verfehlungen des Vernünftigen in der Geschichte als die Mißgeschicke der Vernunft erschienen, als zufällige Verdüsterungen und Verschüttungen, Verhexungen und Mißleitungen, Kontaminationen und Gefangenschaften – ein Epos der Irrfahrten, in dem immer schon da war, was schließlich die Oberhand über seine Widersacher bekommen sollte. Irgendwann muß es die Vernunft schon gegeben haben, irgendwo muß es sie jederzeit geben – sonst ließe sich dem Zweifel nicht begegnen, es sei die Vernunft nur ein anderer Mythos, der verständlich mache, weshalb die Welt nicht so sei, wie man sie sich wünsche. Weshalb sollte die Vernunft in der Zukunft leisten, was sie noch nie und nirgendwo geleistet hätte? Der Kern des Rätsels, das die Idee der Aufklärung aufgibt, besteht darin, wie es inmitten der faktischen Unvernunft, ja Widervernunft der Geschichte überhaupt dazu kommen konnte, den Gedanken an die Vernunft zu denken und Vertrauen auf ihn zu setzen. War es nicht naheliegend, die irdische Unvernunft als den Ausnahmefall, den unseligen Zufall inmitten einer kosmischen Erfolgsgeschichte der Vernunft kraft ihrer wesensgemäßen Selbstmächtigkeit herauszudefinieren?

Friedrich Hebbel hat diese Denkfigur am Begriff des ›Glücks‹ vorgeführt. Daß es auch nur die Idee des Glücks in einem Menschengeist gebe, sei *etwas so Unbegreifliches, Närrisches, ja Wunderbares*, daß es nur durch Offenbarung hineingekommen sein kann – wobei ›Offenbarung‹ nicht den Zug einer religiösen Heilseröffnung hat, sondern den einer Kenntnis von faktischen Zuständen im Weltall, von der *Existenz des Glücks auf irgend einem fernen Indien im Weltall.* Je größer das reelle Unglück auf dem Erdplaneten, umso sicherer die fremde und ferne Herkunft der Glücksvorstellung – und als Hebbel den Gedanken in München 1837 ins Tagebuch schrieb, war ihm nichts mehr gewiß als die alles beherrschende Größe des irdischen Unglücks. Das Muster der Konzeption war von Descartes geprägt worden, als er das

Selbstbewußtsein der Endlichkeit seines »Ich denke« nur als Negation
der ihm präsenten Idee der Unendlichkeit für möglich erklärte, für
diese wiederum nur die Existenz eines unendlichen Wesens als be-
gründend zuzulassen vermochte. Sich als Unglücklichen zu erkennen
und als diesen nicht zu wollen – dieses Lebensthema des Tragikers
Hebbel –, dazu ist freilich nötig, von dem zu wissen, was entbehrt
wird, und zugleich mit diesem Wissen sich über das Elend zu erheben:
*So liegt der echte Trost eigentlich in der Verzweiflung, und es gibt
keinen Propheten, als den Wahnsinn.*[2]
Dies ist kein Gottesbeweis mehr, sondern der einer kosmologischen
Realität dessen, was wir entbehren: Es gibt Glückliche im Universum,
sonst könnten wir uns nicht an ihnen als Unglückliche messen. Über
die Art der Verbindung zwischen jener kosmischen Wirklichkeit und
unserem Begriff von uns selbst ist nichts gesagt. Den erkenntnistheo-
retischen Hintergrund solcher Überlegung darf man sich nicht zu
anspruchsvoll vorstellen – sofern es überhaupt in irgend einem seriösen Sinn ›anspruchsvolle‹ Erkenntnistheorien gibt –, da doch ihr
schmaler Spielraum a priori angegeben werden kann. Als Epikur von
den menschlichen Vorstellungen von anderen Welten und von den
Göttern in deren Zwischenräumen handelte, ließ er für deren Herkunft – wie für die aller anderen Vorstellungen – nur jene ›Bilderchen‹
(*eidōla*) zu, die sich wie dünne Häutchen von den wirklichen Dingen
ablösen und durch den Raum auf die Rezeptionsorgane des Erkennens sich legen, gleichsam nochmals darauf sich ›abbildend‹. Es gibt
Indizien genug dafür, daß Epikur diese wie andere Theorien der Philosophie mit einiger Hinterlist ausbreitet, am ehesten bestimmt für
die, die es damit nicht ›todernst‹ nehmen: Sowenig wie der Tod eine
Sache ist, die uns etwas angeht, weil wir ihn nicht erleben, sowenig ist
eine so kindliche Theorie der Erkenntnis etwas ›Diskutables‹, weil wir
nie Gelegenheit haben werden, ihrem Taschenspiel auf die Finger zu
schauen. Aus der Polemik gegen die Epikureer, die wirklichen und die
nur des Schimpfes halber dazu ernannten, wissen wir nur zu genau,
wie leicht es ist, sich über solche Art von ›Theorie‹ lustig zu machen,
wie die Kirchenväter und noch die Kämpfer gegen den scholastischen
Averroismus des 14. Jahrhunderts. Der entscheidende ›Realismus‹
solcher Auffassung bleibt von den absurden ›Nebenfolgen‹ ganz un-

---

2 Friedrich Hebbel, Werke Band IV. München 1966, 138.

berührt: Wovon es Vorstellungen gibt, das muß es auch wirklich
geben. So belebt sich das Weltall mit dem, was wir ihm zutrauen.
Hebbels *propositio maior* mag sich ›bedeutender‹ formulieren lassen;
es ist eher eine Sache der Rhetorik als der theoretischen ›Qualität‹.
Etwa so: Keine unserem Geiste wesentliche Vorstellung kann so sinnlos sein, daß ihr in der Welt nichts entspricht und nichts genügt.
Handfester und Epikur näher hieße das: Es gibt im Weltall die Realität
von Glück, weil wir sonst von ihm keine Ahnung hätten, und es mag
der Weg einer fremdartigen ›Übertragung‹ sein, auf dem diese Vorstellung zu uns gelangt. Von einem Standpunkt aus, den Hebbel noch
nicht einnehmen konnte: Es gelangt so vieles aus weitesten Weltallfer-
nen zu uns, warum nicht auch dieses? Irgendwo auf der Bandbreite
der ›Strahlungen‹ mag dieses Land liegen – man darf es sich so leicht
machen, weil es auf den Mechanismus der Übertragung nicht ankommt. Noch die kindlichsten Völkerschaften zeigen sich affiziert
von dieser Influenz, und die Penetranz des Nichtablassens vom
Glücksverlangen trotz antagonistischer Alltäglichkeit verweist auf
›Wirklichkeit‹ im Wortsinn. Die Verächtlichkeit im Ausdruck ›Spekulation‹ besagt hier nichts, wenn soviel daran hängt, etwas nicht dem
Verruf als ›Hirngespinst‹ zu überlassen. Das Leben ist glücksfähig, das
ist viel – das ist alles.
Am Begriff des Glücks ließ sich leichter entlanggehen, um den
Grundgedanken auszuziehen, der erst recht für ›die Vernunft‹ aus-
ziehbar sein muß, da der Inbegriff ihrer Erfolge nach Descartes
›Glück‹ heißen dürfte. Was uns die Spekulation indiziert, ist doch
nichts anderes als dies, daß wir in Sachen Vernunft nicht von allen
guten Geistern verlassen sind. Was wirklich ist, ist möglich; und was
möglich ist, ist auch hierorts möglich. Das ist schon die halbe Astronoetik.

Auch die Ägypter haben ihre Barbaren

Es ist schwer, die Neugierde auf fremde Welten und auf den Verkehr mit ihnen lebendig zu erhalten. Es gibt Leute, die das verstehen und sich deshalb sehr viel Mühe geben, weil die Forschungsmittel für Astronoetik nicht mehr leicht flüssig zu machen sind.

Man muß sich immer wieder fragen, was uns an Seltsamkeiten begegnen kann. Übergroß können sie nicht sein, denn schon Paulus wußte nicht recht zu berichten, was er im dritten Himmel wahrgenommen hatte. Leibniz erwähnt dies, um verständlich zu machen, daß auch ein von Gott begnadeter Mensch anderen Menschen keine anderen einfachen Ideen vermitteln kann als die, die sie schon haben. Dennoch ist es bedenkenswert, daß er überhaupt voraussetzt, Paulus könne etwas wahrgenommen haben, was er dann nur nicht zu berichten vermochte, weil es vielleicht nicht beschrieben werden kann.

Welche Seltsamkeit wäre noch möglich und würde uns überraschen? Ein Blick auf das, was in der Begegnung mit fremden Kulturen seit je überrascht hat, ist nützlich. Herodot ist dafür eine einzigartige Quelle. Er hat mit *einem* Satz einen Schock wiedergegeben, der für die Griechen nicht ohne Wirkung gewesen sein kann. Er berichtet über den Bau des berühmten Kanals durch den Pharao Nekos in das Rote Meer, der sein Wasser vom Nil bekam. Bei den Bauarbeiten seien allein hundertzwanzigtausend Ägypter umgekommen. Dann unterbrach er die Arbeiten, weil ein Orakelspruch ihm Verderbliches verkündete: er mache da nur Vorarbeit für die Barbaren. Und Herodot fügt hinzu: *Barbaren nennen die Ägypter alle, die nicht mit ihnen die Sprache gemeinsam haben.*[3] Das muß für seine Leser ein schwerer Schlag gewesen sein, da sie doch selbst von dieser perspektivischen Überheblichkeit Gebrauch zu machen pflegten.

Die Vorbilder unserer ›Bildung‹ mußten sich auf so indirekte Weise vom ersten aller Historiker vorhalten lassen, was ihnen sonst niemand zu sagen gewagt hätte: daß sie für andere Barbaren wären – solche also, deren Sprache nur unverständliches Kauderwelsch sei. Vorbildlich für alle Bildung kann freilich nur sein, derartigen Reziprozitäten

3 Herodot, Historien B, 158.

vor- und nachdenklich zu machen: Jeder wäre des anderen Barbar,
machte sich nicht jeder daran, als ›verständlich‹ vorauszusetzen, was
der andere sagt – im Grenzfall: dessen Sprache zu erlernen. Die Griechen sind darin schlechtere Vorbilder als die Römer, die es schließlich
zu ihrer Bildung machten, die Sprache der Griechen zu erlernen oder
wenigstens einen griechischlehrenden Sklaven im Hause zu haben.
Wer beherzigt, was Herodot aus Ägypten erzählt, kann sich eine Vorstellung machen, was in einer fernen Welt astronautischen Besuchern
bevorstehen mag. Vielleicht ganz zuletzt, nachdem sie alles andere
besichtigt haben, nehmen sie auch eine Bibliothek in Augenschein,
finden auch dort die Gattung der *Utopica*, nicht ohne das eine Buch
vorgezeigt zu bekommen, in dem ein fiktiver Besuch vom Planeten
Erde geschildert wird. Da erfahren sie, daß jene zu phantastischen
Höhen von Vernunft und Moral gesteigerten Wesen sich über die Seltsamkeiten auf diesem fremden Stern nur hätten lustig machen können.
Der Anführer des Besuchs von der Erde hat in diesem Buch sogar
einen Namen: Er heißt Micromégas.
Hinzugefügt sei, was Herodot zum Kanal des Pharao und dem Orakelspruch noch berichtet: Nekos brach den Kanalbau ab, konnte aber
die Bewahrheitung des Orakels nicht verhindern, denn der Perserkö-
nig Dareios führte den Bau weiter. Auch das gibt zu denken: über das
Liegenlassen von Begonnenem bei schwarzgesichtigen Sprüchen über
die Zukunft.

Erdbesichtigungen für Weltalltouristen

Die Erwartung von Besuchern aus fremden Welten und deren Verblüf-
fung über den menschheitlichen Unfug gehörte zu den satirischen
Vergnügungen der Aufklärung. Denen würde es leichtfallen, die noch
mäßigen Entfernungen durch den Raum mit so überlegener Intelligenz zu überwinden. Umgekehrt waren es gerade die Defekte der
Menschengattung, die jene Besucher fassungslos machten, welche die
Menschen daran hinderten und weiter hindern würden, bei Gegenbe-
suchen im Weltall den umgekehrten Gewinn der irdischen Belustigun-
gen einzuholen: Belehrung über den rechten Gebrauch einer Vernunft, deren Definition jeder rechte Gebrauch schlechthin – also auch
der ihrer selbst – sein mußte. Daß solche Belehrung sich auch ohne
Besuch am Ort, nämlich durch Ätherwellen, würde erreichen lassen,
lag noch außerhalb jeder vernünftigen Erwägung. Das würde erst Sache der nächsten Aufklärung werden können.

Bei der Fiktion außerirdischer Beobachter terrestrischer Darbietun-
gen ist das Zeitmoment nie beachtet worden; für den satirischen
Zweck der Imagination genügte die Stippvisite der Männer von Sirius
und Saturn, ein Blick auf einen Augenblick der Menschheit, um deren
Kümmerlichkeit in allem Vernünftigen zu erfassen und zu belachen.
Diese Momentaneität enthält dem Gedankenexperiment die Berücksichtigung der Geschichte vor. Ein biologisch konstant gewordenes
Säugetier wechselt in jeder Epoche gründlich alles, was es nicht selbst
ist, die ganze Szene seines Auftretens, Habitus und Gestus, Hüllen
und Sitten, Nahrung und Gerät, Meinungen und Gewißheiten. Es ist
erstaunlich, daß die Fiktion vom Weltzuschauer nie auf wenigstens
zwei oder gar mehrere Besuche auf dem Planeten Erde ausgeweitet
worden ist – so sehr war man überzeugt, der Mensch als satirischer
Gegenstand würde in aller Geschichte derselbe Ausbund von Torheit
bleiben, daß es sich nicht lohnte, mehr als einen Blick auf ihn zu
werfen.

Diese Erweiterung hat erst der große Anthropologe André Leroi-
Gourhan in ihrem Lehrgehalt erkannt: *Ein außerirdischer Beobachter,
der von den Erklärungen unbeeinflußt wäre, an die uns Geschichte
und Philosophie gewöhnt haben, würde den Menschen des 18. und den*

des 19. Jahrhunderts ebenso voneinander trennen, wie wir zwischen Löwe und Tiger oder Wolf und Hund unterscheiden.[4] Anders gesagt: Er würde die kulturellen Veränderungen am Menschen nur als biologische Evolutionsdifferenzen des Menschen selbst auffassen können. Das ist deshalb so tiefsinnig, weil es als Normalbefund aller Lebenserscheinungen den einzigen homogenen Vorgang der Entwicklung unterstellt, unsere ›Geschichte‹ hingegen als eine am Gattungssubstrat sich abspielende Abnormität vom Begreifen einer überlegenen Vernunft ausschließt. Wo alles im Universum, sofern überhaupt, nur sich entwickelt und differenziert, hat der Mensch eine Kulturwelt um sich herum entwickelt, mit der er sich vor jedem Zuschauer trügerisch verhüllt.

4 André Leroi-Gourhan, Hand und Wort. Frankfurt 1980, 310.

Vor der Landung

Das kapitale Gedankenexperiment der Neuzeit war zwar und bleibt von der schlichtesten Simplizität der Konzeption und ist doch endgültig jeder empirischen Nachinszenierung entzogen: Was geschah, als zum erstenmal zwei Menschen, die sich nie gesehen hatten, auf freier Wildbahn einander begegneten? Kam es darauf an, daß einer dem anderen ansehen konnte, er sei Seinesgleichen? Also: die Ursituation dessen, was die Phänomenologie die ›Appräsentation‹ in der Fremdwahrnehmung zu nennen lehrte. Doch wenn es darauf ankam: Was folgte daraus?

Man hat sich daran gewöhnt, in der fiktiven Entscheidung über diesen Casus die drei anthropologischen Urkonstellationen zu sehen, die es überhaupt geben konnte. Der anthropologische Pessimismus ließ beide im ersten ›Augenblick‹ der Wahrnehmung übereinander herfallen und das Recht des Stärkeren austragen. Der anthropologische Optimismus ließ sie im Jubel des Anblicks von Ihresgleichen und in Erfüllung ihres Wunsches nach der ›Gesellschaft‹ einander in die Arme fallen. Doch sind gerade die des Optimismus am meisten Verdächtigen eher Anhänger eines distanzierten Ausgangs der Urkonfrontation: Man nahm voneinander gar nicht Kenntnis, da es keinen guten Grund gab, sich auf das Unbekannte einzulassen: kein ›Interesse‹ am Fremden, weil er noch nicht der war, der etwas haben konnte, was man selber nicht hatte, jedenfalls nicht im Verdacht solcher Beneidbarkeit oder Rivalität um die Güter der Natur stand, bevor es ›die Kultur‹ gab. Die Distanzlösung erscheint als die am ehesten realistische und doch nicht pessimistische. Es gab das Vertrauen nicht, also auch nicht dessen Enttäuschung als die Wurzel aller Feindseligkeiten. Da man selbst vom anderen nichts wollte, ergab auch die ›Appräsentation‹ nicht den Verdacht solchen Wollens, das zu verhindern und dem zuvorzukommen wäre, beim Anderen. Dabei müßte man sagen, daß die Begünstigung dieser harmlosen Urdistanz in der Nacktheit lag: Wer nicht verbergen wollte, hatte nichts zu verbergen. Es war also ›vernünftig‹, nackt zu gehen, sofern man damit rechnete, ›gesehen zu werden‹. Das ist ein eigentümliches Paradox, wenn man das Phänomen heranzieht, daß Bekleidung gerade auf das Moment des Gesehen-

werdens eingerichtet sein mochte. Gesehenwerden heißt eben immer
schon: Für wen?

Nun kann man einwenden, das alte Gedankenexperiment der Gesell-
schaftstheorie und Naturrechtslehre seit Althusius und Pufendorf
könnte doch noch empirisch ausgetragen werden, wenn nämlich eines
Tages Astronauten sich einem fremden Planeten näherten, von dem sie
aus teleskopischen Vorerkundungen schon wüßten, daß er von Wesen
bewohnt sei, die die Minimal- oder Maximalbedingung der Vernünftigkeit allen Anzeichen nach erfüllten. Nun käme es nicht mehr darauf
an, was man dem Menschen zuzutrauen hätte, sondern was der Vernunft. Schließlich kam man nicht nackt, konnte nicht nackt kommen.
Was mußte die Grundüberlegung in der Frist vor der Landung auf
dem fremden Weltkörper sein? Durfte man sich auf die Indifferenz des
Wilden der Urszene Rousseaus verlassen, wenn man spektakulär vom
Himmel fiel? Wäre es von den Anderen ›vernünftig‹, sich auf die
Friedlichkeit der Ankömmlinge einzustellen, sofern ihnen deren Motive und Absichten unbekannt und auch gar nicht leicht bekannt zu
machen wären? Wie gibt man zu verstehen, daß man es bloß vor theoretischer Neugierde auf seinem Stern nicht mehr hatte aushalten
können? Ist ein beliebig höherer Grad der Vernunft, als die des Menschen es ist, im geringsten Gewähr dafür, daß man sich diesen Einfall
von oben gefallen lassen mußte und würde? Selbst der alte Gott ließ
sich so wenig gefallen, wie ihn die Irdischen vielleicht immer noch
verehrten, die da ihr Ziel erreicht hätten.

Nach dem ›Prinzip Verantwortung‹, hatte einer der besten Kenner
jenes alten Gottes die Irdischen vor ihrem astronautischen Aufbruch
eindringlich belehrt, solle man alles unterlassen, wovon man nicht
sicher sei, daß es keinen irreparablen Schaden für die Zukunft an-
richte. Gut, wenn das also Vernunft ist, dann wäre es für jede
Steigerungsform von Vernünftigkeit zwingend, nicht nur das Unbekannte nicht zu realisieren, bevor man es ganz und gar kenne, sondern
erst recht den Unbekannten keinen Zutritt zum eigenen Boden zu
gewähren, ihrem ungewissen Verhalten und Einfluß zuvorzukommen.
Und die perfekte Form der Prävention ist die Ausschaltung des Fremden. War Vertrauen nicht unvernünftig gewesen bei allen, die im
Zeitalter der Entdeckungen zwar auch, aber doch nur nebenher die
Neugierde ihrer Entdecker befriedigten? Und wenn diese ihnen nichts
zu nehmen vermochten, weil jene nackt waren, dann brachten sie ih-

nen Unbekanntes, Unverträgliches, Tödliches. Hat Vertrauen mehr
Affinität zur Vernunft als Mißtrauen, Feindschaft, Abwehr? Der
Astronaut im Einzugsbereich seiner Bahn zum fremden Stern ist mit
der Last der Entscheidung dieser sonst nur theoretisch durchgespiel-
ten Fragen beladen: Er muß wissen, was vernünftig ist, wenn man
nichts weiß. Er muß entscheiden, wie er sich verhalten wird als einer,
der nur absolut Fremder sein kann, da er doch nicht zweifeln kann,
was für die von seiner Ankunft betroffenen oder verblüfften Vernunftwesen ›vernünftig‹ wäre: ihm nicht zu vertrauen.
Da Distanz, das große Heilmittel des Rousseauismus für den *status
naturalis*, in der ›Handlung‹ der astronautischen Annäherung an die
Anderen von deren Himmel her geradezu skandalös zerstört würde,
bliebe den Landungswilligen vor ihrer definitiven Tat nur die Alternative: es als Freunde zu versuchen, aufs Vertrauen ankommen zu lassen,
oder die erwartete, erzwungene Prävention zur eigenen zu machen,
Klarheit der Unantastbarkeit als erstes zu erzeugen. Ist nun das eine so
›vernünftig‹ wie das andere, gleichursprünglich für die Option? Ist die
Freund-Feind-Disjunktion das genuine Kategorienpaar vernünftigen
Verhaltens? Schließlich bereitet die Erörterung dieser Frage nur ganz
im Hintergrund die andere vor: Sollte man überhaupt auf eine Reise
gehen, ohne vorher geklärt und entschieden zu haben, was man vor
der Landung dann doch entscheiden *müßte*?

Die Heterogonie von ›Feind‹ und ›Freund‹

Feindschaft ist eine politische Kategorie, Freundschaft eine anthropologische.

Daß es so ist, beruht auf den Bedingungen der Erkennbarkeit unter Erfordernissen der Zeit. Ein unsterbliches Wesen, das dazu beliebig viel Zeit aufwenden könnte, würde die Einteilung aller anderen auf demselben kategorialen Niveau vornehmen, ausgehend von einer schmerzlosen wie freundlichen Indifferenz, aus der nach Kriterien ausgesondert würde. Da diese Voraussetzung fehlt, muß über Feindschaft schnell, darf über Freundschaft langfristig entschieden werden. Die Gesamtheit der Folgen der Schnellentscheidung mit allen präventiven Aspekten und postoperativen Lasten konstituiert das Politische.

Feind ist präsumtiv jeder, der sich nähert. Er kann die Präsumtion nur widerlegen, indem er ›erkannt‹ wird oder ›sich ausweist‹ als einer, der das Langzeitverfahren der Befreundung schon durchlaufen hat. Wegen dieser möglichen Vergangenheit, die in die Erkenntnisszene hereinreichen mag, kann die anthropologische Kategorie die politische außer Kraft setzen. Aber das geht eben nur, weil es immer eine Vergangenheit und immer eine Erinnerung an sie gibt. Die ›Urszene‹, abstrakt konstruiert als Anfang aller anderen, ist absolut politisch. Deshalb mußte Gott Adams Rippe nehmen, damit keine Politik ins Paradies käme. Es war der unpolitische Zustand eines rein verwirklichten Quotensystems.

Damit die gedachten nachparadiesischen Begegnungen einander Fremder auf freier Ebene nicht zu viele Risiken enthalten, ist die Erkennung von nahen Verwandten und engen Freunden auf Distanz hochgradig ausgebildet, gesichert durch die ›Evidenz‹ nur weniger und kaum typisierbarer Merkmale; auch und zumal auf Erkennung vom Rücken her abgestellt, auf Merkmale der Haltung und Bewegung, mit denen erstaunlich gut der Mangel des Physiognomischen und Gestischen kompensiert werden kann. Wir kennen die, denen keinesfalls das Schicksal unserer Feinde zustoßen darf, von hinten so gut wie von vorne. Die auf Verhalten und Sichhalten spezialisierte Identifikation übertrifft vor allem auf große Distanzen bis zu einem halben Kilometer und mehr die Leistungsfähigkeit der auf Ausdruck und Mimik sublimierten Ablesungen. Daran liegt aber auch, daß ›Fremde‹ im extremen Sinn des exotischen Habitus äußerst undifferenziert erscheinen: Sie sehen alle gleich aus, sagt man dann mit einer aus dem Zusammenhang erklärbaren Resignation, die vor Zeiten tödlich sein konnte. Die Menschheit ist zu ihrem späten Schaden darauf eingestellt, den ›Fremden‹ in der Präsumtion als Feind festzuhalten. Daß es diese Ratsamkeit nicht mehr gibt, setzt die anher eingespielten Mechanismen nicht so schnell außer Kraft, wie sie entbehrt werden können. Auf jeden Fall werden dem derart Ungewissen höhere Anstrengungen auferlegt, sich der Präsumtion zu erwehren. Wenn Europa seine Binnengrenzen schleift, werden seine Außengrenzen aller Voraussicht nach umso undurchlässiger werden.

Wir leben wohl nicht in einer Welt, die der Erfüllung der Gebote von Nächsten- und Feindesliebe nähergekommen wäre. Etwas anderes wird in ihr klarer: daß diese beiden Gebote nichts miteinander zu tun haben, ja antagonistisch sind. Je näher uns die Nächsten kommen, umso ferner rücken uns die Fremden. Die Illusion der politischen ›Freundschaft‹ macht die, die von ihr ausgeschlossen sind, prägnanter zu ›Feinden‹, was heute weniger als früher schon eine tödliche Bedrohung für sie ist, dafür ein empfindlicher Nachteil, der tödlich werden kann: erschwerter Zugang zu Märkten, Ausschluß von Begünstigungen, von Verkehrsfreiheiten und Informationen. Die Welt ist zwar kleiner geworden, aber das verstärkt nur die Brisanz der in ihr stattfindenden Mikroentscheidungen der Nichterkennung. Die unbestimmte Angst vor den anderen ist gewachsen, und das heißt: diese enge Welt ist virtuell mehr rassistisch als eine frühere. Ein erschreckender Befund, weil diese Engwelt zugleich so ist, daß man sich Feinde zu haben in ihr nicht mehr leisten kann: Das Übermaß ihrer Mittel zur Exekution ist aus jedem Verhältnis zur möglichen Heftigkeit von Animosität ausgebrochen.

Dieser fatalen Sachlage entspricht durchaus eine aufgequollene politische Rhetorik, die mit Ausdrücken des Vertrauens arbeitet, darauf Vorschuß zu erteilen rät oder vorgibt, weil Eingeständnisse von Hilf- oder Ratlosigkeit außerhalb *jeder* Rhetorik liegen, zu deren Begriff schon es gehört, den Besitz von Gewißheiten anzuzeigen, die nicht zu haben sind. Schließlich wird eine ganze ›Technik‹ eingeführt, die das schlechthin Unverträgliche mühelos aneinander bindet: die der ›vertrauenbildenden Maßnahmen‹. Dabei ist Vertrauen umso zuverlässiger, je weniger man weiß, wie es zustandegekommen ist; der Bedarf von ›Maßnahmen‹ spottet dieses anthropologischen Sachverhalts. Daß er ›anthropologisch‹ zu nennen ist, macht zugleich die Abneigung aller Techniker und Rhetoriker vermeintlich politischer Urfreundlichkeit gegen ›Anthropologie‹ ganz plausibel. Deren Existenz oder Möglichkeit oder Zulässigkeit ganz zu bestreiten, gehört zu den Prämissen jener Rhetorik, und es hat seinen guten Sinn, sie nur hinter vorgehaltener Hand beim Namen zu nennen. Dieses Dilemma muß ausgehalten werden. Schon deshalb, weil es nicht das einzige ist, das die moderne Welt bereithält: Wir haben seit langem eine Landschaft betreten, die von Unlösbarkeiten starrt. Man kann es ablesen an der Zunahme der ›Ethikkommissionen‹, die in der Stoßrichtung der Ausbildung kritischer Situationen eingesetzt werden.

Es gibt einen Konvergenzpunkt von Theorie und Rhetorik, auf den ihre ›idealen‹ Leistungen zusammenlaufen und die Sätze produziert werden, die am Vorkommen des Allquantors erkennbar sind, also vom Schema des ›Alles ist …‹ Alles sei Eines, das war die Signatur der frühen griechischen Theorie, noch deren Differenzen zwischen Ionien und Unteritalien übergreifend. Und die monistische Reduktion ist Norm der Vernunft geblieben bis zu der Erwartung, die Natur werde sich der Physik in der letzten Einheit einer einzigen Formel darstellen. Die Geisteswissenschaften scheinen sich von der anderen Seite her diesem Punkt zu nähern, wenn sie sich Sätze erlauben wie den »Alles ist Sprache«. Da ist immer die Replik naheliegend: »Alles ist gar nichts«, und darauf die Duplik fällig »Das ist Nihilismus«. Ein unerfundener Dialog, der auch als erfundener veranschaulichte, wie die Annäherung ans Ideal der Vernunft die Erklärungsleistung minimiert. Zugleich ist die strukturelle Verwechselbarkeit mit der Rhetorik unabweisbar. Jeder weiß, daß keiner alles wollen kann, und dennoch ist der Satz »Wir wollen alles« ein Grenzfall rhetorischer Zuspitzung. Napoleon hatte noch zu Goethe gesagt, die Politik sei das Schicksal – um den Schicksalsbegriff der klassischen Tragödie als überholt und die Verpflichtung zu einer neuen Tragödie als gegeben zu proklamieren, ohne den gewünschten Erfolg bei Goethe, wie man weiß –, und seither gehört es zu den Lässigkeiten, den Ausspruch fallen zu lassen: »Alles ist Politik« (zumal, was und wer sich als ›unpolitisch‹ ausgibt). Der Werbeerfolg dieser Parole hat ihr noch immer recht gegeben; der

Einspruch, wenn etwas alles sei, dann sei alles nichts, wirkt dagegen
wie Mystik und wird wie solche behandelt: mit der periodisch fälligen
Aussicht, daß nichts alles wird: Wenn der Nebel der Unifikation sich
verzieht, hat man nicht Faustens farbigen Abglanz vor sich, sondern
wieder das Zerfallsprodukt aller Monismen, aller letzten Einheiten:
einen Dualismus. Er ist *das* Rezidiv der Vernunft, wenn sie ihrem Ziel
ganz nahe gekommen zu sein scheint: das Eine – und da ist auch
schon, als könne man es bei diesem nicht aushalten, das Andere. Auf
dem Scheitelpunkt seines Systemerfolgs gebiert der Platonismus die
Gnosis, der Monotheismus des Heils den Dualismus von Prädestination und Reprobation.

Wovon die Theologie handelt, ist der Entwurf einer Instanz, die *weder*
anthropologisiert *noch* politisiert werden kann: Gott ist niemandes
Freund und niemandes Feind. Doch gerade deshalb wird an ihm ge-
zerrt, ihn auf die eine oder andere Seite zu ziehen, das Artefakt des
labilen Gleichgewichts zu okkupieren. Was in seinem Namen geschieht, hat daher die Polarität von absoluter Feindschaft in ›heiligen
Kriegen‹, Verbrennungen, Genoziden *und* von absoluter Hingabeun-
vernunft, Vertrauensüberseligkeit, Genußverzicht. Aber gerade in der
vom Zenit des Absoluten her angestifteten Dualisierung wird die
Asymmetrie der Produkte deutlich: Der Feind ist nicht der Antago-
nist des Freunds, das Politische nicht in vollständiger Disjunktion die
Negation des Anthropologischen. Nicht zufällig ist der ›Freund‹
sprachlich dem Blutsverwandten nachgebildet – also einer sehr engen
Auswahl entnommen –, während der Feind ganz unspezifisch alles ist,
was ›übrigbleibt‹. Nur wer nicht weiß, was in der Anthropogenese
›Verwandtschaft‹ bedeutet hat, kann in diesem Herkunftsvermerk das
Ausspielen des Privaten gegen das Öffentliche und damit Politische
beanstanden. Nicht zufällig war die existentialanalytische Dualisierung des *einen* Lebens in Eigentlichkeit und Uneigentlichkeit gleichzeitig mit der von Feind und Freund im »Begriff des Politischen« von
Carl Schmitt, bei dem der eine *existenziell etwas anderes* ist als der
andere.

Stern ohne Neugierde

Der Mensch ist ein neugieriges Wesen, weil er nicht ausreichend programmiert ist auf die seinen Lebensbedarf und Lebensschutz kennzeichnenden Merkmale seiner Umwelt. Er muß in seine Umgebung nach allen Seiten vorstoßen, um sich nicht einer Lage auszusetzen, in der er der Bezugspol einer zustoßenden Umgebung wäre. In diesem Verstande ist er ein ›Aufklärer‹ von Rührigkeit.

Das schließt nicht aus, daß die theoretische Formation seiner Neugierde als Wissenschaft ein geschichtliches Produkt ist. Rousseau mußte sich den Menschen im Naturzustand als jeglicher Neugierde bar vorstellen, auch der auf seinesgleichen. Die menschliche Urszene nach Rousseau zeigt die vorkulturelle Friedlichkeit als reine Indifferenz eines jeden gegen jeden anderen. Man geht aneinander vorbei, läßt das Problem der Freund-Feind-Aufklärung gar nicht aufkommen. Erst der gesellige Mensch ist auch potentiell der gefährliche.

Diese Indifferenz gibt es überall in der Natur als spezifische Nonvalenz einer Art für die andere: die schiere Nichtwahrnehmung dessen, was mit keinerlei Bedeutungen besetzt ist, weder von Nutzen noch von Gefahr. Es ist dann so, als ob es nicht vorhanden wäre. Eine Drossel und ein Kaninchen nehmen einander nicht wahr; selbst die heftigste Bewegung des jeweils anderen hat keine Folgen.

Nun kann man sich vorstellen, genau dies sei der Effekt, der entstände, wenn Menschen jemals auf einem fremden Stern landen sollten. Dessen Bewohner könnten die hervorstechende Eigenschaft des völligen Mangels an Neugierde zeigen. Vielleicht beruhte dies auf ihrer Unfähigkeit, physische Gegenstände dieser Merkmale überhaupt wahrzunehmen. Doch schon der gänzliche Mangel von Neugierde wäre äquivalent der *Unsichtbarkeit* der gelandeten Fremdlinge für die Bewohner der von ihnen angesteuerten Welt.

Das ist eine unfreundliche Fiktion, weil jedermann geneigt ist, die Bewohner fremder Welten für Angehörige unserer Gattung zu halten, von denen sogar erhofft wird, daß sie einige Eigenschaften durch Vernunft zu günstigerer Ausbildung gebracht hätten. Ohne Herstellung von Intersubjektivität wäre für die Ankömmlinge die Erfahrung von ihresgleichen eine Enttäuschung.

So etwas gibt es auch im engen Raum des Planeten Erde selbst. Henry Kissinger hat in seinen Memoiren aus dem Jahr 1973 eine Episode berichtet, die seinen ersten Aufenthalt in Hanoi charakterisiert. Er hatte unzulässigerweise das Hotel verlassen, um einen Spaziergang zu machen. Die Erfahrung eines Mannes, der daran gewöhnt war, überall auf den Stationen seiner Reiseaktivität Aufsehen zu erregen, war deprimierend: *Die Menschen, denen wir begegneten, betrachteten uns ohne sichtbare Emotionen. Ihre Haltung war weder feindlich noch freundlich. Sie behandelten uns, als seien wir irgendwelche seltsamen Mutationen, die mit ihnen nichts zu tun haben könnten.*[5] Das ist zwar nicht die perfekte Verleugnung der Sichtbarkeit, doch die empfindlich werdende Annäherung daran.

Man ahnt den Grenzwert, denkt an das Erleiden derer, die alle anderen von sich wegsehen sahen, weil sie mit dem gelben Fleck stigmatisiert waren. Indifferenz kann wirksamer als Feindseligkeit sein: das Gegenteil eines Gastes, sich nicht wahrgenommen zu finden. Es hieße zu wissen, man werde eines Tages, sofern man bliebe oder bleiben müßte, an der eigenen Sichtbarkeit zweifeln. Sie ist, worauf wir bestehen. Sie hatte uns verwundbar gemacht, als wir Menschen wurden und den Schutz der Deckungen und Dickungen aufgeben mußten.

---

5 Henry A. Kissinger, Memoiren 1973-1974. München 1982, 35.

Was machen wir dann?

In der politischen Realität gibt es Augenblicke, in denen Leute, die lange darauf gewartet haben, die Macht auszuüben, an diese kommen und unversehens mit Gebärden der Ratlosigkeit und Verlegenheit erkennen lassen, daß sie insgeheim doch nicht damit gerechnet oder gar nicht einmal gewünscht hatten, sie könnten beim Wort genommen werden.

Es muß nicht gleich so fatal zugehen wie bei jenem selbsternannten Feldherrn, der am Tage des so lange vorbereiteten und erwarteten Kriegsausbruchs mit seinen nur zweitstärksten Feinden im engsten Kreise fragte: *Was machen wir nun?*

Allerdings hatte die Vorbereitung auf diesen Augenblick nur sechs Jahre gedauert. Viel länger schon bereitet sich die Menschheit auf den Augenblick vor, in dem sie mit fremden Wesen aus dem Weltraum zusammentrifft. Eine Geschichte der menschlichen Imagination müßte einen gewaltigen Anteil diesen Spekulationen überlassen. Zur Relativierung des menschlichen Selbstbewußtseins und der tellurischen Vorzüge mochten sie nützlich gewesen sein, am meisten fürs Satirische. Der Vorteil von Zeiten, die das noch nicht so ernst zu nehmen brauchten, weil es ihnen technisch unmöglich schien, jemals von dort nach hier oder von hier nach dort zu gelangen, ist für Leichtigkeit und Leichtfertigkeit der Ausdenkungen unverkennbar.

Inzwischen ist das Unmögliche zumindest denkbar geworden, und die Denkspiele haben sich entsprechend verernstet. Schon wird über die Sprache gesprochen, in der man ›Kommunikation‹ betreiben wird. Und schon versucht man, das erst mal ein wenig zu üben und viel Theorie darüber zu machen. Noch gehen die Bücher.

Was aber, wenn wir wirklich eines Tages auf dem bewohnten Planeten einer fremden Sonne gelandet wären? Glücklicherweise wird von den herzuströmenden Planetariern mit größter Wahrscheinlichkeit niemand verstehen, was die Gelandeten miteinander reden. Ich hoffe, sie werden nicht die schreckliche Frivolität jener unverantworteten Weltstunde wiederholen. Aber wird man ihnen ansehen können, daß sie nicht sicher sind, ob Lächeln auf diesem Stern nicht die Bekundung des Abscheus sein könnte?

Jedenfalls werden sie es schwerer haben als jener antike Philosoph, der nach dem Schiffbruch nackt an den Strand von Rhodos getrieben wurde und im Sand des Strandes geometrische Figuren gezeichnet fand, daraus auf die Vernünftigkeit der Bewohner des Landes schloß und sich stracks in deren Hauptstadt begab, um sogleich mit der Belehrung zu beginnen, die, wie Philosophen immer glauben, die Menschen dort mit Gewißheit schon lange entbehrt und ersehnt hatten.

Ich versuche mir die wichtigste Frage vorzustellen, die auf dem fernen Stern gelandete Astronauten sich werden stellen müssen, sobald sie Bewohner irgendeiner – jedenfalls einer sehr fremdartigen – Spezies zu Gesicht bekommen haben. Diese wichtigste Frage scheint mir zu sein: *Wird hier gedacht?*

Es ist darüber nachgedacht worden, ob man Menschen ansehen kann, daß und, gegebenenfalls, was etwa sie denken mögen, ohne daß sie es mitteilen. Was eine tüchtige Philosophie ist, hat sich längst Gedanken darüber gemacht, ob man den bloßen Mitteilungen anderer über ihre Gedanken genügend trauen könnte, daraus auf Denken zu schließen. Wittgenstein hat auf seinen Zetteln aus den vierziger Jahren dekretiert, der Begriff ›denken‹ sei kein Erfahrungsbegriff.[6] Das hochgelobte »Ich denke« des Descartes und fast der ganzen neuzeitlichen Philosophie verliert seinen Glanz, wenn man es als eine Feststellung nimmt, deren Bedeutung man nicht sehr genau kennt, der zu widersprechen man aber auch keinen zureichenden Grund hat. Ich habe gedacht, und ich glaube es mir. Andere werden es mir nur glauben, wenn es bestimmte Verhaltensweisen reguliert.

Wittgenstein denkt an Arbeit. Man sieht jemanden, der offenkundig Arbeit leistet, indem man ihm unterstellt, daß er etwas zustande bringen will. Nun kann man ihm für jede Teilstrecke des Vorgangs, mit dem er sich einem zunächst unbekannten, dann immer deutlicher werdenden Ziel nähert, so etwas wie ein Selbstgespräch zuordnen, mit dem er die Zweckmäßigkeit seiner Verrichtungen an dem Ziel mißt, das er erreichen will, und sich die jeweiligen Bestätigungen, Fehlleistungen oder Korrekturen eingibt. Die Zustimmung dazu, daß in einem solchen Fall gedacht werde, hängt an dem Beobachtungsergebnis, es werde mit Methode verfahren, verglichen, probiert, verbessert.

---

6 Zettel, § 96; Schriften Band V. Frankfurt 1970, 308.

Es sei, so Wittgenstein, *nicht zu entscheiden, w i e genau die Entspre-chung sein muß, damit wir den Begriff ›denken‹ auch bei ihnen anzuwenden ein Recht haben.*[7] Genau genommen, ist Denken nicht der Kern dessen, was beobachtet werden kann. Vielmehr ist es so etwas wie eine ›imaginäre Hilfstätigkeit‹ bei dem, was wahrnehmbar ist. Man stelle sich dabei *das Denken vor als den Strom, der unter der Oberfläche dieser Hilfsmittel fließen muß, wenn sie nicht doch nur mechanische Handlungen sein sollen.*[8]

Schon bei Wesen unseresgleichen also ist es nicht leicht, sie als den-kende zu qualifizieren. Wittgenstein hat es sich schwerer gemacht als Husserl mit seiner Theorie der Fremdwahrnehmung als Appräsenta-tion, die ihre Evidenz zunächst aus der bloßen spezifischen Leib-gleichheit nimmt – was uns ja genügen muß, wenn wir mit einem Leben auf *diesem* Planeten nicht scheitern wollen. Aber für ein Leben auf *anderen* Planeten genügt es zweifellos nicht. Denn spezifische Leibgleichheit ist etwas, was unter allen Wahrscheinlichkeiten astro-nautischer Erfahrung am wenigsten zuverlässig erwartet werden darf.

Aber darf Arbeit, im Sinne eines Inbegriffs zweckmäßiger Intentiona-lität von Verhalten, erwartet werden? Und würde man sie erkennen, sofern man nicht die Bedingungen der Welt kennt, unter denen solche Wesen ihre Aufgabe der Selbsterhaltung zu lösen hätten? Sie mögen arbeiten – aber unter welchen Voraussetzungen läßt sich die Zweck-mäßigkeit ihres Verhaltens erkennen, sofern man nicht die geringste Ahnung von den Intentionen haben kann, die sie verfolgen? Vielleicht hacken sie Holz; aber kein Astronaut würde vermuten, daß sie dies weder für Feuerungszwecke noch für Gasgeneratoren tun, sondern es ein Ritus ihrer Dämonenverehrung ist. Oder genügte es dabei, das Kleinmachen einer zunächst kompakten Masse als das Ziel einer sol-chen Tätigkeit leicht ausmachen und einer begleitenden Denkarbeit unterstellen zu können? Aber eben nur, wenn sich auch das Moment ablesen ließe, das die reine Mechanik des Prozesses als begleitende Kontrolle, als Methode von Korrektur, wesentlich verändert, funktio-nal sich untergeordnet erscheinen läßt.

Man muß eine Welt kennen, um von deren Bewohnern zu erfahren, ob

---

7 Zettel, § 102.
8 Zettel, § 107.

sie denkende Wesen auch nur sein könnten. Dann ließe sich auf die Frage: *Was machen wir nun?* die Antwort denken: *Kommunikation.*

Ist das wieder so ein philosophischer Anfall von Kommunikationsfreudigkeit, die vielleicht nur die sublimierte Form der Sekretion von Gemütsschmalz sein könnte? Es genügt nicht zu sagen, auch astronautisch müsse man schließlich miteinander ins Gespräch kommen. Die auf fernen Sternen einstmals Gelandeten müssen als Extremfälle riskanter Selbsterhaltung gedacht werden. Niemals zuvor, seit seiner Aufrichtung zur Zweibeinigkeit, wäre der Mensch so einsam, so verlassen, so gefährdet gewesen wie in diesem künftigen Augenblick. Denkende Wesen ließen zumindest die Erwartung offen, es könnten hilfreiche Wesen sein, und wenn potentiell feindselige, so im härtesten Fall zum Dienst zu zwingende. Also astronautischer Kolonialismus? Wenn man das in moralischer Reinheit gänzlich ausschließen will, muß man zu Hause bleiben. Ich rate dazu. Aber ich zweifle daran, daß man meinen Rat suchen wird, wenn die Zeit zum Aufbruch jemals kommen sollte.

Philosophen dürfen nicht sanft sein. Sie können, wie Nietzsche, in den Verdacht geraten, schrecklichen Dingen vorgedacht zu haben. Das liegt weniger an ihrem Gemüt, weniger an ihrer Moral, weniger an ihren Wünschen, als vielmehr an der Härte der Sachen, die sie zu bedenken haben. Wer hätte nach Malthus und Darwin verschweigen dürfen, was sich dem Denken an Aussichten eröffnete, wenn er denken konnte?

Wittgenstein, dieser Philosoph von bewährter Friedfertigkeit, hat den Zusammenhang von Erfahrbarkeit des Denkens anderer und Wahrnehmbarkeit ihrer Arbeit im Gedankenexperiment um ein Stück weiter gedacht: Was müsse man von Menschen erfahren und wissen, die man nur im Hinblick auf ihre Funktion betrachte: *Ein Stamm, den wir unterjocht haben, den wir etwa zu einem Sklavenstamm machen wollen.*[9] Muß man es da aufs Denken ankommen lassen oder sich gar dessen vergewissern? Oder spielt sich in diesem Verhältnis eher ab, was Wittgenstein so beschreibt: *Und wenn es gar vorkommt, daß die Sklaven spontan den Ausdruck bilden, in ihnen sei dies oder jenes*

9 Schriften Band VIII, 26.

vorgegangen, so kommt uns das besonders komisch vor.[10] Und da kann
es, hinüber wie herüber, schon im Alltäglichsten Unüberwindlichkei-
ten geben, auch wenn es Sprache gibt: *Denken wir uns nur Menschen,*
die keine Träume kennen und die unsere Traumerzählungen hö-
ren.[11]

Das Gedankenexperiment wird verschärft, einen Schritt weiter auf
unbekannte Wesen bezogen, *menschenähnliche Tiere, die wir als Skla-*
ven benutzen, kaufen und verkaufen. Sie können überhaupt nicht
sprechen, lassen sich aber in einigen Exemplaren zu *oft recht kompli-*
zierten Arbeiten heranziehen, so daß einige ›denken‹, andere nur
mechanisch arbeiten. Und der abschließende Satz auf diesem ›Zettel‹
nennt nicht das Kriterium, mit dem man die einen unter den anderen
herauskennen kann, sondern überrascht uns mit einer Feststellung,
die in die Philosophie des Geldes gehörte: *Für einen Denkenden zah-*
len wir mehr, als für einen bloß mechanisch Geschickten.[12]

An diesem Schlußsatz wird man plötzlich gewahr, mit welchem sonst
allgegenwärtigen Mittel die gelandeten Astronauten das Problem ihrer
Selbsterhaltung nicht lösen können. Aber, daß es ein Problem dieses
Augenblicks sein wird, ist deutlicher geworden, wenn der Traum von
jenen sanfteren und vernünftigeren Weltwesen in den Tiefen des
Raumes nicht leichthin mitgeträumt worden ist.

---

10 Schriften Band VIII, 27.
11 Schriften Band VIII, 28.
12 Zettel, § 108; Schriften Band V, 311.

Der Kiebitz

Mit Bezug auf Adam Smith, den Begründer der Politischen Ökonomie, konnte Markus Herz 1771 an Kant aus Berlin schreiben: *Ihr Liebling* (allerdings: wie Herr Friedländer ihm zugetragen habe). Aber der Erfinder der ›Invisible Hand‹ *war* ein Lieblingsautor Kants, und es ist für dessen Verständnis nicht unwichtig zu verstehen, weshalb. Jene ›unsichtbare Hand‹ des Jupiter war weder eine mythische noch eine religiöse Instanz; sie war metaphorischer Ausdruck für das Kriterium eines vernünftigen Systems, als das Smith auch die Wirtschaft hatte erweisen, nicht nur vermuten wollen: das der Selbsterhaltung; und Kant wird nichts Wichtigeres über die Vernunft auszumachen haben, als daß sie sich sogar gegen ihre tödlichen Selbstverwicklungen zu behaupten und erhalten vermag, als theoretische wie als praktische. Das System ihrer Kategorien und ihrer Autonomie ist das ihrer Identität, wie es die Wirtschaft der Nationen für deren Fortbestand nach Smith hatte sein können und sollen.

Nun braucht von der Bedeutung der Lektüre von Adam Smith' »Theory of Moral Sentiments« von 1759 hier nicht die Rede zu sein; und das, wovon die Rede sein soll, wird Kant nicht zugänglich gewesen sein, das undatierte, doch nach 1758 entstandene Fragment zur Geschichte der Sternkunde: »The Principles which had and direct Philosophical Enquiries, as illustrated by the History of Astronomy«.

Zum Kriterium der mentalen Selbsterhaltung schlägt Smith in diesem Fragment ein Gedankenexperiment vor: Eine Person von gesundem Verstand, ausgereifter Verfassung und Weltkenntnis soll mit dieser perfekten Ausstattung auf einen anderen Planeten versetzt gedacht werden (*to be all at once transported alive to some other planet*). Dieser Weltkörper soll von ganz und gar anderen Naturgesetzen als den hiesigen bestimmt werden. Wenn er nun dort seine Erfahrungen sammelt, müssen ihm die Vorgänge (*events*) im höchsten Maße unstimmig und verwirrend vorkommen, so daß er bald seinerseits in Verwirrung und Schwindelgefühl (*confusion and giddiness*) verfällt, bis hin zu Wahnsinn und Zerrüttung (*lunacy and distraction*). Dazu ist nicht nötig – und auf diese Restriktion kommt es Smith an –, daß es sich um gewaltige und aufregende oder auch nur ungewöhnliche Gegenstände handelt, sondern darauf, daß sie einander in ungewöhnlicher Weise folgen: *that they follow one another in an uncommon order*. Aber was ist das Ungewöhnliche, wenn es nicht der spektakuläre *Gegenstand*, wenn es nicht wieder das *Wunder* sein soll, mit dessen Kritik die Aufklärung gerade zurechtgekommen war?

Um diese Frage zu beantworten, zieht Smith das Kartenspiel heran. Lassen wir jemanden Leute beim Kartenspiel beobachten, der das Spiel nicht kennt, das gespielt wird: *unacquainted with the nature and rules of the games; that is with the laws which regulate the succession of the cards* ... Wenn er nicht herausbekommt, auf welches Gewinnziel die Spieler hinausgehen und nach welchen Regeln sie vorgehen, wird er nach Tagen und Monaten mit denselben Wahnerscheinungen zu tun haben, die von der Unordnung der Natur ausgehen würden: *lunacy and distraction*. Der Verstand erträgt nicht die aussichtslose Unkenntnis der Regeln, nach denen sich verhält, was ihm die Wahrnehmung vorstellt. Zunächst ist nicht ganz einsichtig, weshalb Smith sein Gedankenexperiment der Versetzung auf einen anderen Planeten abbricht und mit der Beobachtung des unbekannten Kartenspiels ersetzt. Er sagt nicht, daß es eine Steigerung des Problems ist und worin sie besteht. Am Kartenspiel sind Menschen beteiligt: die, die es erfunden und ›geregelt‹ haben, und die, die es spielen. Der Beobachter des Kartenspiels hat größere Gewißheit, daß nach Regeln verfahren wird, als der auf den fremden Stern Versetzte, daß es dort ›mit rechten Dingen zugeht‹, weil er dazu an einen Weltenlenker glauben mußte, der es zwar schwierig, aber nicht hoffnungslos für die Vernunft gemacht hat und nach seiner Wesensart keinem Dämon die Macht überlassen dürfte, nach Belieben und Laune gegen die göttlichen Regeln zu verstoßen. Aber entgegen aller Metaphysik ist der Spielbeobachter besser dran: Er braucht keinen Gottesbeweis, keine Theologie, kein Seinsvertrauen. Ihm kann genügen, daß die Spieler miteinander und gegeneinander, ganz allein als Spielende, für die Regelbeachtung einstehen, wie unzugänglich dem Zuschauer das Regelwerk auch sein mag. Diese Differenz von Naturgesetz und Spielregel hat Smith nicht eingeführt; sie ist aber die einzige Erklärung dafür, daß er sich mit der Verwirrung des Planetenfremdlings nicht begnügt. Smith wäre nicht der Begründer der ökonomischen Theorie, hätte er nicht im Auge, was zu sagen er sich wohl kaum getraut hat, daß die Erfahrung anderer Menschen

und an deren Taten und Werken trotz aller ›Exaktheit‹ der Naturwissenschaft einen höheren Grad theoretischer Effizienz hat und strengere – im Beispiel: unerfüllte, obwohl prinzipiell erfüllbare – Anforderungen an die Erfahrung stellt. Die Kartenspieler tun ständig etwas,
was so sein muß, wie sie es tun, sonst wäre das Spiel längst ›geplatzt‹;
sie haben ihnen verständliche Motive und Verfahrensweisen, von Friedensfreunden mit Vorliebe ›Strategien‹ genannt, und rechtmäßige
Gewinne wie Verluste, mit denen sie belohnen und strafen, obwohl sie
keiner Macht über sich dieses Recht vertraglich abgetreten hätten. Sie
kennen nicht nur das Spiel, sie sind im Spiel, nur der Kiebitz steht
draußen davor. Das macht ihn irre, aber es ändert nichts an seiner
Gewißheit, daß er es mit Seinesgleichen zu tun hat und alles nach der
Vernunft von Regelhaftigkeit verlaufen muß. Anders gesagt: Eher
wird *er* verrückt, als daß er *die anderen* dafür hält.

Das ist, auf weitem Umwegbogen erreicht, das Resultat der Kritik der
Aufklärung an den Wundern der Bibel. So nackt und bloß ist es nicht
gesagt worden: Eher müßte sich der, der ein Wunder wahrnimmt, für
das Opfer eines Wahns halten, als daß sich seine Wahrnehmung zum
Beweis von irgendetwas über der Natur oder gegen diese verwenden
ließe. Nun soll bei Smith das Ganze ein *argumentum a fortiori* sein:
Wenn schon ein simples Kartenspiel langfristig zu Lasten des Beobachters seine Regularität behauptet, um wieviel mehr fällt bei einer
einzelnen Naturerscheinung, die gegen die Naturordnung zu versto
ßen scheint, die Last auf deren Beobachter: Er muß sich zurechnen
lassen, daß bei ihm etwas nicht stimmt, an seinen Daten und Mitteln,
und eben deshalb wird er es nicht darauf ankommen lassen, vielmehr
seine Identität verteidigen, indem er die der Natur zur Generalprämisse aller seiner Erkenntnisse macht. Man könnte fortfahren zu
sagen, es müßte nur noch die wirksamste Absicherung gefunden werden, die den Erscheinungen gar keine Chance ließe, sich gegen ihre
Einstimmigkeit zu erheben und durchzusetzen. Es gibt keinen Ausnahmezustand der Natur, jedenfalls gab es ihn nicht, bis der Begriff
der *Singularitäten* eine neue Lizenz einzuführen schien. Aber mit
›Singularitäten‹ ist es so eine Sache: Die Wissenschaft bäumt sich auf
unter den Peitschenhieben der Zumutung, sie zu akzeptieren, denn sie
weiß oder ahnt, daß es um ihre ›Existenz‹ geht – sogar auf diese abgesehen ist, ohne daß es dazugesagt würde –, und es ist der Inbegriff von
Vernünftigkeit, daß die bedrohte Existenz ihre Selbsterhaltung zur

Grundregel ihres Verhaltens macht. Schon Smith hat den Grenzfall des *even a single event* für seine Versuchsperson in Erwägung gezogen; aber er wäre erkennbar nicht so glücklich gewesen, wie die Besitzer von ›Singularität‹ als Sendlinge des ›fremden Gottes‹, den schon Markion vorgesehen hatte und der ihm ermöglichte, das Mißfallen an der Welt dem boshaften Verfertiger derselben zuzuschieben. Wirken aber *zwei* Götter in die Wirklichkeit herein, muß mit allem gerechnet werden – es sei denn, der Mensch hat eine Vernunft, die sich auch dieses nicht gefallen läßt. Die Vernunft Kants, im Besitz eines vollständigen Regulationssystems für eine Welt überhaupt, ist die konsequente Lösung. Ihr kann nicht widerfahren, was Smith durch die *Invisible Hand* für menschliches Verhalten (wie *a game of cards*) ausgeschlossen, für die Natur aber nicht gleichermaßen behoben hatte, daß nämlich zu vieles Ungewöhnliche schließlich doch das Subjekt ›verzweifeln‹ läßt: *for the violent disorder can arise from nothing but the too frequent repetition of this smaller uneasiness.* Gibt es solchen kumulativen Effekt der Gewöhnungsverweigerung? Die Antwort ist nicht, daß es ihn nicht geben darf oder faktisch nicht gibt, sondern daß es ihn nicht geben *kann*, weil er mit den Bedingungen der Identität der gedachten ›Versuchsperson‹ in Widerspruch steht. Sie wäre, gegebenen Falls, nicht mehr dieselbe, und es gäbe folglich das postulierte Bewußtsein nicht.

Andere Planeten sind als Versuchsstationen für dieses Problem überflüssig. Die Versuchsperson, als vernünftiges Subjekt, bringt überallhin in der Welt, wohin man sie auch versetzt dächte, die ›Bedingungen‹ mit, unter denen sie Erscheinungen ›akzeptiert‹ – diese als zu *einer* Welt gehörig und sich als dieses *eine* Subjekt jeder Erfahrung bleibend in Verwahrung zu nehmen. Insofern ist Astronautik ganz uninteressant, weil durch Astronoetik ums exotisch Gedachte betrogen.

Ganz Andere?

Es gibt Wissenschaften, deren Resultate und Theoreme wie Karikaturen menschlichen Verhaltens und menschlicher Einstellungen aussehen. Naheliegend in der Ethnologie.

Ihre Richtungsausschläge bewegen sich zwischen zwei Optionen: Die eine: Bei den anderen ist alles anders.

Die andere: Bei den anderen ist alles genau wie bei uns.

Die zweite Option läuft auf Tröstlichkeit hinaus, und das macht sie immer wieder willkommen. Denn Umkehrung ist möglich: Auch wir können darauf rechnen, überall und von jedermann jederzeit verstanden zu werden. Wir dürfen sogar darauf bestehen.

Nur – wir sind dann eben für die anderen so uninteressant wie diese für uns. Man weiß alles von einander schon.

Deshalb lebt die erste Option davon, daß sie interessant ist. Alles bleibt möglich, und es gibt nichts, was es nicht gibt oder doch wenigstens jederzeit geben könnte.

Unsere heimliche Sehnsucht, das Weltall möge reichlich bewohnt sein, ist nur eine Projektion der beiden Grenzwerte. Wir möchten uns überall wiederfinden und darin getröstet werden, es ginge eben nicht anders, als es mit uns gegangen ist und nun steht. Aber zugleich – und in aller Heimlichkeit – erwarten wir uns doch das Überinteressante, das kein terrestrischer Urwald mehr bereithält: die ganz Anderen.

Kriegführung auf dem Mars

Die schwerste Enttäuschung aller auf den Weltraum gerichteten Phantasien war die Landung von Sonden auf dem Mars, deren automatische Analysen auch nicht die Spur von organischer Substanz erbrachten. Fast ein einziger Augenblick löschte all das aus, was seit den ersten teleskopischen Blicken auf die rätselhaften Zeichnungen der Oberfläche des Planeten an Kühnheiten dorthin projiziert worden war. Noch ist es wenige Jahrzehnte her, daß Gedankenspiele von intelligenten Bewohnern des Mars auf Reaktionen stoßen konnten vom Typus: Warum nicht? Das Privileg von Solisten der Vernunft war uns überaus lästig. Mußte man nicht mit dieser kostbaren Substanz Besseres anfangen können, als wir es getan hatten?

Aber was? Wozu eignete sie sich mehr als zu dem, was der Mensch tatsächlich mit ihr zustande gebracht hatte? Das Verhalten von Vernunftwesen auf dem Mars spielt eine Rolle in den Gesprächen, die Ludwig Wittgenstein in den Jahren 1929-1931, vor seiner Rückkehr nach Cambridge, in Wien mit Mitgliedern des alsbald so genannten »Wiener Kreises« des logischen Neopositivismus geführt hat und deren Aufzeichnung durch Friedrich Waismann wir besitzen. Wittgenstein selbst wird diesem Kreis nicht angehören, der noch unter dem Einfluß seines »Tractatus« steht, während er nach dem Begriff der ›Sprachspiele‹ tastet, dessen Bestimmungsstücke er bereits besitzt.

Das eben zeigt sich bei dem Gedankenexperiment von Verhaltensweisen auf dem Mars, die in schönster Selbstverständlichkeit kriegerischer Natur sind: *Wenn es Menschen auf dem Mars gäbe und sie so Krieg miteinander führten wie die Figuren auf dem Schachfeld, dann würde der Generalstab die Regeln des Schachspiels zum Prophezeien benutzen.*[13] Es geht um die Frage, wodurch sich die Syntax einer Sprache von den Regeln des Schachspiels unterscheide, und um die Erläuterung der Antwort, der Unterschied bestehe in der Anwendung. Die Syntax einer Sprache lasse sich aufstellen ohne jeden Zusammenhang mit der Frage, ob sie sich je werde anwenden lassen. Es ist nicht die Anwendbarkeit, die das System ihrer Regeln rechtfertigt. Eine Syntax

---

13 Wittgenstein, Schriften Band III, 104; 19. Juni 1930 bei Schlick.

läßt sich nicht begründen, und sie ist daher für sich allein zu betrachten als ein Spiel nach der Art des Schachspiels. Gezeigt werden soll, daß die Alternative nicht exklusiv ist, Zeichen hätten entweder eine Bedeutung, die sie nicht selbst enthalten, oder sie seien ausschließlich materielle Gegenstände, die man ›Zeichen‹ nenne, und nichts weiter. Das Schachspiel aber zeige, daß es noch etwas Drittes gibt, wenn man die Zeichen in einem Spiel verwende, wo sie weder auf etwas anderes hindeuten noch diese materiellen Gegenstände allein sind, wie es die Figuren des Schachspiels eben auch sind.

Die auf dem Mars angewendet gedachte Spielstrategie würde es zur Frage einer wissenschaftlichen Prognose machen, ob sich bei einer bestimmten Konstellation ein Matt erreichen lasse und in wieviel Zügen dies möglich sei. Diese Frage wäre sogar, so könnte man Wittgenstein weiter denken, ganz unabhängig von der Voraussetzung, daß es sich bei den auf dem Mars beim Kriegsspiel beobachteten Wesen um so etwas wie Menschen handle, sofern man nur sicher sein könne, daß die Regeln ihres Spiels aus dessen Vollzug vollständig ablesbar wären.

Die planetarische Distanz der Fiktion erlaubt es dem gedachten Zuschauer, allein den Fortgang und Ausgang der Sache zu seinem Thema zu machen; und genau das ist es, was seine theoretische Einstellung ausmacht. Betrachtet er nicht die Konstellationen der Figuren und ihre Bewertung, versetzt er sich in die Rolle der Parteien, wird Ernst aus dem, was nur dem Betrachter als Spiel erscheinen kann. Jeder der beiden Seiten muß unterstellt werden, daß sie gewinnen will und daß ihre Opfer sie schmerzen, was es auch immer für diese selbst bedeuten mag, auf einem fremden Weltkörper aus dem Spiel genommen zu werden. Es ist ein Unterschied, ob man das Spiel gewinnen oder ob man dessen Ausgang vorhersagen will.

Von einer Variante des Gedankenexperiments Wittgensteins, die Waismann als Nachtrag überliefert, sagt der Herausgeber der Gespräche, sie sei Wiederholung ohne wesentliche Änderungen. Das aber ist eine Unterschätzung. Wittgenstein will hier den Unterschied von Spiel und Erkenntnis, also von Involution und Distanz – nicht jene dritte Interpretation der Zeichen – verdeutlichen: *Wenn auf dem Mars die Menschen so Krieg führten, wie wir Schach spielen, so würden die Regeln des Schachspiels sofort eine ernsthafte Bedeutung gewinnen und der Generalstab würde sich mit dem Schachspiel ebenso beschäf-*

tigen, wie jetzt mit der Landkarte.[14] Dieses ›wie jetzt‹ ist ein Herausfallen aus der Fiktion. Es müßte heißen ›wie hier‹: wie Generalstäbe *auf der Erde* sich mit Landkarten beschäftigen, weil ihre Kriege eben keine schachspielartigen sind.

Aber das Moment des Ernstes hängt von dieser Differenz nicht ab. Es ist jenseits des Spielfelds begründet. Dort nämlich, wo erkennbar werden kann, was durch den Ausgang des Spiels in der Wirklichkeit entschieden wird. Man denke vergleichsweise daran, was im Zeitalter der ›Gottesurteile‹ durch ein Turnier von zwei Rittern entschieden werden konnte, weil es die Rahmenbedingung der bloßen Sichtbarmachung eines unbekannten absoluten Willens gab, der sich dieses Organs nur bediente, ohne mit ihm identisch zu sein.

Die Fehlleistung, die im letzten Satzstück Wittgensteins ›wie jetzt mit der Landkarte‹ steckt, wird noch aufschlußreicher, wenn man eine dritte Version des Gedankenexperiments heranzieht, in der mit Leichtigkeit die exotische Szenerie des Spiel- und Schlachtfeldes auf dem Mars preisgegeben und die Projektion schlechtweg zurückgenommen ist. Da geht es, am 21. September 1931 im Stadthaus der Wittgensteins an der Wiener Argentinierstraße, um den Unterschied zwischen Sprache und Spiel – fast noch ahnungslos von der Vereinbarkeit und alsbaldigen Vereinigung der beiden Elemente im ›Sprachspiel‹.

Zunächst versucht es Wittgenstein mit einer Grenzziehung dessen, was Spiel heißen kann; es höre dort auf, wo der Ernst beginne, und der Ernst sei die Anwendung. Doch das genügt ihm noch nicht. Man müsse weiter gehen und sagen: *Spiel ist das, was weder Ernst noch Spaß ist.* Der Ernst liegt darin, daß Ergebnisse eines nach Regeln durchgeführten Spiels, also eines Kalküls, für das tägliche Leben gebraucht werden können. Das mache den Ernst der Operation aus, die für sich genommen weder Spaß noch Ernst sei; der Ausgang allein entscheide über das, was in der Rechnung selbst nicht entschieden werde. Dem Kalkül sei nicht anzusehen, ob er Ernst sei oder zum Vergnügen diene: *Ein Kalkül ist Spiel, wenn ich ihn so auffassen kann, daß er mir Spaß macht. Im Kalkül selbst liegt weder die Beziehung auf den Ernst noch auf den Spaß.* Das wird wiederum erläutert an der Schachspielartigkeit eines Krieges. Der muß diesmal nicht auf den Mars hinausgedacht werden – und naheliegenderweise gerade deshalb,

14 Schriften Band III, 163.

weil der Ausgang mit den nur unter irdischen Bedingungen bekannten
Folgen über den Ernst des Ganzen entscheidet: *Denken wir an das
Schachspiel! Heute bezeichnen wir es als Spiel. Gesetzt aber, ein Krieg
würde so geführt werden, daß die Truppen auf einer schachbrettförmi-
gen Wiese miteinander kämpfen, und daß derjenige, der matt gesetzt
wird, den Krieg verloren hat. Dann würden sich die Offiziere genau
so über das Schachbrett beugen, wie heute über die Generalstabskar-
ten. Das Schach würde jetzt kein Spiel mehr, sondern Ernst.*[15]
Man sieht, wie die leichte Verschiebung der Fragestellung nicht nur
drei Varianten derselben Fiktion in Dienst nimmt und verformt, sondern auch das distanzierende Moment der Projektion des Konstrukts
auf den Mars überflüssig macht – mehr als überflüssig: zur Einführung der zwingenden Ernstlichkeit ungeeignet, die nur von der historischen Vertrautheit der Ausgänge von Kriegen und deren Folgen für
ein Wesen von der Art des Menschen in das Spiel selbst hereinschlägt
und die ›Einstellungen‹ der darein Verwickelten determiniert. Wesen
auf dem Mars könnten so beschaffen sein, daß Spielausgänge unter
keinen Bedingungen für sie letal würden; dazu bedürfte es vergleichbarer Vorkehrungen wie bei Tieren, die Kämpfe um Reviere und
Gattungsrechte nur zum Austrag eben dieser Rivalitäten führen.
Nichts aber als das von Wittgenstein gewählte Beispiel könnte besser
veranschaulichen, daß es in seinen Sprachspielen weder allein um Spiel
noch allein um Sprache geht und man die spätere Angabe, es handle
sich dabei um so etwas wie ›Lebensformen‹, beim Wort zu nehmen
hat. Lebensform ist das Sprachspiel, in dem auch die Sprache vorkommt, ihre Verwandtschaftsähnlichkeit mit anderem Verhalten. Man
begreift, wie förderlich es für die Annäherung an diesen Sachverhalt
gewesen war, sich des noch ungetrübten interplanetarischen Glaubens
an die Erbauer der Marskanäle zu bedienen. Sie wären gewesen, was
›Lebensform‹ definiert: *Das Hinzunehmende.*[16]
Das Erstaunliche ist, daß die mythische Namentlichkeit des Planeten
durch die lang gehegte zivilisatorische Sympathie wieder durchge-
schlagen war. Als man die Schraffuren auf der Oberfläche des Mars im
Maße der Leistungsfähigkeit der Fernrohre als Kanäle zu deuten begann, kam das Vertrauen in eine der klassischen Urleistungen der

---

15 Schriften Band III, 170.
16 Lebensformen als das, was hinzunehmen ist: Schriften Band I, 539.

Vernunft auf: der ganze Planet ein in emsiger Kultivierung geschaffenes System der Bewässerungen, der Abringung von Nahrung inmitten einer zu deren Gewährung ihren Bewohnern wohl nicht besonders günstigen Natur. Der demiurgische Mensch sah sich auf der fernen sonnenbeleuchteten Scheibe abgebildet. Er verstand sich in dem, was ihm an sich selbst wesentlich war in einer Epoche, die ihm erstmals diesen Anblick kraft seiner Kunstfertigkeit bot.

In Wittgensteins Gedankenexperiment scheint diese Erinnerung verblaßt. Er war der Mann, der aus dem Ersten Weltkrieg zurückgekehrt war mit dem Entschluß, die philosophische Episode seiner Jugend endgültig hinter sich zu lassen. Als die Wiener Gespräche geführt wurden, näherte er sich einer neuen Art von Philosophie. Aber, was er Sprachspiele nennen würde, stand ihm noch im Zeichen des Mars.

Die Welten und die Vernunften

Die Aufklärer haben es schwer mit einander, noch schwerer als mit denen, die aufzuklären wären.

Liegt es an Temperamenten, Psychopathien, an Differenzen über Tempo und Methode der auszuteilenden Erhellungen? Gewiß auch, aber nicht vorwiegend. Die Vernunft, auf die sie sich als maßgebende Instanz berufen, schafft die Zerwürfnisse: Wer sollte sie festlegen, da doch alle Festlegungen von ihr allein erwartet werden? Daher die Zutaten: die skeptische Vernunft gegen die dogmatische, die kritische gegen beide, die gesunde gegen die kritische, die der Selbsterhaltung gegen die idealistische, die kritische in neuer Fassung gegen die instrumentelle jener Selbsterhaltung. Diese Zutaten sind nur darin bedeutend, daß sie die Verlegenheit verraten, mit der auf ein Organ Bezug genommen wird, dessen vorrangigste Bestimmung die der absoluten Einheit ist. Was auch immer die Vernunft sein mag, eine und nur eine kann es sein. Jede Pluralität von ›Vernunften‹ – und nicht zufällig hat die Sprache auf diesen Plural verzichtet – implizierte die weitere und endlich einzige Vernunft darüber.

Deshalb erscheint es als ein Meisterwerk der Definition, Vernunft sei, was in allen Welten gilt. Das ist tautologisch. Es ist aber auch ein Paradox, denn die Gültigkeit der Vernunft in allen Welten verhindert gerade auf der letzten Defensivlinie, daß von ›Welten‹ in diesem Plural überhaupt zu reden ist: Die Welt ist diese *eine*, weil in ihr die Mehrfältigkeit von ›Vernunften‹ nicht gedacht werden kann.

Diese schöne Bestimmung ist nicht umkehrbar: Was in allen Welten gilt, muß nicht Vernunft sein. Es wäre als der letzte Triumph des cartesischen *Genius malignus* denkbar, daß in allen Welten dieselbe Aberration von Vernunft, die gleiche Unvernunft herrschte. Oder wäre dann diese, als das in letzter Instanz Unmerkliche, die Vernunft?

Wer sich jemals den Kopf zerbrochen hat, weshalb sehr viel Geld für riesige Parabolantennen ausgegeben wird, um aus dem sinnlosen Geräusch, das vom Weltraum und seinen Tiefen her zu uns dringt, die ›Signale‹ abzuhören und auszufiltern, die vielleicht von vernünftigen Wesen in fernen Welten auf gut Glück mit ebenso aufwendigen Sendern abgestrahlt werden – wer an der ›Relevanz‹ solcher Astronoetik irgendwann gezweifelt haben sollte, statt in die Erforschung des Erforschbaren als Ausdruck unserer Wesensart oder Geschichtssituation einzuwilligen, mag an der Involution des Gedankens etwas finden, es ginge um die empirische Bestätigung des Satzes, an dem wir ohnehin nicht zweifeln können, Vernunft sei, was in allen Welten gilt. Dann nämlich wäre die Nachfrage sinnvoll, was aus dieser einen Vernunft in zeitversetzten Welten noch werden kann. Vielleicht bleibt uns durch Stummbleiben des Alls die Enttäuschung erspart, in allen Welten herrsche die gleiche Unvernunft in Gestalt der Differenz darüber, *welche* Vernunft es sein solle, die gilt.

Denn es gibt nichts Unvernünftigeres, als eine Vernunft gegen eine andere zu setzen, die *gesunde* Vernunft gegen die *kritische* auszuspielen, wie es etwa der Berliner Aufklärer Friedrich Nicolai gegen den Königsberger Aufklärer Immanuel Kant 1799 mit dem heiter lesbaren Pamphlet getan hat: »Ueber meine gelehrte Bildung, über meine Kenntnis der kritischen Philosophie und meine Schriften dieselbe betreffend, und über die Herren Kant, J. B. Eberhard und Fichte«. Aber natürlich, Nicolai hatte nicht angefangen mit der Attributionsbedürftigkeit der Vernunft, und man muß es ernster nehmen, daß er an Kants Duplizierung der Vernunft als des Subjekts und Objekts der Kritik Anstoß nahm und sich – noch ohne Kenntnis dessen, was seither sich alles aufs ›Gesunde‹ berufen hat – zur *gesunden Vernunft* flüchtete. Von den Olympiern der Klassik verspottet zu werden, dagegen freilich half Nicolai nichts wieder auf. Wenige waren mutig genug, das den »Xenien« nicht durchgehen zu lassen, wie Heinrich Meyer: *Unter die gemeinsten Angriffe gehören die von Goethe und Schiller, die die unsauberste Sache dabei vertraten, nämlich ihren Literatenschwindel mit den »Horen«, die ihnen niemand abnahm und in denen sie ablegten, was ihnen gut genug für das Publikum schien.*[17]

Der Bescheid, Vernunft sei, was in allen Welten gilt, ist schon eine Ausflucht, die sich des radikaleren Mittels nicht mehr bedienen konnte, das in einem ›hypothetischen Atheismus‹ liegt: Vernunft sei, was auch dann gilt, *etsi deus non daretur*. Das ist ein Irrealis, der es schon für spätmittelalterliche Disputationen, dann aber vor allem für die Begründung eines neostoizistischen ›Weltrechts‹, später Völker-

17 Heinrich Meyer, Was bleibt. Stuttgart 1966, 194.

recht, durch Hugo Grotius' »De jure belli ac pacis« brauchbar
machte. Weit entfernt davon zu meinen, es müsse eine in allen Welten
gültige Vernunft geben, *weil* kein Gott dafür zu sorgen scheine, daß es
allerorten vernünftig zugehe. So könnte die radioteleskopische Astronoetik darum besorgt sein, diesen Nachweis zu führen: Vernunft ist
über den Weltraum verteilt wie die Materie, was sich dann am besten
von selbst verstände, wenn der Ursprung dieser Materie vom ersten
Augenblick an die teleologische Insemination für vernünftige Wesen
enthalten hätte, wie es Hans Jonas im hohen Alter uns noch heraus-
spekuliert hat (Hannover, Juni 1988).

Den beiden vorgelegten Definitionen, Vernunft sei, was in allen
Welten und allenfalls auch dann, wenn kein Gott existiert(e), Verbindlichkeit hat, steht eine weitere näher als dem ersten Blick ersichtlich:
die der ›freien Variation‹ als Methode der Phänomenologie Husserls.
Zwar verspricht diese nur, es würde ›das Wesen‹ bleiben, wenn ›das
Dasein‹ reduziert wäre, aber der Konvergenzpunkt solcher durch Reduktion freigesetzter Variation ist doch, daß Vernunft gerade das ist,
was aller Freiheit der Variation standhielte: der harte Kern der ›Sachen‹.

XIV. Rückblick und Rückkehr

Verschiedene Arten, aus dem Weltraum zurückzukehren

Außenansicht

Die Erinnerung aller an alle könne nicht das *nobile officium* der Menschlichkeit höheren Sinnes sein, ist eingewendet worden, denn dann könne nur noch jeder unter der Erinnerung ersticken.

Nun wäre es töricht, das zu bestreiten. Wir genügen dieser Pflicht so wenig wie anderen. Nur ist die Frage, ob unsere Insuffizienz dem Begriff dieser Obliegenheit, alles Menschliche für erinnerungswürdig und bewahrenswert zu erachten, etwas anhaben oder abnehmen kann.

Es gibt Pflichten, die trotz ihrer Unerfüllbarkeit fortbestehen und deren Funktion dann zu anderen Formen ihrer Abtragung führt. Die Politik ist das Schicksal geworden, spätestens seit Napoleons Ausspruch, sie sei es, und das trägt den Pflichtbegriff, an den Napoleon dabei nicht dachte, daß es Sache von jedermann sei, sie zu betreiben. In Verruf gerät damit das Prinzip der repräsentativen Institutionen. Die Delegation der Zuständigkeit von jedermann an gewählte Vertreter macht virtuell aus denen, die vertreten werden, jene ›Unpolitischen‹, die Thomas Mann vor Zeiten einmal als deutsches Ideal entdeckt hatte.

Man muß das Ärgernis an denen, die sich der Kompetenz entziehen, für ihr Schicksal selber einzustehen und darüber ständig zu befinden, mit aller Schärfe gelten lassen, um sogleich die Aporie erkennbar zu machen, die darin besteht, daß ein ›Schicksal‹ wertlos geworden ist, dessen Selbstbestimmung ganz diejenigen ausfüllt und umtreibt, die ihm unterworfen sind. Wer ganztägig und ganzjährig und lebenswährig das politisch selbstbestimmende Wesen sein will, das durchaus im Wesen der Sache liegt, gerät in den Widerspruch, daß er nicht mehr tun und sein kann, wofür jenes zu tun seinerseits Sinn hat und behält. Die Freiheit, die er verteidigt, ist für nichts mehr frei. Das Recht, das er mitvollziehend setzt, schützt nur noch ein Vakuum, nämlich den Raum seines Vollzugs. Die Sicherheit, die erworben oder verteidigt wird, wird selbst zum Inbegriff ihrer Zwecke.

Delegation der politischen Kompetenz für das ›Schicksal‹ verhindert, daß zum Lebensinhalt wird, was das Leben zum Inhalt haben muß. Gewiß, es ist ein Kunstgriff, ein Trick dieses Lebens, so ›entpolitisie-

rend‹ zu verfahren. Aber die Pflichten, für die wir nur *ein* Leben
haben, können wir nur in solchen symbolischen Annäherungen und
listigen Substitutionen erfüllen. Schon deshalb, weil jeder doch auch
Rechte hat, deren Verteidigung nicht mehr erfordert als die Abschirmung von Zeit und Energie für sie – etwa das Recht auf Genuß. Es
wäre Heuchelei zu leugnen, daß die Delegation von Pflichten nicht
nur wegen Überlastung mit ihnen erfolgt, sondern auch zur Entlastung für anderes als Pflicht – etwa für den Genuß. Nur darf das
Dilemma des endlichen Wesens zwischen seinen Pflichten und Rechten dabei nicht verleugnet werden. Es besteht, es will ertragen und
sogar ›bekannt‹ sein.

So kann die Erinnerung zu dem werden, was anderen auferlegt wird
oder was diese auf sich nehmen. Das gilt, soweit die Geschichte reicht,
schon für die Erzeugung der *memoria* als *gloria* und verbindet sich
hier mit der pompösen Wahrheit von der Politik als Schicksal: der sie
als dieses bezeichnete, hatte für die Hinterlassung seiner Geschichte in
der Geschichte das Millionenheer seiner Opfer aufgeboten, die Vete-
ranen seiner Leichtfertigkeit, die er als Übergröße verstanden und
bewahrt wissen wollte. Das ist nur einer der Grenzfälle der Produktion von *memoria*.

Dann nährt diese Produktion das Heer der Rezipienten, denen die der
Erinnerungslasten Überdrüssigen es überlassen haben, die Erinnerung
durchzuarbeiten, auch mit der Illusion, sie würde dabei ›abgearbeitet‹.
Aber das gilt nur in Grenzen. Keine Geschichtsarbeit hat verhindern
können, daß Napoleon den Standard dafür gesetzt hat, was *gloire* ist,
und auf seinen Nachlaß an Elend dabei kaum ein Blick gefallen ist.
Eine Historie, die sich weigert, von der gesetzten *gloire* Notiz zu
nehmen, begünstigt nur den Mythos, der sich der Kritik entzieht,
indem er Bilder produziert. Auch wenn es nur Allegorien sind: das
Bild der Marianne, 1985 offiziell ›modernisiert‹ mit dem Blick auf die
Filmschauspielerin Cathérine Deneuve.

Die Delegation von Erinnerung ist nur möglich, weil es die Bereitschaft gibt, das Amt anzutreten. Diese Bereitschaft gründet darauf,
daß die Annahme von Delegation – also von Ämtern in jedem Sinne –
die Auszeichnung der Gesellschaft genießt, in der sich die zusammen-
finden, die ihre Obligation abwerfen wollen. Gäbe es Massen von
solchen, die übernehmen, was massenhaft abgetreten werden soll,
könnte es die Prämie nicht geben, die dem so verwandt ist, was da zu

verwalten ist: *memoria* zu kultivieren heißt, *memoria* zu produzieren.

Die Literatur der Historiker ist seit Herodot und Thukydides die einzige Literaturform, die der der Poeten an Rang und Geltung vergleichbar geblieben ist und aus jedem Abfall ihres Ansehens wieder zum alten Niveau aufsteigt. Wir alle brauchen die professionelle Kaste, die unseres Amtes waltet, weil wir die diesem zugrundeliegende Verpflichtung immer anerkannt haben, nicht zu vergessen, was gewesen ist, um nicht vergessen zu werden: Urstiftung von Erinnerung als Anrecht auf sie.

Was dann Vergessen ist, ergibt sich von selbst. Keine Indolenz, keine Vergeßlichkeit, kein Fallenlassen, sondern eine Rebellion gegen das Menschliche, eine Verweigerung in dessen Kern. Wegsehen, nicht Übersehen.

Die sokratische Abwendung vom Himmel – Fortgesetzt

Die mécanique céleste ist da. Eine mécanique sociale oder eine mécanique morale von gleicher Zuverlässigkeit bleibt noch zu schreiben. Diese Formel von Ernst Mach, ausgesprochen 1871 bei einem Vortrag in Prag, gibt den Kerngehalt des Positivismus an. Auf den ersten Blick ließe sich denken, die Lebenswende des Sokrates werde erneut und endgültig vollzogen: Abkehr von der Erforschung der Natur und Hinwendung zu den Problemen des Menschen. Auch Mach zitiert die beiden dem Sokrates zugeschriebenen Postulate, uns ginge nichts an, was über uns ist, und die Philosophie müsse vom Himmel herabgeholt und unter die Dächer der Menschen gebracht werden.

Und doch war nicht nur nachzuholen, was einst gegen die Forderung des Sokrates schon durch seinen Schüler Plato versäumt und in zwei Jahrtausenden geschichtlicher Nutzlosigkeit ausgelassen worden wäre. Denn die Errungenschaft der Himmelsmechanik soll nun keineswegs als Fehlinvestition menschlicher Geisteskräfte abgewertet und der Vergessenheit überliefert werden, um endlich mit den derart freigesetzten Kräften eine Mechanik der Gesellschaft und der Moral zu finden, deren Zuverlässigkeit allein das der Himmelsmechanik Vergleichbare wäre. Nein, diese ist die unerläßliche Voraussetzung jener.

Die Geschichte der Wissenschaft wäre dann nicht vergeblich gewesen, der Rat des Sokrates verfrüht und, gedacht als befolgter, verhängnisvoll für die Möglichkeiten des Menschen. Denn wie das auszusehen hätte, was man als Wissenschaft vom Menschen und der menschlichen Gesellschaft zu erwarten und zu fordern hätte, das konnte überhaupt nur in der Vollendung der Naturwissenschaft entwickelt und gesichert werden.

Ernst Mach sieht in diesem Jahr der deutschen Reichsgründung zweifellos die Erkenntnis der Natur am Ziel; zumindest in ihre Finalphase eingetreten. Da nimmt er etwas vorweg, was genau ein Jahrhundert später sich wiederholen sollte: Überdruß an der vorzugsweisen Befassung mit der Theorie der Natur und unwiderstehliches Drängen hin auf die dieser adäquate Theorie des Menschen.

In einer Rhetorik des metaphorischen Realismus hat Mach diese Situation benannt und ihre Konsequenz als Rückkehr aus dem Weltraum proklamiert: *Die Menschen sind nun von der ihnen entschieden widerratenen Reise in den Weltraum etwas klüger zurückgekehrt. Nachdem sie die einfachen großen Verhältnisse dort draußen im Reich kennen gelernt, fangen sie an, ihr kleines verzwacktes Ich mit kritischem Auge zu mustern. Es klingt absurd, ist aber wahr, nachdem wir über den Mond spekuliert, können wir an die Psychologie gehen.*[1]
Die Nachholung der sokratischen Wende setzt alles das voraus, was gegen ihr Prinzip und dessen Urheber verstoßen hatte; es führte kein Weg von Ionien nach Prag, es sei denn über Venedig und Padua. Und es waren weder Chemie noch Biologie, weder Lavoisier noch Darwin gewesen, die endgültig diesen Weg gebahnt hatten, weil ihren Disziplinen das entscheidende Moment fehlte, dessen man zuvor ansichtig geworden sein mußte: das jener Einfachheit und Klarheit, wie sie die Himmelsmechanik den anderen Naturwissenschaften vorzuhalten, aber auch vorzuenthalten schien.
Diese Verklammerung von Astronomie und Anthropologie erwies sich nun als der geheime Traum der philosophischen Vorgeschichte der Wissenschaft. Es war die nur vermeintliche Antinomie in der Urgeschichte der Theorie gewesen, was Plato aus der äsopischen Fabel vom Brunnensturz des Astronomen und dem Lachen der Magd gebildet hatte. Jetzt ist klar geworden, daß man zuvor Astronom gewesen sein mußte, um sich endlich mit der Lebenswelt des Menschen beschäftigen zu können: *Wir mußten einfache und klare Ideen gewinnen, um uns in dem Komplizierten zurechtzufinden, und diese hat uns hauptsächlich die Astronomie verschafft.*
Hätte Mach mit diesem Auguste Comte nachgesprochenen Gedanken recht behalten, so wäre jene thrakische Magd mit ihrem Lachen endgültig ins Unrecht gesetzt worden: Die erste und gleichsam kleine, nämlich intellektuelle, Rückkehr aus dem Weltraum hätte sich im Triumph der naturwissenschaftlichen Psychologie und des an ihm genährten Psychologismus im letzten Drittel des 19. Jahrhunderts bestätigt. Es hätte dann der so viel härteren Erfahrungen bei der zwei-

---

1 Ernst Mach, Die Symmetrie. Vortrag, gehalten im deutschen Kasino zu Prag im Winter 1871. Prag 1872. Zitiert nach: Populär-wissenschaftliche Vorlesungen. ⁵Leipzig 1923, 100-116.

ten Rückkehr aus dem Weltraum, ein Jahrhundert später, nicht be-
durft, deren Mitgift und Ausbeute, will man es ohne Wohlwollen
formulieren, nur aus Steinen bestanden. Dennoch ist gerade das, wie
man am überaus erhellenden Beispiel Machs und seiner Beendigung
des Geschichtlichen sieht, eine Wahrheit von geringerem Illusionis-
mus: Es gibt die letzte Rückkehr, die endgültige Wendung zum
Menschen nicht. Zu ihm führen nur Umwege. Wie weit sie sein mögen, welche Dimensionen der Welt sie noch erschließen und durchqueren müssen, bleibt offen. Das Schnellverfahren, die Prozedur der
kürzesten Wege, der Vermeidung von Umständlichkeit durch den
Kurzschluß der Reflexion, gibt es nicht.
Woran liegt das? Diese Frage gehört, trotz der Ausmaße, die die Geschichte der Wissenschaften angenommen hat und trotz der Unzahl
der darauf bezogenen Untersuchungen, zu den schwierigsten, die wir
uns stellen können. Aber auch stellen müssen. Worin sich die Theorie
– und zumal die vom Menschen – getäuscht zu haben scheint, ist die
beliebige und jederzeitige Zugänglichkeit der Gegenstände, auf die
sich ihre Fragen und Methoden beziehen lassen. Ich möchte einer aus
der Phänomenologie gewonnenen Ontologie, die das Sichzeigen im
Ausdruck ›Phänomen‹ allzu wörtlich zu nehmen geneigt und darin bis
zum Äußersten zu gehen bereit war, nicht zu viele Zugeständnisse
machen. Aber es ist etwas an ihrer Einsicht, daß die Phänomene nicht
nur Sachen unserer Demonstration sind.
Man braucht dabei nicht mysteriös zu werden, um von solcher Nicht-
jederzeitigkeit der Möglichkeiten von Theorie überzeugt zu sein.
Über die sokratische Weisung, von der Natur abzulassen und sich dem
Menschen zuzuwenden, sagt Ernst Mach in jenem Vortrag, es sei *nicht
immer an der Zeit, sie zu befolgen.*[2] Auch damals war etwas laut geworden, was Mach den *Ruf der Forscher nach Selbstbeschränkung*
nennt. Was aber nichts anderes mit sich brachte als die Teilung der
Arbeit unter den Theoretikern und ihren Disziplinen und worin die
Forderung der Beschränkung auf das Nächstliegende nichts anderes
war als eine Verkleinerung des Horizonts, die alsbald wiederum beklagt werden sollte als Enge von Spezialistentum.
Es ist eben keineswegs ausgemacht, was jeweils herauskommt, wenn
man vom Fernsten zum Nächsten sich wenden zu können meint.

2 A.a.o., 116.

Richtung und Konzentration der Optik können gerade das verfehlen, was im nächsten Schritt der Aufmerksamkeit – und vor allem dieser – bedarf: *Wir quälen uns in unserer Stube vergebens ab, ein Werk zustande zu bringen, und die Mittel, es zu vollenden, liegen vielleicht vor der Türe.*

Seit der Urgeschichte der Theorie, der Fabel vom Brunnensturz des Astronomen, hat die Bestimmung der Situation des Theoretikers an Unheimlichkeit zugelegt. Die thrakische Magd hatte gespottet, der Sterngucker verstehe sich auf das, was am Himmel ist, sehr wohl, nicht aber auf das, was ihm vor den Füßen liege. So mußte er stürzen. Aber die Situation hat noch nichts von Hinterlist und bedachter Tücke. Die Szene ist das freie Gelände vor den Toren der Stadt mit dem Sternenhimmel und mit der Zisterne. Der moderne Theoretiker quält sich in der Verschlossenheit seiner Stube. Er ist schon der Mann von Bleistift und Papier, demnächst von Computern. Aber die Vergeblichkeit seiner Mühen, die Unvollendbarkeit seiner Unternehmung beruhen darauf, daß, worauf es dazu ankäme, vor seiner Tür liegen könnte – dort also, wohin er gerade in der Konzentration auf sein Unterfangen nicht blicken wird.

So kommt er zwar aus dem Weltraum zurück, aber nicht zum Nächstliegenden. Es liegt außerhalb seiner Fassungskraft.

Der längste aller Umwege

Morgenstern läßt Palmström ein Fernrohr erfinden, *womit man seinen eigenen Rücken sieht.*
Nun war dies noch nicht die Perspektive des gekrümmten Raumes, die einer ausreichend starken Optik erlauben würde, nach einem genügenden Alter der Welt und des am Okular Stehenden diesem den eigenen Rücken zu zeigen. Weder das Alter der Welt noch das des Beobachters gestatten, dieses Erlebnis ernsthaft in den ›Erwartungshorizont‹ einzufassen.
Doch erinnert die hübsche poetische Erfindung an ein anthropologisches Problem ersten Ranges: Wir kennen unseren eigenen Rücken nicht.
Das gilt auch nach Erfindung jener einfachen Schneiderspiegel, die dem Kunden erlauben, den Sitz des Kleidungsstücks im Rücken eigenäugig zu prüfen. Denn in einem genauen und originären Sinn sieht er nicht seinen Rücken, wie er sein Gesicht und die Vorderseite seines Körpers im Spiegel sieht: überprüfbar durch mimische Verifikation, durch die subtile Abhängigkeit jeder erscheinenden Veränderung von dem sie bewirkenden physischen und unmittelbar erlebten, weil ›gewollten‹, Vorgang.
Den eigenen Rücken im Anprobespiegel zu sehen, beruht vor allem auf dem Wissen, daß es das gibt und daß ›es geht‹. Man kennt das Hantieren mit zwei Spiegeln und die Bedingungen, unter denen der zweite Spiegel das Bild im ersten zeigt. Man kennt einfache Gesetzmäßigkeiten der Reflexion. Aber man ›sieht‹ in einem einigermaßen wissensunabhängigen Sinn nichts, was die Zugehörigkeit des Gesehenen zum Eigenleib unmittelbar ansichtig macht, etwa ohne Erinnerung an bestimmte Merkmale und Anomalitäten aus früheren Handlungen gleicher Art. Wir kennen uns von hinten nur auf Umwegen und unter reduziertem Gewißheitsgrad.
Der Einwand, darauf käme wenig an, weil wir von hinten mimisch und gestisch nicht in Erscheinung treten, ist falsch. Wir sind für uns selbst zum großen Teil ›Rücken‹, also ›unsichtbar‹, folglich auch unbekannt in der Wirkung und der Einwirkbarkeit. Das entzieht unsere Rückfront unserer Kontrolle und macht uns verwundbarer als jedes

Tier. Denn, daß wir im optischen Sinne so viel Rücken haben, ist die Folge des aufrecht-bipedischen Ganges. Aus dieser konstitutiven Schwäche mag wiederum folgen, daß ein Zusammenhang zwischen ›viel Rücken‹ und ›wenig Rückgrat‹ besteht.

Noch einmal das Menschheitsthema ›Heimkehr‹

Nachdem der biblische Gott Himmel und Erde geschaffen hatte, war die Erde wüst und leer, *Irrsal und Wirrsal*, wie Buber und Rosenzweig gelesen haben. Nun darf doch der moderne Leser denken – ohne der göttlichen Weisheit zu nahe zu treten –, nicht die Leere der Erde wäre angefüllt worden mit Kreaturen aller Art, sondern Wüste geblieben wie am Anfang, stattdessen aber der Mond belebt worden mit allerlei Pflanzen und Getier, schließlich sogar mit dem Menschen. Der Gedanke ist deshalb nicht so abwegig, wie er dem Erdenfreund erscheinen mag, weil der als Wohnsitz des Menschen vorgesehene Paradiesgarten ohnehin nur ein Stückchen der viel zu großen Erde einnahm, die sich nach der Vertreibung aus dem Paradies als äußerst ungeeignet zur Besiedlung erwies und infolgedessen Arbeit im Schweiß des Angesichts kostete, um darauf auch nur zu überleben. Anders gesagt: der kleine Erdenmond wäre der Dimension nach viel geeigneter gewesen, darauf ein Paradies einzurichten, mit dem kleinen Vorteil für den Menschen, daß für seine Austreibung aus dem Gan Eden womöglich gar kein Raum geblieben wäre. Aber daran wird gedacht gewesen sein, als statt des Mondes die Erde zur weiteren Ausführung der Schöpfung gewählt wurde – was dann viel später die eindrucksvolle, obwohl disproportionierende Phrase ermöglichte, der Mensch habe die Schöpfung zu bewahren, obwohl er dafür doch nur auf diesem Partikelchen des Ganzen etwas tun konnte, während die überwältigende Unmasse des Geschaffenen ohne ihn, wenn nicht seiner Anmaßung zum Hohn, ohne ihn fortbestand und fortkreiste.

Nun sind solche gemütvoll-frivolen Erwägungen keine Sache einer Astronoetik, allenfalls Einstimmung auf die Ungewöhnlichkeit eines Kontingenzgedankens, was sich denn ergeben hätte, wäre zum Zentrum der belebten Ausstattung der Mond statt der Erde erwählt worden – von wem und aus welchen Ursachen immer. Die Wissenschaftsgeschichte kennt solche Überlegungen durchaus als Inversionen der Optik, wie Johannes Kepler zu konstruieren versuchte, welchen Himmelsanblick gedachte Mondbewohner von der Erde hätten. Der klassische Astronom dachte im Horizont seiner Disziplin an das, was sich dem Himmelsbetrachter zeigt, hier wie dort: an Aufgänge und Untergänge von Sonne und Erde am Mondhimmel, an Tageslänge und größere chronologische Zyklen. Dagegen hebt sich drastisch die Frage ab, ob die nach Menschheitsart fortgeschrittenen Mondbewohner jemals auf den Gedanken verfallen wären, ihren Mondboden zu verlassen und einen Flug zur Erde zu unternehmen – etwa unter dem Eindruck des Versprechens ihrer Astronomen und Selenologen, eine kleine Portion von ›geologischem‹ Material würde zur Antwort auf die Frage nach dem Ursprung und der Geschichte des ganzen Sonne-Erde-Mond-Systems verhelfen. Im Zusammenhang dieser Idee bekommt die ganze Vertauschung der Verhältnisse von Erde und Mond erst ihre Pointe.

Die hoffnungsfrohen Selenologen würden von ihren Physikern und Technikern erfahren, daß es gar nicht so schwer sei, vom Mond wegzukommen und zur Erde hinzugelangen, praktisch unmöglich jedoch, von dort jemals zum Mond zurückzukehren.

Der ganze astronautische ›Verkehr‹ zwischen Erde und Mond erweist sich als abhängig davon, daß der Primärstart von der Erde erfolgt, der Rückstart vom Mond. Den televisionären Zuschauern der ersten Mondlandungen ist nur selten aufgefallen, wie unverhältnismäßig der technische Aufwand beider Abhebungen war: die gewaltige Ballung von Schubkraft beim Verlassen der Erde, die fast spielerische Absprengung der Landekapsel von ihrem insektenbeinigen Gestell auf dem Mondboden zur Ankoppelung an das im Mondorbit wartend kreisende Kommandoteil mit klein dimensionierten Triebwerken zum Verlassen des Mondorbits. Die Voraussetzungen für diese Miniatur des Primärstarts sind jedermann geläufig, ja in den Bodenhaftungsschwierigkeiten der Mondfahrer bei ihren Gängen anschaulich geworden. Die Astrodynamik würde die Mondbewohner zu leichtfertigem Abstoß von ihrem masseleeren Weltkörper ermutigen, zur Euphorie möglicher Ubiquität; aber wo auch immer sie landen mochten, kamen sie in den übermächtigen Griff der Schwerefelder größerer Massen, auf deren Boden auch nur den Kopf zu heben ihrer fürs Leichte trainierten Muskulatur kaum gelingen würde, ganz zu schweigen von dem Mangel an der Zurüstung für eine Rückkehr.

Es könnte sein, daß mondstämmige Geonauten von anderer Intensität ihrer theoretischen Neugierde sind als der uns vertraute Typus von Forscher und Abenteurer, dem bei allem Risiko seiner Unternehmungen das Schlupfloch der Heimkehr offenbleiben muß. Ein staatlich

gefördertes oder betriebenes Raumfahrtunternehmen würde jede öffentliche Billigung verlieren, wenn es mit der Endgültigkeit des Ent-
schwindens in den Raum verbunden wäre, selbst dann, wenn
Lebensmöglichkeiten anderswo erkennbar wären. Nun war, das darf
nicht verschwiegen werden, die Rückkehr zur Erde wegen des Wie-
dereintritts in die Atmosphäre und die dabei auftretende Reibungs-
wärme der wohl schwerstwiegende aller Einwände gegen die Möglichkeit der Raumfahrt; aber auch dabei war die Abbremsung ein von
der Gravitation und damit von der Erdmasse abhängiges Problem.
Die astrodynamische Sicherheit der Heimkehr hatte ihre Risikosperre
kurz vor dem Ziel, auf wenigen letzten Kilometern vor der Landung.
Es ist ein Faktum – und nicht einmal eines der Vernunft, eher der
Anthropologie –, daß die Sicherheitsgewähr der Rückkehr mindestens
so zuverlässig sein muß wie die des zielerreichenden Erfolgs. Die bei
Arktis- und Antarktisexpeditionen oder Bergbesteigungen eingegangenen Risiken konnten viel größer sein, weil ihre ›private‹ Wagnisna-
tur deutlich blieb. Als Präsident Kennedy sich und sein Land im Mai
1961 unter den Zeitdruck dieses Jahrzehnts setzte, enthielt die vielbewunderte Lakonik seiner Erklärung mit der Wahl der transitiven
Bedeutungen von ›Landen‹ und ›Zurückbringen‹ die Übernahme der
Kompetenz dessen, was nur in minimalem Maße ›Handlung‹ der Besatzungen des Apollo-Programms sein konnte. John F. Kennedy
sagte: *Ich glaube, diese Nation sollte sich das Ziel setzen, bevor dieses
Jahrzehnt zu Ende geht, einen Menschen auf dem Mond zu landen
und ihn sicher zur Erde zurückzubringen* ...
Der kritische Punkt dessen, was hier Sicherheit des Zurückbringens
hieß, war eine Prozedur, die im Unterschied zu fast allen anderen
Teilvorgängen des Unternehmens »Apollo« weder hatte geprobt noch
simuliert werden können: der Rückstart mit nur maximal 1,5 t Schubkraft für das 5,8 t erdenschwere Lunar-Modul-Oberteil. Die Unum-
kehrbarkeit des Unternehmens ist in der Massendifferenz beider
Weltkörper begründet. Sowenig eine astronautische Expedition zum
Jupiter, nicht nur mit hoher Fluchtgeschwindigkeit ihn im *Swing by*-
Verfahren mit großer Distanz berührend, auf ihm gelandet wäre –
diese bekanntermaßen nicht gegebene Möglichkeit einmal angenommen –, jemals von dessen Gravitation sich zur Rückkehr wieder lösen
könnte, sowenig könnten die Geonauten vom Mond für eine Rück-
reise ausgerüstet werden.

Die einzige Möglichkeit, die ein Präsident der Vereinigten Mondstaaten hätte, eine Proklamation von der Art derer des Präsidenten Kennedy abzugeben, wäre die vorherige über die ›kurze‹ Funkstrecke vollzogene vertragliche Abmachung von Präsident zu Präsident, der irdische würde mit den Mitteln des »Apollo«-Programms die vom Mond zugeflogenen Erforscher der Erde dem Mondpräsidenten wieder sicher zurückschicken. Doch damit ist die Nahtstelle von der Astronoetik zur *Science fiction* schon ein Stück überschritten ...
Man muß bei diesen Überlegungen die Namen und Daten faktischer Körper und Verhältnisse einfach vergessen, um sich die eigentümliche Kontingenz zu vergegenwärtigen, daß die durch ihre Weltstellung so diskriminierte Erde – die einmal vor Kopernikus als ausgezeichneter Platz für die *theoria* der Welt gegolten hatte, an dem einem ›nichts entgehen‹ konnte – durch die Technik der Raumfahrt unerwartet eine gnädig anmutende Eigenschaft ›gezeigt‹ hat: die der möglichen Heimkehr zu ihr, wenn man so neugierig oder geltungssüchtig gewesen ist, sie zu verlassen. Odysseus – nochmals und gewandet in den Raumanzug einer Menschheitsfigur: Nach Ithaka heimzukehren, dabei ist es geblieben, erfordert und verlohnt den weitesten Umweg.

Wissen wider Staunen

Unser Wissen spielt uns seinen Streich, wenn wir gerade einmal dabei sind, über etwas zu staunen.

Als die ersten Funkbilder aus dem Raum auf dem Wege zum Mond die Erde im All auf einen Blick blau erschimmernd zeigten, war mancher vielleicht wie ich für einen Augenblick erstaunt, nichts vom Netz der Längen- und Breitengrade, nichts von der Linie des Äquators zu sehen, wie jeder Globus es in die eidetische Erinnerung geprägt hatte.

Nur einen Augenblick dauerte dieses Erstaunen. Dann vertrieb das Wissen von der Künstlichkeit des Netzes um den Erdball diese kindische Erwartung. Dennoch war es ein Wissen gewesen, das ein Produkt des Wissens hinwegtrieb und der unverstellten Anschauung, einem anderen Staunen über die Schönheit des unvernetzten Weltkörpers, Raum und Recht verschafft hatte.

Jetzt hatte umgekehrt jeder Globus, selbst in der teuren Variante der von innen beleuchteten, eine zuvor unbemerkte Dürftigkeit. So konnte ein Gestirn nicht aussehen – nur ein Konstrukt.

Heimkehr vom Lehren und Lernen –
zu den Unbelehrbaren?

Ankunft in neuen Welten und Rückkehr in die alte – das scheinen, ehe man ans Nachdenken gehen sollte, technische Probleme zu sein, auch biologische und medizinische. Und, bis es soweit ist, Anregungen der Phantasie zu allen Formen von *Science fiction*. Doch ist über die ›Formalitäten‹ der Ankunft auf anderen Planeten, inmitten fremder Lebewesenwelten auch zu intern sinnvollen Vorhaben schon nachgedacht worden, mit der Kurzfassung der Problemstellung etwa: wie man sich zu erkennen geben werde, als auch vernünftig, als friedlich, als neugierig, als ›reine‹ Theoretiker mit befristetem Aufenthaltswunsch und dezentem Auskunftsbegehren. Die Rückkehr mag vertrackt sein, wenn die Masse der entdeckten Welt zu groß ist, den Start freizugeben; das soll die Astronoetik nicht scheren. Sie läßt über die Modalitäten der Rückkehr nachdenken, insofern sie die Möglichkeit theoretischer und humaner Befriedigung bestimmen.

Dazu ist nicht erforderlich, an Extreme zu denken: weder an den katastrophisch herbeigeführten Rückfall in die Steinzeit, in der man nicht mehr verstände, was da mit einem unbekannten Gebilde vom Himmel herabgleitet oder -schwebt, noch an eine utopisch veränderte Urbankultur, in der das technisch Mögliche längst das moralisch Unerlaubte geworden ist und die wiedersehensfroh gelandeten Heimkehrer vor das letzte noch amtierende Tribunal gestellt werden, das die unbelehrbaren Erfinder und Forscher abzustrafen gehabt hatte. Nein, man darf sich zwischen Abflug und Rückkehr des Raumschiffs eine Zeit des gegen seine Bremser wie gegen seine Beschleuniger resistenten, moderat verlaufenen und theoretisch entschärften Fortschritts denken, um sich das Publikum vorzustellen, vor dessen televisionärer Allgegenwart auch diese Heimkehr sich abspielen würde. Was jedermann gleich sieht und ausdrückt, ist die Verwunderung über das Modell des Vehikels, denn seither reist man mit ganz anderem Gerät im planetarischen Nahbereich umher: Was, mit dieser Klapperkiste sind die mal losgefahren? Hätte man das nicht verbieten müssen? Und was eigentlich wollten die in fernen Welten? Man wird in den Archi-

ven graben und auf obskure Absichtserklärungen, leichtfertig erstellte
Gutachten stoßen. Und überall ist die Rede von einer ›Bodenstation‹,
die ständig den Funkkontakt mit den Astronauten aufrechterhalten
sollte. Aber wo war sie geblieben? Das zu beantworten, ist zu einer
Aufgabe der Historiker geworden.

Sie stellen aus den Akten fest, daß irgendwann ein Haushaltsausschuß
des Parlaments, eine Sparkommission des Wissenschaftsrats die Mittel
für die Bodenstation gestrichen hat. Wegen zunehmender Dürftigkeit
der Ausbeute, wegen stereotyper Wiederholung von Positionsdurch-
sagen, die man aus den vorberechneten Bahndaten ebenso genau
kannte. Von diesem armseligen und nachrichtenunträchtigen Funkverkehr schienen nur ein paar Bürohocker Nutzen zu haben, die ihren
Pensionierungen entgegenwarteten. So war die ›Bodenstation‹ mit ihrem Personalabgang erloschen. Daß sie das Äquivalent einer im fernen
Raum fortdauernden Identität war, stand nur noch in Akten, die keiner mehr bearbeitete, die von keinem ›Wiedervorlagevermerk‹ mehr
umgewälzt wurden. Schließlich gab es – so ist auch der gemäßigte
Fortschritt – neues und anderes zu tun, zu verwalten, wiedervorzule-
gen. Der Fortschritt muß vergessen lassen und sparsam mit der
Qualität der Erinnerungswürdigkeit umgehen. Man vergißt aber nicht
nur, man verlernt auch zu verstehen. Was hatte man *gewollt*, als man
dieses oder jenes Projekt aufgriff – das man nicht einmal ›fallen‹ zu
lassen brauchte, um ihm ein Ende zu setzen. Die wenigsten Dinge
werden ausdrücklich oder gar dramatisch beendet, geschlossen, aufgelöst, abgerissen; die meisten verschwinden auf unmerkliche Weise aus
der Welt, aus den Bewußtseinen, schließlich aus den Akten. Es ist der
Fortschritt selber, der die Möglichkeiten beschränkt, sich seiner Errungenschaften langfristig zu bedienen. Er ist, auch ohne spektakuläre
Desaster, nicht von der Art, daß man sich in der Dimension der Zeit
auf ihn verlassen kann. ›Bodenstationen‹ – auch im metaphorischen
Verstande – sind mit ihrem Bedarf an Stationarität progressionswidrig.
Wäre man irgendwo angekommen, wo man die als Auftrag mitgeführte Frage endlich beantworten könnte, wüßten die ›im Rücken‹
schon nicht mehr, was einmal die Frage gewesen war. Erst recht die
Heimkehrer beherrschten nicht einmal die Sprache, in der man eine
Neuigkeit wirkungsvoll und plausibel, vor allem aber anspruchsvoll
vorzutragen hätte.

Denn der Innenraum von Raumschiffen ist von konservativem Geist

beherrscht, wie die weitab gelegenen Exklaven von Völkern, Sprachen und Kulturen ihn haben müssen. Alles bei sich zu haben, weil nichts nachkommen kann, die Mitgift unverfälscht und lebendig zu erhalten – das ist eine Miniatur des alexandrinischen Spätgeistes in der künstlichen Raumoase. Es war doch auch nicht ausgemacht, daß die Bewohner fremder Weltkörper den Idealen der Aufklärung von höherem Vernunftstand genügen würden und man von ihnen zu lernen hätte, was und wie es die Vernunft vermag; genausogut – wenn auch wider alle aufgeklärte Erwartung – konnte es sein, daß man selber jene würde belehren und missionarisch für die tellurische Vernunft würde gewinnen müssen. An diese wohl ambivalent empfundene Alternative hatte man bei der UNO gedacht, als im August 1977 die amerikanische Raumsonde »Voyager 2« gestartet wurde, um erstmals das Sonnensystem zu durchqueren und zu verlassen: Der eindrucksvoll so genannte »Ausschuß für friedliche Nutzung des äußeren Weltraums« gab dem Flugkörper einen verkupferten Phonographen mit, von dem außer ›typisch irdischen‹ Geräuschen auch die später nicht mehr so gern gehörte, aber nicht rückrufbare Stimme des damaligen UNO-Generalsekretärs abgehört werden konnte, die *im Namen des Volkes unseres Planeten* Grüße des Friedens und der Freundschaft entbot sowie die Doppelintention verkündete: *Wir wollen lehren, wenn wir darum gebeten werden, und lernen, wenn wir Glück haben.*
Das war Stil der Aufklärung, wenn auch ein wenig verbesserter; denn wann hätten Aufklärer jemals mit dem Belehren solange gewartet, bis man sie darum gebeten hatte? Und wann konnte man es beim Lernen darauf ankommen lassen, Glück zu haben? Blickt man von dieser eher für den UNO-Duktus charakteristischen Unentschiedenheit wieder auf den Augenblick der Heimkehr aus dem Raum, so scheint alles davon abzuhängen, ob man lernen zu können das Glück gehabt hatte und davon etwas mitzubringen vermochte. Denn heimkehrende Missionare, die das vermeintliche Glück immer nur den anderen gebracht hatten, haben sich noch nie bejubelter Wiederkehr erfreuen können. Doch wenn man etwas mitbrachte – es mußte nicht unbedingt Gold oder Tulpenzwiebel oder Kautschukbaumsamen sein –, konnte es eine andere Sache sein. Nur die gedachten Heimkehrer aus dem Weltall haben das Stigma des Anachronismus. Man hatte sie vergessen und sich von jenem letzten Punkt der Gemeinsamkeit, dem des Aufbruchs zur kosmischen Mission, einseitig so entfernt, wie es in den neuen

Zeiten zu sein pflegt, während die Rückkehrer gerade den Stand des
Abschieds konserviert und sanktioniert hatten. Bleibt es da denkbar,
daß für Mitteilungen von Erlerntem, für Weisheiten von anderen Sternen, noch die Disposition zuzuhören besteht? Leuten zuzuhören, die
ein unverkennbar überjähriges Idiom sprechen und sich in *der* Welt
nicht mehr auskennen, der sie von anderen Welten etwas überbringen
wollen?

Zum Glück ist die Sonde »Voyager 2« unbemannt wie unbeweibt.
Zwölf Jahre nach dem Start verläßt sie allererst mit Vorbeiflug am
Planeten Neptun und dessen Mond Triton das Sonnensystem – unerwartet leistungsfähig noch in der Abrufbarkeit von Meßdaten und
Bildern durch eine nicht aufgelöste, wenn auch ausgedünnte ›Bodenstation‹, die sich in diesem Fall der Unerschöpflichkeit ihres Sendlings
anpassen muß, bis sich dessen Signale im Raumgeräusch verlieren.
Stellt man sich aber für eine letzte Zumutung an die Imagination vor,
die Sonde erreichte mit ihrem Phonographen ein fernes Ziel und man
hörte dort die Botschaft vom Himmel, der für dieses Mal die Erde
wäre, verstände sie auch mit der Überlegenheit einer Philologie der
reineren Vernunft, so bliebe als Naheliegendes zu denken, daß eine
Antwort auf denselben Phonographen aufgesetzt und das Ganze zum
Herkunftssystem retourniert würde. Die Heimkehr einer Proklamation, deren Sprache keiner irdischen mehr ähnlich wäre, und einer
Antwort, deren Text mit keiner Philologie der niederen Vernunft
entschlüsselt werden könnte. Ein Konglomerat von Unverständ-
lichem.

Keine Katastrophe, aber ein kritischer Moment in der Geschichte der
Menschheit oder ihrer Nachfolger. Denn zu befürchten ist, daß sich
schnell Leute finden, die von sich behaupten, sie verständen den eso-
terischen Text und würden ihn fortan verwalten, auslegen und für die,
die es ihnen zutrauen, zum Heil gereichen lassen. Dann wird die Geschichte der Heiligtümer und der Orakel erneut beginnen ...

Nachforschungen
nach dem ausgestorbenen Menschen

Ein Gedankenexperiment von Lévi-Strauss empfiehlt, sich Archäologen späterer Zeiten vorzustellen, die von einem anderen Planeten auf die Erde gekommen wären, wenn alles menschliche Leben hier erstorben wäre, und unsere Bibliotheken durchstöberten, Texte entzifferten und dann vor dem Rätsel einer unserer großen Partituren ständen, deren Zeichen Gleichzeitigkeit vorschreiben. Diese Fiktion hat ihre eigenen sehr schönen Rätsel, die ich nicht stören möchte.
Aber da ist ein Punkt, der mich beunruhigt, im Rahmenwerk des Gedankenexperiments. Es ist vorausgesetzt, daß Wesen von anderen Planeten kommen – warum sollten sie nicht? Fraglos erscheint ferner, daß sie ein Interesse an dem haben, was nicht nur gerade dann auf der Erdoberfläche zu besichtigen ist, sondern von bohrender und wühlender Neugierde angetrieben werden, auch die Vorzeit der Zeit kennen zu lernen, die gerade ist. Vielleicht ist das schon weniger selbstverständlich. Am erstaunlichsten finde ich aber, daß es offenbar auf der Erde selbst keine Archäologie mehr geben soll, wenn der Mensch ausgestorben ist. Er war also doch der Letzte seines Stammes? Nach dem Menschen gibt es nichts mehr von der Art, was wir vernünftig nennen und dem wir Theorie, auch archäologische, zutrauen dürften? Die organische Evolutionssackgasse der Saurier und die des Menschen – das wäre es dann gewesen? Vernunft könnte nur noch importiert werden, aus dem Universum, von anderen Gestirnen, wo es insgesamt besser gelaufen wäre oder wo man gerade da angekommen ist, wo der tellurische Mensch auch einmal angekommen war, als er Bibliotheken anlegte, um dann auszusterben, sich aussterben zu lassen.
Es geht beim Nachdenken immer um die Selbstverständlichkeiten, die man hinnimmt und über die plötzlich aufzustaunen so schwer ist. Warum nahmen wir hin, daß nach dem Menschen nichts mehr geht? Es muß noch nicht gleich der Übermensch sein, der uns überleben könnte, der das überlebt, was wir uns antun könnten, aber doch der Nachmensch, das unbekannte Wesen – nach dem bekannten Unwesen.

Aus welcher Höhle er auch hervortritt, welcher Strahlung er auch die Mutation verdanken mag, die ihn durchstehen ließ – er ist da und durchsucht die Trümmer einer ihm unbekannten Vorwelt wie Robinson die des Schiffswracks nach Brauchbarem. Und da erwacht seine Neugierde auf die verschwundenen Wesen, die all diesen Schutt hinterließen. Er oder einer seiner Urenkel wird Paläontologe, Archäologe, Vorweltforscher. Die Situation ist für diese keine andere als die der angekommenen Raumfahrer von Lévi-Strauss. Aber er hat es, im Unterschied zu diesen, mit seinen Vorfahren zu tun. Er begreift deren Untergang als ein geballtes Experiment der Natur, Mutationen zu kumulieren, einen eschatologischen Donnerschlag der Selektion zu vollziehen. Der Überlebende, der Nachmensch, begreift sich selbst.

Ohne Gehäuse

Die Gerätschaften aller Art, die der Mensch unter der Bezeichnung von Sonden, Satelliten oder Stationen in den Weltraum befördert, würden einem außerirdischen Beobachter oder gar Sammler eine schlechte Vorbereitung für den Fall geben, daß er sich anhand dieses Materials zu einem Besuch auf der Erde entschließen sollte, um das alles in Fülle und Vielfalt kennen zu lernen, wovon ihm seine Sammlung nur Kostproben bieten zu können schien.

Gedachter Besucher mit jenen Vorkenntnissen müßte überrascht sein von der Andersartigkeit der Gebilde, die ihm als irdische Entsprechungen der astronautischen Emissionen vorgeführt würden. Der verblüffende Unterschied wäre der äußerlichste aller möglichen, indem irdische Technik überall und durchweg versteckte Funktion ist, während die in den Raum ausgesandten Späher und Rückmelder die nackteste Unverborgenheit der technischen Apparatur darstellen, die sich denken läßt: keine aerodynamischen Verschalungen, keine Ummantelungen zum Schutz vor irgend etwas, keine Rücksichten auf platzsparende Dimensionierung, keine Abschirmung vor Zugriffen der Neugier und vor dilettantischer Bastelei, schließlich auch keine Verbergung der häßlichen Funktionalität für das *styling*-bewußte Auge von Käufern, Benutzern und Neidern.

Das Erstaunen des fremden Besichtigers würde den irdischen Vorzeigern erst ganz und gar bewußt machen, daß ihre technische Welt eine Sphäre von Gehäusen ist, die so wenig wie möglich von dem sehen lassen, worauf die Leistungstüchtigkeit des Geräts schließlich beruht. Davon will das Mitglied der technischen Epoche gerade nichts wissen; schon deshalb nicht, weil es zumeist auch nichts davon wissen *kann*. Das modernste Resultat der viel besprochenen Miniaturisierung ist fast so etwas wie die Enttäuschung dessen, der doch einmal ins Gehäuse hineinsieht, daß es fast nichts mehr enthält. Gesagt am verbreitetsten Beispiel: Modernste Schreibmaschinen sind innen leer; der klassische Umfang des Gehäuses besteht nur noch in Rücksicht auf die menschliche Hand, die das Gerät bedient, und auf die Bedürfnisse des menschlichen Auges, die noch bestimmte Größen von Papier und Schrift benötigen. Sonst brauchte das ganze Ding fast gar nicht da zu sein.

Technik ist häßlich und fast überall gefährlich, wo dieselbe Hand, die
sie hervorgebracht hat, ungeschickt und ungekonnt in ihre Maschine-
rien eingreift. Deshalb sehen wir fast nichts von den Ballungen
technischer Vorrichtungen, die unser Leben möglich und sogar gelegentlich angenehm machen. Das Transformatorenhäuschen um die
nächste Ecke bei jedermann steht so harmlos da wie eine Besenkam-
mer für die öffentliche Straßenreinigung, die keine Besen mehr
braucht. Dasselbe gilt für die überall im Land wie Pilze emporwach-
senden Kompressorstationen für Erdgasleitungen, die verlassenen
Klausen moderner Eremiten gleichen, von denen gelegentlich vielleicht einer noch drin haust und fastet. Die Leitungssysteme aller Art
sind fast völlig in der Erde verschwunden. Atommeiler sehen aus wie
Planetarien zur Volksbildung, die vorübergehend für das zu bildende
Volk gesperrt werden mußten. Die Reihe ließe sich beliebig fortsetzen,
aber die Absicht dürfte schon erkannt sein – und auf jene Gereiztheit
gestoßen, ohne die Themen der Technizität unserer Welt kaum noch
erörtert werden können.

Was wir in den Weltraum schicken, ist die pure Häßlichkeit der sich
ungehemmt spreizenden Funktionalität. Elf Jahre nach ihrem Start
überschreitet die Raumsonde »Pioneer 10« die Grenzen des Sonnensystems. Am 13. Juni 1983. Nichts wird das Gerät mehr aufhalten
können, als Repräsentant menschlicher Werktätigkeit über Jahrmillionen hinweg die Leere des Raumes zu durcheilen und von niemand
wahrgenommen zu werden. Zum Glück, könnte man sagen. Denn
trotz der angehefteten abstrakten Informationsplakette für Fremd-
weltler stellt sich der Mensch nicht günstig dar – jedenfalls nicht so,
wie er für sich selbst die Welt seiner Werkzeuge dargeboten haben
will, um mit ihnen leben zu können. Im Grunde mögen wir die Wun-
derwerke unserer Intelligenz nicht, wollen gar nicht zu genau wissen
und sehen, was ihre Dienstbarkeit ausmacht. Die Unauffälligkeit, die
den klassischen Diener längst vergangener Epochen auszuzeichnen
hatte, Lautlosigkeit und Unsichtbarkeit bei Allgegenwart, haftet nun
den idealen Modellen an, die wir uns am Ende der Entwicklungswege
technischer Dienstbarkeiten vorstellen.

In das Universum schicken wir, was wir um uns nicht haben mögen
würden. Nicht einmal die Batterien möchten wir haben, die das sonnenferne Erkundungsgerät durch die Zerfallswärme von Plutonium
238 mit Energie versorgen und den Funkkontakt mit der Erde aus

stundenweiten Sendeentfernungen aufrechterhalten. Nichts läßt befürchten, daß durch diese Emission jemals der Raum verseucht würde.
Nur, schöner wäre er dadurch auch nicht geworden. Tröstlich bleibt,
daß darauf zu setzen ist, diese Emissäre der Erdkultur werden niemals
wieder von eines Lebewesens Organ wahrgenommen. Jedes Eintauchen in eine Atmosphäre anderer Erden würde sie zur flüchtigen
Sternschnuppe an deren Himmel verdampfen lassen, jede ›harte Landung‹ auf atmosphärisch ungeschützten Weltkörpern zerschellen machen. Wer also sollte und wo Gelegenheit bekommen, derartiges in
Augen- oder anderen Sinnenschein zu nehmen?
Aber noch dies einmal vorausgesetzt: Die Vorstellung des Befremdens
im gegebenen Fall ist so unkühn nicht, daß niemand es haben wollte –
nicht einmal fürs Museum. Die Formel, daß solche Dinge ›sich im
Raum verlieren‹, hat eine reflexive Doppeldeutigkeit, die zumindest
uns für uns selbst verständiger macht.

Abgesang auf Weltbewohner

Über die Tröstlichkeit von Weltmodellen

Je deutlicher sich die gewaltige Größe des Universums in den astronomischen Hirnen abzeichnete, um so drängender stellte sich die Frage, ob denn dieser ganze Aufwand gerechtfertigt sei, wenn nicht alles überall bewohnt wäre wie hier. Trotz der längst eingeübten Verachtung für Aristoteles steht hinter dem Drängen der Frage die verheimlichte Zustimmung zu seinem Satz, die Natur könne doch nichts vergeblich tun. Zwar blieb es verboten, nach dem Zweck von diesem und jenem zu fragen; aber für eine Größenordnung, die sich dem Ganzen zu nähern schien, konnte doch nicht zugelassen werden, daß leblose Öde und Unvernunft herrschten.

Auf der anderen Seite wurde verdächtig, daß der Mensch, der mit seiner Erscheinung, seinen Wirkungen und seinem Standort immer mehr zur punktuellen Nichtigkeit im Raum schrumpfte, alles nach den Maßen seiner selbst und seiner bekannten Wohnwelt bemessen können sollte. War die Welt zur Sinnlosigkeit verurteilt, wenn es nicht so etwas wie dieses Leben ringsum und diese Vernunft überall gab? Andererseits legte die Einheit der Materie und der Naturgesetze nahe, nicht an beliebige Verschiedenartigkeiten der Welterfüllung zu denken und die Lösungen, die die Natur im Erfahrungsraum des Menschen gefunden hatte, als deren Standardlösungen anzusehen.

Das Dilemma, in dem sich der forschende und sinnende Mensch befindet, hat Ludwig Feuerbach 1830 in den von ihm fiktiv herausgegebenen »Todesgedanken« durch die Einschiebung einer Anmerkung des Herausgebers in den vermeintlich fremden Text beschrieben. Darin verhöhnt er die universale Zweckmäßigkeit, von der sich das Jahrhundert der Aufklärung bestimmen ließ, den unermeßlichen Raum mit Lebewesen nach Analogie der irdischen anzufüllen, während *selbst hier auf der geist- und lebensvollen Erde solch überflüssiges, unnützes, zweckloses Dasein aufstößt*. Statt daß solcherlei Wesen den leeren Raum erfüllen könnten, war noch in den Lebewesen selbst wie in allen anderen erscheinenden Körpern der leere Raum beherrschend.

So erscheint schließlich auch die Erde als leer und öde, im ganzen
zwecklos, daher ungeeignet, von ihr her bestimmen zu wollen, was
Sinn und Zweck der Welt im ganzen und überall sein müßte. Die
Anmerkung gesteht zwar zu, daß der Herausgeber die gewöhnliche
rationalistisch teleologische Anschauung absurd finde, die jeden Stern
mit lebendigen Wesen bevölkert wissen wolle, doch nun mit der entscheidenden Einschränkung, daß er *ebenso thöricht es finde, Weltkörpern, wie z. B. Venus, Mars, individuelles, bewußtes Leben absprechen
zu wollen*. Leben und Vernunft zu der Rarität machen zu wollen,
deren sich allein die Erde zu rühmen habe, führt genauso ins absurde
Abseits wie die entgegengesetzte Argumentation, diese Erfüllung eines Weltkörpers mit Leben und Vernunft könne unmöglich den
anderen versagt geblieben sein.

Da es keine Entscheidung der Frage mehr geben kann, interessiert im
Grunde nur noch der Modus der Argumentation. Worauf es dabei
ankommt, ist die Markierung einer beliebig angenommenen Grenze.
Wer angesichts der Größe der physischen Welt die Frage stellt, warum
dies alles sein sollte, wenn es Leben und Vernunft nur auf dem engsten
Raum gäbe, muß sich die Gegenfrage gefallen lassen: *warum ist überhaupt ein Sein, ein Raum, eine Materie, eine Natur?* Und wenn schon
etwas, warum dann so viel Etwas? Feuerbachs fingierter Autor: *Dein
Gott hätte ja das ganze Universum in ein Atom ein- und zusammen-
schmelzen können; was über das Gebiet eines Atoms hinausgeht, ist
verschwendetes, überflüssiges, zweckloses Sein.*[3]

Hier scheint alles in einer Sackgasse angelangt zu sein; die Philosophie
am ehesten wieder dort, wo sie mit Parmenides und der absoluten
Einheit seines Seienden begonnen hatte. Der bedrängenden Frage, wie
das Größtmögliche, das Universum, davor bewahrt werden könne,
eine sinnlose Leere und Anhäufung toter Materie zu sein, stellt Feuerbach die These entgegen, wenn das Sein einen Sinn überhaupt hätte,
wäre diesem Genüge getan durch die Existenz des Kleinstmöglichen:
eines einzigen Atoms. Da es zwischen beiden Grenzwerten keine Vereinbarkeit zu geben scheint, hätte Schopenhauer mehr als ein Jahrzehnt vor Feuerbach recht gehabt mit der radikalen Aushebung jedes
Sinnverlangens durch die These, die beste der möglichen Welten wäre
eine nicht existierende.

3 Ludwig Feuerbach, Ges. Werke Band I. Berlin 1981, 36-38.

Dies wäre unvermeidlich das letzte Wort in Sachen ›Sinn des Ganzen‹
geblieben, wenn nicht eine überraschende Veränderung der empirisch-
kosmologischen Vorstellungen von diesem Ganzen doch noch so etwas wie Vereinbarkeit des Unvereinbaren herbeigeführt hätte. Bei den
im 18. Jahrhundert von Kant und Laplace begonnenen Theorien über
die Entstehung des Universums in sehr langen Zeiträumen war die
angenommene Verteilung der Materie im Raum eine homogene, wenn
auch sich allmählich zu Körpern und Körpersystemen ausformende
Erfüllung des Raumes. Für das Ganze ereignete sich, gemessen an
diesem Maßstab, wenig, indem sich die Materie aus dem Urzustand
gleichmäßiger Diffusion zu Wolken und gasförmigen Ringen verdichtete, um in rotierenden Körpern um Zentralkörper das Endstadium zu
erreichen, wie es sich in unserem Sonnensystem dargestellt fand. Man
könnte diese klassische Kosmogonie eine Theorie der geringsten Ver-
änderungsrate nennen.

Erst die Entdeckung der Rotverschiebung in den Spektren ferner
Weltsysteme und der Größe ihrer Geschwindigkeiten im Verhältnis
zu ihrer Entfernung von einem gedachten Fluchtpunkt durch die
Hubble-Konstante nötigte die Modelltheoretiker der Astronomie zu
Theorien vom entgegengesetzten Typus: dem der größtmöglichen
Veränderungsraten. Sie lassen die Gesamtmasse des uns bekannten
Universums aus einer homogenen und dichtesten Urmasse durch deren Explosion hervorgehen und sich in der dabei mitgegebenen Geschwindigkeit gleichmäßig nach allen Richtungen im Raum und mit
dem Raum ausdehnen. Die Deutung der Rotverschiebung als Expansion des Gesamtsystems der Galaxien ist eine der heiligen Kühe der
Astronomie, obwohl die von Hubble zunächst gegebene Größe für
die Bewegungszunahme je Sekunde und Million Lichtjahre von anfangs 180 Kilometer auf weniger als ein Zehntel dieser Größe zurückgenommen werden mußte. Für die Parameter von Alter und Größe
der Zeit, die mit der so oder so gestellten Sinnfrage in engem Zusammenhang stehen, ergab das erschreckende Konsequenzen: Die Welt
wurde um das Zehnfache älter und größer, die Zeit des uns bekannten Lebens und dessen Wohnraum wurden entsprechend weiter in
die Bedeutungslosigkeit zurückgedrängt, wenn das noch möglich
gewesen wäre. Zu dieser innertheoretischen Entwicklung war nicht
einmal ein halbes Jahrhundert seit Hubbles erstem Wert von 1936
nötig.

Nun sind solche Prozesse, je deutlicher sich die Einsinnigkeit ihres Fortschritts abzeichnet, zunehmenden Zweifeln ausgesetzt, bis der Paradigmawechsel einer entschiedenen Korrektur einsetzt. Im Falle der Konstanten »H« mußte man zu der Erwägung kommen, daß deren Wert im Verlauf der kosmischen Expansion gar nicht konstant gewesen sein konnte. Die Fluchtbewegung der Systeme mußte durch die Gravitation der aus dem Uratom freigesetzten Massen gebremst worden sein, so daß die jeweils früheren Werte von »H« größer gewesen sein müssen.

Die Frage ist nun, ob es der Gravitation der Massen gelingen wird, die Hubble-Konstante ganz abzubauen und die expansive Bewegung schließlich umzukehren in einen sich beschleunigenden Fall zum Massenzentrum und damit zum Ausgangspunkt des Prozesses hin, um in einer gewaltigen Implosion den Urzustand wiederherzustellen. Es wäre dann keine offen-unendliche Expansion – anschaulich in ihrem Unwert als Verflüchtigung auf Sinnverminderung hin, wenn man jenen alten Rationalitäten folgen will –, sondern die neuplatonisch anmutende Heimkehr des Vielen zum Einen, eine Demonstration der von Feuerbach angenommenen Rückkehr jeder Befragung der Welt auf ihr Daseinsrecht zu Parmenides: Wenn es überhaupt besser ist, daß etwas existiert und nicht nichts, genügt jedenfalls für diese absolute Differenz das Minimum des Seienden zur Repräsentation des Seins.

Hier kommt es auf die Umstrittenheit der Frage nicht an, ob ein offen-expansives oder ein geschlossen-oszillatives Modell anzunehmen ist – oder anders ausgedrückt: ob die bei der Urexplosion freigesetzte kinetische Energie die im expandierenden Universum entstehende Gravitation zum Schwerpunkt der Massen hin überwiegt oder umgekehrt. Wichtig ist vielmehr, daß ein enger Zusammenhang besteht zwischen der Rationalität der Theorie und den am Beispiel Feuerbachs vorgewiesenen Paradoxien der Frage nach dem Sinn des Ganzen. Die erschreckend angewachsenen Werte für Alter und Größe der Welt mögen noch weiter anwachsen, sofern nur die endliche Umkehrung und damit die wiederum äußerst langfristige Rückkehr in den Ausgangszustand gesichert wäre, der sich doch nur als Durchgangszustand zu einer neuen Oszillation der gesamten Weltmasse denken ließe – der Wiederkunft des Gleichen, in der das Leben vielleicht erneut seine Chance hätte.

Ob man darüber hinaus die Variante von Pascual Jordan annimmt, bei

dem der punktuelle Ausgangszustand rückwärtig noch weiter gedacht
werden kann als auf Null konvergierend – wobei Materie erst sekundär zur Konstitution und Expansion des Raumes entsteht und dann
aus nicht weniger als dem Nichts –, so daß beim oszillativen Modell
auch die Rückkehr auf diesen Konvergenzpunkt Null erfolgen würde,
kann offenbleiben, obwohl es die Vollkommenheit, wenn nicht sogar
den metaphysischen Tiefgang des Modells steigert. Natürlich ist der
Theoretiker nicht so erfreut, wenn er hört, man traue ihm zu, nur
wegen der rationalen Vollkommenheit der Theorie noch einen Schritt
weiter gegangen zu sein; aber bei den letzten Fragen nach Anfang und
Ende ist schon immer vieles erlaubt gewesen, was dazwischen strikt
verboten gewesen wäre.

Ich habe schon darauf hingewiesen, daß die Philosophie mit der absoluten Einheit und Einzigkeit des Seienden bei Parmenides begonnen
hat, der konsequent alles Mannigfaltige zum bloßen Schein erklären
mußte. Aber auch für die Art von Theorie, die dieses eine und einzige
Seiende nur zur Episode von Anfang und Ende eines Weltmodells
macht, hatten die Griechen einen Protophilosophen, den sich die
Athener eigens zugelegt, wenn nicht sogar erfunden hatten, um mit
den Milesiern und den Eleaten philosophisch mithalten zu können:
Musaios soll der erste Philosoph in Athen gewesen sein. Er sogleich
hat in einem einzigen Satz das Urbild einer vollkommenen Theorie
formuliert, die in der Zeit Einheit und Mannigfaltigkeit verbindet:
*Aus Einem ist das All hervorgegangen und zu dem Selben wird es
wieder zurückkehren.*[4] Das Paradox dieses Satzes besteht darin, daß er
die Rationalität einer vollkommenen Theorie darstellt, obwohl er
nichts zu erklären vermag.

Warum das Eine nicht das Eine blieb – wie es für Parmenides ganz
selbstverständlich war, bei dem es keinerlei Prozesse des Seienden geben konnte –, darüber hat Musaios nichts gesagt oder die Tradition das
Gesagte aufzubewahren vergessen. Es wäre vielleicht auch nicht ein-
leuchtender gewesen als die Metaphern, die Plotin sehr viel später
dafür geben wird, weshalb das Eine nicht das Eine geblieben war,
sondern das Unheil einer Fluchtbewegung von sich weg initiiert hatte,
deren Sinnlosigkeit wiederum nur dadurch heimgeholt wird in einen

---

4 Musaios A 4; Die Fragmente der Vorsokratiker, edd. Diels/Kranz Band I. ⁶Zürich
1951, 21.

Sinn, daß es die Rückkehr von allem und jedem zum Einen gibt, die alles auswärts und abseits von diesem zur Episode macht.

Weshalb wäre jenes Eine – das Uratom, die Urmasse nach ihrer letzten Implosion und vor ihrer nächsten Explosion – die höchsterreichbare Stufe der Rationalität und darin nur vergleichbar dem Nichts, welches bei waghalsigerer Extrapolation noch hinter ihr liegen könnte? Weil sowohl die Urmasse wie das Nichts keinerlei Leere an sich haben, nichts von dem also, was in psychischer Übersetzung ›Unerfülltheit‹ hieße. Leere ist Metapher der Unerfülltheit; nur als solche schreckt sie uns, und nur darin sehen wir den Triumph der Verdichtung als den ihrer Vernichtung. Das eine Seiende des Parmenides ist die Verweigerung jeder Verschwendung, jedes Überflusses, jeder Leere und damit jedes unerfüllten Noch-nicht oder Nicht-mehr.

Warum läßt man sich auf den für jede Theorie unerreichbaren Anspruch ein zu sehen, was es mit dem Ganzen des Universums auf sich hat? Und ob es irgendeine Möglichkeit gibt, nach seinem Sinn mit einigem Sinn zu suchen? In Wirklichkeit, vermute ich, interessieren wir uns immer für den, der die Frage stellt, und für die Art, wie er die Antworten hinnimmt oder zurückweist oder sich gleichgültig sein läßt.

Es mag sein, daß, wer nach dem Sinn der Welt fragt, nicht krank ist, wie Freud es für den behauptet hat, der nach dem Sinn des Lebens fragt. Warum aber schreckt er zurück vor dem schnell erreichbaren Ergebnis, das dieses Verlangen am besten befriedigen würde: wenn die Welt nicht existierte, würde auch alles Überflüssige an ihr, alles Unerfüllte, nicht existieren? Vielleicht schreckt man nur deshalb zurück, weil der nächste Schritt nach diesem Resultat kein anderer sein kann als der, aus der Insistenz auf die Sinnfrage den Zustand maximalen Sinnes *hergestellt* sehen zu wollen oder sogar den Vorzug des Nicht-seins zu *betreiben*. Zwar gibt man den anderen die Schuld am Untergang, den man wünscht, genießt aber diesen im Mitvollzug als Übergang in den Zustand höheren und letzten Sinnes.

Auf die Leibniz-Frage, weshalb eher etwas als nichts ist, sieht man die eine Antwort heraufziehen: aus Versehen.

Abschaltung der Antennen

In der Demoskopie hängt das Maß der Verwunderung über die Änderung von Meinungen und deren Trends davon ab, daß frühzeitig die Fragen gestellt worden sind, die auch lange danach noch ›elementar‹ genommen werden. So können sie über lange Zeiträume hinweg verfolgt werden.

Es wurde schon 1954, drei Jahre vor dem »Sputnik«-Schock, gefragt, ob wir Menschen die einzigen im Weltall seien (dies eine von vorgegebenen Antworten). Jeder dritte Bundesbürger war dieser Meinung. 1970 war das Vertrauen in kosmische Brüderschaft abgesunken; jeder zweite im Lande hielt uns Menschen für einzigartig im Universum. Die Zustimmung zu der Formel, es gebe Menschen oder andere denkende Wesen auf anderen Sternen, ging im Sample von 42 auf 31 Prozent zurück. Ein vielverkaufter Phantast auf diesem Gebiet hatte wohl die Steigerungsfähigkeit seines Erfolgs überschätzt und die Glaubensbereitschaft seiner Gemeinde überstrapaziert.

Doch wurde dieser Trend zu uniform interpretiert als kosmische Projektion des damals hochgehaltenen ›Alleinvertretungsanspruchs‹. Nun war ja eine alte theologisch-metaphysische Vorgabe, die Einzigkeit des Menschen in der Welt mitsamt seiner Heilsbedürftigkeit sei die höchste Auszeichnung. Das Seltene das Kostbare, das Einzige das Unbezahlbare.

Aber diese Auslegung ist doch gar nicht selbstverständlich. Der Mensch als das Produkt einzigartiger Umstände konnte gerade darin eine Aberration der Natur, eine Laune der Evolution, eine Notlösung für ein sonst harmloses Problem von ›Leben‹ oder ähnlichem sein. Er war die Ausnahme – das ließ ihn fühlen, wie überflüssig er für den normalen Naturverlauf war, wie wenig bewährt und übertragbar der Bautypus. Sollten wir uns andere zu unserer Rechtfertigung statt zu unserer Belehrung und Besserung, zu unserer ›Aufklärung‹ gewünscht haben?

Nun hatten es die Deutschen leicht, ihre Meinung zu ändern, weil sie in die Lösung des Problems nichts investiert hatten. Die Amerikaner hingegen hatten viel Geld für Parabolspiegel, Verstärker, Computerselektoren ausgegeben, um etwaige Signale aus dem All aus dem großen

Wellengetöse herauszufischen. Die propagandatüchtigen Forscher vom Typ des Carl Sagan hatten große Erfolge im Haushalt der Vereinigten Staaten. Wer investiert hat, glaubt länger. Aber 1981 war es mit dem Geldstrom vorbei. Am 23. September formulierte die Nachrichtenagentur Associated Press einen ihrer denkwürdigen, geschichtsbuchreifen Sätze: *Falls es irgendwo in der Weite des Weltraumes eine Zivilisation gibt, haben diese Außerirdischen bis morgen abend Zeit, sich in den Vereinigten Staaten zu melden.* Ein Prachtstück von Epochenbruch. Die Antennen wurden abgeschaltet und mehrere Dutzend Suchprogramme eingestellt. Wie immer behauptete man, kurz vor dem Ziel gewesen zu sein, um schlechtes Gewissen fürs nächste Mal zu erzeugen – eines der wichtigsten aller politischen Produkte. NASA-Sprecher Charles Redmond verkündete, sechs Monate später hätte man beginnen können, die gespeicherten Daten auszuwerten. Da möchte man nicht zum Einsparausschuß gehört haben.

Keine Chance für Venus

Von nächtlichen Spaziergängen Schopenhauers wird nichts berichtet. Wohl aber fiel er dadurch auf, daß er der untergehenden Sonne seine Reverenz erwies. Es konnte also sein, daß bei einem solcher Spaziergänge der Planet Venus als Abendstern am Himmel schon sichtbar war, während Schopenhauer von seinem Sonnenkult zurückkehrte. Es muß nicht die sternhelle Nacht gewesen sein, von der Foucher de Careil in seinem Buch über Hegel und Schopenhauer schreibt, daß dieser von seinem späteren Biographen Gwinner beim Spaziergang auf die helle Venus hingewiesen wurde, mit der Erinnerung an Dante, der dorthin einige seiner Seelen versetzt hätte. Wolle nicht auch er, Schopenhauer, glauben, es könne dort oben vollkommenere Wesen geben, als wir es sind.

Dem widersprach Schopenhauer entschieden. Es konnte in seinem System nicht zulässig sein, daß ein vollkommeneres Wesen als der Mensch den Willen zum Leben *noch* hätte. Beim Menschen höre die ansteigende Reihe auf. Er sei *der letzte Ausdruck jenes traurigen Fortschrittes*, indem seine organische Ausstattung den Willen zum Leben gerade auf der Grenze halte, an der dieses Dasein zwar niemals wünschenswert werden könne, wohl aber verzweiflungsfrei als erträglich durchzustehen sei.

Schließlich habe Schopenhauer seinen spekulativen Exkurs zu der rhetorischen Frage an seinen Begleiter – der so unselig gewesen war, sich diese Zurechtweisung zuzuziehen – zugespitzt: *Glauben Sie wirklich, daß ein übermenschliches Wesen auch nur einen einzigen Tag diese schlechte Komödie des Lebens fortsetzen wollte?* Nein, der Mensch sei gerade noch das Letzte, dem man zuzutrauen habe und unterstellen könne, daß er am Leben bleibe, ohne sich dieses jemals gewünscht zu haben und es jemals sich wünschenswert machen zu können.

Das unausgesprochene Paradox, das herauskommt, besteht in der Konsequenz, daß nirgendwo im Universum Wesen von höherer Dignität als der Mensch existieren. Sie müßten ihre Existenz immer schon beendet haben, sobald sie die Schwelle des dem Menschen Ähnlichen überschritten hätten. Dies nämlich wäre der kosmische Augenblick der Umkehr des Willens, der Erkenntnis der Unerträglichkeit des von ihm verschuldeten Lebens, der augenblicklichen Vollstrekkung dieses Urteils und damit des Abbruchs jeder Entwicklung irgendwo, die von dem Typus gewesen wäre, den sich das vorausgehende Jahrhundert der Aufklärung erträumt hatte: Belehrung des Menschen anhand der bloßen Vorstellbarkeit seiner Überwindung durch Aufhebung seiner Widersprüche von Selbsterhaltung und Selbstzerstörung.

Schopenhauer hatte den Widerspruch aufgelöst: Überwindung des Menschen könne nur und würde allemal heißen, seine Existenz kraft seiner Einsicht zu beenden und der Welt nicht weiter zuzumuten.

Auf der Suche nach höheren Intelligenzen

Wir suchen angestrengt im Weltall nach Spuren und Signalen höherer Intelligenzen. Soweit wir sie auf der Erde haben, schätzen wir sie gering und lassen sie mit den Dummen schmoren, weil sie uns in der Idee der Gleichheit aller stören und zu der abwegigen Vermutung verleiten, es könnte doch nicht alles der Pädagogik zu verdanken sein, was der Gesellschaft nützt.

Für die Suche nach außerirdischen Intelligenzen gibt es bereits das Etablierungsindiz einer schlagkräftigen Abkürzung: SETI heißt *Search for Extra Terrestrial Intelligences.* Vor allem gibt es dafür das, was als Indiz für den Realismus von Unternehmungen anerkannt ist: Geld. Dieses Realismusindiz ist auch nicht schlecht, denn wenn einmal Geld gegeben worden ist, darf es nicht verloren sein, und das wird am besten dadurch verhindert, daß man ihm weiteres Geld nachschickt. So fordern die SETI-Forscher für ihre Forschung auf einer Tagung am Ames-Forschungszentrum der NASA in Kalifornien für jedes Jahr ihrer Suche eine halbe Milliarde Dollar.[5] Die Weltraumfahrtbehörde möchte ihre Aktualität dadurch zurückgewinnen, daß sie in ihren neuen Raumfahrzeugen vom Typ Space-Shuttle erdumkreisende Suchgeräte für kosmische Intelligenzen installiert.

Ich diskutiere nicht, ob ein Forschungsprojekt dieser Art schlechter ist als irgendein anderes in der Erforschung des uns zugänglichen Kosmos. Zu erfahren, ob irgendwo in der Welt Intelligenz noch vertreten ist, wäre sicher nicht weniger wissenswert als etwa die Feststellung der Anwesenheit bestimmter chemischer Verbindungen. Ich bezweifle, daß es irgend etwas nicht Wissenswertes in der Welt gibt, auch wenn es nicht möglich sein sollte, mit der Begrenztheit unserer Mittel allem Wissenswerten nachzugehen, noch dazu zugleich.

Ich finde ein Element in der Schreibung und Begründung solcher kosmischer Suchvorhaben bedenkenswert und aufschlußreich – weniger für den Kosmos als für uns selbst und unsere kosmischen Bedürfnisse –, nämlich den Zusatz zur Objektbeschreibung, es könne oder müsse sich gar um ›höhere‹ Intelligenzen handeln, mit denen wir da in Be-

5 New Scientist, 17. März 1977.

rührung kämen. Der Mensch traut der Qualität seiner Vernunft nicht.
Das ist verständlich angesichts ihrer Resultate. Ob die mit einem Organismus verbundene Vernunft unter dem Entwicklungsgesetz alles
Lebendigen jemals und irgendwo eine andere als eine harte Vernunft,
also eine für den Selbsterhaltungskampf instrumentelle, sein könnte,
will ich hier nicht erörtern. Wer die Vernunft für ein Resultat des
organischen Prozesses und ein Organ seiner Fortsetzung mit anderen
Mitteln, also auch diesem, hält, wird sich von höheren Ausbildungs-
stufen der Intelligenz nicht nur Tröstliches versprechen.
Die Hoffnungen auf den Fund extraterrestrischer Intelligenz sollten
trotzdem etwas genauer analysiert werden. Zwei Astronomen der
Staatsuniversität Ohio, R. Dixon und D. Cole, haben auf der 21-cm-
Frequenz des atomaren Wasserstoffs ein großes Areal des Sternenhimmels zwischen 14 und 48 Grad nördlicher Breite systematisch nach
intelligenten Signalen abgesucht. Die Voraussetzung dabei ist ganz
plausibel, daß höhere Intelligenzen nicht dümmer sein würden als wir
und daher die Frequenz des im ganzen Weltall verbreitetsten Elements
für ihre Selbstdarstellung benutzen werden.[6] Aber bei dem Wort
›Selbstdarstellung‹ zögert man schon. Stellen wir uns unaufhörlich
den vermuteten kosmischen Adressaten gegenüber selbst dar, indem
wir große Portionen unserer knappen Energie dafür investieren, Tag
und Nacht starke Signale in alle Richtungen des Weltraums auszusen-
den? Unser Bedürfnis, von anderen und höheren Geistern zu erfahren, scheint größer zu sein als das, uns ihnen als existierend zu
offenbaren. Weshalb sollten wir auch? Aber dann: Weshalb sollten sie
die Voraussetzung erfüllen wollen, sich uns unter ungeheurem Aufwand mitzuteilen? Wir sind so fasziniert von unserer Selbstdefinition
als kommunikationsbedürftiger Systeme, daß wir uns auch für andere
und höhere kosmische Subjekte nichts Würdigeres und Wichtigeres
vorstellen können als den Drang, in Kommunikation zu treten.
Man erlaube mir den Hinweis auf das Bild, das wir uns in Jahrtausenden mühsam von höherer und höchster Intelligenz entworfen haben.
Aristoteles hatte sich eine höchste Stufe der Intelligenz erdacht, von
der alles andere in der Welt abhängen sollte: den unbewegten Beweger. Er war zu dem bestürzenden und folgenreichen Resultat gekommen, daß es zum Wesen dieser höchsten Intelligenz gehören müsse,

6 Ikarus, Heft 30, 267.

mit nichts anderem beschäftigt zu sein als mit sich selbst. Sie wäre
ganz erfüllt von der Würde und Größe dieses Gegenstandes ihrer Erkenntnis, daß sie von allem anderen keine Notiz nimmt, vielmehr nur
alles andere in liebendem Bezug auf sie sich dreht. Von dieser höchsten
Intelligenz wäre kein Signal auf der Frequenz des Wasserstoffs jemals
irgendwohin gelangt.

Man wird vielleicht sagen, dies sei eben ein heidnischer Gott und ein
Philosophengott dazu gewesen. Der biblische und christliche Gott sei
ein anderer. Er habe sich den Menschen durch eine Offenbarung mitgeteilt und müsse folglich von eben dieser Art kommunikationsfreu-
diger Wesen sein, wie wir uns uns selbst vorstellen. Betrachtet man die
Arbeit, die zwei Jahrtausende theologischer und metaphysischer Tradition an diesem Gottesbild vorgenommen haben, so bleibt nichts von
der Grundidee, höhere und höchste Intelligenz müsse darin ihre
Würde und ihr Genügen haben, sich den anderen und niedrigeren
Intelligenzen derart mitzuteilen, daß sie zu Nutznießern der Errungenschaften der höheren und höchsten Stufen der Vernunft werden
können. Die christliche Theologie ist durchdrungen von dem Gedanken, daß Offenbarung nicht die Natur ihres Gottes ist, sondern die
Folge einer Katastrophe, eines regulär nicht vorgesehenen Unfalls, der
durch dunkle und auslegungsbedürftige Mitteilungen und Gesetze behoben oder überlebbar gemacht wurde. Doch dies nur so weit, wie es
zu dem einen und begrenzt definierten Heilszweck des Nicht-Unter-
ganges des Menschen unerläßlich war. Von Mitteilungsdrang oder
Berücksichtigung der Neugierbedürfnisse des Menschen, Mitteilungen von Anderem und Höherem zu empfangen, kann in der ganzen
Auslegungsgeschichte der Offenbarung keine Rede sein. Sie ist die
Anerkennung des Sachverhalts, daß diesem aus eigener Schuld ret-
tungsbedürftigen Wesen nur die notdürftigste und in ihrer Heilswir-
kung nicht einmal umfassende Sanierung zuteil geworden ist. Ein
Gott ist auch hier kein dialogfreudiges Wesen. Er ist zuerst und vor
allem sich selbst genug.

Dieser Verdacht scheint mir vor allem auch auf den Unternehmungen
von SETI zu lasten, daß höhere Intelligenzen im Kosmos, falls es sie
denn gäbe, so glücklich kraft Intelligenz geworden sein könnten, daß
nichts sie dazu bringen kann, auch noch aus ihrer gelungenen Existenz
ins Ungewisse herauszutreten. Die Götter in den Intermundien des
Epikur gingen so in ihrer Glückseligkeit auf, daß sie weder Blick noch

Sorge auf die im Raum ausgestreuten Welten verwendet hätten. Gibt es Gespräch, Frage und Antwort, Äußerung und Rückäußerung, ohne diejenige Grundbedürftigkeit, die darin besteht, daß einer sich selbst nicht genug ist? Eine Vernunft, also gerade keine höhere?

Die Forscher von Ohio waren erfolglos, und das ist ein guter Grund, die Suche mit mehr Einsatz von Mitteln fortzusetzen. Denn die irdische Intelligenz erscheint jedermann als so unzulänglich, daß man sie nicht besser verwenden kann als dazu, nach zulänglicheren Weltbewohnern Ausschau zu halten und von ihnen etwa das zu erfahren, was der eigenen Einsicht und Erfahrung mangelt. Was uns aber am meisten mangelt, mangelt uns gar nicht infolge unzureichender Einsicht und Information. Erstaunlicherweise wissen wir, was nötig wäre, was geboten ist, was das Gesetz gebietet. Es hat da in der Geschichte genügend höhere Intelligenz gegeben, Weise, Heilige, Propheten, Mahner, Gesetzgeber, Moralisten, Pädagogen und Psychagogen, Kritiker und Reformer, die höhere Zustände genug und Wege dazu in Vielfalt angeboten haben. Sollte ein Telegramm auf der Frequenz des Wasserstoffs da wirklich mehr Überzeugungskraft haben als die beschwörenden Dokumente in der uns verständlichsten Sprache?

Vielleicht muß man das Konzept der Erwartungen von SETI etwas nüchterner anfassen. Vielleicht könnte man, um ein ganz hartes Beispiel zu verwenden, nach Entdeckung einer kosmischen höheren Intelligenz bei dieser anfragen, wie dort das Problem der Energiegewinnung und der Vermeidung von damit verbundenen Risiken gelöst worden ist. Ich will nicht so skeptisch sein anzunehmen, der Erfolg von SETI könnte darin bestehen, einen von höheren Intelligenzen bewohnten Weltkörper im Andromedanebel zu entdecken, denn das würde bedeuten, daß wir die Antwort auf eine von uns dorthin gesandte Anfrage erst in fast fünf Millionen Jahren zu erwarten hätten. Die höchste Weisheit über Energiegewinnung würde uns mit Sicherheit dann nichts mehr nützen.

Es mag boshaft erscheinen, daß ich den Andromedanebel als Sitz der angenommenen höheren Intelligenzen gewählt habe. Aber bei den Wahrscheinlichkeiten, mit denen wir hier rechnen müssen, ist die Entfernung des Andromedanebels immer noch eine der günstigsten Annahmen im kosmischen Gesamtfeld von Objekten, die überhaupt für den Empfang von Signalen in Betracht kommen. Noch zu Beginn unseres Jahrhunderts hatte Bohlin 1907 die Entfernung des Androme-

danebels auf zwanzig Lichtjahre berechnet, und dann wäre eine erste
Anfrage immerhin vierzig Jahre später beantwortet gewesen. Fast ist
man geneigt zu sagen, selbst das wäre für unsere Zwecke zu spät. Aber
es liegt in der Größenordnung gar nicht so weit jenseits des günstigsten Falls, der überhaupt angenommen werden kann, daß nämlich
innerhalb unseres galaktischen Systems bei dem nächststehenden Fixstern ein bewohnter Planet kreisen könnte, den wir für unsere Anfrage
nach höherer Wissenschaft ins Visier gerichteter Funksignale nehmen
würden. Vorausgesetzt, schon bei der ersten Anfrage wären alle termi-
nologischen Voraussetzungen für eine wissenschaftlich anspruchsvolle Problemstellung – und nur für eine solche könnten uns doch
höhere Intelligenzen etwas nützen – erfüllt, so würde der erste uns
aufklärende Text frühestens acht Jahre später vorliegen. Jede Rückfrage nach dem kleinsten etwa unverstandenen Detail höherer Weisheit kostete wiederum acht Jahre. Im Hinblick auf die Hoffnung,
höhere Intelligenzen könnten uns irdische Irrwege ersparen, ist noch
der angenommene günstigste Fall des Erfolgs von SETI eine Aussicht
auf trostlose Zeitvergeudung. Bitte, dies ist keine Argumentation gegen das Projekt als solches, sondern gegen die falsche Aktualität
sowohl der Begründungen als der Erwartungen, die mit ihm verbunden werden. Wir haben einfach zu wenig Zeit für die Distanzen, die
der Kosmos uns mit absoluter Unüberschreitbarkeit auferlegt. Die
Zeitmaße der menschlichen Geschichte stehen in keinem Verhältnis zu
den Bedingungen, die das Hereinziehen kosmischer Größen in diese
Geschichte zu erfüllen voraussetzt. Der Mensch bliebe allein im Universum auch dann, wenn dieses mit Leben und Intelligenz überfüllt
wäre, weil der interkosmische Dialog nach Aufwand an Zeit und
Energie die irdischen Proportionen überfordert. Lebenszeit und Weltzeit sind in ein endgültiges Mißverhältnis getreten.
Die irdische Intelligenz wird offenbar von der Annahme ihrer Einzigkeit dadurch abgeschreckt, daß sie damit notwendig den alten Glauben verbunden meint, dann müsse der Mensch auch die Krone der
Schöpfung sein. Aber das ist eine ganz vordergründige Verbindung. Es
wäre, um die krasse Gegenprobe zu machen, durchaus auch möglich,
daß die Entwicklung des Lebens zu einer solchen Spezies, wie der
Mensch und seine Vernunft sie darstellen, als Perpetuierung einer Abnormität, als überkomplizierte Korrektur eines genetischen Fehlver-
suchs, als höchst unwahrscheinliche Durchbrechung einer biologi-

schen Sackgasse erkannt werden müßten. Darauf deutet vieles am Menschen in seiner biologischen Verlassenheit von allen guten Geistern der Natur hin.

XV. Alles wie vorher –
alles wie immer?

Delegation in den Weltraum

Delegation ist ein Kunstgriff zum Überleben. Der Mensch ist darauf eingerichtet, in Verbänden mit seinesgleichen gegen Verbände von seinesgleichen bis zum Untergang oder zur Unterwerfung der einen Seite zu kämpfen. Dabei wird das Erlebnis der Eingebundenheit in den Verband unter den Bedingungen des feindlichen Drucks stärker erlebt als die Feindschaft des Feindes. Dies mag der selektive Sinn dabei sein. Er geht verloren, wenn die Kampfmittel zur Erschöpfung *beider* Seiten führen, wie es in modernen Kriegen der Fall geworden ist. Die bloße gegenseitige Abschlachtung erweist ihre Unzweckmäßigkeit. An deren Stelle tritt die Institution des stellvertretenden Kampfes. Als Mohammed in der Schlacht bei Bedr den Mekkanern gegenüberstand, traten aus deren Heer drei Krieger hervor und forderten drei der Gegenseite heraus; die drei Mekkaner verloren, alle Mekkaner verloren den Mut und wurden geschlagen. Delegation hat wohl immer etwas mit Zeichenhaftigkeit zu tun: Ein Mensch steht wie eine Fahne oder ein Wappen oder ein Symbol für etwas, das er selbst nicht ist und nicht einmal in besonderer Weise darstellen muß. Das Zeichen steht für das, was es bezeichnet, und an ihm vollzieht sich das Schicksal aller, für die es steht, entweder um allen dieses Schicksal zu ersparen oder um ihnen die Unabwendbarkeit dieses Schicksals so vorzuführen, daß sie sich mit einem Minimum an Widerstand darein fügen. Man flieht lieber gleich, wenn der Zweikampf vor dem Heer verloren ist, und das hat seinen guten Sinn.

Ermutigung und Entmutigung durch Repräsentanten sind auch in der modernen Welt oder erst recht wieder in ihr zur Funktion gebracht worden. Der friedliche Wettbewerb der Völker wird gelegentlich gedacht als eine Art Erziehung zur Ablehnung anderer Formen von Wettbewerb. Dagegen stehen unerbittliche Härte und Hinterhältigkeit, die sich gerade im ›friedlichen Wettbewerb‹ der Völker breitgemacht haben. Hier muß hart bis an die Grenze der äußersten Unfriedlichkeit gegangen werden, um durch Institution zu ersetzen, was für die Gattung nicht mehr erträglich ist. Im Maße also, wie die Überwaffen die Führung von Kriegen unmöglich machen, ragen alle anderen Arten von Wettbewerben in die Mentalität der Unfriedlichkeit hinein.

Man wird sogar sagen müssen, daß die Erfindung, Produktion, Erprobung und Aufstellung von Waffensystemen, die unbestimmbare Wirkungen haben, neben ihrer oder sogar über ihre Abschreckungswirkung hinaus die Funktion der delegierten Austragung von Rivalität besitzen. Es ist überflüssig geworden, solche Systeme einzusetzen, wenn man sicher ist oder glaubt oder sich der Illusion hingibt – was alles auf dasselbe hinauskommt –, mit der computerisierten Simulation ihrer Anwendung und Wirkung ließen sich an jedem beliebigen Tag die Kriege *in effigie* austragen, die sonst unter sinnloser gegenseitiger Vernichtung ausgetragen werden müßten. Bei der delegierten Kompetenz für Rivalität darf es freilich nicht zimperlich zugehen, nicht so, als ob man nur so täte als ob. Das geht schon nicht bei Auseinandersetzungen in Tarifkonflikten; der delegierte Kämpfer muß seinen Mandanten zeigen, daß er kämpfen kann, und er kann es nur zeigen, wenn er die Situation bis an die Grenze zwischen Faktischem und Fiktivem vorantreibt. Man erspart sich viel oder alles, indem man einiges riskiert, jedenfalls nicht die Qualitäten von Friedlichkeit vorzeigt.

Neben dem Sport und der Rüstungsgebärde ist der Wettlauf im Weltraum zu einer eigenen Form der Delegation geworden, die im Maße der Abwesenheit der Delegierten an symbolischer Kräftigkeit gewinnt. Hunderte von Tagen lang denkt niemand an die Besatzung einer Raumstation, bis sie eines Tages zur Erde zurückkehrt mit einem neuen Rekord, von dem man nicht so genau weiß, was er sonst noch beinhaltet außer der bloßen Dauerhaftigkeit des Aufenthalts und damit der eindeutigen Zählbarkeit seiner Größe als Dauer. Wie im Sport müssen auch im Weltraum Rekorde gemessen und gezählt werden können, um die Eindeutigkeit der Verhältnisse von Repräsentanz herzustellen.

Im Oktober 1957 war eine der drei größten Nationen der Welt niedergeschlagen und gedemütigt, weil ein winziges und sinnloses Gerät aus dem erdnahen Weltraum piepende Töne über Radiowellen aussandte, von denen niemand genau wußte, ob sie wirklich etwas zu bedeuten hatten und was dies etwa sein könnte. Es war ein entnervendes Geräusch, durch die Medien multipliziert und in jedermanns Ohr, der es direkt nicht hätte hören können. Die Folgen dieses schlichten Sachverhalts waren unglaublich und sind es bis auf den heutigen Tag. Es war die Begründung einer Institution von Rivalität.

Starke und schwache Philosophien
im Kosmos

Ein Jahrzehnt nach der Landung der Amerikaner auf dem Mond gehört es zum lässigsten Ton der kulturkritischen Glosse, diesem Ereignis Beiläufigkeit zu attestieren und die Gewinner des Erfolgs seiner maßlosen Überschätzung zu bezichtigen. Aus dem Vorwurf der Überschätzung folgt der der Verschleuderung des Nationalvermögens und der Naturalenergie. Daraus wiederum der des bloßen und eitlen Spektakels in der Arena des gerade weltweit durchgesetzten Fernsehens.

Die Ideologiekritik brauchte nicht erst zu entlarven und aufzudecken, daß dieser technologische Sprint eines knappen Jahrzehnts nur ein Stückchen aus der Rivalität der beiden Weltmächte war und diese dabei wiederum nur die Exponenten der beiden ideologischen Weltfraktionen gewesen sind. Amerika hatte, freilich getroffen und herausgefordert vom Sputnik-Schock, seine schwindende Kraft noch einmal zusammengefaßt und mühelos den Konkurrenten ins Hintertreffen verwiesen. So ausgedrückt, bekommt das ganze das Ansehen einer Truppenparade klassischen Typs, bei der in knapper Zeit und auf engem Raum geballt das Beste vorgezeigt wird, was man im Zweifelsfall einzusetzen hätte. Paraden sind teurer Aufwand, und hinterher fragt sich jeder, ob der Eindruck, den sie bei den auf der Tribüne postierten Attachés hinterlassen haben, die Kosten wert gewesen ist.

Die Ankündigung des Apollo-Unternehmens, die Präsident Kennedy Anfang der sechziger Jahre ausgerufen hatte, gab dem Ganzen am ehesten den Anstrich eines mit technischem Aufwand zu führenden sportlichen Wettbewerbs. Es war nicht davon die Rede, was es für das Selbstbewußtsein der westlichen Welt bedeuten würde oder bedeuten könnte, wenn der vorausgesagte Erfolg erreicht würde. Auch als die Amerikaner auf dem Mond ihre Gedenktafel hinterließen, war nur von der Menschheit, nicht von Amerika oder vom Westen die Rede. Jeder weiß, daß darin eine kalkulierte Untertreibung steckt; aber keiner weiß genau, wie groß und wie unvermeidlich diese Untertreibung war.

Man muß sich dazu einmal vorstellen, das Mondprogramm der USA
wäre als Ausdruck der Überlegenheit einer Ideologie der Freiheit
nicht nur formuliert, sondern auch in seinem Erfolg als unverfehlbar
vorgegeben worden. Unvorstellbar, daß unter dem Konzept der Freiheit irgendeine Rivalität von vornherein und im Prinzip von jedem der
Beteiligten gewonnen werden könnte, ohne dadurch dem anderen
endgültig den geschichtlichen Garaus zu machen. Auch wenn ein solcher Erfolg als Bestätigung der eigenen Position gewertet werden
durfte, so doch noch nicht *eo ipso* als endgültige Widerlegung des
gegnerischen Ideologems. Es ist das, was ich eine schwache Philosophie nenne: Sie erlaubt keine endgültigen Entscheidungen über Wahrheiten, sondern sieht die Konkurrenz von Meinungen, Überzeugungen, Glaubensformen, die sich in Positionskämpfen gegeneinander
verschieben, aber nie definitiv das Nachsehen geben können. Daß die
Welt die Mondlandung der Amerikaner so schnell und ohne tiefe Spuren im öffentlichen Bewußtsein vergessen hat, liegt an der Schwäche
der Philosophie, in die das Programm und sein Erfolg eingebettet,
eingerahmt, funktional integriert waren. Man hatte gewonnen, so wie
man einen Weltrekord oder einen Olympiasieg gewinnt, aber der
nächste Rekord und die nächste Olympiade lassen vergessen, was einmal die Marke des Aufsehens gewesen war.
Das wäre auch nicht anders gewesen, wenn der als erreichbar unterstellte theoretische Ertrag der Verheißung entsprochen hätte, eine
einmalige Bodenprobe vom Mond würde der terrestrischen Wissenschaft die endgültige Klärung der Entstehung des Sonnensystems
ermöglichen. Niemand, der den Gang theoretischer Fortschritte über
längere Fristen beobachtet hat, konnte dieser finalistischen Messiade
trauen: Weshalb sollte das, was vom Mondboden in wenigen Stunden
aufzuheben war, so viel weiter führen als das, was man aus allen Tiefen
und Höhen der Erdrinde in Jahrzehnten ausgehoben und ausgebohrt
hatte? Wäre aber eine Theorie vom Grad der verheißenen möglich
geworden, so wäre sie gewiß vom Typus der sehr schwierigen theoretischen Gebilde gewesen, die so umfassende Aussagen heute darstellen, und wäre infolge öffentlicher Unverstandenheit ebenso schnell
vergessen worden wie der erste Schritt von der Leiter des »Eagle« auf
den Mond.
Nur eine starke Philosophie hätte aus dem Monderfolg, trotz ungleich
geringerer Publizität und verdeckterem Verhältnis von Programm und

Ausführung, die durchschlagende Epochenmarke machen können. Eine solche starke Philosophie, das ist meine Behauptung, kann nur die Gestalt einer Geschichtsphilosophie haben. Es liegt mir fern, irgend jemandem starke Philosophien zu empfehlen. Im Gegenteil, sie erscheinen mir als rhetorische Zauberkunststücke. Aber sie haben gerade als kosmische Rhetorik unvergleichliche Chancen. Das hatte schon der Sputnik gezeigt, trotz seiner vergleichsweise harmlosen Technik. Hätten die Erfinder des Sputniks ihren Vorsprung bis zur Landung auf dem Mond ausbauen können, so wie sie die ersten Bilder von der Rückseite des Mondes verbreitet hatten, so wäre das Ereignis in einen ganz anderen Kontext von geschichtlichen Verschiebungen eingegangen. Es wäre, um das mit einem Wort zu sagen, das Bündnis mit dem Weltgeist als besiegelt ausgewiesen worden. Und als solches wäre es im Buch der Geschichte – was immer mehr ist als: in den Geschichtsbüchern – stehen geblieben, wieviel Getreide auch die Herren dieses Triumphes in den folgenden Jahrzehnten bei den Unterlegenen hätten kaufen müssen.

Die schwache Philosophie zwingt zu ständigen, wenn auch schnell vergessenen Erfolgen, allein um der starken Philosophie nicht das Weltforum der Rhetorik zu überlassen. Versuche ich, mir das mentale Konzept des Präsidenten Kennedy bei der Verkündung des Mondprogramms in nüchternen Sätzen vorzustellen, so muß es etwa gelautet haben: Wir müssen die Ersten auf dem Mond sein, nicht weil wir mit unserer schwachen Philosophie diesen Erfolg brauchen und ausschöpfen könnten, sondern weil wir die Rhetorik der starken Philosophie nicht ertragen, wahrscheinlich nicht überleben könnten. Der Erfolg wird uns nicht glauben lassen, wir seien in der Welt endgültig an die Spitze gelangt. Aber der nicht aufgenommene Wettstreit und dadurch verfehlte Erfolg wird uns und alle anderen glauben lassen, wir seien aus der Geschichte ausgeschieden. Die schwache Philosophie erlaubt nur einen Wettstreit in immer neuen Runden, die starke Philosophie läßt überleben oder untergehen, die Geschichte gewinnen oder verlieren.

Kennedy durfte seiner Nation nicht sagen, unter welchem Zwang er bei dieser Entscheidung für die sechziger Jahre stand. Es gehörte zur schwachen Philosophie, das Bild einer spontanen Unternehmung zwar von nationalen Ausmaßen des Aufwands, aber nicht von nationalem Tiefgang des Schicksals zu bieten. Zur schwachen Philosophie

gehört die legere Rhetorik, in der man sich nicht anmerken läßt, man
verteidige sich dagegen, demnächst beerdigt zu werden. Es ist schwierig, die für eine solche Zumutung an das Nationalbudget unvermeidlichen großen Worte im Rahmen einer schwachen Philosophie zu
machen, und es war ein Meister dieses Metiers wie Kennedy nötig, um
diese Balance einigermaßen zu halten. Den Kritikern nach einem Jahrzehnt machen diese großen Worte es immer noch leicht, das Mißverhältnis zwischen der Verheißung und dem Tiefgang des Erfolgs zu
glossieren, indem sie das ganze als eine aus dem Stand vom Zaun
gebrochene Allüre beschreiben, bei der der herausgeforderte Gegner
sich sogar als der klügere erwies, indem er nicht weiter mitmachte. Er
konnte es leicht, denn er brauchte den Erfolg der anderen mit der
schwachen Philosophie nicht zu fürchten. Er mußte im Gegenteil
durch bewährte Geheimhaltung alles tun, um den Rivalen nicht merken zu lassen, daß er die Arena des Kampfes bereits verlassen
hatte.

Am schönsten aber ist, daß im Vokabular der kulturkritischen Memo-
rialisten die Formel beherrschend ist, es habe sich nicht gelohnt, zur
›bloßen Befriedigung der Neugierde‹ so viel Aufwand und Hergang
zu machen. Wozu wohl sonst als zur Befriedigung der Neugierde hat
sich in der Geschichte des Menschen der Neuzeit – und wir werden
dem nicht entrinnen, dieser Epoche anzugehören – etwas gelohnt?
Dies freilich ist die schwächste der schwachen Philosophien.

Was die Mondlandung brachte

Während Wirkungsgeschichten zumindest als erkennbare Wirkung haben, ihre Verfasser in einer Strömung schneller voranzutreiben als die Schreiber anderer Geschichten, ist durch sie um keinen Deut klarer geworden, was eine ›Wirkung‹ überhaupt ist.

Da verarbeitet einer das Erlebnis seines Lebens, die erste Landung auf dem Mond, indem er, nach Lektüre von Ernst Cassirers Arbeiten zum Mythos als symbolischer Form, den »Mythos von Apollo 11« in Beziehung bringt zu dem, was er die mythische Dimension des Menschen nennt: Ansprechbarkeit für Symbole als Zentrum der menschlichen Konstitution. Inmitten der Wissenschaft, die es nicht zustande gebracht hat, sich zur symbolischen Rezeptivität des Menschen in ein Verhältnis zu setzen, geht mit großer Verspätung ein Ereignis auf, das diese Tiefenwirkung auszuüben verspricht.

Der Traktat des Astronauten Aldrin hatte keine Wirkung. Er hätte sie auch nicht zu haben brauchen, wenn er mit dem begrifflichen Instrument Cassirers nur beschrieb, was ohnehin vollendete Tatsache war. Schließlich besteht das Symbol nicht in seiner Deutung.

Man wird sogar unterstellen müssen, daß eine philosophisch angelehnte Erklärung der bewegenden Szenen vom Mond gegen die Bilder nicht aufkommen durfte, als deren vertiefende Erläuterung sie dienen wollte. Nichts ist schwerer zu begreifen als der Begriff des Symbols, zu dessen Vieldeutigkeit die Großen und Größten am meisten beigetragen haben. Diese Unbegreiflichkeit könnte gerade damit zu tun haben, daß menschliches Verhalten selbstverständlich und tiefgehend symbolisch ist. Man wird sich auch nicht auf oberflächliche Indizien verlassen dürfen, was die Bilder vom Mond bewirkt haben und wie lange sie brauchen, um ihre Wirkung voll zu entfalten. Immerhin ist bemerkenswert, wie es nur einer halben Drehung des Zeitgeistes bedurfte, um das Bild der am Mondhimmel stehenden Erde zu beschleunigter Nutzung seiner *cover*-Wirkung für die ›Öko‹-Literatur zu bringen und damit das späte Wohlwollen der Kritiker des verpulverten Aufwandes für Mondexkurse zu finden. Vielleicht bedarf es des hundertsten Jahrestages, wenn das Ereignis schon so fern liegt wie die ersten Flüge der Montgolfieren, die uns erst heute in ihrer rührenden

Gefährlichkeit als säkulares Spektakel berühren, um wirklich ein Symbol ›entstehen‹ zu lassen.

Dennoch bleibt die Wirkungslosigkeit des bildhaft allgegenwärtig gewordenen Vorgangs der ersten Mondlandung eines der Rätsel, an deren Lösung zu wenig Energie gewendet worden ist – aus Gründen, die zu erforschen ebenfalls nicht vergeblich wäre.

Die Wirkung der Ubiquität könnte der Verfall der Rezeptivität, der Überdruß am Faktum sein. Allzu billig wird die Erklärung bleiben, die den Menschen bedrängenden Probleme seiner nächsten Umwelt seien so übergewichtig, daß ihn der Mond nicht interessieren könne. Aber es ging eben nicht um den Mond, sondern um den Menschen auf dem Mond, um die Erweiterung seiner Möglichkeiten und deren Reflexion auf anderes, was ihm sonst und zuvor unmöglich erschienen wäre und noch erscheint.

Symbol soll heißen Repräsentanz, und Repräsentanz beruht auf Delegation. Also muß bei der Mondfahrt etwas nicht richtig gelaufen sein im Verfahren der Herstellung der symbolischen Repräsentanz. Man hat versucht, das Ereignis in die Liste der elementaren Erfindungen der Menschheit einzutragen, von der des Rades bis zu der des Verbrennungsmotors. Wenn das so wäre, stände es um die symbolische Disposition vollends schlecht. Keine dieser Erfindungen hat sich als solche dem menschlichen Bewußtsein eingeprägt. Wo ist der Mythos, der von der Erfindung des Rades spricht?

Das Rad wird symbolisch erst durch sein Verbot: in Tibet. Sollte auch die Mondlandung erst als Symbol akzeptiert werden, wenn feststeht, daß ihr keine weitere jemals folgen wird, weil das Objekt ihrer Anstrengung diese doch nicht wert gewesen war?

XVI. Die untergegangenen Futurologen –
Warnung vor den kommenden

Das gerade noch erträgliche Maß,
sich von der Erde zu entfernen

Das allzu Alltägliche ebenso wie das allzu Unalltägliche in der Literatur bedrohen den Leser mit Langeweile, dem, was ihm zu verschaffen am verbotensten ist, wenn es diesen Superlativ gäbe. Romane, die uns an großen Ereignissen teilnehmen lassen wollen, realen wie fiktiven, verbrauchen sich an der Schwierigkeit der Teilnahme: Der Leser hofft oder ist sogar sicher, derart nicht strapaziert zu werden. Jules Verne mußte seinen Roman über die Reise zum Mond mit einer gewissen Gemütlichkeit ausstatten, aber auch mit dem Gewürz nationaler Rivalitäten, um dem zeitgenössischen Publikum die Grube mit Schießbaumwolle, so uninteressant wie sie war, erträglich zu machen. Seine Kunst war, den Weltraumflug zum bürgerlichen Ausflug zu nivellieren. Das liest sich heute noch besser als die Nüchternheiten von Astronauten, die hinkommen wollten, wohin der Leser hinzukommen keinen Wunsch verspürt. Erst recht ein Roman nach der Verwirklichung des Raumflugs wäre reine Öde. Am ehesten erfaßt uns Teilnahme für alles, was zwischen der ungeglaubten Utopie und dem Tag des Sputnik lag. Weil es aussagt, was uns immer noch beschäftigt: Unsicherheit darüber, was die Realität des Ungeglaubten bedeuten könnte, sollte sie wider Erwarten eintreten. Würde der Mond aus dem Repertoire unserer Stimmungen und Wünsche, aus seiner Zeugenschaft unserer Liebesnächte verschwinden, wenn unbezweifelbar geworden wäre, daß er den Vermutungen entsprach und aus Steinen bestand?

Der Mond als etwas, das in der Lebenswelt auftaucht, beiläufig, nebenher, als etwas, was da nicht hingehört – und dann doch einen Akzent bekommt, ein Interesse, von ihm wenigstens zu sagen, daß er in dieser Lebenswelt alles, nur nicht ein Ziel sein könne. Hans Carossa, an den sich manche erinnern, die das Licht aus dem Rachen der Schlange nicht als unzulässigen Trost in tausendjähriger Zeit in Erinnerung haben, hat so etwas erzählt. Der Lungenfacharzt besucht auf einer Reise in die Schweiz, die an Rilkes Grab in Raron ihre Peripetie hat, das Sanatorium des Dr. Vauthier in Leysin. Dort wollte man, das

war die therapeutische Besonderheit, die Kranken nicht ihren lang-
wierigen physischen Prozessen überlassen, sondern ihnen Kontinuität
geistiger Interessen zwischen Erkrankung und Gesundung ermöglichen. Da konnte der Dichter aus Werken vorlesen, aber auch der
Stratosphärenforscher Auguste Piccard seinen Bericht geben. So
kommt es zufällig zum Spaziergang der beiden weltenverschiedenen
Gäste. Es ist eigentümlich zu sehen, daß der Dichter das abenteuer-
lich-seltsame Unternehmen des anderen gerade noch zu fassen, in
seinem Anschauungshorizont unterzubringen vermag. Wohl deshalb
auch, weil da keine gewaltigen Kräfte im Spiel sind: nur das leise
Durchgleiten der am Ballon hängenden metallenen Kapsel durch die
immer dünner werdende Atmosphäre der Erde. Keine abstrakten
Bahngrößen, keine Verhältnisse von Geschwindigkeit und Schwerkraft müssen zum Bild einer sanften Fahrt hinzugedacht werden, die
im Typus immer noch die von Jean Pauls Ballonfahrer ist. Der Blick
haftet an der Erde und nimmt die Höhe *einer an sich tödlichen Sphäre*
nur als Metapher nicht mehr anschaulicher Hintergründe wahr: *Welch
ein Vorgefühl der Ewigkeit mag den Menschen dort überkommen, wo
es kein Gewölk und keine Stürme mehr gibt, wo die Sterne bei Tag wie
bei Nacht sichtbar bleiben und in der verdünnten Luft alle Fahrzeuge
sich unheimlich schnell bewegen!*
So steht es im 1951, zwei Jahrzehnte später, von Carossa erstatteten
Bericht »Ungleiche Welten«. So weit wäre das nur eine Meditation
über die seltsame Zufallsbegegnung in Leysin. Aber der Bericht über
das durch menschliche Begegnung und bereitwillige Imagination gerade noch der eigenen Welt integrierbare Unternehmen bedarf des
Kontrastes zum sinnlosen Übermut, zur unerträglichen Frivolität, die
nicht nur einen Schritt, sondern eine Dimension weiter sich erheben
will. Da ist ein anderer, man ist ihm nie begegnet, obwohl am selben
Ort lebend, man hat nur von ihm gelesen, was er den »Vorstoß in den
Weltenraum« genannt hatte. Undenkbar, daß dieser M. Valier von der
sanften, wenn auch abenteuerlichen Vernünftigkeit des Auguste Piccard sein könnte. Vielmehr ein Mann, der doch *in allem Ernst* daran
dachte, die Erde zu verlassen, und auf dieses Ziel hin *seine freien
Stunden auf die Herstellung eines Weltraumschiffs verwandte*, das
durch *Raketenentladungen* der irdischen Schwerkraft entfliehen und
auf dem Mond landen sollte. Genaueste Berechnungen ständen dahinter, aber man brauchte ihnen keinen Blick zu gönnen, denn was es

damit auf sich hatte, konnte man auch ohne deren Prüfung wahrnehmen. Es ist das gute Recht des Dichters, die Gegenwart für reich
genug zu nehmen, um zu Utopien auf Distanz zu bleiben. Daß es 1951
geworden war, als Carossa seine Höhenwanderung mit Piccard in
Leysin und die von diesem geweckten Meditationen niederschrieb,
suggeriert, dabei wäre die Welt stehen geblieben und ihr stände kaum
anderes als damals bevor. Es läßt dennoch eine Reserve spürbar werden, die das ganze reelle Abenteuer der »Apollo«-Unternehmen
begleiten und erst recht den Rückblick auf sie als auf ein absonder-
liches Intermezzo einfärben sollte. Nicht dieser Carossa war endgültig
zum Sonderling geworden, der geschrieben hatte: *Die Epoche, die*
jeden Glauben belächelte, der auf dem Unsichtbaren ruht, aber allem
zujauchzte, was im Zeichen der Technik hervortrat, hielt genug Men-
schen bereit, die den doch frevelmütigen Plan ernst nahmen ... Hunderte hatten sich damals vormerken lassen für die erste Mondfahrt, zu
der es nicht kommen sollte – und das ist nun Ironie des seiner Besonnenheit sicheren Erdenliebhabers –, weil *der verwegene Erfinder auf*
plattem irdischem Boden durch einen ganz alltäglichen Kraftwagen-
unfall ums Leben kam. Nicht einmal die Geschichte von Ikarus, den
der Höhenflug selbst zu Fall brachte: vielmehr die der Lächerlichkeit,
den seine Ansprüche auf den Weltraum anmeldenden Wahn schon an
Bedingungen und Werkzeugen scheitern zu sehen, Entfernungen all-
täglicher Größenordnung zu überwinden.
Unverkennbar ist dieser Hohn der Sympathien allzu sicher, um die er
wirbt. Wirbt nicht zugunsten einer Abstinenz in der Idylle, sondern
im Blick auf den Gefährten jenes einzigen Tages im Gebirge, der den
unvergleichlichen Vorzug gewonnen hatte, schon hinter sich gebracht
zu haben, was sonst nicht minder als *knabenhafte Maßlosigkeit* hätte
erscheinen können; tatsächlich aber nicht sehr lange danach als Episode erscheinen wird, weil Bilder aus großen Höhen von der Erde zur
Alltäglichkeit des Wetterberichts gehören werden, ohne daß *ein*
Mensch Sauerstoff aus der Flasche atmen muß.
Würden sich die einzelnen Stationen dieser Ansicht von Plänen und
Unternehmungen über viele Jahrhunderte verteilen, würden sie uns
nur als unvermeidliche Kuriositäten des Zeitablaufs berühren; so aber
fällt all dies, vom vorgreifenden Abscheu und Unglauben bis zum
nachträglichen Einbau ins Triviale mit dem bloßen Zweifel am Aufwand, noch lange in die mögliche Lebenszeit von Zeitgenossen,

berührt sich mit Erinnerungen, mit Einstellungen, die nicht durch
Historie, sondern durch ›Nachrichten‹ abgewogen, verstärkt oder
verunsichert werden konnten. Es gibt immer neue Gelegenheiten zur
Parteinahme für die *wissenschaftliche Kühle* und für den *Verzicht auf*
allen Überschwang der Pläne, wie Carossa es da um das Jahr 1930 tut.
Doch macht stutzig das Maß an Irrtum in den Motiven und Gründen,
das dabei erkennbar wird. Das Bestehen auf Anschaulichkeit gibt einen suggestiven Berater: *Er stehe fest und schaue hier sich um . . .*
Dem Dichter ist es noch nicht genug mit seiner Lösung des Konflikts
im Hinblick auf die menschlich faßbare Gestalt des Ballonfahrers. Er
braucht noch den Traum, um zwischen Kühnheit und Maßlosigkeit
ins Reine zu kommen. Auf dem Oberwiesenfeld bei München liegt
das Weltraumschiff startbereit, der Träumende hat einen Fensterplatz,
aber keinen Fahrtausweis. Die geträumte Pointe ist: Seine Abwendung von der Hybris hat ihm nichts genutzt, er ist dabei. Als eine Art
Weltraumschaffner fällt dem Träumer in der Rakete ein kindliches
Wesen in grauem Gewand mit blutroten Handschuhen auf, von dem
vieles oder alles abzuhängen schien. Dieses Kind *lächelte mit irrer*
Spannung in die Ferne, und jetzt wußte ich, daß wir alle verloren
waren. Vor Schreck erstarrt, kann der Traumpassagier sich nicht rühren, nicht schreien. Als man schon über der Stratosphäre, dem Raum
noch zulässiger Kühnheit des Auguste Piccard ist, tritt das zwittrige
Schaffnerkind auf ihn zu, zeigt mit der blutroten Hand nach seinem
Herzen und fragt: *Wo ist Ihr Zeichen?* Der Unzugehörige hat nicht
das Reiseabzeichen der anderen an der linken Brust, die kleine sil-
berne Mondsichel. Ihm bleibt nichts anderes, als zu erwachen.

Nicht alles so wie vorher

Mit Enttäuschung haben die Zeitgenossen der Mondlandung erfahren müssen, daß die Welt nicht anders geworden ist durch das Ereignis, das mehr als Epoche machen sollte. Eine Menschheitsaufgabe war gelöst, aber die Menschheit, die dessen Täter oder Zeuge gewesen war, löste sich ohne Mühe und Trauer aus der fiktiven Einheit des Subjekts, das sich dazu aufgeschwungen hatte.

Gleichwohl, es wird sich erst allmählich und oft zufällig über jene Epochenschwelle hinweg erweisen, daß nicht alles geblieben ist, wie es war.

Im August 1965 ist Ernst Jünger auf Formosa und macht eine Beobachtung, die schon viele andere gemacht hatten: Der Zug der modernen Technik über die Erde demonstriert sich weniger in ihren Konstruktionen und Mechanismen, nicht einmal in ihren Produkten, als vielmehr in ihren Abfällen. Sie bilden die Belege für die planetarische Herrschaft einiger Produkte, denen sogar streng verschlossene Grenzen geöffnet werden mußten, weil offenkundig Bevölkerungen ohne sie zu leben sich außerstande glaubten oder ihre Herren glauben machen konnten. *Den Coca-Cola-Flaschen und einigen Zigarettenmarken kann man nicht ausweichen, wie tief man auch in die Sahara oder wie dicht man bis zu den Polen vordringe.* Der Gedanke steht, wenn er die Pole erreicht hat, unmittelbar vor dem Sprung, den in dieser Mitte des siebten Jahrzehnts er nur noch machen konnte: *Sie werden vermutlich auch die ersten Spuren bilden, die der Mensch auf dem Mond hinterläßt.*

So wäre es vielleicht gekommen, wenn die eigentümliche Beschaffenheit des Mondes es nicht ausgeschlossen hätte. Auf dem Mond kann man nicht trinken und erst recht nicht rauchen. Rauchen nicht in Ermangelung einer sauerstoffhaltigen Atmosphäre; trinken nicht wegen der Notwendigkeit, sich in einem engen Gehäuse, einem Helm, die eigene Atmosphäre zu schaffen und mit sich herumzutragen, was die direkte Zuführung von Behältern mit Getränken unmöglich macht.

Eine andere Natur als die irdische hat sich dagegen verwahrt, die Spuren der Mitführung irdischer Unbedürfnisse aufzunehmen. Das war nicht in der Kargheit der Ausrüstung dieser lunaren Expedition be-

gründet. Sie hatte nichts mehr an sich von der klassischen Expedition
der großen Entdeckungsreisenden, die jedes Gramm überflüssigen
Gepäcks vermeiden mußten und schon deshalb am wenigsten von
dem mitgenommen hätten, was die auffälligsten Kulturabfälle hinterläßt. Aber der Mond zwang den Menschen zu einer Reduktion seiner
Ansprüche, indem er viel oder sogar alles davon abhängen ließ, die
Luft bei sich zu haben, die er zum Leben brauchte. Sauerstoff ist
derart der Inbegriff eines elementaren Bedürfnisses, daß sich auch der
leiseste Anhauch der Überschreitung seiner Sphäre nicht denken läßt.
Der Unsinn einer für Mondtouristen aufgemachten speziellen Fabrik-
marke des besten oder doch jedenfalls unter den besten gleichwertigen
Sauerstoffs ist unmittelbar einleuchtend. Sollte also auf dem Mondboden jemals eine solche Hülse liegengeblieben sein oder künftig liegen-
bleiben, wird sie namenlos sein und noch im Abfallzustand der
Auffälligkeit werbender Bekanntheitsqualität entraten.

Für den Mond muß eine andere Kulturkritik erdacht werden als die,
die Ernst Jünger in dem Sachverhalt erblickt, daß es auf der Erde nicht
die Spuren der Befriedigung dringendster Bedürfnisse sind, mit denen
sich der Mensch auffällig macht, wo immer er gewesen ist, sondern die
beiläufiger Zusätzlichkeiten: *Der Mensch ist mehr auf den Genuß als
auf die Sättigung erpicht. Das hat sich seit jeher im Handel abgezeich-
net, ganz früh schon im Salzhandel.* Oder in dem mit Bernstein,
könnte man hinzufügen.

Dennoch hat, was der Mensch auf dem Mond als Spur seiner Anwesenheit hinterließ, für gedachte fremdartige Beobachter noch einen
Zug, der sich biologisch nicht von selbst versteht. Dort verharrt, unverändert und unbetroffen, die Miniatur einer Abschußrampe für das
Landeteil des Raumschiffs. Der Mensch ist unter gewaltigen Anstrengungen an einen Ort gelangt, an dem er um keinen Preis hätte bleiben
wollen. Seine auffälligste Spur auf dem Boden des Mondes ist das
Zeichen seines Willens zur Heimkehr – der Beweis dafür, daß nach
ihm dort nicht gesucht zu werden braucht, daß er nicht mehr dort ist.
Für den exotischen Verhaltensforscher steckt da ein unbegreifliches
Moment des Luxus. Die Intention einer Handlung ist abgeschlossen,
ihr Ziel erreicht; da nimmt der Handelnde alles zurück und macht
beinahe ungeschehen, wofür er alles herzugeben bereit gewesen war.
Es ist die Spur einer unbegreiflichen Fluchtartigkeit, die für Ewigkei-
ten stehen geblieben ist.

Nein, die Prognose war nicht richtig, daß der Mensch sich im Weltall genauso benehmen würde, als ob er zuhause wäre.

Das nämlich war das einzige, was er nicht war.

Sonnen. Ohne mich

Bitterkeit ist oft das Aroma des bedeutenden Stilisten. Sie zwingt zur Kürze aus Überdruß. Aber Kürze ist gefährlich; sie verrät jede Ungleichgewichtigkeit im Bau des Gedankens.

E. M. Cioran ist ein beispielhafter Fall. Ihn wie andere verdrießt das Unmaß des Universums. Er akzeptiert nicht, daß nur dies noch den Menschen atmen läßt: Unverbindlichkeit alles anderen, die die Erde blühen macht.

Cioran schreibt: *Heute früh, als ich einen Astronomen über Milliarden von Sonnen sprechen hörte, habe ich darauf verzichtet, meine Morgentoilette zu machen: wozu sich überhaupt noch waschen?*[1]

Als Aufschrei der Empörung ist das zu lang. Empörung verläuft sich, wenn nicht jedes Wort empört. Zu lang durch Mangel an Symmetrie: Das Weltall ist mit zwei Worten vertreten, der Mensch mit umständlicher Etikettierung dessen, was Verdruß ihn unterlassen läßt.

Dürfte man kürzen (was man keinesfalls darf), würde stehen bleiben: *Heute früh. Ein Astronom redete über Sonnen. Wozu sich noch waschen?*

---

1 Akzente 1982, 11.

XVII. Was bleibt, ist die Umwelt

Undurchsichtigkeit

Die Schönheit des Anblicks der Erde aus dem Weltraum, das staunenswerte Muster des blauen Planeten am Himmel des Mondes, ist weit überwiegend Wirkung der Trübung und Undurchsichtigkeit ihrer Atmosphäre. Die Lufthülle wiederum ist zu einem großen Anteil Stoffwechselprodukt der Lebewesen, die auf dem Grunde dieses blauen Ozeans, unerkennbar aus der Weite des Raumes, leben und atmen.

Organismen sind Systeme, die unter einem gewaltigen Aufwand an ihrer Umwelt entzogener Energie den Fortbestand der Vorrichtungen verteidigen, mit denen der Energieentzug betrieben wird. Die Absurdität des Stoffwechsels besteht darin, daß auf einem durch Gestalt und Außenfläche begrenzten Stück des Weltraums das Unwahrscheinliche durchgesetzt wird, dem allgemeinen Verfall der Energie auf die niederste Stufe ihrer wahrscheinlichsten Verteilung den Inbegriff von Konzentration und Organisation entgegenzustellen; dies war freilich nur um den Preis zu erreichen, daß jener allgemeine physikalische Prozeß der Verwahrscheinlichung (Entropie) beschleunigt wird.

Die Erde als Schauplatz dieses wunderlichen Ringens der Natur mit sich selbst und gegen sich selbst gibt mit der Schwerkraft ihrer Masse zugleich die Garantie dafür, daß keine Spur des soeben absurd genannten Vorganges verlorengeht und sich im Raum verliert. Die Erde bewahrt, wie sie die Fossilien aller Zeitalter ihrer Geschichte barg, jedes Produkt des Metabolismus. Angeheizt durch die Verbrennungsbetriebsamkeit der vom menschlichen Organismus abgelösten technischen Aggregate, hüllt sie sich in immer neue Schichten der Undurchsichtigkeit. Auf den einsamen Höhen von Gebirgen stehen die Observatorien menschlicher Ausschau in den Raum wie geflüchtete Relikte des Vertrauens auf Durchsichtigkeit. Bald werden sie endgültig überholt sein von den Teleskopen, die über die Atmosphäre hinaus in den Raum transportiert werden können. Aber auch diese tragen auf ihren mehr und mehr überfüllten Umlaufbahnen dazu bei, eine neue Zone von ›Besetzungen‹ um die Erde zu legen, deren Störungspotential noch weitgehend unbekannt ist.

Nun hat der Mensch schon seit Jahrzehnten dieses kosmische Vehikel

der Geschichte des Lebens und seiner Spuren kurzfristig verlassen
und die Durchquerung des Raumes im Systembereich der Erde und
ihres Trabanten begonnen. Seine Sehnsucht war, neue Welten zu finden und vielleicht das schlechthin Überraschende in ihnen. Dieser
Gewinn ist ausgeblieben.

Doch vielleicht hatte jene Sehnsucht noch eine andere Seite: zu beweisen und zu erfahren, daß man der Enge der Erde und damit den
Spuren und Folgen der eigenen Existenz und Geschichte entkommen
könne. Der Weltraum schien weit genug, um alles hinter sich zu lassen, zumindest solange der Vorrat reichen würde, den man mitnehmen konnte. Damit begann ein neues Stück Absurdität des Stoffwechsels, und dies nicht nur, weil das Mißverhältnis zwischen der zum
Raumstart aufzuwendenden irdischen Energie und dem erzielten
Effekt stellvertretender Wunscherfüllung unvorstellbar geworden
war.

Die Besatzung des Raumschiffs »Apollo 11« hat die hinter ihr ent-
schwindende Erde beim Hinflug zum Mond ständig unter teleskopischer Beobachtung gehalten. Als störend dabei erwies sich, daß ihr
Vehikel sich von der durch Ausstoß des Schmutzwassers erzeugten
Eiswolke nicht zu lösen vermochte. Die Optik in Richtung Erde war
durch die Reflexion der Kristalle ständig gestört.

Es imitiert die alltägliche Erfahrung, daß der Mensch sich nicht leicht-
weg von seinem Unrat durch Fortbewegung befreien kann. Im Weltraum macht alles, was nicht durch eigenen Antrieb auf andere Bahn
gebracht werden kann, die Bewegung des Ausgangskörpers mit.
Nichts läßt sich als ›Abfall‹ zurücklassen. Wie um die Erde mit den
Schichten ihrer Geschichte in allen Aggregatzuständen, bildet sich um
den Raumflugkörper ein eigenes System von Relikten seiner kurzen
Geschichte. Das ergibt zunehmende Trübung der Optik seiner Besatzung und damit einen Verlust an Möglichkeiten der Ausschau und
Anschauung, die doch allein den Weg durch die öde Nichtigkeit des
Raums lohnend machen könnten.

Der Mensch erfährt sich, in einem höheren Grad der Verallgemeinerung noch als am Ort seiner Herkunft, verfolgt von sich selbst, von
der Involution seines Stoffwechsels, von seiner Angewiesenheit auf
die Welt um sich herum: als Entnahmequelle seiner Energie wie als
Behälter der unvermeidlichen Relikte. Astronautik verlor den Nim-
bus, der Mensch könne dabei irgend etwas hinter sich lassen, es im

Raum aufgehen sehen, als sei es nicht gewesen. Die Natur gestattete ihrem Gestalt gewordenen Widerspruch nicht, sich und seine Wünsche mit ihr zu versöhnen.

Denkt man diese episodische Erfahrung weiter, gelangt man zu der Vorstellung von Langzeitexpeditionen zu fernen Gestirnen mit Raumschiffen, die alsbald vom *fall out* der bloßen Fortexistenz ihrer Besatzungen eingehüllt und in Wolken von Unrat abgeschnitten sind von gerade der Erweiterung, zu der sie ausgeschickt wurden und für die sie ihre Risiken einzugehen bereit waren: mehr wahrzunehmen, als von der Erde her wahrzunehmen ist. Das Instrument beliebiger Beschleunigungen, um sich von dieser Wolke zu lösen, steht nicht zur Verfügung, da jede solche Absetzung mitgeführten Treibstoff verbraucht und die zur Erreichung eines Ziels errechnete Bahn verändert. Die Selbstreinigungskraft des Miniaturerdesystems ist zu begrenzt für weite Wege im Universum.

Die Erde bleibt das Schicksal des Menschen, auch wenn er sie eines Tages aus der Ferne des Raumes nicht mehr erblicken können sollte: Er macht aus allem, was er bewohnt und befährt, kleine Erden mit ihrer und seiner Geschichte. Es ist, noch auf den höchsten Stufen dessen, was er ›Kultur‹ nennt, eine Geschichte aus Rückständen. Hat er nur Zeit genug, werden sie zu Schichten, Formationen, Wolken, Gashüllen, Atmosphären, Systemen.

Legitimation durch Konvergenz

Begeisterung habe er damals nicht empfunden, sagte ein prominenter und vielfach visionär tätiger Zeitgenosse am zwanzigsten Jahrestag der Erstlandung von Menschen auf dem Mond, rückschauend nun televisionär.

Nun ist es in dieser Zeitspanne, zumal seit der Streichung der letzten vier geplanten »Apollo«-Flüge 1972, zur zeitkritischen Routine geworden, sich von jenem Erfolg der ungeliebten Großmacht kaltblütig zu distanzieren.

Doch fragt sich, was die Abstreitung von Begeisterung noch bedeutet, wenn das milliardenfach geballte ›Subjekt‹ Zuschauer am Bildschirm, das keine ›Masse‹ im klassischen Verstand Le Bons mehr ist, die Emotionslosigkeit seiner abgebrühten Beobachterrolle realisiert. Es müssen Identifikationen vorausgegangen sein, um aus dem Mitempfinden eines Risikos erleichtert aufzutauchen, wie es etwa die ›Mitwirkenden‹ in den Bodenstationen sichtbar machten, die schon damals wußten, wie haarscharf das Aufsetzen auf dem Mond an der Katastrophe vorbeigegangen war.

Vorausgehende ›Einfühlungen‹ werden beim technischen Großprojekt unmöglich gemacht: Der Erfolg ist der des Geräts, dem der menschliche Fuß entsteigt, um nur noch einen *letzten* authentischen Schritt zu tun – den man dann als den *ersten* benannte und feierte. Das Risiko ist unerlebbar, von unbekannter Größe und gänzlich unanschaulich geworden in der Undurchsichtigkeit von Vehikeln und hinter verspiegelten Helmvisieren. Selbst die Pulsfrequenz ist auf Unempfindlichkeit trainiert. Schon bei der Auswahl war ihre Stabilität Kriterium der Tests. Weshalb sollte sich der Zuschauer mehr aufregen als der Akteur? Nur wenn es einmal eine Katastrophe gibt, zeigt sie sich als das Unglaubliche, wie im Zerbersten der »Challenger«-Raumfähre am 28. Januar 1986, greifen Entsetzen und Lähmung auf eine Nation, auf das ›Weltsubjekt‹ an den Bildschirmen über.

Nicht die kühle Distanz in der Aussage von der Begeisterungslosigkeit ist aufschlußreich – dazu noch für den inzwischen herandefinierten ›Schöpfungsbewahrer‹, der Größeres zu tun hat, als zum Mond zu fahren –, sondern die spezifische Präparation auf das Ereignis, der

unvermeidliche Identifikationsabbau im ›Vorführen‹ jedes Schrittes
der zahllosen Absicherungen von Unternehmen, denen gegenüber jeder Pfingstausflug im eigenen Auto riskanter geworden ist. Wir
können nicht stolz darauf sein, uns nicht ›für den Fortschritt‹ begei-
stern zu können – wir können es uns doch nur leisten, weil der
Fortschritt selber uns aus seinem Bann entlassen hat. Zwar ist nicht
jede Begeisterung irrational, aber Rationalität ist Begeisterungen nicht
günstig. Deshalb ist sie es, die jedes Mikrogramm Gift, jedes Millirem
Strahlung – kurz: jedes ppm von etwas, was vorher nicht da war oder
nicht gefunden werden konnte – zur emotionstreibenden ›Nachricht‹
macht. Die Qualität des Fortschritts ist der Grund zu den Aversionen
von ihm.

Man kann sich wichtig tun im Unwichtignehmen: Der zu runden
Jahrestagen übliche Fernsehverschnitt war von betonter Beiläufigkeit,
flüchtigster Verkürzung, Bedeutsamkeitseinebnung. Dabei fiel dann
auf, was auffallen sollte; etwa die süffisante Ausführlichkeit, mit der
die Aufstellung der Nationalfahne auf dem Erdtrabanten gezeigt
wurde, einschließlich Ungeschicklichkeit im Gebrauch des wegen
mangelnder Schwere entkräfteten Hammers beim Einschlagen der
Halterung. Nicht mehr erwähnt wurden jene Zweifler, die ihr Wissen
von der Unmöglichkeit des Windes auf dem Mond gegen das simulierte Wehen des Flaggentuches als Begründung für den Verdacht der
Atelierübertragung insgesamt vorgebracht hatten. Aber der Primat
der Fahnenszene und ihrer Umständlichkeit brachten ein Moment
von Anachronismus zur Demonstration: Sollte man etwa, statt Begeisterung nachzuholen, gar lachen?

Sollte gezeigt werden, daß der klassische Akt der Okkupation, die
Fahnenhissung auf der *terra incognita*, diesmal ins Leere gegangen
war, weil der Verkehr der Nation mit dem neuen Eigentum abgebro-
chen worden ist – abgesehen von jenen 380 Kilogramm Nationalbesitz
an Mondgestein und Staub vom Mond? Es sah aus – und sollte es wohl
auch –, als hätten die Amerikaner beim ersten Mal sich vorbehalten,
vom Mond Kolonialbesitz zu ergreifen, später aber diese Absicht vergessen lassen, weil einfach dieser Mond sich als ebenso langweilig wie
armselig erwiesen hatte. Dazu die Eile, mit der man an den Rückstart
ging – etwa nicht nur deshalb, weil dieser Teil des Unternehmens der
einzige war, den man niemals unter annähernd realistischen Bedingungen hatte proben können? Was die zeitgleiche Weltausstrahlung

der Landung ausgeschlossen hatte: die Manipulation der Nachricht zur vergeblichen Vermeidung ihrer ›Langweiligkeit‹, das gab der Rückblick seinen Schnittern frei.

Dennoch: Versäumtes kann nachgeholt werden, wenn die Nachrichtenlage sich mit einem geschickten *timing* verbindet. Pünktlich für die Zeitungen des 20. Juli 1989 verbreitete Associated Press die Meldung, amerikanische Forscher hätten im Eis der Antarktis Gestein vom Mond gefunden. Das Material, so die mitgegebene Erstinterpretation, müsse von einem Meteoreinschlag auf den Mond stammen, bei dem von dort Stücke ausgebrochen und wegen der geringen Anziehung ins Schwerefeld der Erde geschleudert worden seien. Noch nicht allzu lange zurückliegend, da sich auch am irdischen Südpol einiges verschoben hätte – nicht die üblichen Jahrmillionen also. Andererseits im Gletschereis des antarktischen Kontinents gut genug konserviert, um im günstigsten Augenblick der ganzen Geschichte den Vergleich mit dem in Stickstoff verwahrten Mondgestein der »Apollo«-Missionen tragfähig zu machen, den der Geologe William Cassidy vorgenommen hatte.

Eine ›legitimierende‹ Sensation, wenn man bedenkt, daß es nun ein Rätsel der *Erde* war, das ohne die Proben vom *Mond* niemals hätte gelöst werden können. Welche Ersparnis an Hypothesenaufwand. Und an Zeit, da die Konvergenz der Ereignisse nur zwei Jahrzehnte versetzt war, ein für derartige theoretische Aufgaben geradezu spärlicher Zeitbedarf. Das Zusammentreffen der Funde im Polareis mit der Rückfracht vom Mond in einem Geologenlabor und -hirn hat die Aura der ›Bedeutsamkeit‹, die gerade recht kam, um die Ankündigung des amerikanischen Präsidenten aufglänzen zu lassen, man werde den Verkehr mit dem Mond wiederaufnehmen und sich dort stationär niederlassen. Kein Bedenken mehr gegen den Verdacht?

Das Jahr 1969:
Mondbezwingung und Umweltschutz

Im Jahre 1969 betrat zum erstenmal ein Mensch den Mond. In demselben Jahr wird das deutsche Wort ›Umweltschutz‹ geprägt, und zwar nach dem bewährten Vorbild der Entstehung des Lutherschen Bibeldeutsch als Vokabel der Amtssprache: das Bundesministerium des Innern bekam eine Abteilung »Umweltschutz«. Man geniert sich, bei dieser inzwischen zur Schöpfungsbewahrung hochstilisierten Aufgabe der deutschen Missionierung der Welt vielleicht schon zuzugeben, daß es sich um eine Entlehnung aus dem Amerikanischen handelt und dort ›environment protection‹ hieß. Aber welcher Abgrund von Differenz im Bedeutungsgewicht, wenn statt der schlichten ›Umgebung‹ (*environment*) das Element ›Welt‹ auf den Plan tritt, zentriert um den, der sich die Welt als sein Drumherum zu denken vermag. Schon das Amerikanische hatte sich ja nicht selbstversorgen können. Es hatte die französische Präposition ›*environ*‹ okkupiert und substantiviert, zuerst sogar als Bezeichnung für eine der vielen aufschiebenden Formen trivialer Kunstgegenstände: das ›Environment‹ als eine Art reduziertes ›Gesamtkunstwerk‹ ohne jede Weiheeignung. 1966 gab A. Kaprow der Sache die monographisch-programmatische Stabilität, indem er in New York sein »Assemblage, environments and happenings« erscheinen ließ. Der bei solchen Aufquellungen immer fällige Anspruch, dies müsse als akademische Disziplin sanktioniert und institutionalisiert werden, fand trotz des schönen Titels »Environtologie« – mit welcher irregeführten Hellhörigkeit läßt sich eine ›Ontologie‹ herausheben! – keinen Anklang, wurde vielleicht von Verruf und Verfall der »Futurologie« in Mitleidenschaft gezogen. Es waren zu schnell zu viele da, die das zu können vorgaben und Institutsreife signalisierten. Aber der ›Umweltschutz‹ gehört der Welt wie das ›Waldsterben‹ und bald auch die ›Schöpfungsbewahrung‹.
Nun ist die Gleichzeitigkeit von Mondbezwingung und Umweltschutzbeamtung keine beliebige Koinzidenz. Was als Sensation alle Televisionäre zu Weltanschauern machte, hatte als unerwarteten Nebeneffekt den Anblick der Erde als Himmelskörper am schwarzen

Himmel dieser anderen Ödwelt, und es ist wohl keine Übertreibung zu sagen, die Totalgegenwart der Erde für die Erdbewohner – die doch aus keinem Orbitalflug bis dahin zu haben gewesen war – habe ein Gefühl für die Kostbarkeit dieses wie lebendig erscheinenden Planeten geweckt. Als wüßten wir erst jetzt, was wir haben, seit wir wissen, wie es auf dem Mond aussieht – und anderswo nicht besser.

Nur ist eines unzutreffend, was neuerdings auch gesagt worden ist: Der neue Blick auf die Erde habe sie als endliche Weltheimat des Menschen sehen lassen. Das ist einfach eine rückprojizierende Überdeutung. Im Gegenteil: Die Erde sah aus, als gäbe es den Menschen, seine Werke und seinen Unrat, seine Desertifikationen nicht! Keine Spur vom Menschen. Eine Reinheit des Kostbaren, als sei es lupenrein. Und damit auch ein noch unberührter und ungenutzter Boden für das fatal dazugedachte Wachstum. Es war eine Versicherung, was man sah, keine Warnung.

Die Sterne und das Geld

Der Parasit (*L'écornifleur*) braucht einen Wirt, und der muß Überfluß an Lebensstoff genug haben, um an ihm nicht oder erst mit langer Verzögerung zugrundezugehen; aber auch die Indolenz, möglichst den Stolz auf die Bereicherung seiner Erscheinung, seines Ansehens, seines Selbstgefühls durch seinen Einlieger und Aufsitzer. Im *Fin de siècle* ist der Dichter virtuell ein Epiphyt des Bürgers, des Spießers, des Philisters, auch wenn er ihn nicht in Hautnähe und Brutwärme hegt, wie Monsieur und Madame Vernet ›ihren‹ Dichter Henri, den Icherzähler von Jules Renards Meisterwerk »Der Schmarotzer«. Der Dichter ist kein rechter, er tut nur so, als brächte die Fürsorge der Vernets ihm allnächtlichen Ertrag; aber die Einnistungswirte wissen vom Hörensagen, daß der Dichter zum Großen, das er vermag, Zeit und Rücksicht auf seine Sensitivität braucht. Die Epiphyten brauchten das fremdversorgte Leben nicht, wenn sie robust genug wären, sich Dasein als Sorge selbst zu leisten.

Die Diffizilität des Stoffes liegt also darin, die ›Passung‹ der beiden Weltverhältnisse und Lebenskonstitutionen in ihrer Genauigkeit zu zeigen: jeder ist genau so, wie er sein muß, damit der andere zur Erfüllung seiner Bedürfnisse kommt. Schmarotzer zu sein, das ist gewiß eine Kunst, die noch variabel bleiben muß, wenn der Staat die Rolle der Placenta übernehmen wird, tief im folgenden Jahrhundert, vor dessen Unbehaglichkeit es beiden, dem Parasiten und seinem Wirt, schon graust. Sie bedienen einander gut genug.

Der Erzähler hat es viel schwerer, die Disposition seiner Werksbehüter für seine Zumutungen präzis zu beschreiben, als die eigene Unverfrorenheit ihrer Ausnutzung, die doch immer zur Prämisse hat, nur vom Überflüssigen zu nehmen und das zum höheren, wenn nicht höchsten Zweck. Es ist nur Symptom dieser Bedingnisse, daß Henri in den Urlaubsmonaten an der See den Geldbeutel der Vernets mitführt und verwaltet, dabei penibel zuverlässig, sich nicht den kleinsten Unterschleif zu erlauben. Der Parasitismus beruht auf Ehrlichkeit des Gebens und Nehmens, auf dem Rechtsverhältnis einer zwar verborgenen, aber wirksamen Weltordnung. Geld spielt keine Rolle, weil es die Hauptrolle spielt. Doch ist es gerade die Ausnahmesituation der Urlaubsfrivolität, sich diese Alltäglichkeitsdominanz nicht merklich zu machen.

Wie sie aber sonst gegenwärtig ist, wird durch einen singulären Übersprung der Assoziation in wenigen Sätzen vorgeführt. Henri, trotz seiner Halbbildung, hat doch die Einfühlsamkeit, den Vernets die Stichworte zu liefern und sie sehen zu lassen, worauf sie nie geachtet hatten: ihre Lebenswelt. Für die Astronomie hat Henri den gerade modischen Flammarion parat: *Madame Vernet öffnet das Fenster, und was Herrn Vernet an den Sternen am meisten erstaunt, ist ihre große Zahl.* »*Wenn ich so viele Zwanzig-Francs-Stücke hätte, säße ich nicht hier.*«[1] Die Sterne und das Geld – diese Konjunktion herzustellen, ist das philiströse Meisterstück, was man erst merkt, wenn Madame Vernet die klassische Frauenneugierfrage seit Fontenelle stellt, ob es dort wohl Menschen gebe. *Wenn es ihr jemand sicher sagen könnte, wäre sie ruhiger.* Warum wohl?

1 Jules Renard, Der Schmarotzer. München 1990, 37.

XVIII. Gleichgültigkeit beiderseits

Aber auch umgekehrt ist denen, in welchen sich der Wille gewendet und verneint hat, diese unsere so reale Welt mit allen ihren Sonnen und Milchstraßen – nichts.

Schopenhauer, Die Welt als Wille und Vorstellung, IV. Buch, § 71 Schlußsatz.

Die Unverhältnismäßigkeit aller Weltgewinne

Schicksalsfähigkeit zu erlernen und bis an den Tod zu üben, ist Inbegriff der Weisheit des Stoikers. Seneca, Lehrer des jungen Nero und Opfer des alten, hat in seinen Moralbriefen an Lucilius diese ›Kunst‹ vielfältig variiert: Über jedem Unheil ließ sich der Blick auf ein größeres wirkliches oder mögliches lenken. Wer alles gewärtigt, kann durch nichts unglücklich werden. Man muß die Welt im ganzen überdenken, um sich weder von ihr noch in ihr überraschen zu lassen. Keiner ist Günstling, jeder muß die Welt nehmen, wie sie ist, oder sich aus ihr davonmachen.

Der große Alexander – eine Lieblingsfigur für philosophische Demonstrationen seit dem Vorfall mit dem Kyniker Diogenes – muß ein Unglücklicher geworden sein, als er darauf verfiel, die Geometrie zu erlernen, um im Wortsinne zu ermessen, was zu erobern ihm denn gelungen war. Ein Unglücklicher, weil er nun zu wissen bekommen sollte, wie winzig die Erde ist, von der er wiederum nur einen kleinen Teil erobert hatte (*infelix, sciturus, quam pusilla terra esset ex qua minimum occupaverat*). Hatte einer den Beinamen des ›Großen‹ verdient, der sich mit so Kleinem begnügen mußte?

Alexander reagiert auf die Lehre mit doppelsinnigem Unmut: *Facilia me doce* – Lehre mich Leichtes, fordert er von seinem Lehrer. ›Leichtes‹ hier nicht nur im Sinne der Kunstfertigkeit, sondern der Erträglichkeit. Daß auch sein Lehrer es so auffaßt, ergibt sich aus dessen Zurechtweisung: *Diese Dinge sind für alle gleich, nämlich gleich schwierig. Man kann sie keinem leichter machen, es kann sie nur einer, der es will, sich selber leichter machen. – Und wie das? – Durch Gleichmut.*[1] Da hat Seneca das Wort schon übergehen lassen vom Lehrer des Alexander in den Mund der ›Natur‹, die mehr verlangt als den Eifer eines Adepten der Geometrie: *aequanimitas*, eine Gemütsverfassung, die sich auch auf unsere ›Gelassenheit‹ fügt.

Seneca deutet nur an, daß bei jenem Dialog die Gedanken des Eroberers schon über den Ozean geschweift seien (*trans oceanum cogitationes suas mittens*). Sonst wäre die Enttäuschung Alexanders nicht so

---

1 Seneca, Epistulae Morales XCI, § 18.

ganz plausibel, hatte er doch von der damals bekannten Welt mehr als ein *minimum* erobert. Es sieht so aus, als habe Seneca Schwierigkeiten gehabt, eine ausschweifendere Anekdote auf die Mittel seiner Naturphilosophie zu reduzieren. Wir können das sogar aus der Sammlung eines Zeitgenossen des Seneca, des Valerius Maximus »Denkwürdigkeiten« nachprüfen. Petrarca hat es in der Selbstdarstellung seiner Unwissenheit zitiert: *Alexander von Makedonien sei, als er von den unzähligen Welten des Demokrit gehört hatte, in Tränen ausgebrochen und in die Klage, er habe noch nicht einmal eine einzige der unendlichen Welten unterworfen.*[2] In dieser Fassung konnte Seneca die Geschichte nicht übernehmen, denn die Feindschaft der Stoa zur Atomistik und ihren unendlichen Welten ließ nicht zu, Alexander mit so Unwürdigem zu konfrontieren. Dabei hat sich Petrarca schon ausgedacht, was Alexander hätte antworten können: Die beiden Schulbegründer der Atomistik hätten nicht ein Tausendstel *dieser einen* Welt erforscht, während sie von *unendlich vielen* träumten. So ließ sich der Anekdote ungleich mehr abgewinnen.

2 Valerius Maximus, Facta et dicta memorabilia liber VIII, 14 ext. 2; Petrarca, De sui ipsius et multorum ignorantia, Cass. 93

Abgrund und Brücke

Die Konfrontation von Leonardo und Pascal hat Paul Valéry in das Bild gefaßt, angesichts eines Abgrundes würde Leonardo an eine Brücke denken. Woran Pascal dachte, wenn er vor den Abgründen erschauderte, die den Weg des Menschen zwischen den Unendlichkeiten so verzweifelt riskant machen, wissen wir.

Ein neuerer Verschärfer des Mißtrauens gegen das Sein, E. M. Cioran, hat Pascals zögernder Ratlosigkeit vor dem Abgrund recht gegeben und Valérys Leonardo-Gestus als Hybris der menschlichen Lösung aller Probleme durch Technik zurückgewiesen.

Nun darf man zwei Dinge nicht vergessen. Eine Brücke ist kein Monument des Übermuts. Zudem hat Valéry seinen Leonardo auf der untersten und bescheidensten Ebene der Erfindungskraft gezeigt. Sonst hätte er daran gedacht, ihn zur Überwindung des Abgrunds auf eine seiner Flugmaschinen zurückgreifen zu lassen. Eine Übertreibung, der das Schicksal des Ikarus hätte sicher sein müssen – und deshalb wird Valéry, vertraut mit dem Möglichen, zurückgesteckt haben.

Das andere Moment ist, daß Abgründe nicht in eine ordnungsgemäße Welt gehören. Diesen großen Gedanken Leonardos hat Valéry, am Ende seines Jahrhunderts auf seinen Antipoden Pascal stoßend, nicht zu verwenden gewagt. Leonardo hatte eine neptunische Eschatologie: eine Welt, beherrscht von Verwitterung und Erosion, von der Abtragung der Gebirge und sogar der Kontinente, der Auffüllung der Meerestiefen. Sie würde am Ende sein, was sie als Weltkörper erst qualifizieren könnte: durch vollkommene Bedeckung ihrer gesamten Oberfläche mit dem Ozean die vollkommene Kugel. Abgründe wären dann eine Episode gewesen.

Leonardos Brücke hätte die Beiläufigkeit, die Pascals Unendlichkeiten niemals haben konnten – aber die Beiläufigkeit einer platonischen Eschatologie, die alles in der reinen Form als der Negation der Abgründe enden ließe.

Die Umkehrung des Lachens –
Wie man Zyniker wird

Zyniker sind immer stolz darauf, es zu sein, und lassen deshalb sich gern auf die Finger sehen, wie sie es machen. Aber die Urszene, die sie immer nachspielen, um sich ihre ein für allemal errungene Unverletzlichkeit zu bestätigen und sie anderen zu demonstrieren – diese Urszene ist zumeist nur erschließbar, ohne so etwas wie ›Verdrängung‹ annehmen zu müssen.

War nicht doch der erste aller Philosophen schon ein Zyniker? Und sehen wir nicht noch, wie er es wurde? Jener Thales von Milet, der seinen Mitbürgern bei der Ölmühlenspekulation vorführte, wie eiskalt man aus der Kenntnis des Himmels Gewinn schlagen und die Lacher auf seine Seite bringen konnte, war doch in der ›Urszene‹ der Verlachte, das erbärmliche Objekt des Spotts gewesen, noch dazu einer Thrakerin, einer Barbarin, einer Sklavin. Sokrates, der nach Plato sein Schicksal in dem des Protophilosophen präfiguriert sehen sollte, hatte es geschafft, aus dem Verlachtwerden eine ›Rolle‹ zu machen, die Lächerlichkeit zum Stigma der Weisheit – aber auch den Tod am Schierling zum Preis der bestandenen Probe auf Unanfechtbarkeit. Ließ man den Staatskonflikt und die Unsterblichkeitsprämie weg, so war Sokrates der Stammvater des Kynismus, dieser die Karikatur der sokratischen Distanz zum ›Realismus‹. Gemeinsam ist allen diesen Protagonisten philosophischer ›Lebensform‹ das Verlachtwerden und dessen Bewältigung – als Umpolung zur ›Konfession‹ und ›Profession‹.

Am Anfang steht die Scham, am Ende die Schamlosigkeit, wie immer diese als Provokation ausgespielt und ›eingesetzt‹ werden mag. Sucht man nach unseren zeitgenössischen Zynikern, so gibt es nur einen vom ungeschönten Kaliber: den gebürtigen Rumänen und gewählten Franzosen E. M. Cioran. Er treibt die Entschämung bis zur Bloßlegung der ›Urszene‹, das ist er den verschärften Spielregeln des Profischockers schuldig, den sich das literarisch genußgierige Publikum für sein Geld ›hält‹. In einem Brief hat er 1982 geschildert, wie für ihn als 17jährigen Otto Weininger zum Idol wurde, in der Gier nach jeder

Art von Exzeß und Häresie. Er schildert die Stilmerkmale solcher Manie der schwindelerregenden Übertreibungen bis zur Selbstaufhebung jeder These, und vor allem die *Gleichsetzung der Frau mit dem Nichts und sogar mit noch weniger.* Wie er gerade zu diesem Femininnihilismus gekommen war, schildert er.

Der Gymnasiast war völlig an die Philosophie verloren und an eine Mitschülerin in Hermannstadt, die er gar nicht persönlich kannte und die kennenzulernen Schüchternheit ihn hinderte. Ein Jahr war das so geblieben, als er eines Tages im großen Stadtpark gegen einen Baum gelehnt ein Buch las. *Plötzlich hörte ich Gelächter. Was sah ich, als ich mich daraufhin umdrehte? S i e in Begleitung eines Klassenkameraden von mir, den wir alle unglaublich verachteten und die Laus nannten! Es sind über fünfzig Jahre her, aber ich kann mich noch ganz genau an das erinnern, was ich damals fühlte.* Er beschreibt es nicht näher. Wir brauchen die Beschreibung auch nicht. Jedenfalls entschloß er sich *auf der Stelle, mit den ›Gefühlen‹ Schluß zu machen.* Das ist ein ganz wichtiger Punkt, weil ja keiner genau weiß, wie man das macht: Gefühle lassen sich nicht abstellen. Der erste Schritt ist ein Rollenwechsel, bei dem das *behavior* der Fühllosigkeit in der Selbsterfahrung und in der Selbstdarstellung erprobt und durchgehalten werden muß. Cioran gibt das in einem einzigen Satz: *Und so wurde ich zu einem eifrigen Stammkunden des Bordells.*[3]

Es ist eine Thales-Szene, stilisiert wie sie, indem der theoretische Habitus modernisiert wird zum bloßen Lesen eines Buches, gelehnt an einen Baum – eine wie einstudiert wirkende Attitüde. Thales hatte es schwerer, Zyniker zu werden, weil es noch an Mustern fehlte – und vor allem, weil er die Thrakerin mit der Verachtung nicht treffen konnte, denn sie war ohnehin eine Fremde. Aber das Mädchen von Hermannstadt sollte ihr Gelächter büßen, indem der Verlachte seine Verachtung auf ihr ganzes Geschlecht wendete: ein Nichts, gerade zum bezahlten Gebrauch. Sie dürfte es nie erfahren haben, wo und wie es sie treffen sollte; aber das gehört zum Wesen des Zynismus, daß er aus der ›Urszene‹ heraus sich auf Ersatzobjekte der großen Erwiderung, der Inversionskunstfertigkeit richtet. Aus dem leichtfertigen Lachen des Spotts wird die Kälte der Verachtung für die Menschheit, oder wenigstens deren Hälfte. Man erinnere sich, wie Schopenhauer

---

3 E. M. Cioran, Widersprüchliche Konturen. Frankfurt 1986, 94.

seine juristische Niederlage gegen die Witwe Marquet in einen Le-
bensstil unerbittlicher Geringschätzung umsetzte. Der Zyniker ist
einer, der nicht verlieren konnte, und dem es nie gelingt, das Verlieren
in ein Kryptogramm des Obsiegens umzuwandeln, wie Sokrates es
noch im Kerker gelingt – wenn da nur nicht die Hintertür der Unsterblichkeit und der Rache an allen durch die Totenrichter wäre,
deren Namen sich dieser Sokrates doch wohl nicht umsonst so genau
eingeprägt hatte. Er wußte, wozu er sie brauchte.

Dafür schrieb er eben keine Bücher. E. M. Cioran hat die ›Urszene‹ in
abendfüllende Bitterkeiten umgesetzt. Weiß er gar nicht, daß sie gerade von denen genußvoll geschlürft werden, die sich daran vergewissern, selbst solcher Regungen entweder nicht zu bedürfen (über mich
hat noch keine Frau gelacht, sagte der, der mich auf Ciorans Weinin-
ger-Epistel hinwies) oder nicht fähig zu sein. Solche Texte, die davon
berichten, wie einer sich erprobt, ob er mit dem Lebenstrauma fertig-
geworden ist, dienen anderen dann dazu, nur noch zu erproben, wie
man mit den Lebensattitüden anderer fertigwird, indem man sich gegen sie erklärt, sich jenseits oder diesseits ihrer definiert.

Ungerechtes Urteil

Es mag sein, daß die Welt nicht zu existieren verdient. Aber das hätte man rechtzeitig wissen müssen, um es zu verhindern.

Jener berüchtigte kastilische König Alfons der Weise galt schon mit seinem Ausspruch als Blasphemiker, er hätte Gott einige gute Ratschläge geben können, wäre er bei der Schöpfung der Welt dabeigewesen. Welche Harmlosigkeit, verglichen mit der verbal unauffälligen Steigerung, die kein kastilischer König oder sonstwer gewagt hätte: Wäre er schon dagewesen, hätte er Gott gänzlich davon abgeraten, eine Welt zu schaffen. Das setzt voraus, es könnte nicht von der Hand zu weisen sein, aus einer Welt ließe sich keinesfalls etwas Rechtes machen, wie immer man es anfinge.

Jetzt jedenfalls ist es zu spät. Dringlich zu beachten ist aber angezeigt, die etwa unverdiente Existenz dieser Welt bedeute noch nicht, sie verdiene, was ihr bevorstehen soll: die Vernichtung. Das Dasein nicht verdient zu haben, ist eben nicht gleichbedeutend mit dem Verdikt, des Gegenteils würdig und bedürftig zu sein. Mißlingt die Rechtfertigung der *creatio ex nihilo*, ist damit noch nicht entschieden über die Fälligkeit der *reductio ad nihilum*.

Das Urteil – wie gerecht auch immer –, die Welt verdiene zu existieren nicht, verdient seinerseits daher, vergessen zu werden. Aber Vergessen läßt sich nicht dekretieren. Kant hatte es mit Diener Lampe vergeblich sich kommandiert.

Anachronistische Aufklärung

Wie wirksam sind die Wirkungen von Wissenschaft auf Weltempfindung und Selbstbewußtsein? Freud hat gemeint, der neuzeitlichen Menschheit seien drei große Kränkungen angetan worden, die des Kopernikus, die Darwins und die durch seine eigene Psychoanalyse. Und das Wort ›Kränkung‹ hat in seinem Munde ein schweres Gewicht. Es mag sein, daß sich noch 1941 bei der Eröffnung eines Museums für Naturkunde ältere Damen über die ausgestellten Schädelabgüsse des Pithekanthropus mißfällig äußerten, wie ein rückblickender Zoologe registrierte. Hätte er nicht ebenso erstaunt darüber sein dürfen, daß bald ein Jahrhundert nach Darwin eine wissenschaftliche Aussage noch so aktuell war, daß sie Ärgernis erregen konnte? Der Aufklärer im Biologen will nicht akzeptieren, daß andere seine Wahrheit nur mit knirschenden Zähnen hinnehmen, statt sie zu bejubeln. Die Wirkung war da, aber sie war nicht die erwünschte. Das ist genau die unausrottbare Einstellung des Theoretikers zu seinen Ergebnissen: Er will nicht nur, daß sie sich durchsetzen, sondern auch noch, daß sie die Menschen glücklich machen. Darin steckt das schöne antike Vorurteil, die Wahrheit würde uns glücklich machen, so wie sie uns alsbald frei machen sollte. Dafür aber gibt es keine Garantie.
Derselbe Zoologe wundert sich wiederum, wie schnell die Zeitgenossen nach dem ›Anschauungsunterricht‹ der Astronautik durch den Reichtum ihrer Bilder zur Tagesordnung zurückgekehrt wären. Was hätten sie tun können, was hätten sie tun sollen? Nun darf man sich über den Zoologen wundern, wenn er diese Frage beantwortet. Eigentlich, so seine Erwartung, hätten sich die Menschen fragen müssen: *Wo ist denn nun der Himmel, in den unsere Seelen einmal eingehen sollen?*[4]
Die Welt der Erwartungen des biologischen Aufklärers ist selbst eine anachronistische. Glaubte er wirklich, erst die Astronautik habe Fakten zutage gefördert oder sicherer gemacht, die dem Bewußtsein den Himmel hätten zerstören können? So ähnlich hatte sich schon ein

---

4 Bernhard Rensch, Lebensweg eines Biologen in einem turbulenten Jahrhundert. Stuttgart 1979, 233.

russischer Kosmonaut geäußert, als er zum ersten Mal aus der Luke seines Raumschiffs gestiegen war und weit und breit Gott nicht hatte sehen können. Er mochte glauben, einigen Agitatoren im Lande ein bißchen helfen zu können, den Atheismus nun auch empirisch bestätigt zu haben. Aber war nicht Nietzsches Proklamation vom Tode Gottes viel eindrucksvoller, großartiger, und dennoch nicht wirkungsvoller gewesen?

Die Aufklärer haben immer diejenigen unterschätzt, die sie aufzuklären gedachten und die sie ihrer Aufklärung für bedürftig hielten. Was waren schon die paar Kilometer, die sich Astronauten jemals von der Erde zu entfernen vermochten, im Vergleich zu den unendlichen Weiten, in denen sich ein gläubiges Gemüt immer noch den Himmel untergebracht denken konnte? Wer solche Lokalisierung nicht zu entbehren vermochte, hatte eher mehr als weniger Platz im modernen Universum für Imaginationen gefunden. Milliarden von Sternen und Sternsystemen und Sternübersystemen bevölkerten den Raum, und kein Astronaut würde jemals dort nachsehen können, um empirisch zu bestätigen, es sei kein Himmel und kein Gott und kein Ort für die Seelen vorhanden. Welches neue Paradies des Glaubens. Welche Enttäuschung für voreilige Erwartungen von handgreiflichen Gegenbeweisen. Man traut dem Aufklärer Heimweh nach einem Universum zu, in dessen Begrenzungen solche Beweise hätten gelingen können, hinter den Sphären finde der Himmel nicht statt.

Der Aufklärer teilt mit denen, die er erheben zu können glaubt, die Simplizität der Voraussetzung, die Natur könne und werde den Menschen irgendwann einmal über seine Größe oder seine Niedrigkeit, über seine Herkunft oder über seine Zukunft belehren. Diese Voraussetzung aber war es gerade, die die Gemüter gegen Kopernikus, gegen Darwin und gegen Freud sperrte.

Darf man sagen, wie tief man enttäuscht ist von der Erwartung des Aufklärers, wovon die Menschen sich hätten beeindrucken lassen sollen? Wie läppisch wird das Resultat der Raumfahrt in diesem Bedauern, daß sie sich nicht gefragt hatten, wo denn der Himmel geblieben sei. Hat der Biologe nicht hingesehen auf die Bilder, die aus dem Raum, vom Mond kamen? Und hat er vor lauter Eifer, die *jenseitige* Hoffnung zerstört zu sehen, nicht die Bestärkung der *diesseitigen* Erwartung wahrgenommen, die in jenen Bildern ihren stärksten jemals gefundenen Ausdruck hatte?

Unverpflichtet: Dialog mit dem Universum

Die Metapher des Vertrages hat am meisten beigetragen, Verpflichtungen des Menschen verständlich und zustimmungswürdig zu machen. Das gilt nicht erst für den Staats- oder Gesellschaftsvertrag, an die man heute zuerst denken mag. Die Bibel hat das Verhältnis Gottes zu seinem Volk als das eines Bündnisvertrags vorgestellt (*b'rith*), und die Sprache des Neuen Testaments und der frühen Theologie hat sich in diese Tradition gestellt: das Blut des Neuen Bundes. Weshalb Blut? Weil die Sanktion der Zuverlässigkeit von Bündnissen erforderte, daß die Bundesgenossen sie mit Blut besiegelten. So lag es nahe, die Endgültigkeit des Neuen Bundes einerseits im Kelch des Gedächtnismahls, andererseits im Blut der Glaubenszeugen bei den Verfolgungen zu sehen. Der Heiland hatte sich in seinem Blut zum Unterpfand des Heils gegeben, die ihm Getreuen gaben ihr Blut als höchste Form sowohl ihrer Bekräftigung des Bundes als auch ihrer Heilsgewißheit daraus. Der Märtyrer war der Prototyp des Gottesgenossen. Auf den Gräbern der Märtyrer wurden die Mysterien gefeiert, die das kultische Zentrum der perpetuierten Heilserwartung waren.

Nur das Verhältnis zum eigenen Dasein konnte, wie es schien, nicht die Verbindlichkeit des Vertrages annehmen. Wer existierte, hatte nicht eingewilligt, es zu tun. Er konnte nicht gefragt worden sein. Erst als Schopenhauer den Willen zum metaphysischen Urprinzip machte und den Zeugungsakt der Liebenden zu dessen Vollstreckung, wurde das *generandum*, der *nasciturus*, mit seinem ›Lebenswillen‹ zur Stiftungsinstanz des Bündnisses der sich Vereinenden. Im Grunde waren sie beide die *eine* Vertragspartei, die in den Entschluß der *anderen*, ins Dasein zu treten, einwilligte. Das setzt voraus, dem Werdenden – oder genauer: sein Werden eben Beginnenden – zu unterstellen, es sei die mit dem Leben verbundenen Obligationen eingegangen. Etwa so: sich selber und die Weltbedingungen seiner Existenz zu akzeptieren, um nicht zu sagen: zu kultivieren. Es ist die einzige Art, wie zu denken ist, daß der Mensch der Welt etwas schuldet. Denn die andere Aussage, es sei der Wille einer vorgehenden und vorsorgenden Gottheit, der sich jeder zu unterwerfen habe, der kraft ihrer Kraft lebt, trägt die Züge des Absolutismus: nachträgliche Einwilligung ins Unabwendbare, heteronome Kapitulation vor dem Verdikt, nicht Herr seiner selbst zu sein.

Schlägt man solche Angebote aus, bleibt nur die Feststellung, daß keiner der Lebenden der Welt etwas schuldet. Ihre Gleichgültigkeit setzt den ihr gegenüber Gleichgültigen ins Recht. Uns wird nichts geschuldet, also schulden wir nichts. Stephen Crane hat im Erkaltungszenit der Jahrhundertwende, in einer Verssammlung von 1899 »War is kind«, dieses Weltverhältnis in die Sprache der Minimierung gebracht:

> *A man said to the universe:*
> *›Sir, I exist!‹*
> *›However‹, replied the universe,*
> *›The fact has not created in me*
> *A sense of obligation.‹*

Über den Umgang mit Welträtseln

Beim Blick auf die bedeutenden und die weniger bedeutenden Werke, deren Verfasser oder deren Verleger das Erscheinungsjahr ein wenig vorverlegten, um die Zahl 1900 auf dem Titelblatt zur Verstärkung der ›epochalen‹ Geltung zu nutzen, muß es verwundern, daß Ernst Haeckel sein Buch »Die Welträtsel« vor der Jahrhundertschwelle anhalten und 1899 erscheinen ließ. Nicht nur zufällig ist Haeckel der Versuchung zu diesem Effekt ausgewichen.

Die »Welträtsel« sind zwar ein Werk des Triumphes der Wissenschaft über jede Art von Obskurantismus, gehören aber gerade darin eher der Untergangsstimmung des ausgehenden als der Jugendeuphorie des bevorstehenden Jahrhunderts an. Der vermeinten Vollendung der Aufgabe von Wissenschaft als Aufklärung war Melancholie beigemischt. Der große Erfolg des Buches beim Publikum hatte Züge des Überdrusses am theoretischen Aufwand des abgehenden Jahrhunderts und damit der Abwertung des großen Instruments, das meisterlich zu handhaben dieses Saeculum gelernt und gelehrt hatte. Sollte es nun aus der Hand gelegt werden, wenn es die großen und solcher Meisterschaft würdigen Probleme nicht mehr gab? Wie so oft, mag eine gewisse Überschärfung der Situation dienlich sein, den eschatologischen Aspekt sehen zu lassen: *Wenn die Welträtsel gelöst wären, gäbe es keinen Grund für die Existenz der Welt mehr.* Dies ist kein Zitat. Es ist eine Überpointierung. Sie wird dem Zeitgenossen zumindest die Ähnlichkeit von ›Finalismen‹ für Ausgänge von Jahrhunderten, den Stimmungsfaktor von *Fins de siècles* zugänglich machen.

Das Risiko solcher Zuspitzungen ist, daß in ihnen verkappte *Theologumena* vermutet werden, letzte oder vorletzte Stücke ›säkularisierter‹ Religionsbestände. So als ob der Gott einer Theologie seine Welt gerade zu dem Endzweck erschaffen hätte, seinen bevorzugten Geschöpfen für die Dauer ihrer Geschichte mit der Lösung der ›Welträtsel‹ zu schaffen zu machen, woraufhin der Aufbrauch dieses Problemvorrats die älteren ›Zeichen am Himmel‹ ersetzen müßte, mit denen sich der Untergang der Welt ankündigen sollte. Aber dieser Grundgedanke ist zumindest der biblisch-christlichen Tradition ganz und gar fremd. Im Gegenteil: Wenn es ›Welträtsel‹ gab, waren sie so etwas wie der unveräußerliche Vorbehalt des Schöpfers gegenüber dem Geschöpf, zureichender Grund und Anlaß für jeden, sich der Verborgenheit göttlicher Weisheit und Ratschlüsse zu unterwerfen – also: der Transzendenz der absoluten Vernunft gegenüber der ratlos-endlichen inne zu werden und zu bleiben.

Der dennoch proklamierte Aufbruch der Welträtsel hätte demgegen-über als Verstoß gegen die Demut, als Anmaßung des Rechts der theoretischen Neugierde erscheinen müssen. Allenfalls verdiente dies, mit dem Untergang einer Welt bestraft zu werden, der das Eingeständ-nis der Transzendenz verweigert worden war. Zu dieser Folgerung ist es nur deshalb nicht gekommen, weil die christliche Tradition nie die Feststellung für möglich gehalten hätte, die mit dem Vorbehalt der Majestät belegten Welträtsel *seien* gelöst.

Was Haeckel unter der Pathosformel seines Buchtitels angeboten hatte, war ein Finalismus – nicht der erste, erst recht aber nicht der letzte. Ich zögere nicht, diese Art von Gegenwartsbewertung als eine Alterserscheinung zu bezeichnen: weniger eine des Zeitalters als des Lebensalters von erfolgreichen Forschern, die den Vorrat ihrer *eige-nen* Problemlösungskraft erschöpft haben und diese ›Dekadenz‹ auf ihre Welt projizieren. Seit Haeckel, dessen bei aller Umstrittenheit genialer Griff des ›biogenetischen Grundgesetzes‹ schon vier Jahr-zehnte zurücklag, als er die »Welträtsel« schrieb, hat sich allerdings eine ganze ›Klasse‹ von Theoretikern etabliert und nachdrücklich be-merkbar gemacht, die erst gar nicht mit Problemlösungsleistungen angefangen und sich qualifiziert hat, sondern unmittelbar die Publizi-tätsstufe der ›verordneten Resignation‹ erklomm: Wir sind am Ende, da wir nichts mehr anzufangen wissen.

Ein boshaftes Präparat, ich weiß; aber ich zähle auf meine Zeitzeugen, die diesem Typus des zur Würde der tieferen Einsicht erhobenen wis-senschaftlichen ›Durchhängens‹ in mehr oder weniger schönen Exem-plaren begegnet sind. Im letzten Drittel des 19. Jahrhunderts läßt sich dieser Typus noch eher mit dem ein wenig blasphemischen »Es ist vollbracht« beschriften. Es fiel umso leichter, je überzeugter man noch sein konnte, die Vollendung der theoretischen Arbeit sei nur der Vorspann zur praktischen: Jetzt komme es darauf an, dem wissen-schaftlichen Fundus die Gängigkeit des Allgemeinbesitzes zu geben. Descartes würde recht bekommen, wenn die abgeschlossene Erkennt-nis der Natur durch eine endgültige Moral (wie durch eine makrobio-

tische Medizin) das Glück der Menschen in die Hand bekäme.
Leugnet man also die »Welträtsel« als die von der Welt dem Menschen
gestellte Hauptaufgabe – und dazu vor allem glaubte man, eines
gründlichen Atheismus zu bedürfen –, so konnte man erst recht die
Wissenschaft zum Mittel der durch sie bewirkbaren Glücke erklären:
den Finalismus auf eine theoretische Endigung reduzieren. Der
Mensch hatte diese Phase durchstehen müssen, um es mit der Welt in
einem endgültigen, nicht mehr wissenschaftlichen, obwohl nur wissenschaftlich begründbaren und erreichbaren Verstande aufzunehmen.

Eine Nebeneinsicht, die ›Finalisten‹ gelegentlich entgeht, war dabei
ein Satz von typisch wissenschaftlicher Rationalität, ein Konstanzprinzip der Wissenschaft selbst: Wissen, das einmal in der Welt ist,
läßt sich aus ihr nicht wieder entfernen. Darüber mag im nächsten
Jahrtausend nachzudenken sein, wenn man sich der Prediger des ›Wis-
senschaftsmoratoriums‹ beim vorigen Finalismus mit freundlicher
oder spöttischer Nachsicht erinnern wird. Allemal gilt, daß zwischen
den ›Motiven‹ zu solchen Proklamationen und der Bereitschaft zu
ihrer ›Rezeption‹ eine Differenz besteht. Wenn es verblüffend ist, in
welchem Grade der Ausgang des 20. Jahrhunderts Mißstimmungen
und Depressionen repetiert, die sich am Ende des 19. studieren lassen,
muß man zumindest in Aussicht halten, der Anfang des dritten Jahrtausends könnte mit dem Finalismus des endenden zweiten ganz
andere Wertungen und Erwartungen verbinden.

Man vergesse als Muster für solche ›Einstellungen‹ nicht, daß der Ausdruck ›Welträtsel‹ seine Vorprägung durch Emil Du Bois-Reymond,
den ständigen Sekretär der Preußischen Akademie der Wissenschaften, in der Festsitzung für ihren Gründer Leibniz am 8. Juli 1880 mit
der Grundsatzrede »Die sieben Welträtsel« erhalten hatte, deren weithin gehörter Tenor das siebenfache *Ignorabimus* war. Für die Wissenschaft war es als aufatmende Entlastung von überalterter Fragenlast
und von überfordernden Ansprüchen gedacht; von den Rivalen der
Wissenschaft um Gemüter und ›Seelen‹ wurde es als Verzicht auf Fort-
führung einer Konkurrenz gehört, die der professionelle Festredner
doch gerade als für alle Seiten hoffnungslose behauptet haben wollte –
und mehr als ›behauptet‹: *bewiesen*.

Erst allmählich konnte sich zeigen, wie gut die Proklamation dieses
Pyrrhonismus in neuem Gewande sich einpaßte in die finalistische

Grundstimmung: Was man zu wissen nicht entbehren konnte, würde man wissen; was zu wissen überflüssig war, entzog sich schon durch den Formationsmangel seiner Probleme. Die Kritik ging nicht mehr auf die Qualität von Antworten, sie ging auf den Überhang an Fragen. Etwa der, was denn Bewußtsein sei. Es gebe keinen Weg zu einer Antwort auf diese Frage, folglich auch nicht deren Verständnis. Selbst jener *im Besitze der Weltformel dem unsrigen so unermeßlich überlegene, aber doch ähnliche Laplacesche Geist wäre hierin nicht klüger als wir*, weil wir auch mit einer astronomischen – also: vollkommensten – Kenntnis der Vorgänge im Gehirn *in bezug auf das Zustandekommen des Bewußtseins nicht um ein Haar breit gefördert wären*. Es gibt Gelehrte, die diesem Satz noch ein Jahrhundert später zugestimmt haben. Nur, war die Frage nach dem ›Zustandekommen‹ von Bewußtsein die einzige und kapitale Frage, die sich stellen ließ? Ist es das, was wir wissen wollten? Wo wir doch sicher sein können, daß wir die Lösung des Rätsels so wenig wie dieses verstehen würden?

Wenn bei Haeckel das Ende der Welträtsel eher der Anfang als das Ende der Welt selber ist, so gerade wegen des wesentlichen Inhalts, in dem sich die Aufgabe der Wissenschaft erfüllt: dem Universalismus der Evolution. Gerade weil wir wissen, wie es *zugeht*, wissen wir, daß es *weitergeht*. Denn durch das Wissen von der Entwicklung wird sie dem bewußten Vollzug zugänglich. Man kann nicht genau prognostizieren, wie die zu entwickelnde Welt aussehen wird, nur kann man wissen, daß ihre ›Bewertung‹ darin fundiert ist, unter dem Schutz der Naturgesetzlichkeit zu stehen. Von den sieben Welträtseln des Physiologen und Akademiesekretärs seien ohnehin nur zwei übriggeblieben: das der Substanz als Materie und Kraft *und* das der Entwicklung. Beide hält Haeckel für gelöst. Daß er noch bis 1919 lebte und das Zwielicht erlebte, in das weitere Erkenntnisse die seinigen stellten, hat ihn nicht gestört, ist wohl nicht einmal von ihm zur Kenntnis genommen worden. Er nahm nicht mehr wahr, daß es neuartige ›Welträtsel‹ gab, gegen die die alten sich beinahe harmlos ausnahmen.

Nun ist, betrachtet man es genauer, der Erlediger der Welträtsel zum Welträtsel geworden, denn sein spektakulärer, tief in die ›Weltanschauungsfronten‹ einbrechender Erfolg hat zu tun mit der Art, wie er mit den Welträtseln umgegangen ist. Wenn er sagt, das Entwicklungsproblem sei gelöst, so vertraut er nicht dieser oder jener Theorie. Er ist überzeugt, mit der Rationalität selber im Bunde zu sein – und daran ist

etwas, zumindest etwas zu studieren. Denn mit seiner biogenetischen
Regel hat er ja nicht nur die Gegenwart zur Dokumentation der Vergangenheit gemacht – das tut der klassische Fossiliengräber auch –,
vielmehr hat er sich das Konstanzprinzip zunutze gemacht: Was einmal in der Welt ist, verschwindet nicht wieder aus ihr. Die Ontogenese
wiederholt die Phylogenese, diese ist also an jener ablesbar. Das vom
Leben jemals ›Erreichte‹ ist aufbewahrt in jedem Lebensgang, im Einzelnen das Ganze.

Über die rhetorische Qualität der »Generellen Morphologie der Organismen« von 1866 – also nur sieben Jahre nach Darwins Hauptwerk
erschienen – bedarf es keines Wortes: Das Hauptgesetz der Lebens-
entwicklung ist das der Vernunft selbst. Die Streitigkeiten um empirische Nachweise und Deutungen embryologischer Befunde in diesem
Licht sind von erstaunlicher Wirkungslosigkeit über mehr als ein Jahrhundert hinweg geblieben, weil eben die Fakten gelegentlich ihren
Dienst gegenüber der Vernunft versagen. Es wäre ein ganz luftiger
Verdacht, wollte man Haeckel unterstellen, die Natur tue dem Forscher als ihrem Liebhaber den kleinen Gefallen, im embryonalen
Zeitraffer ihre ganze Geschichte vom Einzeller bis zum Hirnsäuger
›vorzuführen‹. Nein, es ist höchst ›wahrheitsähnlich‹ (verisimile), daß
sich die pränatale Entwicklung der ›Lösungen‹ bedient, die das Leben
in seinen extrauterinen und präsexuellen Ausleseverfahren erprobt
und durchgehalten hat. Auch der Einwand, die befruchtete Eizelle sei
eben nicht der archaische Einzeller, weil sie in ihrem Genom bereits
das Resultat ihrer avancierten Entwicklung programmiert enthalte,
verschlägt hier wenig, weil gerade das Genom die Verwandtschaft aller
Organismen mit allen anderen im Minimalbestand seiner ›Elemente‹
bewegt.

Aus diesem Sachverhalt werden die edelsten Gemütsregungen entnommen; jedoch vorwiegend in der retrograden Richtung mit dem
Bewahrerauftrag für alles andere, was dem Menschen vorausging und
ihm zum Teil noch Zeitgenossenschaft leistet. Die Folgerung, es sei
nicht recht etwas mit dem Endprodukt, läßt sich gerade deshalb nicht
ziehen, weil das den Vorgängern Gleichende als deren embryonales
Monument eben doch nicht dasselbe ist wie sie. Das ist für das Eindrucksvolle an diesem Lösungsweg des einen Welträtsels auch gar
nicht erfordert.

Das Genommemorial diskreditierte die ›Qualität‹ der Theorie auch dann nicht, wenn sie ein großer Irrtum wäre. Daß die Vernunft zu Irrtümern verleitet – durch Überstrapazierung –, ist doch seit Kant keine Überraschung. Hat aber auch das Risiko ihrer ›Evidenz‹ nicht erhöht, weil es keine alternative Option gibt.

Haeckel war mit der ›biogenetischen Regel‹ von der Rekapitulation der Entwicklung in jedem ihrer Glieder zumindest heuristisch – und in der Schulbücherwelt noch darüber hinaus – so erfolgreich wie als Namengeber: er erfand außer dem damals nur konstruierten ›Pithecanthropus‹ – von dem auf Java schon 1891 von Dubois der erste Namensträger gefunden wurde, als hätte er nur beim Namen gerufen zu werden brauchen – bereits 1866 den Disziplintitel ›Ökologie‹, dessen Inkubation etwas mehr Zeit erforderte. Diese Art von ›Erfolgen‹ hat immer das Mißtrauen eher erregt als die Bewunderung. Zu Unrecht: Es ist viel getan, wenn eine Sache schon einen Namen hat, bevor man sie ›dingfest‹ machen kann. Ohne plakative Übertreibungen wie im Titel »Welträtsel« mit dem bestimmten Artikel bleibt oft dem Vergessen die Übermacht.

So ist es einem anderen Wortbildner nicht gelungen, die Affinität von ›Welt‹ und ›Rätsel‹ zur deutschsprachigen Eindrucksmacht des Doppelworts voranzutreiben. Wobei beeindruckt, daß er sich ganz in der Nähe von Haeckels späterem Ausgangspunkt des Einzellers befand. Als Schopenhauer 1844 die von ihm langersehnte zweite Auflage der »Welt als Wille und Vorstellung« herausgab, verdoppelte er das Werk nahezu durch »Ergänzungen«, unter diesen solche zur These von der Bejahung des Willens zum Leben im Geschlechtsakt. Dieser ist *das Wort zum Rätsel*, und zwar nicht zu irgendeinem, sondern zu dem der Welt in einem einzigen ihrer Vorkommnisse – und mehr als ein Wort: ihr *Kompendium*, in dem sich *das innere Wesen der Welt* am deutlichsten ausspricht. Diese *Konzentration* ist die Chance der Erkenntnis in einer Welt, deren räumliche und zeitliche Unerreichbarkeit sonst jedem theoretischen Zugriff und Anblick entzogen wären. Dennoch kommt es nicht über die Annäherung der Teile zur nachhaltigsten Doppelbildung von ›Welträtsel‹. Das Äußerste ist: *Der Zeugungsakt verhält sich ... zur Welt wie das Wort zum Rätsel.*[5] Was man mit einiger Hilflosigkeit das In-der-Luft-liegen nennt, wird hier greifbar. So auch darin, daß der Mensch als Geschlechtswesen schon bei

---

5 Arthur Schopenhauer, Sämtliche Werke ed. v. Löhneysen Band II, 730.

Schopenhauer nur einen *heuristischen* Vorrang hat, wie hernach bei
Haeckel darin, daß ihm die Rekapitulationsregel einfach das reichste
Arsenal der phylogenetischen Belege ›aufgeladen‹ hat. Die Auszeichnung ist zum Primat der Demonstration geworden, wie bei Droso-
phila für die Genetik.

Ist das nun eine ganz einsame Geschichte, diese Beinahe-Lösung der
eigens dazu kreierten ›Welträtsel‹? Ich glaube nicht. Bevor die erste
Menschenlandung auf dem Mond gelang, die viele andere Aspekte als
theoretische hatte, war die weltweit geglaubte Verheißung für Theoretiker einfach die, es bedürfe nur einer einzigen Gesteinsprobe für
tellurische Laboratorien, um das für andere ›Welträtsel‹ repräsentative
Problem zu lösen, wie das Sonnensystem entstanden sei. Als die Ge-
steinsladung – mehr als eine ›Probe‹ – über die wissenschaftliche Welt
nach Verdienst und Kompetenz verteilt war, hörte man von der Welt-
rätsellösung nur noch Zaghaftes. Ein Stück der Welt anstelle der
ganzen – das blieb eine Illusion, dennoch ein *somnium bene funda-
tum*.

Keine Lebenswelten

Wenn es ›Welten‹ in einem nicht nur hyperbolischen Sinn von ›so etwas wie unsere Erde‹ geben sollte, wissen wir von ihnen nichts und werden nie etwas von ihnen wissen. Kein Lichtstrahl, keine Strahlung irgendwelcher Art dringt zu uns, kein Signal, keine Sonde, kein Vehikel von hier käme jemals dort an.

Man wird also von diesen Welten niemals wissen, ob es sie gibt. Möglich bleibt es, das hat schon Einstein eingeräumt, wenn der Raum unserer Welt eine positive Krümmung hat, also in ihm jede Bewegung einen endlichen Weg durchläuft, der niemals aus diesem Raum heraus und in einen anderen hineinführt, auch wenn das Alter der Welt der Lichtgeschwindigkeit dies rechnerisch zugestände. Es gibt keinen Zusammenhang zwischen ›Welten‹, wenn dieser Plural in einem strengen Verstande gebildet wäre.

Wer sich in diesem sphärischen Weltraum ›gefangen‹ fühlte, wäre doch nur der Gefangene eines Gedankenspiels, wie einer, der sich eine astronautische Expedition in eines jener Schwarzen Löcher wünschte, von denen Einstein noch nichts wußte, obwohl sie ihm theoretisch ›näherstanden‹ als irgendein astronomisches Objekt – zu nahe, denn er hätte ihre Wirklichkeit als ein Paradox der Weltvernunft ausgeschlossen. Die lokal-regionale Vernichtung des Raumes von dessen ›Überkrümmung‹ durch eine ›Übermasse‹ hätte ihn womöglich zum Zweifel an den Voraussetzungen seiner der Berliner Akademie am 8. Februar 1917 vorgelegten »Kosmologischen Betrachtungen zur Allgemeinen Relativitätstheorie« getrieben – allerdings hätte er es sicher vorgezogen, auf Nichtexistenz solcher spekulativ und niemals empirisch erschließbaren Monstren zu bestehen, wie er es gegenüber Max Born und anderen hinsichtlich der Quantensprünge tat.

Sieben Jahre nach Einsteins Akademievorlage prägte Edmund Husserl den Terminus ›Lebenswelt‹. Er hat ihn nie im Plural verwendet. Aus einer deskriptivmethodischen Vorsicht, die er nicht begründet hat, vielleicht aus der Absicht heraus, eine einheitliche Theorie *der* ›Lebenswelt‹ als einer elementaren Basissphäre aller Einstellungen und Gegenstände zu gewinnen. Der enge Zusammenhang zwischen dem Lebensweltthema und dem einer Genetischen Logik läßt sogar diese

Intention als konkludent annehmen, denn es war nur eine einzige
Logik, deren ›Aufbau‹ aus lebensweltlicher Unmittelbarkeit hätte dargestellt werden können. Den Plural ›Logiken‹ gab es für Husserl
nicht. Die einzige Logik war leistungsadäquat für alle Erfahrungen,
alle Enttäuschungen, alle Gewißheiten.

Deshalb, so muß man folgern, war es zwar denkbar, daß dieselbe
Logik genetisch aus mehreren ›Lebenswelten‹ hervorgegangen wäre –
aber es bot keinen Gewinn, diesem ›Einfall‹ nachzugehen. Hier war
sogar die ›freie Variation‹ außer Betrieb und Nutzen. Denn es gab
keinen Weg von einer Lebenswelt zur anderen, keine Vergleichbarkeit
zwischen ihnen, da keine Zuschauerposition *außerhalb* ihrer.
Auch jede von ihnen wäre eine ›Gefangenschaft‹, hätte man kein Genügen an der ›aus ihr heraus‹ zu erlangenden Evidenz dessen, was sie
zerbricht.

Dennoch wird man nicht leichthin aufgeben, von ›Welten‹ zu sprechen. Die Erinnerung an die ›Strenge‹ im Begriff dient aber mittelbar
auch der Prägnanz in der Metapher. Wenn eine ›Welt‹ nach schulmä-
ßiger Definition die *series rerum*, die Versammlung der Dinge ist, die
sich im davon unbetroffenen Raum und in der Zeit abspielt, so ist es
die schon von Leibniz gegenüber Samuel Clarke gerügte Indifferenz
dieser Art von ›Welt‹ gegenüber Raum und Zeit als absoluten Größen,
die den Weltbegriff gegenüber seinem Plural offenhält und das, was
jeweils als empirische Totalität gesichert oder extrapoliert werden
kann, zur vervielfachbaren Einheit herabstuft. Immer bleibt noch
möglich, die jeweils erreichte Totalität als *eine* Welt unter Welten in
einem auch empirisch einlösbaren Zusammenhang zu sehen und dem
Ganzen von Vielem dann erneut den Titel *die* Welt zu geben.

Was in der Metaphorik der ›Welt‹ für die Kosmologie angelegt ist,
schlägt nun auch auf den phänomenologischen Gebrauch durch, sofern der Leitfaden der Logik und ihrer Einzigkeit losgelassen wird.
Husserls Thema war *die* Lebenswelt; doch der von seinen Intentionen
her dubiose ›Erfolg‹ jener Thematisierung einer basalen Erlebnis-
schicht trat in der Freigabe des Plurals ein: ›Lebenswelten‹ waren am
ehesten kulturgeprägte Lebensformen, auch in innerkulturellen Viel-
falten etwa als professionelle Spezialwelten, sofern sie nur reflexiv
noch ›unbelastet‹ genug waren, um den Völkerwelten der Ethnologie
darin nicht nachzustehen. Bis schließlich auch der ›Phänomenologe‹
mit seiner letzten (oder vorletzten) Zuspitzung der Reflexion ›seine‹

Lebenswelt bekam, deren Erlebnisgehalt sich ihm ungeziemlich in den Vordergrund drängen mochte, wenn er glaubte, aufs unbefangenste dem Bewußtsein in seinen selbsterhaltenden Leistungen auf der Spur zu sein. Ließ er sich nötigen, auf diesen Unbefangenheitsanspruch und die ›Reinheit‹ seiner deskriptiven Einstellung zu reflektieren, kam ihm die ›Reduktion‹ in Gefahr und mit ihr der genuine Weltausschluß samt finaler ›Wiederkehr‹, die ihm nun zu der einen der Welten geriet, mochte sie auch eine ›ausgezeichnete‹ als die des Theoretikers und seiner Europäischen Intentionalität sein.

Worauf es hier ankommt ist, das ›Schicksal‹ des Weltbegriffs als eine kaum ganz kontingente ›Geschichte‹ faßbar zu machen: die strikte Anweisung des Begriffs auf den Singular, die offenkundig tendenzielle Rückfälligkeit in den Plural und die ›kritische‹ Wiedergewinnung der Einheit, die dann fast mühelos für das Universum wie für ›das Leben‹ die einer *Welt von Welten* ist. Was derart als mißgeschickliche Verfehlung der begrifflichen Vorschrift erscheint, muß sich als Nachvollzug einer ›Involution‹ an der Sache beschreiben lassen, sonst wäre nicht von fast jeder bedeutenderen Entdeckung die ›Ansicht‹ der Welt hereingezogen, affiziert, modifiziert. Es ist im Grenzfall die Durchbrechung der Illusion, man sei gerade dabei, die Theorie der Welt im ganzen *nach* dem letzten Stand der Wissenschaft *auf* den letzten Stand zu bringen. Das Modell einer *finalen* Theorie, die Kosmologie, suggeriert die mögliche Finalität der Gesamtheit von Theorien: Kosmologen haben das Zeug zum *Finalismus* – theologisch: die Affinität zur Eschatologie.

XIX. Mondphysik

Die Rückseite des Mondes – was konnte schlimmer sein für unsere Lust am Weltall und seiner Bereisung als dies, daß sie der Vorderseite so ähnlich war? Für die Wissenschaft ist es immer beruhigend, wenn auf Rückseiten nicht das ganz Andere auftritt. Und es tritt nie auf: drehe ich die Billardkugel, weiß ich bald nicht, was hinten und vorne war. Das ist ein Bild der Theorie. Aber es ist auch ein Bild der Langeweile für alle, die noch Nansens »In Nacht und Eis« gelesen haben und die *terra incognita* mit dem Abenteuer der Ungewißheit verbinden. Wer von der Rückseite des Mondes mehr erwartet hatte als von der Vorderseite, hatte sich nicht nur verwettet – er betraf sich auf einem Mangel an Rationalität. Wir leben davon, daß die Rückseiten der Dinge den Vorderseiten zum Verwechseln sind. Fast definiert dies die ›Lebenswelt‹.

Die Astronauten durften sich als Delegierte der Wissenschaft nichts anderes wünschen als die Und-so-weiter-Schematik der Dinge auch im Weltall. Aber als Betreiber einer Sache, die weitergehen sollte, die Interesse wie Interessen mobilisieren mußte, sollte sie nicht am Überdruß erlahmen, als Betreiber hätten sie sich innig wünschen müssen, die Rückseite des Mondes wäre dem Regenbogen ähnlich gewesen, fürs Farbfernsehen. Aber so sah ja eher die Erde aus, die es gar nicht sein sollte. Warum, ausgerechnet, war der Mond, das Ziel, so viel langweiliger als die Erde, der Start, wo man doch ohnehin schon war und etwas gegen die Langeweile, diese Pest der Gesättigten, tun mußte? Ich behaupte nicht, so etwas sei immer schon mal gesagt worden. Es ist ein Unterschied, ob es aus der Resignation am empirischen Vollzug uralter Menschheitswünsche gesagt wird – oder nur am Gedankenexperiment mit dem, was doch nie eintreten kann.

Dennoch: Wo wäre je in einem Satz gesagt worden, was die ganze Enttäuschung am Universum ausmacht? Schopenhauers Satz ist unvergleichlich: *Ja, wenn selbst einer alle Planeten sämtlicher Fixsterne durchwanderte; so hätte er damit noch keinen Schritt in der Metaphysik getan.* Das bleibt, und wenn auf Alpha Centauri gelandet werden sollte.

Die Singularität des Mondes

Den Mond haben die Deutschen erfunden, aber nie erreicht. Nur der erste Halbsatz ist russisches Sprichwort, wie mir der unvergessene Dmitrij Tschiżewskij versicherte; der Zusatz gibt aber zu verstehen, weshalb die Erfindung des Mondes noch überlebt. Hatte man auch televisionär zuschauen müssen, wie Menschen den Mond betraten, so waren es eben doch *andere*, ein exotisches Ritual, dessen Ablauf nicht in die Ständigkeit eines Pendelverkehrs eingemündet war, nicht einmal in die Gewöhnlichkeit einer touristischen Sensation – wieviele Vorausbuchungen auch angeblich vorgenommen wurden. Selene hatte sich auf ihre stille Art aus der Affäre gezogen, indem sie das Menschheitsunternehmen zur Episode schrumpfen ließ.

Das milde Licht des Mondes hat, wenn man der Wiederkehr der Lyrik glauben darf und der Vorliebe für Straßenbeleuchtungen nicht das Feld überläßt, durch einiges Mißtrauen gegen das Ungestüm des viergespannigen Helios an Zutrauen gewonnen. Des genesenen Faust *So bleibe denn die Sonne mir im Rücken!* war zwar dem Regenbogen zugewendet, doch ist der Mond das andere Naturphänomen, dessen Erscheinung nur mit der Sonne im Rücken sich ganz preisgibt und den Gegensinn zum *Flammenübermaß* umso weniger vergessen läßt, als der Erzeugungsprozeß dieser Strahlungsenergie unheimlich geworden, sogar die Wirkung auf den menschlichen Organismus nicht mehr den ungeminderten Heilbringerjubel seit den Lichtfreunden der Jahrhundertwende genießt. *So daß wir wieder nach der Erde blicken ...* – um von dort den Mond zu sehen, als sei er das Unbetretene und Unbetretbare geblieben. Anders gesagt: Seine Erdnähe, verstanden als Erdähnlichkeit, hat den Mond vor dem Andrang der theoretischen Neugierde gerettet; sein Boden war so unergiebig für die ganz große Forschungserwartung, dort das Relikt einer Entstehungsphase des Sonnensystems zu finden, daß das ›milde Licht‹ der Vollmondnächte auch so etwas wie ein Trost geworden ist, die helle Illumination der Vernunft von dort nicht empfangen zu haben. Jedenfalls hat das Wissen den Genuß nicht stören können: daß der Mond weiter in unsere Nächte scheint, obwohl er sich doch in so dürftigem Unglanz vorzeigen mußte, ist nur mit der Haltbarkeit der vorkopernikanischen

Sprachform vergleichbar, daß die Sonne uns auf- und untergeht, als wäre nie etwas anderes zu ›erkennen‹ gewesen.

Als ›Gestirn‹ ist der Mond eine sinnliche Singularität. Er ist nicht graduell größer als andere Himmelsgebilde, sondern er allein hat eine wahrnehmbare Ausdehnung, eine strukturierte Fläche, eine kurzfristige ›Geschichte‹ erlebbarer Veränderung vom gänzlichen Verschwinden bis zur vollen Rundung. Er ›beschäftigt‹ die Wahrnehmung ohne Wissen, ohne Phantasie; selbst der ›Fortschritt‹ zu seiner Identifikation über seine Nichterscheinung hinweg war, obwohl eine frühe Vernunftleistung, keine vergleichbare ›Affektion‹ wie die Erfassung der Identität von Morgenstern und Abendstern. Der Mond ist einzig.

Als ich schrieb, erst Galileis Entdeckung der vier Jupitermonde habe zum Pluralgebrauch von ›Mond‹ geführt, widersprach ein Sprachforscher in einer Fußnote: ›Monde‹ habe es immerhin als Bezeichnung einer Zeitgliederung schon lange zuvor gegeben. Ich möchte mich nicht wieder gegen die Verwechslungen von Wort- und Begriffsgeschichte verwahren; es hat sich gezeigt, daß damit so wenig zu bewirken ist wie mit dem Vorschlag, man solle endlich kopernikanischen Ernst in der Sprache machen. Doch sollte es kein Hinderungsgrund sein, der Einzigkeit des Mondes für die ›Lebenswelt‹ nachzudenken. Es gibt Leute, die Variationen von der Art *Was wäre, wenn?* nicht mögen; sie wären am besten mit einer stabilen Lebenswelt bedient, in der die Selbstverständlichkeit alles Faktischen müßige Erwägungen des Möglichen gar nicht erst aufkommen läßt. Dagegen meine ich, daß freie Variationen nicht nur nach dem Rezept der Phänomenologie auf ›das Wesentliche‹ führen, sondern auch das Faktische als ›Ausschnitt‹ des Möglichen in eine andere Optik versetzen. Hier wie sonst rechtfertigt nichts anderes als der eine Gewinn, *mehr zu sehen.*

Als Galilei 1610 die *vier Planeten, Mediceische Gestirne genannt,* in Konstellationen um den Jupiter entdeckte, war und wurde ihm nicht bekannt, in welchem physischen Zusammenhang diese Weltkörper standen; die vier im Fernrohr sichtbar gewordenen Trabanten wichen zwar dem hellen Planeten nicht von der Seite, aber diese Fesselung unterschied sich nicht von der, die im vorkopernikanischen System auch Merkur und Venus nur um enge Winkel sich von der Sonne entfernen ließen, die ihrerseits die Erde umkreiste wie der Mond. Die

Anschauung des Jupitersystems hat zum Erliegen der geozentrischen
Konstruktion viel beigetragen: Da gab es Weltkörper, die sich um ein
anderes Zentrum als die Erde bewegten, wenn auch mit diesem um ein
anderes. Es gab zumindest *ein* Subsystem im Planetensystem, und
dann erschien es nicht mehr so abwegig, die Erde mit ihrem Mond als
ein solches zu denken. In der Abfolge der nun um die Sonne kreisen-
den Planeten bekam Jupiter eine neuartig definierte Zentralstellung:
Er war der größte dieser Körper und folglich zu Recht mit mehr Monden ausgezeichnet als die übrigen. Wie einmal zugunsten der Erde
gedacht worden war: das von allem anderen umkreiste Zentrum als
Besonderheit, wurde projiziert auf die jeweils größeren Massen, auf
Jupiter und auf die Sonne, obwohl die Physik noch nicht dahin kor-
rigiert worden war, einen effektiven Zusammenhang von Massengrö-
ßen anzunehmen. Die Weltordnung schien sich vorerst eher nach der
Art von Statusfragen zu regeln.
Damit entfernte sich die irdische Mondnacht von ihrem ›Erlebnis‹.
Einer, der von sich sagte: *Als ich zu schreiben und die Deutschen zu
denken angefangen* ..., Johann Christoph Gottsched, der Übersetzer
von Fontenelles »Pluralité des mondes«, hat in vielfach neuaufgeleg-
ten »Ersten Gründen der gesamten Weltweisheit« im Jahr des Erdbe-
bens von Lissabon 1755 die Frage nach der Bewohnbarkeit der
Planeten mit der Zahl ihrer Monde verknüpft: Müßten nicht zumindest Jupiter und Saturn, da sie doch größer als die Erde seien und
zudem mehr Monde besäßen als diese, Bewohner haben? Auf den
Mondreichtum bezogen, stellt er rhetorisch die Frage: *Sollten diese
wohl einem wüsten Lande zu gefallen, geschaffen sein?* Was die
Monde anginge, so dürfe man zweifeln, *da sie doch wohl nur zur
Erleuchtung ihrer Hauptplaneten bestimmt sein könnten* – aber zweifeln doch nicht mit Recht, da auf diese Monde wiederum das Licht
ihrer Planeten falle. Nun mochte der in betulichen Zweckmäßigkeiten
denkende Gottsched den Mehrbedarf an Beleuchtung auf dem Jupiter
durch Vielmondigkeit angemessen im Vergleich zur Erde gedeckt sehen; die Dunkelphase des Erdenmondes konnte er dabei kaum mitbe-
dacht haben. Darf man die Poetisierung des Mondes nach solcher
Aufklärung dann doch als Befreiung der Vernunft von sich selbst genießen?
Die Ästhetik ist aus der Aufklärung hervorgegangen, sofern sie etwas
bis dahin Unbegriffenes auf Begriffe zu bringen suchte; die Tendenz

auf Eindeutigkeit dabei brachte sie in Konflikt mit ihrem Gegenstand und diesen in die Gegentendenz zu ihr: Vieldeutigkeit wurde zur begriffswidrigen Qualität an ästhetischen Gegenständen bis hin zur Sprengung der Gegenständlichkeit selbst. Sieht man also, daß ›der Mond‹ ein Exemplar in der Gattung der Planetenbegleiter geworden war, nimmt die Ästhetisierung des einen Erdenmonds die Kondition des Einspruchs gegen den theoretischen Grundzug an: *Füllest wieder 's liebe Tal / Still mit Nebelglanz* ... Das noch unter den neuen Monden sagen zu dürfen, unter dem schon wieder verlassenen noch hören zu können, ist eine erstaunliche Entdeckung von Unversehrbarkeit.

Als sei der Mond erst erfunden worden... Dabei war es eine Irreleitung, das Sprichwort von der Erfindung des Mondes durch die Deutschen als Einstimmung auf ein nationalästhetisches Intimverhältnis zu lesen. Gemeint war, wenn ich meiner slawistischen Autorität folgen darf, eher das deutsche Sonderverhältnis zum Unmöglichen. Sehr weit gehen mir die Auslegungen nicht auseinander, denn die Bedeutungsfülle des Mondes unter Bedingungen theoretischer Ernüchterung und objektiver Disziplinierung nimmt die Dignität einer *Erfindung* an, die im Unerreichlichen gehalten wird, während die, die das Spottwort prägten, nur im Erreichbaren Gewähr von Eindeutigkeit sahen – und sich verschafften. Die Anmut des sich Entziehenden gibt es eben nur, wo es dies wesentlich ist, den demütigen Stolz aufs Unerreichte am Rand des Unerschöpflichen. Wird dieses Gegenspiel zum Manichäismus der großen Schuldzuweisungen mißbraucht, fällt es in sich zusammen – es ist eine delikate Lebensspannung, mit der Wissenschaft zu leben *und* zu genießen, was sich ihr verweigert, eben weil und wie es dies tut.

Mit geschlossenem Visier

Theorien der Intersubjektivität haben uns innerhalb weniger Jahrzehnte daran gewöhnt, nicht nur zu begreifen, wie es funktioniert,
wenn wir Kenntnis von anderen unseresgleichen haben, sondern diese
Kenntnis und deren praktischen Gebrauch zu den höchsten Notwen-
digkeiten zu rechnen, die die Subjekte erst dadurch subjektiv machen,
daß sie schon intersubjektiv gewesen sind. Die Meinungen von der
Sache sind noch höher als die Anforderungen an sie.

Diese von technischen Kommunikationsmitteln ganz unabhängige
theoretische Entwicklung hat die Anstößigkeit des Faktums verstärkt,
daß uns intersubjektive Beziehungen nur unter den Bedingungen der
kosmischen Beiläufigkeit des Planeten Erde bekannt sind. Fast selbstverständlich wäre es auf dem Standard der großen Theorie, daß es
Astrokommunikation schon gab, schon gibt oder noch geben wird.
Als kümmerlicher Einwand dagegen erscheint, daß Intersubjektivität
auch ein Produkt der Begünstigung durch Verhältnisse auf der Oberfläche der Erde ist.

Schon auf der Oberfläche des Mondes – der einzigen eines fremden
Weltkörpers, auf dem das praktisch erprobt werden konnte – sieht
alles ganz anders aus. Der Mangel an akustischer Verständigung durch
das Fehlen einer Atmosphäre, die den Schallwellentransport besorgt,
ist ein durch den Funkverkehr leicht auszugleichender Mangel.
Schwieriger und von einer gewissen Endgültigkeit scheint zu sein, daß
es mit der Gegenseitigkeit der Optik kommunikationsbereiter Subjekte hapert, obwohl auf den ersten Blick der Klarheit und Präsenz
nichts entgegensteht. Auf den zweiten Blick konnte man freilich sehen, welches Arsenal an Ausdrucksmitteln hinfällig wird, sobald die
Gunst irdischer Verhältnisse verlassen ist.

Astronauten auf der Oberfläche eines fremden Weltkörpers tragen
große Helme, die einen Teil ihrer Schutz- und Versorgungsbedürfnisse
decken, und in diese Helme sind Fenster eingelassen. Sie sind so etwas
wie der widerspruchsvolle Fall von Monaden mit Fenstern. Doch das
ist nur der erste Anschein. Der Astronaut sieht durch sein Fenster die
nackte Oberfläche des Gestirns, er sieht die genormte Gestalt seines
Kollegen, an der er genau ausmachen kann, wie er selbst für diesen

aussieht; aber er sieht diesen selbst so wenig, wie er von ihm gesehen wird. Wegen der starken Einstrahlung der Sonne sind die Fenster des Helms goldverspiegelt, erlauben den Ausblick, aber nicht den Einblick. Das Gesicht als Fenster in der Undurchsichtigkeit, die der Leib dem Menschen gewährt, ist auch noch geschlossen: Visier in einer Ritterrüstung, dessen Öffnung nicht mehr vorgesehen sein kann.

Auf den Photos von der ersten Begehung des Mondes durch Armstrong und Aldrin sieht man den Typus verhinderter Intersubjektivität aufs schönste abgebildet: Der erste Mensch auf dem Mond hat den zweiten photographiert, und an Stelle jeder Identifizierbarkeit der erfaßten Person am Gesicht oder gar der Wahrnehmbarkeit ihres Erlebnisses dieses großen Augenblicks an ihrem Ausdruck erblickt man das kopfgroße Fenster, in welchem sich der Photograph mit seiner Kamera – physiognomisch ebensowenig identifizierbar und ebenso unergiebig – wie auch der Schatten des Photographierten spiegeln.

Wären nur diese Bilder nach einer Katastrophe der Expedition eines Tages von einer späteren auf die Erde zurückgebracht worden, hätten die Identitäten von aktiver und passiver Optik nicht mehr festgestellt werden können, es sei denn von solchen Personen, die sich an Merkmale auf den Raumanzügen erinnert hätten, mit denen man sich etwa auf das Resultat schon vorbereitet hatte. Geistreiche Glossen, die Jahrzehnte zuvor über das Wesen der Uniform gemacht worden waren, finden bei der Astronautik eine unerwartete und unter ganz anderen Zweckbedingungen stehende Bestätigung: *Wie unter einer Tarnkappe verschwand ›das Individuum‹ in der Uniform. In Erscheinung trat: das Gattungsexemplar.*[1]

Seitdem das geschrieben wurde, hat es nicht nur neue Übersteigerungen des Effekts gegeben, sondern auch Phänomene, in denen sich plakative Steigerungen der Individualität mit der Verhüllung ihrer Zugänglichkeit verbanden. Unmerklich haben wir uns in den Jahrzehnten nach dem Zweiten Weltkrieg daran gewöhnt, daß dunkle und teilweise auch verspiegelte, immer größer gewordene Brillen ihre Herrschaft angetreten haben und jene Blickkontakte zwischen Menschen, die das Urgestein der Intersubjektivität *vor* allem sprachlichen Ausdruck gewesen sein müssen – weil in ihnen über Freundschaft

---

1 Alfred Polgar, Kleine Schriften Band I, 4. April 1919. Reinbek 1982, 73.

oder Feindschaft die Entscheidung fiel –, nicht mehr oder nur als zusätzliche Gunstgewährung möglich waren.

Überträgt man die Ursituation frühmenschlicher Begegnungen auf der freien Wildbahn und ihre Bedeutung für Leben und Tod in das Universum, so fiele dort jede physiognomische Bestimmung von Situationen nach ihren Möglichkeiten von Freundschaft oder Feindschaft aus. Ohne sehr viel Phantasie ließe sich vorstellen, was das bei unerwarteten Konfrontationen zu bedeuten hätte: Die Prävention träte ihre absolute Herrschaft an. Anders gesagt: Jeder ist Feind, da er das Visier nicht lüften kann, ohne sich selbst zu töten.

Da also die Einführung von Identifizierungen ein notwendiges Mittel der Unterscheidung von Freund und Feind wäre, müßte man auf das zurückgreifen, was eine Gesellin der modernen Technik erarbeitet hat: die Kriminalistik. Zu denken ist an die auf dem fremden Gestirn besonders deutlich ausgeprägten und besonders dauerhaften Fußspuren; selbstverständlich gibt es nicht einmal eine industrielle Formsohle ohne abweichende Merkmale, so wenig wie es eine Schreibmaschine ohne individuelle Kennzeichen ihrer Typen gibt. Da Fingerabdrücke wegen der notwendigen ständigen Klimatisierung aller Körperteile auf dem fremden Stern nicht mehr auftreten, wird man sich an die Fußspuren halten müssen. Über Stimmung und Einstellung des jeweiligen Subjekts ließen sich daran keine Aufschlüsse gewinnen – es sei denn, Fußstellung und Schrittweite ließen sich als eine eigene Sprache der Absichten und gar ihrer Intensitäten erschließen. Die verschwundene Sprache des Leibes müßte ganz und gar in die Physiognomik der Fußspur übergehen.

Die Konsequenz von all dem wäre eine Welt, in der ein Absolutismus der Spiegelungen, des Ausdrucks zweiter Ordnung herrscht: Jeder sieht nur sich selbst, aber auch das nicht mehr als Kontrollmöglichkeit seines Aussehens, seines Ausdrucks, seiner Selbstdarbietung gegenüber dem anderen, für den doch von all dem nichts etwas zu bedeuten hätte. Die große Bedeutung, die das Phänomen der Spiegelung in der irdischen Geschichte der Menschheit gehabt haben muß, um zur Selbstausbildung der Individualität zu kommen, entfällt auf einem anderen Stern ohnehin als Naturphänomen, wenn es weder Wasser noch Eis noch polierte Metallflächen gibt und nichts anderes als der begegnende Andere Gelegenheit bietet, *sich* in seinem Fenster wahrzunehmen, statt *ihm* ins Gesicht zu sehen.

Dies alles nun auf eine zweite Generation von Astronauten fern im
Raum zu übertragen, die die Erfahrungen ihrer Bodenstation Erde
nicht mehr oder nur vom Hörensagen hätten, führt ins Gebiet der
Science fiction.

Der Geruch des Mondes

Wie riecht der Mond? Für diese Fragestellung wird sich schwer das Prestige der vormals vielberufenen wissenschaftlichen Relevanz gewinnen lassen. Aber obwohl das so ist, werden sich auch die Fachidioten sehr spezieller Disziplinen für ein solches Problem nicht interessieren lassen. Ich will den Einwand, auf dem Mond könne man aus Mangel an einer Atmosphäre gar nichts riechen, einmal beiseite lassen. Unterstellt, es gäbe was zu riechen, würde die Frage um nichts gewichtiger.

Grund dafür ist die Diskriminierung des Geruchssinnes als archaischer, vorgroßhirnlicher Wirklichkeitsbeziehung des Rhinencephalon; in neuerer Sprache der Erkenntnistheorie und Wahrnehmungspsychologie heißt das, der Geruchssinn sei in so hohem Maße subjektiv, daß er sich für die Bestimmung von Gegenständen weniger eigne als alle anderen Sinnesvermögen. Also lohnt es nicht, über dem Geruch des Mondes die kostbare Zeit von Astronauten zu vergeuden, selbst wenn da etwas zu riechen wäre.

Auf dem Mond sieht man besser als auf der Erde. Keine atmosphärische Trübung mindert die Optik. Der Tastsinn ist insofern betroffen, als das verminderte Körpergewicht die für Stand- und Gangregulierung wichtigen Nerven der Fußsohlen durch abgeschwächten Kontakt beeinträchtigt. Das Gehör scheidet wegen des fehlenden Mediums ebenfalls aus; aber das ist durch Funkverbindung leicht auszugleichen. Die Astronauten haben sich so gut verständigen können wie auf der Erde. Der Ausfall des Geruchssinns hat in der Verweilphase nicht einmal ihre flüchtigste Aufmerksamkeit gefunden. Man könnte sagen: Dazu war die Welt, aus der sie kamen, schon zu weitgehend desodoriert.

Gerade deshalb gab es doch noch eine sensorische Überraschung. So etwas wie ein Nachhaken des Mondes. Wenn Armstrong und Aldrin, seine Erstbetreter, von ihrem Ausflug in die Kapsel zurückgekehrt sind, die Luke geschlossen haben und die Atemluft im engen Raum wieder da ist, streifen sie ihre Mondrüstung ab, Helm, Raumanzug und Überschuhe – und da ist unverkennbar ein fremdartiger Geruch, der vor dem Ausstieg nicht da war. Sie haben ihn mit dem feinkörnigen Staub vom Mondboden in das Landevehikel eingeschleppt. Der eine sagt, es rieche wie nasse Asche, der andere, wie Schießpulver. Da ist auch gleich die ganze Subjektivität dieses Sensoriums: Das Resultat ist nichts wert. Man wird die Bodenproben analysieren und dann alles und noch mehr wissen, was zu wissen diesen Aufwand wert gewesen war.

Oder ist es doch noch etwas anders? Den Pionieren ist aufgefallen, daß sie etwas nicht entbehrt hatten, was zu allen Arten von menschlicher Erfahrung gehört, obwohl es zur Bestimmung ihrer Gegenstände so wenig und so Unvereinbares leistet. Sie hatten den Mond nicht riechen können; aber sie hatten das auch nicht als Beeinträchtigung ihres Erlebnisses empfunden. Jetzt merken sie, was sich ein neugieriges Wesen von Erdenherkunft schuldig gewesen wäre.

Die Erde riecht eben doch, sie riecht überall, und jedes ihrer Länder hat seinen Geruch. Erst in der Künstlichkeit der Kapselatmosphäre hatten die beiden Männer bemerkt, was sie vorher gar nicht bemerken konnten, daß auch der Mond seinen Geruch hatte, der in dieser Minute erst zu existieren begann. Auf die Felsen und Krater mochte seit Jahrmilliarden der Blick imaginärer Wesen schon gefallen sein; sie waren da, bemerkbar, auch wenn unbemerkt, das Auge erweckte sie nicht erst zu dem, was sie in ihrer Öde waren. Aber diesen Geruch hatte es bis dahin nicht gegeben. Er war eine Neuschöpfung, nicht nur eine Entdeckung, des Menschen. Reine Subjektivität, und auf dieser ganzen Expedition das einzig Unerwartete dazu.

Gesehen hatten sie nichts, was die Phantasie aller Zeiten vom Flug zum Mond auch nur aufs leiseste befriedigt hätte. Keiner der Steine, die sie der NASA zurückbrachten, war so, daß er nicht auch irgendwo auf der Erde hätte gefunden werden können. Nur diese Unbestimmbarkeit des Geruchs, diese verachtete Nutzlosigkeit der Mitführung des tierischsten unserer Organe, hatte die Exotik einer bis dahin unbetretenen – ungerochenen Welt.

Die Erde am Himmel des Mondes

Daß die Erde ein Stern sei, hatte Kopernikus annehmen müssen, nachdem er die Sonne zum ruhenden Körper in seinem System gemacht hatte, und er fand die empirische Bestätigung dafür an der Kreisförmigkeit des Schattens der Erde auf der Oberfläche des Vollmondes bei Verfinsterungen. Galilei fand dieselbe Bestätigung im Gegenteil auf der unbeleuchteten Dunkelfläche des Neumondes im Phänomen des aschgrauen Lichtes, in welchem die Oberfläche schimmerte und so die Leuchtkraft der Erde erwies, wie schwach sie immer sein mochte. Die Ankündigung dieses Arguments findet sich schon im »Sidereus Nuncius« von 1610. Erde und Mond ständen im Wechselverhältnis der Lichtspendung: bei Vollmond empfängt die nachtdunkle Erde, was sie von ihrem Tageslicht bei Neumond zurückerstattet. Nachdem Kopernikus der Erde die eine der beiden Eigenschaften eines Sterns gegeben hatte, die Bewegung auf einer Kreisbahn, gab ihr Galilei die andere, die der Leuchtfähigkeit. Er werde in einer künftigen Darstellung des Weltsystems beweisen, daß die Erde *nicht ... eine Jauche aus Schmutz und Bodensatz der Welt*[2] sei. Eine Auszeichnung sollte für die Erde gewonnen sein: Ein Stern unter Sternen zu sein.

Den Simplicio in seinem »Dialog über die Weltsysteme« läßt er denn auch die törichte Bemerkung machen, aus der kopernikanischen Theorie müsse sich die absurde Folgerung ergeben, daß die Erde zum Stern geworden war. Galilei ist sich des rhetorischen Effekts dieses Einwands sicher. Sein Publikum mußte in diesem Punkt den Gegner des Kopernikanismus lächerlich finden. Wer wollte nicht auf einem Stern leben, nachdem die Sterne in der ganzen Tradition der europäischen Metaphysik und Kosmologie als ewige Wesen höheren Ranges angenommen worden waren?

Merkwürdig klingt dagegen die Äußerung, die Papst Urban VIII. oder seiner näheren Umgebung zugeschrieben wurde, Galilei habe die Erde zum Stern *erniedrigt*. Das konnte aus dem Munde des Theologen nur heißen, die Besonderheit der Erde im Heilsplan sei verwischt worden durch ihre Gleichsetzung mit einer Fülle von Weltkörpern, für die

2 Galileo Galilei, Sidereus Nuncius. Frankfurt 1965, 104 f.

Gott nicht mehr getan hatte, als sie schlicht und ohne weitere Obligationen erschaffen zu haben, während er auf die Erde ständig hatte zurückkommen müssen.

Man liest dies heute wohl nicht mehr nur als Kuriosität, die sich in irgendeiner Sackgasse der Wissenschaftsgeschichte fände. Denn das Ergebnis der Aufklärung durch Astronautik ist, daß die Erde zu ihrem Glück kein Stern unter Sternen ist. Leben des Menschen auf ihr ist jedenfalls nur durch ihre Zwischenstellung zwischen den Extremwerten von Weltkörpern möglich: den Sternen im strikten Sinne, deren Hochtemperaturen alle Bildungen von Atomen zu Molekülen höheren Komplikationsgrades verhindern, *und* den Dunkelkörpern, die durch Erstarrung und Sonnenferne auf Weltraumtemperaturen reduziert sind und jede Regung, von Leben ganz zu schweigen, ausschließen.

Dies mag eine späte, allzu späte Einsicht sein, die von Galilei gar nicht vergessen sein konnte, weil sie ihm unzugänglich war. Doch gab es Argumente, die die Erde *als Stern* zu einem widersinnigen Aufenthalt für den Menschen erklärten. Ich greife nur den einen, im Jahrhundert des Kopernikus mehrfach erörterten Sachverhalt heraus: den der Kugelgestalt. Kopernikus wollte, zugunsten der Gesetzmäßigkeit ihrer Bewegungen, eine Erde als vollkommene stellare Kugel beweisen, deren Umdrehung die neue zuverlässige Basis der Zeitmessung sein mußte. Aber schon Leonardo da Vinci hatte gezeigt, die Lebensmöglichkeit des Menschen auf der Erde beruhe gerade darauf, daß diese die platonischen Bedingungen der Kugelgestalt nicht erfüllt.

Nur die Unregelmäßigkeit ihrer Oberfläche verhindert die vollständige Bedeckung der Erde mit einem einzigen Weltmeer, das jedenfalls menschliches Leben nicht zuließe. Es war Leonardos geradezu misanthropische Eschatologie, daß er durch Verwitterung und Auswaschung die finale Bestimmung der Erde sich restituieren sah, um an diesem Ende den ursprünglichen Platonismus, die Vollkommenheit der Kugelgestalt, wiederzugewinnen und dadurch die Störung des Menschen von der Oberfläche der Welt wegzuwaschen. Wie nahe das lag, sollte schon die biblische Sintflut gezeigt haben; sie war das Vorspiel einer Geschichte, deren Ende die Dehumanisierung der Erde durch ihre Platonisierung sein würde. Da erst wäre sie wieder der Stern unter Sternen, der sie nur in vollkommener Kugelgestalt sein konnte.

Damit waren nun aber zugleich alle Wünsche *ad absurdum* geführt,
den Menschen weiterhin im Zentrum aller Prozesse der Welt zu sehen.
So entsteht für die Bedürfnisse, die Kopernikus mit der Stellarisierung
der Erde ausgesprochen und abgedeckt hatte, ein eigentümliches Dilemma: Die Auszeichnung der Erde konnte nicht zugleich die des
Menschen sein. Wer an seiner Bevorzugung festhalten wollte, mußte
dafür eine Art von Unvollkommenheit des Erdkörpers in Kauf nehmen; und dies war beim alten Aristotelismus gut aufgehoben gewesen.
Daß die Erde durch das Element, aus dem sie bestand, nur ein träger
und unbeweglicher Weltkörper sein konnte, hatte für das Lebensge-
fühl des Menschen die paradoxe Entsprechung, daß es ihm alle
Eigenschaften bot, die er für die Festigkeit und Zuverlässigkeit des
Bodens unter seinen Füßen immer schon voraussetzte.

An diesem Punkt hat die phänomenologische Theorie der Lebenswelt
angesetzt und wiederentdeckt, wie wenig das Wissen, das der Mensch
von seiner Welt erworben hat, sich verträgt mit dem unmittelbaren
und lebensweltlichen Bewußtsein, das er von den Bedingungen seines
Lebens besitzt und gar nicht preisgeben kann. Die Theorie der Lebenswelt ist immer auch eine von der geringen Eindringtiefe der
Theorie in das Bewußtsein. Alle Weltabenteuer des Menschen setzen
voraus, daß er sich immer wieder und irgendwann wieder auf ein
Stück festen Bodens stellen kann.

Seine Rückkehrfähigkeit wird bestärkt dadurch, daß alle irgend bekannten Ziele im Weltall keine Daueraufenthalte sein können, weil sie
dem Menschen zu langweilig wären. Für den Differenzierungsgrad
der menschlichen Sinnlichkeit und die Leistungsfähigkeit der Sprache
sind die kosmischen Gegenstände einfach zu öde, zu kompakt, zu
eintönig, zu unergiebig. Die Sinnlichkeit des Menschen ist nicht zu
arm, wie die Aufklärung gern vermutete, sondern zu reich, um an den
kosmischen Gegenständen Befriedigung zu finden. Die astronautische
Geotropie ist auch ein rein sensorisches Phänomen.

Selbstverewigung

Thomas von Randow verrät 1979 in seinem Jahrzehntrückblick auf die erste Mondlandung, der damals vom Kommandanten des Unternehmens Armstrong gesprochene lapidare Satz von dem kleinen Schritt für den einzelnen Mann und dem gewaltigen Sprung für die Menschheit sei gar nicht von Armstrong gewesen. Norman Mailer habe ihn lange zuvor im Auftrag der NASA formuliert und der Astronaut lediglich auswendig gelernt.

Gegenfrage: Hätte man das dem Zufall, der Banalität des aufgeregten Gemüts überlassen dürfen?

Wenn die Enthüllung richtig ist, hat der Verfasser des Ausspruchs sich selbst seine Ewigkeit attestiert. Denn in seinem Bericht über die erste Mondlandung »Auf dem Mond ein Feuer« sagt derselbe Norman Mailer von demselben Armstrong: *Nun hatte er sich in die Gruppe derjenigen eingereiht, die für alle Zeiten immer wieder zitiert werden.*

So tüchtig hätte dann niemals ein Schriftsteller für sein Nachleben sorgen können.

Unverwehbare Spuren

Die von *Science Fiction* präparierte Phantasie der Zeitgenossen ist durch die »Apollo«-Flüge zum Mond enttäuscht worden – vergleichbar nur der Enttäuschung für die Liebhaber von Antworten auf große Fragen, daß die werbekräftige Verheißung theoretischer Ergebnisse über die Entstehung des Sonnensystems anhand der Gesteinsfracht vom Mondboden unerfüllt geblieben ist. Phantasie und Wissen sind nicht zu ihrem Recht gekommen, viel weniger als durch die von den beiden »Voyager«-Sonden übermittelten Farbbilder der Planeten und Monde um Jupiter und jenseits dessen bis zu Uranus und Neptun mit erstaunlichen neuen Mustern und Befunden. Aber Phantasie und Wissen sind nicht alles: Dem Denken und präziser noch der ›Nachdenklichkeit‹ haben die Übertragungen vom Mond unerschöpflichen Stoff – besser wohl noch: Anregung – geliefert. Um ›weiterzumachen‹, war das allerdings zu wenig: Das Denken des Und-so-weiter für die Mondlandschaft ließ die Aufregung der Erwartungen viel schneller in sich zusammenfallen, als das für irdische Expeditionen etwa immer wieder ins Tierreich, in die Meerestiefe und auf Bergeshöhen befürchtet zu werden brauchte. Die Erde ist nicht nur der ›blaue Planet‹ geworden, der am Himmel der Mondwüste aufging, sondern sie ist in ihrer räumlichen Beschränktheit ein Areal der Überraschungen geblieben, für das der Verdacht auf das Übergewicht des Unbekannten noch immer zu gelten scheint, statistisch ausgewiesen sogar für die Gesamtheit der biologischen Arten. Für den ›Abenteuertourismus‹, der sich auf zuverlässigen Wegen halten muß, werden Überraschungen inszenierbar; auf dem Mond würde das mit keinem Aufwand gelingen.
Bei Sensationen wird die Aufmerksamkeit des Zuschauers oft fehlgeleitet. Als die ersten Menschen im Juli 1969 den Mond betraten, war es die verfremdete Typik ihrer Bewegungen, die den Blick fesselte. Der Mondboden, seiner genauen Beschaffenheit nach eines der Risikomomente der Landung, erregte in wenig Erstaunen, obwohl Art und Tiefe der feinen Staubschicht Bedingung dafür waren, daß der Mensch nicht nur einiges Gerät zurückließ, als er wieder aufbrach, sondern das Merkmal seiner Gattung: die Fußspuren eines zweibeinig auf-

rechtgehenden Wesens. Wäre die Mondoberfläche durchgehend felsig, kahlgefegt von Stürmen einer längst verflogenen Atmosphäre, wäre vom leichten Schritt nichts geblieben und zwischen den Meßgeräten kein Stigma der einheitlichen Handlung ihrer Aufstellung. Im Gegensatz zu jeder irdischen Spur, die unter vielen Einwirkungen verweht und verwittert, verschwemmt und zersprengt wird, sind die Menschenfußprägungen im Mondstaub irreversibel – der Mensch wird sichtbar dagewesen sein, auch wenn es die Gattung nicht mehr gibt und keinen, der sie an ihren Spuren erkennen würde. Diese Spur ist mehr als ein Relikt, denn jedem intelligenten Betrachter verrät sie das Merkmal der Handlung, der gerichteten Bewegung, der Intentionalität. Da hatte es nicht nur aus dem All sinnlos eingeschlagen, wie es die Krater erzeugt hatte, die trotz ihrer morphologischen Stereotypik nichts von intentionalem Hintergrund haben. Als bei der dritten Landung, der von »Apollo 14« beim Krater Fra Mauro im Februar 1971, ein Handwagen das Kontinuum einer Begleitspur in den Staub zog, sah das wie eine Unterstreichung der Intentionalnatur der diskreten Fußeindrücke aus, während dieses Nebeneinander interimistisch verschwand, als bei den drei letzten Mondflügen, »Apollo 15-17« zwischen Juli 1971 und Dezember 1972, das mitgeführte ›Automobil‹ seine Doppelspur auf weite Strecken anstelle der Fußspuren drückte. Der Austausch war vollendet: insgesamt 387 Kilogramm Mondsubstanz befanden sich auf der Erde, unvergängliche Spuren von irdischer Technik und ›Natur‹ waren dem Mond eingesiegelt.

Im Nachbedenken dieser schnell vergessenen Fakten stößt man auf ein Paradox: Nicht nur, daß die Spuren auf dem Mond noch da sein werden, wenn sich die Gattung Mensch auf der Erde erschöpft haben wird – es wird auch keine Erdenspuren des Menschen von vergleichbarer Konstanz geben, weil die Wiederkehr der ›Natur‹ vergleichsweise schnell verschlingen wird, was der Mensch von sich hinterlassen könnte, allem voran die Spuren seiner Füße und die seiner Vehikel. Dann hätte die Mondfahrtepisode am Ende nur stattgefunden, um an sicherem Ort etwas zu hinterlassen, was auf der Erde dem wieder freigesetzten Walten und Wüten der Natur, der Erosion wie Korrosion, ausgesetzt sein würde?

Vor solcher Überschärfung jener Paradoxie warnt eine zeitliche wie ›interdisziplinär‹ bewirkte Koinzidenz. Dem ›Zufallssinn‹ geben wir gern Bedeutsamkeiten, die er nicht hat oder nur für uns in der Überschätzung unserer knapp bemessenen Zeitgenossenschaft mit dem Gang der Dinge annehmen kann. Wenige Jahre nach dem Abschluß der »Apollo«-Missionen, im Jahrzehnt ihrer Spurensetzung auf dem Mond, wurden zum erstenmal Fußspuren aufrecht gehender Vorfahren des rezenten Menschen von Millionenalter entdeckt. Im sonnengebrannten Uferschlick des Turkana-Sees in Kenia hatten sich infolge Rückgangs des Wasserspiegels die Einprägungen vom Gang des *homo erectus* erhalten, denen ein Alter von eineinhalb Millionen Jahren attestiert wurde. Älter noch waren Fußspuren, die etwas südlich der altbekannten und altergiebigen Olduway-Schlucht im Laetolil-Bekken von Nordtansania 1976 durch Mary D. Leakey aufgedeckt und einem zweibeinig aufrecht gehenden Australopithecus von dreieinhalb Millionen Jahren nicht unbestrittenen Alters zugeschrieben wurden. An dieser Fundstelle war die Konservierung eines urzeitlichen Augenblicks durch das Zusammentreffen singulärer Umstände besorgt worden: Vulkanasche des nahegelegenen Kraters Sadiman war durch starke Regengüsse zur plastischen Masse eingeweicht und im günstigen Augenblick vor der Erstarrung von einer reich gemischten Fauna vom Tausendfüßler bis zum Nilpferd und zur Giraffe durchquert worden (wohl in Richtung auf eine Wasserstelle). Danach hatten sich neue Schichten vulkanischen Auswurfs schützend über die Fährten gelegt. Es ist ein Gemeinplatz, daß Spuren verwehen, denn er impliziert die Bedingung ihrer Entstehung in flüchtigem Material, während sie auf festem Grund gar nicht erst eingeprägt worden wären. Mary Leakey selbst hat in ihrem Bericht »Pliocene footprints in the Laetolil Beds at Laetoli, northern Tanzania«[3] die Erhaltung der Fußspuren einer *unusual and possibly unique combination of climatic, volcanic and mineralogic conditions* zugeschrieben. Daß sich nicht die ›klassischen‹ Indizien für Frühmenschlichkeit – Feuerstellen und Werkzeuge – finden ließen, wird durch die Evidenz des zweibeinig aufrechten und frei ausschreitenden (*free-striding*) Ganges überlagert, nachdem die These von André Leroi-Gourhan Zustimmung erfahren hat, daß die Gehirnvergrößerung nur unter den statischen Bedingungen des aufgerichteten Ganges eintreten konnte. Mögen die Hominidenspuren von Laetoli also dem menschlichen Anspruch noch fern sein, so belegen sie doch, daß der künftige Feuer- und Werkzeugma-

---

3 In: »Nature« vol. 278, 22. März 1979.

cher seinem zentralen ›Werkzeug‹ bereits das tragfähige Vehikel verschafft hatte. Wollte man dem eine ›teleologische‹ Formel geben, die über Jahrmillionen die Raumfahrt als mögliches Ziel einbezieht, so müßte man sagen, die Spuren in Ostafrika zeigten ein Lebewesen, das sich vom Boden abzuheben begonnen hatte.

Diese Spuren haben nicht die intentionale Bestimmtheit der Spuren auf dem Mond. Vielmehr läßt die 50-Meter-Fährte von drei Individuen an einer Stelle ein Anhalten und Umwenden erkennen. Mary Leakey hat es als ›Zögern‹ gedeutet – und das wäre ein gutes Stigma von Vormenschlichkeit – auf dem Wege zum ›zögernden Wesen‹, das der Mensch sein *darf*.

XX. Im Zentrum der Vernunft

Wie wichtig darf sich der Mensch nehmen?

Auf einer Tagung des Deutschen Realschulmännervereins in Dortmund hat Ernst Mach am 16. April 1886 einen Vortrag mit dem Thema »Über den relativen Bildungswert der philologischen und der mathematisch-naturwissenschaftlichen Unterrichtsfächer der höheren Schulen« gehalten. Sucht man nach einem Satz im Text des Vortrages, der dessen Tenor einigermaßen knapp zusammenfaßt, so wäre es dieser: *Gewiß geht den Menschen zunächst der Mensch an, aber doch nicht allein.* Die Unklarheiten des Satzes konzentrieren sich auf das Wort ›zunächst‹. Unter dem Druck der Übermächtigkeit desjenigen Gegenstandes, der der Mensch eben nicht selbst ist, verflüchtigt es sich unter dem Vorbehalt dessen, was danach kommt, daß der Mensch *nicht allein* ist, was er zunächst ist: Gegenstand seines Interesses.

Er kann bei diesem Primärinteresse nicht bleiben, will er sich nicht dem Vorwurf aussetzen, beim Wahn geblieben zu sein, er sei das Zentrum der Dinge. Für den Verzicht auf diese Anmaßung wird er getröstet mit einer Stufenfolge von Kompensationen, die von ›Weltanschauung‹ über ›Erhebung‹ bis zu ›Poesie‹ reicht: *Wenn wir den Menschen nicht als Mittelpunkt der Welt ansehen, wenn uns die Erde als ein um die Sonne geschwungener Kreisel erscheint, der mit dieser in unendliche Ferne fliegt, wenn wir in Fixsternweiten dieselben Stoffe antreffen wie auf der Erde, überall in der Natur denselben Vorgängen begegnen, von welchen das Leben des Menschen nur ein verschwindender gleichartiger Teil ist, so liegt hierin auch eine Erweiterung der Weltanschauung, auch eine Erhebung, auch eine Poesie!*

Auch wenn man die Begeisterung des Redners für sein Weltall mitempfindet, muß doch ernstlich nachgefragt werden, ob nicht anstelle des Menschen, der sich wahnhaft zum Mittelpunkt der Welt erklärt hatte, einer tritt, der etwas von sich behaupten soll, was er keinesfalls verstehen kann. Von ihm wird nicht nur verlangt, sich den Weltkörper seines Wohnsitzes als einen um die Sonne geschwungenen Kreisel erscheinen zu lassen – was er als Erscheinung keineswegs zu tun bereit ist –, sondern darüber hinaus, ihn mit der Sonne auch noch *in unendliche Ferne* fliegen zu lassen. Mit Verlaub, hätte man den Redner gern gefragt, wo müssen oder dürfen wir uns selbst denn noch denken, wenn wir nachvollziehen sollen, mit der an die Sonne geketteten Erde ›in unendliche Ferne‹ zu fliegen.

Da rächt sich, im schönsten Pathos, die Entpflichtung der Sprache von ihrer anschaulichen Herkunft. Man kann sich schlecht von sich selbst in unendliche Ferne entfernen – und wenn man es getan hätte, könnte man sich genausowenig den Punkt erscheinen lassen, von welchem aus man den Flug in die unendliche Ferne vorausgesagt hatte. An jenem Ausgangspunkt befände sich schlechthin nichts mehr, wovon ausgehend man allein die ›Unendlichkeit‹ der fliegenden Entfernung bestimmen könnte. Ein Objektivismus, wie er hier gefordert ist als Fähigkeit des Menschen, sich mit seiner Welt von außen zu betrachten, straft mit der Unerfüllbarkeit der sprachlichen Anforderungen, die er stellen muß. So gern wir dem Redner zugestehen möchten, daß er genausogut wie seine Zuhörer wußte, was er mit diesem Satz sagen wollte, müssen wir ihm doch vorhalten, daß es in dieser Rhetorik des Vorwurfs der Altertümlichkeit einer verfehlten Bildung und deren Arroganz nur getan werden konnte, wenn man wenigstens sprachlich dem Standard gewachsen war, den man zur Norm erhoben wissen wollte.

Das Versprechen einer dem theoretischen Universum folgenden oder durch dieses auch nur inspirierten Poesie hat sich noch nie erfüllt. So leer, wie der Raum sich im Maß der Ausweitung seiner Systeme erwiesen hat, bleibt auch die Imagination in ihrer Ohnmacht, ihn zu füllen. Aber der Festredner von Dortmund kann es nicht lassen, seinen Komparativ herzustellen zu den Inhalten der klassischen Bildung, gegen die sich zu stellen, ihn die Versammlung nur eingeladen haben kann. Verglichen mit dem Leben des Menschen als einem verschwindenden, obwohl gleichartigen Teil der Natur, ist diese eben das ›größere‹ Thema. So wird man das in seiner Doppeldeutigkeit zugestehen. Aber Ernst Mach will noch einen Schritt weiter gehen, nachdem er den Blick auf das Universum gelenkt hat: *Vielleicht liegt hierin Größeres und Bedeutenderes, als in dem Brüllen des verwundeten Ares, in der reizenden Insel der Calypso, dem Okeanos, der die Erde umfließt.* Größeres sicher – aber auch Bedeutenderes? Das Hinüberspielen von dem einen zum anderen ist kein rhetorischer Zufall, sondern der Versuch, das andere für das eine unterzuschieben: Was größer ist, sollte es nicht auch bedeutender sein?

Festreden waren schon immer Gelegenheiten zu solchen rhetorischen

Kunstgriffen. Aber es wird noch etwas weiteres verlangt, um den Erfordernissen der objektiven Beurteilung zweier Bildungswelten zu genügen – der dritte Standort des Betrachters: *Über den relativen Wert beider Gedankengebiete, beider Poesien, darf nur der sprechen, der beide kennt!* Einen solchen hatten die Realschulmänner in Dortmund vor sich; und manchen vielleicht auch noch unter sich. Aber erfüllte der Redner die Erwartung, die er selbst an die Bedingung der Kenntnis beider Gebiete knüpft? Eben gerade deshalb nicht, weil er den Ertrag des einen Bildungsgebietes, des humanistischen – mit Weltanschauung, Erhebung und Poesie benannt –, zum Standard macht für das, was nicht minder oder sogar noch mehr von dem anderen Gebiet soll erwartet werden können.

Er hat nicht den Mut zu sagen: Laßt alle Hoffnung auf Weltanschauung, Erhebung und Poesie fahren und begnügt euch mit einem Gegenstand, der mit seinen eigenen Maßen gemessen werden muß, die nicht die Maße des Menschen sind und daher von ihm den Verzicht darauf verlangen, das Maß aller Dinge zu sein. Denn indirekt sagt der Festredner seinen Zuhörern, daß dieses Weltall keinen Anspruch auf das Interesse des Menschen hätte, wäre es nicht seinerseits konkurrenzfähig mit Weltanschauung, Erhebung und Poesie. Wie sie aus der klassischen Bildungstradition kamen. Der Mensch sollte sich nicht wichtig nehmen – aber er nahm sich doch wichtig genug, um weiter die Befriedigung seiner Bedürfnisse nach dem nicht nur Größeren, sondern auch Bedeutenderen zu beanspruchen.

Der Mensch habe nicht mehr das Recht, sich als den Mittelpunkt der Welt anzusehen. Mit welchem Recht aber darf daraus gefolgert werden, dann könne oder dürfe er auch nicht mehr der Mittelpunkt seines eigenen Interesses sein? Da verbirgt sich immer noch oder wieder die alte, durch keine Bestreitung zu entmachtende Voraussetzung, es sei dem Menschen durch seine Stellung in der Welt vorgezeichnet und mitgeteilt, von welchem Gewicht er zu sein, in welcher Bedeutung er für sich zu gelten habe.

Mit nicht geringerem Recht hätte einer an jenem Apriltag 1886 dem Redner erwidern können, die Vorstellung, mit dem um die Sonne geschwungenen Kreisel in unendliche Ferne zu fliegen, sei ein Konstrukt, das ihn nichts angehe und auch sonst niemand ernstlich interessieren durfte.

Der Redner hatte nicht die Entschlossenheit, dieses Konstrukt zur

Metapher für seine Ansicht vom Menschen zu machen: daß er seinen eigenen Blicken in unendlicher Ferne zu entschwinden scheine. Die nächste Konsequenz wäre doch gewesen, daß der Mensch in einem solchen Bild von der Welt nicht mehr vorkommt. Das zu sagen, verbietet die beabsichtigte Empfehlung der Erhebung zum Bildungswert. Denn ein solches Weltbild, in dem der Mensch sich wegen Untergröße nicht mehr finden könnte, würde ihm auch nichts mehr zu bedeuten haben. Da verfinge sich die Absicht des bedeutenden Philosophen im Paradox, das Größere sei unvermeidlich das Unbedeutendere bis hin zur Bedeutungslosigkeit.

Blinde Astronautik

Eine der Entdeckungen der Neuzeit, die ihren Vorgängerepochen fremd gewesen war, ist die Zufälligkeit unserer Sinnesausstattung. Noch bevor an die Evolution als Erklärung angepaßter Zweckmäßigkeiten der Selbsterhaltung ernstlich gedacht wurde, fand man in der Ersetzbarkeit ausfallender Sinnesleistungen den Hinweis darauf, daß nicht alles, was wir haben, von derselben Notwendigkeit ist, und die Wirkungsweise dessen, was uns mit der Welt in Zusammenhang bringt, nicht die einzig denkbare und vielleicht nicht einmal die bestmögliche. Zwar hat der Mensch das Glück, die Welt sehen zu können, aber es kann nicht ausgeschlossen werden, daß ihm Herrlichkeiten des Gehörs und des Geruchs entgehen, weil diese Organe nicht die zureichende ›Feinsinnigkeit‹ besitzen.

Den ständigen Grundbaß der Sinnlichkeit hält der Tastsinn als die Reserve, auf die bei Beschädigung der anderen Sinne zurückgegriffen werden kann. Wobei sich immer wieder herausstellt, daß der ›Realismus‹ dieses den ganzen Leib einbeziehenden Vermögens der zuverlässigste ist, so daß jeder Versuch, die Herkunft unseres Wirklichkeitsbewußtseins zu analysieren, auf geradem oder verzweigtem Weg beim Getast endet: Berührung ist die solideste Beziehung.

Jene Entdeckung der sensorischen Kontingenz, von der die Rede war, hat sich an einem Grundthema der neuzeitlichen Wahrnehmungstheorie orientiert: dem Sinnesleben der Blindgeborenen. Nach der ersten Problemstellung von Molyneux, ob und wie der durch Operation sehend gewordene Blindgeborene zur optischen Identifizierung der ihm bis dahin nur haptisch gegebenen Dinge kommt, lagerte sich eine Vielfalt neuer theoretischer Fragen um das Phänomen der Weltbeziehung von Blinden. Die Eigenwelt eines auf den Tastsinn und das Gehör verwiesenen Lebens wird entdeckt und mit Erstaunen in der ihm möglichen Erfüllung und Zufriedenheit beschrieben.

Die Diskussion löst sich von der Vorherrschaft der Frage, was die Blinden *auch* können, um bei der triumphierenden Feststellung des Aufklärers anzulangen, der Blinde sei durch keine Drohung der Staatsmacht, ihn in den finstersten Kerker zu werfen, einzuschüchtern. Die Vermutung, Blinde könnten infolge mangelnder Weltbewun-

derung keinen Gott haben, erfüllt die einen mit der Hoffnung auf ein
moralisches Exempel, die anderen mit der Furcht vor der Abhängigkeit des Gottesbegriffs von physischen Zufällen. Der 1749 von Diderot ausgesprochene Verdacht, sein Blinder von Puisaux kenne das
Schamgefühl wegen Nacktheit nicht, scheint den Beobachter nicht
recht zu beunruhigen; aber als er drei Jahrzehnte später in der »Addi-
tion à la Lettre« mitteilen kann, das Fräulein Mélanie von Salignac
besäße das allerfeinste Schamgefühl (*Elle avait le sentiment le plus
délicat de la pudeur*[1]), ist er sich dessen bewußt, etwas zur Dämpfung
der Beunruhigung zu tun, es könne sich hier um eines der behebbaren
Vorurteile der Kultur handeln.

Das ganze Ausmaß der Überraschungen, die sich aus den gesammel-
ten Fakten und Fiktionen ergaben, steckt in dem einen Satz über den
Blindgeborenen von Puisaux: *In seinem Kopf geht nichts vor, das dem
gleicht, was in unserem Kopf vorgeht (Il ne se passe dans sa tête d'ana-
logue à ce qui se passe dans la nôtre . . .*[2]). Man kann da fragen, was man
will, immer ist die Versuchsperson für eine unerwartete Wendung gut.
*Irgendeiner von uns kam auf den Gedanken, den Blinden zu fragen,
ob er sich nicht freuen würde, wenn er Augen hätte. »Wenn mich nicht
die Neugierde beherrschte«, sagte er, »so hätte ich ebensogern lange
Arme. Mir scheint, daß meine Hände mich dann über das, was auf
dem Mond geschieht, besser unterrichten würden als eure Augen oder
eure Fernrohre. Außerdem hören die Augen eher auf zu sehen als die
Hände zu fühlen. Es wäre also für mich wertvoller, wenn man bei mir
das Organ vervollkommnete, das ich besitze, als wenn man mir jenes
Organ gäbe, das mir fehlt.«*[3] (*Si la curiosité ne me dominait pas, j'ai-
merais bien autant avoir de longs bras . . .*[4]).

Der Mond liegt, phänomenologisch gesprochen, im Fernraum. Deshalb war er lange Zeit, was man nur sehen konnte, und einen kleinen
Teil der langen Zeit, was man mit dem Kunstmittel der Teleskope aus
größerer Nähe – wenn auch immer noch im Fernraum – zu sehen
vermochte. Die Wissenschaftsgeschichte belehrt uns, daß die Zahl der

---

1 Denis Diderot, Œuvres éd. Assezat, Tome I, 334 ff.
2 Œuvres, Tome I, 291.
3 Philosophische Schriften, Band I. Berlin 1961, 56
4 Œuvres, Tome I, 285. Einführung der *curiositas* an einer Stelle, wo sie sich nicht auf
Gegenstände, sondern auf deren Sinnesaspekt bezieht: das organisch Versagte an ein
und derselben Sache sich nicht entgehen zu lassen.

ungelösten Fragen im Maße der gesteigerten teleskopischen Leistungen ungehemmt zugenommen hat. Fast mühelos konnte ein österreichischer Ingenieur noch in unserem Jahrhundert Anhänger um sich scharen mit der Behauptung, die Oberfläche des Mondes bestände aus Eis.

Der Vorteil des Blinden wird an einer solchen theoretischen Aberration deutlich. Sein durch den Raum hindurch verlängertes Tastorgan hätte die Abwesenheit von Eis auf dem Mond und dessen Staub- und Gesteinshaftigkeit leicht feststellen können. Viele Male hat sich die Haptik als leistungsfähiger bei der Widerlegung leichtfertiger oder auch ernstlicherer Behauptungen erwiesen als die Optik. Nur ist sie einigermaßen ohnmächtig bei der Ersetzung des Widerlegten durch Neues. Woran es ihm da fehlt, hat Diderots spätere Gewährsfrau Mélanie in die Formel gefaßt, sie würde mit ihrer Hand sehen wie andere mit den Augen, wenn nur die Haut ihrer Hand ebenso fein wäre wie die Augen ihres Beobachters. Wobei sie das Muster der freien Variation vorwegnimmt, indem sie sich Tiere denkt, die zwar blind, aber nicht weniger scharfsinnig wären als Sehende.

Die Zeitgenossen werden dem Tastsinn in bezug auf den Mond allenfalls den einen Vorrang zugebilligt haben, die Möglichkeit einer bloßen optischen Täuschung über die Existenz dieses Himmelskörpers im vorgestellten Fall endgültig ausschalten zu können: besser also, als dies irgendeine optische Vorkehrung im Fernraum jemals leisten könnte.

Erwartungen, die sich auf Überschiebung des Nahraumes in den Fernraum richteten, haben sich seither als übertrieben erwiesen: Wenn man nur ein kleines Stück des Gesteins von der Oberfläche des Mondes in die Hand bekäme, um es nach allen Regeln der Kunst zu ›handhaben‹, würde man wissen, wie das ganze Sonnensystem entstanden sei. Man macht es sich zu leicht, wenn man dies als einen der Werbesprüche der NASA abtut. Dazu hat es zu wenige Fachleute gegeben, die den großen Erwartungen dämpfend entgegengetreten wären.

Die Blindheit der astronautischen Tastversuche nach dem Mond ist allerdings keine touristische Sache. Daraus erklärt sich, daß der Reiz des Augenblicks, in dem erstmals ein Fuß auf den Mondboden gesetzt und als wichtigster taktiler Realitätssicherungsvorgang eingeleitet wurde, der im Stehenkönnen auf einem Boden besteht, auch optisch

nachvollzogen werden konnte. Theoretisch läßt man die großen Erwartungen eher sanft auslaufen, indem man mit dem wissenschaftlich
immer angebrachten langen Zeitbedarf für die Durchführung aller
Untersuchungen argumentiert. Daß der große theoretische Ertrag
nicht mehr kommt, läßt sich schon daraus schließen, daß die heutigen-
tags üblichen theoretischen Schnellschüsse aus der Hüfte ausgeblieben
sind. Stattdessen werden wir mit der stummen Arbeit emsiger Antennen und Satelliten versorgt, denen der alte Streit über Leistungsfähigkeit und Koordination der Sinnesvermögen nichts mehr anhaben
kann. Sie sind auf Wellenlängen eingestellt, für die der Mensch ohnehin kein Organ besitzt.

Astronoetische Glosse

Sollte auch der Mensch, indem er sich als die umwegigste, wenn nicht abwegigste Überlebensform der Kompensation eines biologischen Mangels infolge Biotopänderung oder -wechsel erweist, die Suggestion einer universalen Ausprägung von Leben durch Vernunft eingebüßt haben, wie sie sich überall im Kosmos wiederholen könnte, wenn nicht müßte – so hat doch das Leben insgesamt, das sich dieser Nebenlösung seiner möglichen Probleme als fähig erwies, immer noch die Aura des weltweit Vorkommensfähigen. Es für die Erde vorzugsweise in Anspruch zu nehmen, sieht wie die Zerstörung des Gesamterfolgs der Aufklärung aus, die irdische Kleinbürgerwelt nicht im Zentrum aller Aufmerksamkeiten des Weltgeistes zu sehen, einzig ausgestattet mit den Attributen höchsten Wohlwollens. Wir legen inzwischen Wert darauf, so primitiv nicht zu sein, daß sich alles um uns dreht, auch nicht insgeheim, indem wir um uns den Schauplatz der singulären Steigerung aller Materie zu Makromolekülen, zu Nuklein- und Aminosäuren, zum Protozoon, zum Organismus hin aufgebaut denken.

Dennoch, die Zweifel am durchschlagenden Erfolg der Aufklärung bei Ausbreitung von Leben und Vernunft im Universum, von Bewohnbarkeit und Bewohntheit zahlloser Welten, sind gewachsen. Nicht nur nach der Erfolglosigkeit der Besichtigung einiger benachbarter Weltkörper durch Astronauten und automatische Vehikel. Nicht nur durch das Ausbleiben signifikanter Radiosignale aus den Tiefen des Raumes. Viel schlimmer, im Sinne jenes rationalen Erfolgs, ist der Verdacht, das Leben selbst und im ganzen könnte, seiner Wahrscheinlichkeit *ante factum* und folglich jeder jederzeitigen Erwartung nach, dem Nullwert nahe liegen – und zwar auch und gerade unter den besonderen Begünstigungen, die es auf dem Planeten Erde fand. Die theoretische Durchdringung des genetischen Mechanismus hat keineswegs die aufklärende Richtung des Abbaus anthropozentrischer Vorurteile und Hybrismen fortgesetzt.

Was den Zweifel weckte und wachhält, ist die Verbindung von Faktizität und Universalität in der Lösung des genetischen Problems, die das Leben auf der Erde gefunden und durchgehalten hat. Die Chemie

des genetischen Codes ist kontingent, weil sich auch mit ganz anderen
Molekülsequenzen derselbe Informationsgehalt hätte darstellen lassen. Aber eben diese kontingente Darstellung ist die einzige uns
bekannte für alle Organismen auf der Erde – und das kann nicht ohne
Konsequenzen für die Bewertung der Wahrscheinlichkeit des Ereignisses Leben *ante factum* sein, dessen Anfang nur in einem singulären
Ursprung angenommen werden kann. Die Universalität des Faktischen, dessen zahllose mögliche Nebenlösungen niemals realisiert
wurden oder spurlos vergingen, weil sie der Ochsentour der Evolution nicht gewachsen gewesen wären, macht die ganze Verlegenheit
ausgerechnet des Rationalisten aus, der die Vernunft nicht auf der
solitären Spitze dieser Konstruktion wahrhaben kann – weil das immer zugleich bedeutet, daß sie genausogut auch überhaupt nicht sein
könnte. Alles, nur die Vernunft darf nicht faktisch sein.

Der Gedanke an ein finsteres, von keinem Augenblick durchdrunge-
nes Universum wäre der Preis dafür, die Vernunft nicht mit dem
Menschen auf Gedeih und Verderb gekoppelt zu sehen – im Gegenteil,
ihre terrestrische Verwirklichung als einen Abweg oder eine Prähisto-
rie der Vernunftgeschichte im ganzen auffassen zu dürfen.

Es ist also nicht zutreffend, daß gerade der Hinweis auf die mögliche
Einmaligkeit des Leben stiftenden Ereignisses vor dem Anthropozen-
trismus warnt oder gar bewahrt, wie es noch Jacques Monod meinte,
der dies noch verstärkte durch das Argument, auch die Ausbildung
eines *logischen Systems symbolischer Verständigung* sei von gleicher
Einmaligkeit. Das Gewicht des Lebens, des Menschen inmitten seiner,
wächst, wenn er sich als das Produkt von Nahezu-Nullwahrschein-
lichkeiten herausstellt, das noch unter den Vorteilen dieses Planeten so
wenig zu erwarten war, daß es nur einmal faktisch eintrat. Gewiß, der
Mensch ist gerade als Ergebnis eines solchen Zufalls das Gegenteil
eines vorbestimmten Geschöpfes, dem alles andere zu Diensten sein
sollte; aber er ist faktisch der, der die Sinnfrage nicht nur einzig stellen, sondern sie auch allein mit dem Hinweis auf sich selbst beantworten kann. Ein Gewicht, das wider alles Erwarten in die Waagschale fiel
und die Weltbilanz über den Haufen warf. *Unsere Losnummer kam
beim Glücksspiel heraus.* Gut. Ist sie deswegen kein Gewinn?

Folgen der Anschaulichkeit

Eine der großen Vereinfachungen, mit denen die neuzeitliche Geschichte der Wissenschaft beginnt, ist die Annahme von der Leichtigkeit bei der Eliminierung hinderlicher, sperrender, blockierender Vorurteile. Es schien ein leichter Triumph zu sein, die zugleich gemütvolle und arrogante Unterstellung des Menschen zu diffamieren und aus der Welt zu schaffen, diese Welt sei ein durch und durch zweckmäßig geplantes Gebilde, dessen finale Strukturen letztlich oder zumindest vorletztlich (sofern man den Ruhm ihres Schöpfers nicht aus dem Spiel lassen konnte) auf den Menschen zielten. Hier ließen sich zumal rhetorische Erfolge erzielen, und zumal Bacon ließ sie sich nicht entgehen.

Daß diese Vorurteile viel subtiler waren, als bei ihrer ersten Klassifikation angenommen, und viel hartnäckiger eingenistet, als bei der ersten Exstirpation erfahrbar, ergab sich erst im Laufe immer neuer Versuche, solche Stücke und Bestände des menschlichen Selbstbewußtseins ausfindig zu machen und damit auch schon für ausgehoben zu halten. Manche mochte es daher überraschen, daß noch gegen Ende des 19. Jahrhunderts Nietzsche das wissenschaftliche Weltverständnis des Menschen für im Grunde und Kern anthropomorph hielt; aber die entscheidende Darstellung der Geschichte der modernen Mechanik durch Ernst Mach zeigte alsbald, in welchem Umfang Nietzsche recht hatte und was an Kritik der Grundbegriffe der Physik unter seinem Aspekt noch mochte zu leisten sein. Man kann die Veränderungen der schon für nahezu abgeschlossen gehaltenen Physik durch Planck und Einstein am Anfang des neuen Jahrhunderts als nochmaligen Vorstoß gegen die hartnäckige Substanz der anthropozentrischen und anthropomorphen Vorurteile in der neuzeitlichen Wissenschaft sehen.

Es wird ein weiteres Vorurteil sein, daß wir diesen Prozeß jemals ans Ende bringen könnten, weil, etwas ans Ende zu bringen, eines der Grundbedürfnisse der menschlichen Natur und ihrer Lust am vollendeten Werk und Anblick eines Ganzen ist. Zu denken, eine Wissenschaft sei beendbar, heißt, sie als ein demiurgisches Werkstück des Menschen anzusehen und ihr Ganzes als seiner Anschauungsbedürftigkeit eines Tages verfügbar zu erwarten. Damit würden sich die altvertrauten Vorurteile nicht mehr auf einzelne und besondere Inhalte und Grundbegriffe von Wissenschaften beziehen, sondern auf das Schicksal und die Zuständlichkeit des theoretischen Prozesses selbst.

Nun gibt es nicht nur so verborgene Anthropomorphismen, sondern auch solche der offenkundigsten Gefälligkeitsanverwandlung des Universums durch den Menschen. Man sollte es nicht glauben – wenn es im Weltall nochmals oder vielmals Leben und Vernunft gäbe, würden sie allemal nach Figur und Maßen des Menschen gemacht sein. Wir gönnen uns die Freundlichkeit, andere Weltwesen als unseresgleichen zu denken, und halten dies für den modernsten Ausdruck gerade jener Heterozentrik, die der Erde und dem Menschen weder Vorrang noch Mitte anmaßen will. Indem wir uns nicht als die einzigen aufspielen und dies die Befriedigung der Demut in der Natur gewährt, erheben wir uns zugleich zum Standardmodell der überhaupt möglichen Verwirklichungen von Leben und Vernunft. Dies wiederum tun wir auf eine subtile Art: Wir suchen Anschluß und Mitteilung. Nichts wirkt natürlicher, als wenn man in diesem Weltaugenblick die sonst zu verrufenen Zwecken ausgebildete Technik zum Vehikel der Botschaft macht, daß *wir hier sind und daß wir diese sind.*

Im August 1977 wird der zweite Flugkörper der Serie »Voyager« gestartet, dem Vorrichtungen zur Übermittlung von Informationen über die menschliche Kultur an Bord gegeben sind. Astronomen der Universitäten Harvard und Cornell waren rechtzeitig zusammengetreten, um ein Programm aufzustellen, das auf einer haltbaren Kupferplatte eingeprägt sein sollte, der eine Nadel und ein Tonabnehmer aus Keramik sowie eine Bedienungsanweisung in jedermann verständlichen Bildsymbolen beigefügt waren – mit einem Wort: eine kosmonautische Schallplatte mit akustischen Informationen. Von dieser wurde ausdrücklich versichert, daß zur Abhörung elektronische Kenntnisse von nicht höherem als College-Niveau erfordert würden. Der damalige Präsident der Vereinigten Staaten hatte eine besondere Botschaft zum Anlaß geschickt, die der Hoffnung Ausdruck gab, man werde mit anderen ›galaktischen Kulturen‹ eine Gemeinschaft bilden, wenn erst die zur Zeit anstehenden irdischen Probleme gelöst seien. Die Astronoeten meinten es wohl umgekehrt: Erst der Kontakt mit etwas höher entwickelten Wesen – nicht so hoch freilich, daß sie keine

Schallplatten mehr hätten – würde uns die hiesigen Probleme zu lösen helfen.

Die Astronomen, beraten von dem Herausgeber des Magazins »Rolling Stone«, faßten die musikalische Kultur der Erde kurz in folgenden Stücken zusammen: eine Arie aus der »Zauberflöte«, ein Streichquartett von Beethoven und der erste Satz seiner 5. Sinfonie, ein Präludium nebst Fuge aus dem »Wohltemperierten Klavier«, etwas Strawinsky, etwas Jazz sowie Lieder aus Rußland, dem Orient und Afrika. Außerdem wollte man den Adressaten der Botschaft irdische Geräusche der Natur: von Wind und Regen, die Stimmen einiger Tiere, aber auch technische Geräusche von Autos und Flugzeugen zur Kenntnis bringen, dazu Grußworte in sechzig Sprachen, darunter – in Anerkennung der Universalität seiner Ausbreitung – in Latein. Das wäre der Gipfel der Anthropomorphie: der irdischen Bewährung der lateinischen Sprache die Vermutung zu entnehmen, die Vernunft auf dem Gipfel ihrer Gelehrsamkeiten würde auch andernorts im Kosmos zum Latein hinfinden. Es ist ein schöner Gedanke. Aber ich fürchte, man darf sich seiner Schönheit nur erfreuen, wenn man zuvor die Unheilbarkeit unserer Anthropozentrik, wehmütig wie lächelnd, eingestanden hat.

Die Kupferplatte ist auch als Bildplatte abzuspielen und enthält ein Dreißigminutenprogramm mit ausgewählten Ansichten von der Erde und vom Menschen. Was war den Fachleuten wert, bildhaft ins All missioniert zu werden? Es werde gezeigt, so entnehmen wir dem »Herald Tribune«, wie Menschen einen Berg besteigen, wie sie sich dem Geschäft der Fortpflanzung widmen (was besonders geschmackvoll dargestellt sein soll) und wie sie ein Eis am Stiel konsumieren.

Am erstaunlichsten ist vielleicht, daß Replikate dieser Platte nicht in den Handel gekommen sind. Es läßt sich denken, wie vielfältig die Meinungen des Publikums der Welt von den Entscheidungen abgewichen wären, die für den doppelten Fall der Aussendung ins Weltall gefällt worden waren.

Dissens und Empörung der Vergessenen waren zu fürchten. Mehr noch vielleicht die Enttäuschung der Menschen über das, was man von ihnen zu berichten für wert gefunden hatte. Denn daß wir uns wichtig finden, genügt keineswegs, um uns allerorts zur Kenntnis zu bringen, als bestände längst ein Bedürfnis danach, das jetzt endlich befriedigt werden könnte. Andere Bewohner des Weltalls haben bei uns offenkundig dieses Bedürfnis nicht vermutet: Es gibt keine Signale von ihnen. Man hat die riesigen Parabolspiegel auf andere Informationen aus der Tiefe des Alls einstellen müssen, denn die noch vor kurzem leicht eintreibbaren Geldmittel für ›außerterrestrische Kommunikation‹ waren mit dem Geltungsschwund der Lust am Hauptwort ausgeblieben.

Zu suchen gibt es immer etwas, auch wenn wir nicht überall nach uns selbst fahnden.

Eine Akademie zur Verarbeitung
von Enttäuschungen der Vernunft

Die totale Sonnenfinsternis am 2. Juli 1666 war so etwas wie das Gründungsereignis der Königlichen Akademie der Wissenschaften in Paris. Da man es seit den Zeiten des Thales von Milet vorauswußte – und inzwischen auch wußte, wo man es sehen würde –, war die Mathematisch-Physikalische Klasse der Akademie schon im Juni in der Bibliothek Colberts zusammengetreten. Fontenelle, der Annalist der Akademie, hat diese Sitzung in seiner »Préface de l'Histoire« gefeiert als den Anbruch eines neuen Realismus, der das Reich der Worte und Begriffe Vergangenheit werden ließ und das der Sachen Zukunft: *le règne des mots et des termes est passé, on veut des choses.* Dieses Programm sich realisierend zu zeigen, unternahm der *secrétaire perpétuel* der Akademie außer in deren Geschichte, die die Jahre von 1666 bis 1699 behandelte, zumal in den Nachrufen (*Eloges*) auf die Mitglieder der Akademie über weitere vierzig Jahre hinweg, von 1699 bis 1739.

Ironie der solaren Gründungsfinsternis war, daß Fontenelle selbst von den im Juni 1666 beschlossenen Beobachtungen ausgenommen war und wovon der Historiker der Akademie mehr als ein halbes Jahrhundert später Kenntnis nahm: Die Astronomen hatten die Verfinsterung zur scharfen Beobachtung des Mondrandes und des Strahlendurchgangs an ihm genutzt und endgültig mit der Bewohnbarkeit des Mondes Schluß gemacht: Er hatte keine Atmosphäre für die Atmung von Lebewesen. Fontenelle mußte erkennen, daß seiner jugendlichen Schwärmerei für die ›Vielheit der Welten‹ ein gutes Stück der Glaubwürdigkeit schon entzogen war, als er sie in die »Entretiens« von 1686 eingeführt hatte. Der Mond jedenfalls war ausgeschieden aus der Sphäre der Bewohnbarkeit, und die Kenntnis von den Entfernungen der Planeten war genau genug geworden, um deren Bewohner dem unmittelbaren Wunsch nach Kontaktaufnahme zu entziehen. So wurden die Traktate des folgenden Jahrhunderts über Reisen imaginärer Hochvernunftwesen durch den Weltraum zu satirischen Fiktionen, kulminierend im »Micromégas« Voltaires. Für die Phantasie, mag man sagen, war es eher ein Glück, daß sich die fremden Welten der teleskopischen Inspektion so weit entzogen hatten, daß Enttäuschungen ihrer utopischen Projektionen nicht mehr zu befürchten waren.

Die junge Akademie hatte ihren ersten Erfolg, der im Optimismus der ubiquitären Vernunft der ersten Hälfte des folgenden Jahrhunderts eigentümlich unbeachtet blieb. Für die frühe ›Organisation‹ der Forschung hatte er seine Wirkung. Man mußte die seltene Beobachtbarkeit der totalen Sonnenverfinsterungen kompensieren und vor allem vom europäischen Wetter unabhängig machen, indem man Expeditionen in die schmalen Zonen sichtbarer Totalität – allgemeiner: vor Ort der Empirie – entsandte. So wurde die Akademie nicht nur zum Berichtszentrum neuer Ergebnisse; mehr noch wurde sie das Planungszentrum zu deren Herbeischaffung.

Vielleicht sind wir *oben* ...

Die Differenz von Oben und Unten gehört zu den Rudimenten der ›Lebenswelt‹, die fortzuschaffen keine wissenschaftliche Aufklärung irgend eine Chance hat. Der ›Sitz im Leben‹, den diese Orientierung hat, ist die Realität des Leibes selbst – und nichts ist stärker als sie. Deshalb sind auch ›Bedeutungen‹, die sich traditionell mit dieser Weltteilung verbinden, unaustilgbar. Von oben kommt ›Höheres‹ in vielerlei Sinn: Verheißung, Helligkeit, Vorsehung und Aufsicht, Gericht und Gerechtigkeit, Gott und Gnade, Bändigung des Unteren und Niederen, der Erschütterungen wie der Eruptionen, des Chaos wie der metaphysischen Misanthropie. Wenn keine Götter mehr kommen, weil sich der ›Himmel‹ entleert hat und die Ubiquität des Einen oder gar Alleinen Lokalisationen strikt verbietet, schiebt sich der Gedanke nach vorn, die am Himmel sichtbaren oder unsichtbar-realen Welten müßten zumindest als virtuelle Herkunftsorte von Wesen höherer Einsicht und Vernunft oder sogar bloßer Nachrichten von diesen vorstellbar bleiben, die uns nicht erlauben, Einzigkeit im Universum zu beanspruchen – erst recht nicht, aus solcher Einzigkeit Richtigkeit der Wahrnehmung aller Interessen der Vernunft zu folgern. Von oben muß weiter alles möglich bleiben, und insbesondere mehr möglich bleiben, als wir faktisch an dieser Stelle der Welt realisiert haben. Wie der Menschensohn des Evangeliums vom Himmel hoch dahergekommen und zum Himmel wiederaufgefahren sei, um auf dessen Wolken alsbald wiederzukehren, so läßt der Aufklärer kritische Intelligenzen vom Sirius und vom Saturn besuchsweise die Weltgeschichte auf der Erde besichtigen – mit einem, wie nicht anders zu erwarten, höchst unbefriedigenden Ergebnis.

In all diesem liegen die menschlichen Dinge am Fußpunkt einer Achse. Sie mochten einmal Mitte des Kosmos gewesen sein oder das Ineinanderspiel der sublunaren Elemente in seiner unhimmlischen Irregularität – Oben jedenfalls war diese Menschenwelt nie. Es hat sich daran offenbar auch nichts geändert, als die Erde zum Stern unter Sternen, zum Weltinhaltsstück ohne besondere Eigenschaften angehoben oder abgesenkt wurde. Auch diese kopernikanische Konsequenz – angelegt auf die Exklusion der Differenz von Oben und Unten – hat uns zum Oben weder machen können noch wollen. Dennoch ist der Gedanke ästhetisch naheliegend, das lebensweltlich unaustilgbare Oben könne doch nun derart von uns selbst ›okkupiert‹ sein, daß es für andere in anderen Welten und an anderen Fußpunkten ihrer Lebenswelten geworden, was es für uns einmal gewesen sei: Oben jetzt die, die einmal für Unten sich hatten halten und damit zufrieden geben müssen. Abgelöst von aller Metaphysik heißt das im neuzeitlichen Kontext ›Pluralität der Welten‹: nicht in der metaphorischen Diskriminierung der von allen anderen Weltvernunften Aufzuklärenden zu bleiben – sich zu erlauben, ›oben‹ zu sein.

Es gehört zur Dissoziation von Theorie und Ästhetik, daß nur im Gedicht erlaubt ist, was sich szientifisch verbietet. Das theoretische Verbot wird nicht nur gehemmt durch die ärgerliche ›Unbelehrbarkeit‹ der Lebenswelt – dieses unüberbietbaren Inertialsystems –, es wird sogar verspottet durch die Lizenzen, die sich diese ›Lebenswelt‹ jenseits des Anscheins bloßer Massenträgheit und rationaler Indolenz im Übermut der ästhetischen Unerreichbarkeit gibt: im Reservat dessen, was wir uns nicht mehr leisten dürfen und dennoch zu bewahren wünschen.

Rilke hat ins »Buch der Bilder« das Gedicht »Von den Fontänen« aufgenommen, das im letzten Versblock abrupt und nur induziert durch die Metaphorik vom Aufsteigen und Niederfallen des Wasserspiels den Sprung in die kosmologische Dimension tut: an die Grenze allen Aufsteigens, den Sternenhimmel mit Welten, die gegeneinander versteint und verschlossen sind – eine Welt von ›niederen‹ Welten, es sei denn, für sie gibt es ein Oben und wir wären es! *Vielleicht sind wir o b e n , / in Himmel anderer Wesen eingewoben, / die zu uns aufschaun abends.* Wir, als Himmel anderer Erden, dann auch die Orientierung von Dichten und von Beten, von Flüchen, nicht zu vergessen. Was macht da schon die Einschränkung des Unwißbaren – es darf ungewichtigste Vermutung bleiben, wenn es sich fern genug von der Theorie an seine ästhetische Freiheit hält, die durch kein Argument erweitert, durch kein Bedenken eingeengt werden kann: *Vielleicht loben / uns ihre Dichter. Vielleicht beten viele / zu uns empor. Vielleicht sind wir die Ziele / von fremden Flüchen, die uns nie erreichen, / Nachbaren eines Gottes, den sie meinen / in unsrer Höhe, wenn sie einsam weinen, / an den sie glauben und den sie verlieren, / und dessen Bildnis, wie ein Schein aus ihren / suchenden*

*Lampen, flüchtig und verweht, / über unsere zerstreuten Gesichter
geht ...*[5]
Da ist der Mensch, der es nie lassen konnte, mit seinem Gott zu konkurrieren, indem er sich zu dessen Bild und Gleichnis erklären ließ –
da ist er zum Bild und Gleichnis des Gottes geworden, an den in
anderen Welten geglaubt wird – und er lebt von diesem Widerschein,
unbeirrt durch den Zweifel, keinesfalls der Gott irgendeiner Welt sein
zu können, wie er sich selbst kennt. Aber was ist Selbsterkenntnis
gegen die Schönheit dieses Nachtgedankens der Umkehrung aller ar-
chaischen Verhältnisse von Oben und Unten? Nichts könnte hinzu-
tun, was daran je wahr wäre – alles liegt daran, daß es dahin kommen
konnte, daß dies ein einziges Mal im Gedanken gewagt wurde, so als
sei eine ganze Geschichte zu nichts anderem verlaufen als darauf, den
Punkt der Möglichkeit von diesem zu erreichen.

---

5 Rainer Maria Rilke, Sämtliche Werke, Band I. Frankfurt 1955, 457.

Wenn die Vernunft sich spaltet

Der Gedanke, daß sich auf anderen Weltkörpern vernunftbegabte Wesen befinden und zumindest die Chance haben könnten, es besser und dauerhafter zu treiben als der Mensch, entsprang dem Wunsch der Aufklärung, sich als Reindarstellung der Menschheit im Weltall nicht allein und hilflos zu finden, vielmehr der Bestärkungen fähig, die aus einer gemeinschaftlichen Anstrengung und Verantwortung der einen Vernunft in vielen Ansiedlungen kommen mußte. Dies war freilich nicht ohne den Preis zu haben, alle Ansprüche auf Besonderheit fahren zu lassen, da es doch auf den hiesigen und gegenwärtigen Fall von Verwirklichung des Allgemeinen nicht mehr ankam, man diesen sogar so verlorengeben konnte, wie man befürchtete, daß er es wäre, ohne eines letzten und radikalen Verlustes dadurch sicher sein zu müssen. Schließlich war es auch ein Gedanke des Trostes, bei mehrfacher Wiederholung ihres Versuches, sie selbst zu sein, würde die Vernunft auch mehrfache Aussichten haben, für das Versagen auf dem einen Weltkörper Kompensationen auf vielen anderen zu schaffen – im ganzen also zu reüssieren.

Dafür galt fast bis zum Ende der Aufklärung die Voraussetzung als selbstverständlich, daß die Vernunft nur von anderem und von außen daran gehindert werden könnte, sie selbst und als sie selbst erfolgreich zu sein. Spätestens mit Kant konnte diese Voraussetzung nicht mehr fraglos hingenommen werden. Die Vernunft schien ab nun so geartet zu sein, daß sie sich im inneren Widerstreit ihrer unveräußerlichen Ansprüche mit einer allein auf Erfahrung angewiesenen Kompetenz die Fallen und Sackgassen, die Niederlagen und Rückschläge, die Verfinsterungen und Scheiterhaufen, wie sie seit zwei Jahrhunderten fremden Mächten und finsteren Praktiken zugeschrieben worden waren, selbst bereitete.

Weshalb sollte sie dies auf anderen Weltkörpern mit anderem Ergebnis getan haben oder noch tun? Im Gegenteil, der Akzent verlagerte sich durch diese Enthüllung ihrer dialektischen Natur: Auf der Erde war es an einem ihrer entlegenen Orte ein zufälliges Mal gelungen, die Vernunft gegen die Vernunft zur endgültig kritischen Instanz zu machen. Mit welcher Selbstpreisgabe eines Lebens war aber auch die

Unerschrockenheit erkauft, die dialektische Anfälligkeit der Vernunft für ihren Selbstbetrug und ihre Selbstverleitung so auszuschalten, daß bei einigermaßen regulären Verhältnissen der Verwendung und Weitergabe dieser Errungenschaft mit dergleichen nicht mehr gerechnet zu werden brauchte.

Von der Fraglichkeit aller empirischen Voraussetzungen einmal abgesehen, wäre es schon als literarische Fiktion abwegig, auf dem Planeten Venus eine Konferenz vernünftiger Wesen stattfinden zu lassen, die aus der Beobachtung zerstörerischer Vorgänge auf der Erde gegenläufige und wohltätige Folgerungen für den Fortgang der Vernunft auf dem eigenen Weltkörper ziehen und durchsetzen könnte – also etwas erreichen sollte, was sie aus Eigenem, obwohl auch hier aus der Vernunft selbst, nicht erreicht hätte.

Beobachterin schrecklicher Vorgänge war die Vernunft auch auf der Erde jederzeit gewesen und hatte solche Folgerungen gar nicht zu verkennen, wohl aber nicht durchzusetzen vermocht. Und noch mehr: In der Idee eines Gottes hatte sich die europäische Geschichte eine Instanz geschaffen, die nicht nur die Vernunft besaß, das jeweils Bessere und Beste zu erkennen, sondern die Allmacht dazu, dies in jedem Falle und unter allen Umständen auch weltweit durchzusetzen – dennoch war nichts anderes herausgekommen als die faktische Geschichte des Menschen in ihrer Anstößigkeit für jede Art von Vernunft. Angesichts der Alternative, zur Erklärung dieses Sachverhalts entweder die Einsichtsfähigkeit der Vernunft auf jeder Stufe ihrer Wirklichkeit aus inneren Gründen zu beschränken oder die ihr zugeordnete Macht als begrenzt einzugestehen, hatte sich Voltaire wohltätigerweise für das Letztere entschieden. Eine ohnmächtige, aber hellsichtige Vernunft war leichter zu ertragen als eine mit unbeschränkter Macht gekoppelte beschränkte Vernunft. Es war eine rhetorische Option.

Kant war der Sache nach der Gegenspieler dieser Entscheidung. Er wählt die aus unüberschreitbaren Umständen beschränkte Vernunft. Nicht für seinen Gott, dessen in der Natur verkörperte Weisheit unbestritten bleibt, aber seine für den Menschen entscheidende moralische Zuständigkeit nicht berührt, weil zwischen Natur und Moral schlechthin Indifferenz besteht. Dieser Gott ist der Inbegriff des moralisch-heiligen Willens, für dessen Forderung die Gesetze der Natur belanglos bleiben, also auch deren Einflüsse auf Glück oder Unglück der Menschen. Insofern ist Kants Gott das Resultat der Scheidung von theoretischer und praktischer Vernunft. Diese kann in jedem Fall, was sie soll, da sie sonst gar nicht erst sollen könnte. Rigoros gesagt: Die Welt ist in ihrer Qualität überhaupt keine Instanz in Sachen der praktischen Vernunft.

Die Motive eines demiurgischen Gottes, eine Welt so recht und schlecht zu machen, wie sie ist, sind vollends gleichgültig für seine moralische Qualität und die Sicherheit, daß jedes moralische Subjekt von ihm nur nach dem Maßstab des Sittengesetzes bewertet und gerichtet werden würde. Dadurch werden die Bedingungen aller vernünftigen Wesen im Weltall gleich, insofern sie Subjekte der reinen praktischen Vernunft sind. Für alle gilt nur das eine Prinzip: Sie können, denn sie sollen, und sie können, was sie sollen. Nur wird ihr moralischer Fortschritt zur relativen Bedingung ihres weiteren moralischen Fortschritts, indem vorwiegend sie selbst es sind, die sich gegeneinander diese Bedingungen schaffen, mag die Welt, in der sie existieren, sonst sein, wie sie will.

Jede der unendlichen Welten hat mit dieser gemein, daß Gleichgültigkeit gegenüber der Moralität ihrer Bewohner zu ihrem Wesen gehört, insofern alle der einen Natur und ihren Gesetzen einwohnen. Was die Welten und Kulturen unterscheiden kann, sind zunächst nur die verschiedenen Fortschrittsstadien der Leistungen von theoretischer Vernunft; sie mögen das Leben erleichtern, verbessern können sie es nicht.

Aufklärung

Kein Stubenhocker und Bücherwurm zu sein, sondern weltkundig und weltgewandt, auch moderner Sprachen mächtig, war Schopenhauers gegen die akademische Prominenz gerichteter Stolz – der doch dies einzig einer Erziehung verdankte, die alles andere aus ihm machen sollte als das, was er schließlich geworden war.

Von seiner fürs Kaufmännische gedachten Geläufigkeit in der englischen Sprache macht Schopenhauer an einer einzigen Stelle seiner Notizbücher Gebrauch, indem er eine ihn wohl selbst erschreckend und unheimlich anmutende Überlegung in die Fremdsprache übersetzt, wie sich vor Zeiten Eltern einer anderen Sprache bedienten, um heikle Gegenstände der Hellhörigkeit der Kinder und Bedienten vorzuenthalten.

Was Schopenhauer derart der leichten Einsicht und Neugierde entzieht oder sogar als Exzerpt verkleidet, ist die Zusammenfassung aller rhetorischen und magistralen Anmaßungen: es gebe keine so grobe Absurdität, daß er sich nicht zutraute, alle Leute fest daran glauben zu machen, wenn man ihn nur in die Lage versetzte, ihre Gemüter rechtzeitig zu beeinflussen. Sie müßten noch jünger als sechs Jahre sein, und dann würde er ihnen mit schrecklichem Ernst ständig dieselbe Absurdität wiederholen. Es geht um die Prognose für die derart infizierte Vernunft. Sie soll für den ferneren Verlauf des Lebens nicht imstande sein, sich selbst aus ihrem Zustand zu befreien. Schopenhauer verstärkt noch seine These, indem er nur zur Voraussetzung macht, zunächst fünf Menschen dazu zu überreden, nicht mehr daran festzuhalten, daß die Sonne die Ursache des hellen Tags sei; so würde bald keiner dies mehr glauben.[6]

Schopenhauers ängstliche Vorkehrung zur Hütung seines Geheimnisses erscheint aus dem Abstand von anderthalb Jahrhunderten übertrieben. Inzwischen gibt es mehr Leute, die sich zutrauen, etwas von der Wissenschaft Behauptetes so zu ›hinterfragen‹, daß es als Selbstreinigungsakt der Vernunft erscheint zu erklären, solche Sätze genügten

---

6 Arthur Schopenhauer, Der handschriftliche Nachlaß ed. Hübscher, Band IV/1, 54 Anmerkung 1 (1831).

nur diesem oder jenem Interesse und hätten folglich im Wahrheitsbe-
sitz des erweiterten Bewußtseins nichts zu suchen. Man leugnet nicht,
man diskriminiert.

So einfach hatte sich das der Sophist im Kämmerlein nicht gedacht.
Ihm kommt es auf den Schock angesichts der möglichen Rückfälligkeit von der Erkenntnis an. Als reversible wäre Wissenschaft kein
Faktor von Aufklärung. Man übersieht leicht, daß das Beispiel nicht
willkürlich gewählt ist. Die Zuverlässigkeit der Wiederkehr des Tages
nach dem Einbruch der Nacht ist keineswegs vertrautes Gemeingut
der Menschheit in Zeit und Raum – ist es nicht bis an die Schwelle der
Gegenwart, wenn es noch irgendwo Kulte und Riten gibt, die der
Angst vor der Ewigkeit der Nacht und der Beschwörung der Wiederkehr des Tages Ausdruck geben. Der erkannte Zusammenhang von
Sonnenaufgang und Tageshelle koppelt diese an die letzten Zuverläs-
sigkeiten der Welt.

Es läßt sich also Schopenhauers imaginärer Drohung nicht mit der
Frage begegnen, wem denn schon etwas daran läge, sicher zu wissen,
wodurch die Tageshelle bewirkt wird, sofern diese nur mit verläß-
licher Regelmäßigkeit stattfindet. Man kann auch sagen, der kosmische Zusammenhang, durch den die Sonne ihren täglichen Aufgang
erscheinen läßt, sei nicht von größerer Sicherheit als die Wirkung, die
sie dabei im Medium der Atmosphäre als Herstellung der diffusen
Tageshelle ausübt. Dann wäre nichts für die Sicherung der Regelmäßigkeit gewonnen, indem man das eine Phänomen auf das andere
zurückgeführt hätte. Diese Wahrheit, so könnte man sagen, hätte
nichts gebracht und kostete daher auch nichts.

Interessanter ist die Frage nach den Mitteln, die aufbieten müßte, wer
eben jene fünf Menschen zu gewinnen suchte, die den Glauben an die
Sonne als Ursache des Tages aufzugeben bereit wären. Welchen Grund
zu solcher Überredung er auch immer hätte, er müßte ein Äquivalent
für die preiszugebende Erklärung liefern. Wir kennen dieses Äquivalent: Er müßte einen Mythos erzählen.

Etwa von der Art, daß der Lichtgott jedes Mal, wenn er die Sonne bei
ihrem Aufgang erblickt, sich derart erotisch affiziert fühlt, daß er sein
Licht in eben diesem Moment erstrahlen läßt. Denkt man daran, daß
in einer physikalischen Erklärung die Sonne trotz ihrer ungeheuren
Leuchtkraft an einem schwarzen Himmel stehen würde, sofern sie
nicht auf das trübe Medium der irdischen Lufthülle stieße, also in

ihrer Auswirkung auf die Oberfläche des Planeten gerade vermindert um ihre reine Erscheinung gebracht würde, so hat der wissenschaftliche Sachverhalt im Vergleich mit der erzählten Geschichte einen unerfreulichen Einschlag. Es könnte jemand den theoretischen Preis für den ästhetischen Gewinn als geradezu billig bewerten, wenn es mit dem Bewerten denn einmal angefangen hat.

Die Problematik einer solchen Betrachtungsweise besteht in der Isolierung eines bestimmten Sachverhalts und in seiner Konfrontation mit einem mythischen Äquivalent. Nicht umsonst hat sich der imaginäre Verführer nicht die Wissenschaft, sondern nur einen Satz der Wissenschaft für sein Gedankenexperiment ausgesucht. Wichtig aber ist nicht, daß sich gedachte Fünf finden und gewinnen ließen, um an der Erstaunlichkeit ihres Beispiels die anderen zu Überläufern und Renegaten der Aufklärung zu machen; wichtig ist vielmehr, was die derart Überredeten sonst noch alles zu akzeptieren bereit wären, sofern Rhetorik dieses Eine bei ihnen zu bewirken vermochte. Es wäre dann nur die Bresche gewesen, die ins Schanzwerk des rationalen Widerstands zu schlagen war, um Ungeheuern aller Art den Durchschlupf und Einstieg zu verschaffen. Wo es die Lichtgötter gibt, bleiben die der Finsternis nicht aus, und was mit dem Liebesakt des Lichtgottes für die Sonne beginnt, wird alsbald zum Drama des Kampfes auf Leben und Tod zwischen Licht und Finsternis. Man denke daran, wie die Gnosis schließlich dualistisch wurde.

Ist Anfälligkeit für die Preisgabe theoretischer Errungenschaften erst einmal praktiziert, erst einmal interessant gemacht worden, gibt es kein Halten mehr. Aus der Begrenzung der Wissenschaft würde sehr schnell die Unbegrenzbarkeit ihrer Aufopferung an einen unbekannten Gott in einem von neuen Kultdienern schnell erdenkbaren und besetzbaren Ritual.

Das ist die Gefahr des Satzes, über Einzelnes müsse sich reden lassen, ob man es brauche, ob man es wolle und was es koste. Die Gegenfrage muß lauten: Gibt es Einzelnes?

Konkurrierende Wertungen

Kataloge von Erfindungen und Entdeckungen hat es seit der Antike gegeben; nicht immer hat ihre Reihenfolge die Bedeutung einer Rangliste. Selbst in den Ternaren der beginnenden Neuzeit, wie ›Kompaß, Buchdruck, Schießpulver‹, bedeutet die Reihenfolge keine Wertung. Dieser Mangel ist bedauerlich, weil er uns einen Aufschluß vorenthält. Die Neigung, sich zwischen entlegenen Alternativen entschieden zu zeigen, scheint ein später Zug zu sein.

Ich nenne zunächst ein sehr handgreifliches Beispiel von positivistischer Entschiedenheit aus der Goethe-Rede des niemals vergeblich um Belege nachzuschlagenden Emil du Bois-Reymond. Für Faust hält er, ohne zu zögern, folgende Alternative bereit: *Wie prosaisch es klinge, es ist nicht minder wahr, daß Faust, statt an Hof zu gehen, ungedecktes Papiergeld auszugeben und zu den Müttern in die vierte Dimension zu steigen, besser daran getan hätte, Gretchen zu heiraten, sein Kind ehelich zu machen und Elektrisiermaschine oder Luftpumpe zu erfinden.*

Darüber mag man lächeln. Von anderem Rang ist, was Schopenhauer zum Vergleich von Astronomie und Photographie zu sagen hat.[7] Die alte Bewertung der Theorie nach ihrem Gegenstand muß bei der Astronomie schon deshalb stutzig machen, weil Astronomen *großenteils bloße Rechenköpfe seien, im übrigen von untergeordneten Fähigkeiten.* Schopenhauer hat den Verdacht, daß die besondere Verehrung für einen Astronomen wie Newton nicht zuletzt darauf beruhe, daß *die Leute zum Maßstabe seines Verdienstes die Größe der Massen nehmen, deren Bewegung er auf ihre Gesetze und diese auf die darin wirkende Naturkraft zurückgeführt hat.* Warum sei Lavoisier nicht ebenso hochzuschätzen wie Newton? Sein Gegenstand sei von ungleich höherem Komplikationsgrad als die einfachen Aufgaben der Himmelsmechanik, deren erstaunlichste Leistung vor der Welt die Vorhersage niemals beobachteter Planeten gewesen sei, wie die Entdeckung des Neptun durch Leverrier aus den Ungenauigkeiten der Bahn des Uranus.

---

7 Parerga und Paralipomena II § 80; Sämtliche Werke ed. v. Löhneysen Band V, 150-152.

Nun ist Verächtlichkeit gegenüber der Astronomie traditionell immer verbunden mit der Betonung ihrer Nutzlosigkeit für das praktische Leben, der schwächliche Einwand daraufhin die Anführung der Verwendung exakter Ephemeriden in der Seefahrt. Schopenhauer wäre keine signifikante Konkurrenz gelungen, wenn er sich darauf beschränkt hätte, den alltäglichen Nutzungswert der Chemie gegen die Entdeckung des Neptun ins Feld zu führen. Seine Konfrontation mit der Erfindung Daguerres ist deshalb so aufschlußreich, weil der zeitgenössische Nutzungswert dieser Erfindung nicht eindrucksvoll gemacht werden konnte. Die Konkurrenz ist voller Hintersinn nicht so sehr hinsichtlich des Nutzens der Entdeckung dort, der Erfindung hier, als vielmehr wegen der Schwierigkeit der Wirklichkeitsverhältnisse auf beiden Seiten.

Zur Erfindung Daguerres ist die Theorie erst hinterher von Arago geliefert worden; sie ist also nicht die bloße Anwendung eines schon bekannten Systems von Gesetzesaussagen und dementsprechenden Verfahrensweisen, die das Resultat der Erklärung einer aufgetretenen Abweichung zwangsläufig erscheinen lassen. Aber mit der gerechten Verteilung des aufgewendeten Scharfsinns allein ist die Wertentscheidung, deren Gültigkeit der Leser mehr als ein Jahrhundert später deutlicher empfinden mag als die Zeitgenossen, nicht voll gewürdigt. Es ist eine Entscheidung für die Anschauung; für das Bild, ja für die bloße Abbildung. Dann ist es auch eine Entscheidung gegen den Platonismus unserer Tradition, der die eigentliche Realität jenseits der sichtbaren Erscheinungen behauptet hat und immer noch im Spiel ist, wenn dieser Hintergrund der eines unsichtbaren Mechanismus, nicht mehr der der Ideen ist.

Merkwürdigerweise hat Schopenhauer diesen Gesichtspunkt nur auf seine Abfälligkeit gegenüber der Astronomie bezogen, wenn er sagt: *Vom Standpunkte der Philosophie aus könnte man die Astronomen Leuten vergleichen, welche der Aufführung einer großen Oper beiwohnten, jedoch, ohne sich durch die Musik oder den Inhalt des Stücks zerstreuen zu lassen, bloß achtgäben auf die Maschinerie der Dekorationen und auch so glücklich wären, das Getriebe und den Zusammenhang derselben vollkommen herauszubringen.* Indem die Wissenschaft auf den Hintergrund der Erscheinungen hin dressiert ist: in der Aufspürung des bis dahin ungesehenen und für den Himmelsanblick unsichtbar bleibenden Planeten den Triumph ihrer Künste erreicht zu

haben glaubt, verliert sie die Fähigkeit, das Produkt jenes tragenden
Mechanismus, dessen Vordergrund als Erscheinung der für uns zu-
treffenden Realität noch wahrzunehmen. Der Erklärungszusammen-
hang steht nicht mehr im Dienst dieser Wahrnehmung.

Man könnte sagen, die Photographie entspreche dem anderen Extrem:
Sie ist nur noch konservierte Erscheinung, Abzug von der äußersten
Oberfläche der Realität. Aber gerade diese Antithese treibt heraus,
wieviel für den Menschen an der bloßen Oberfläche der Dinge liegt.
Das Bild kann die Realität vertreten, für die Erinnerung kann es von
so großer Bedeutung sein, daß seine Herstellung den momentanen
Zugang zur abgebildeten Wirklichkeit geradezu verstellt. Der physikalische Mechanismus vermag dieselbe Repräsentanz niemals zu erreichen; er bleibt die andere Welt einer nur behaupteten ›eigentlichen‹
Realität‹. Deren Erheblichkeit würde uns völlig entgehen, hielte nicht
die technische Herstellung und Darstellung von Leistungen und Erscheinungen uns diesen Zusammenhang ständig gegenwärtig.

Die weit voneinander abgelegen erscheinenden Demonstrationsstücke
in Schopenhauers Wertungskonkurrenz haben eine hintergründige
Beziehung, die dem Autor kaum erahnbar gewesen sein kann. Der
Verlust der Anschauung des Vordergrundes der Natur, den er mit der
Theatermetapher für die Astronomie feststellt, erscheint als eine der
Motivationen, die den Bedeutungsanstieg der Photographie getragen
haben. Die Beschaffbarkeit der Bilder vertritt die alte Ubiquität der
Anschauung für den bevorzugten *contemplator caeli*.

Die Sicherheit, die die Astronomie durch ihre rechnerischen Verfahren gewährt, steht im reziproken Verhältnis zu der Dürftigkeit des
Realitätsgehaltes, den sie verarbeitet und der in der bloßen Ableitung
räumlicher Verhältnisse und in der Einführung einer einzigen Naturkraft besteht. Raumanschauung, Trägheitsprinzip, Gravitationsgesetz
sind *das ganze Material der Astronomie, welches sowohl durch seine*
Einfachheit als seine Sicherheit zu festen und, vermöge der Größe und
Wichtigkeit der Gegenstände, sehr interessanten Resultaten führt.[8]
Noch in der »Welt als Wille und Vorstellung« erlaubt sich Schopenhauer die Zusammenstellung von ›Größe und Wichtigkeit der Gegenstände‹, also mehr als drei Jahrzehnte vor den »Parerga und Paralipomena«. Die konstruktive Mittelbarkeit der Astronomie durch

8 Die Welt als Wille und Vorstellung, ed. v. Löhneysen Band I, 114.

Hypothesen ist die Folge des Faktums unserer exzentrischen Position und unserer relativen Unbeweglichkeit, die nur durch langfristig wiederholte Anschauung kompensiert werden können. Aber gerade das ist der Astronomie nicht wesentlich, *denn sogar auch unmittelbar, durch eine einzige empirische Anschauung, könnte diese begründet werden, sobald wir die Welträume frei durchlaufen könnten und teleskopische Augen hätten.*[9] Aus dem allgemeinen Satz: *die ganze Welt der Reflexion ruht und wurzelt auf der anschaulichen Welt* folgert Schopenhauer, es müsse *irgendwie möglich sein, jede Wahrheit, die durch Schlüsse gefunden und durch Beweise mitgeteilt wird, auch ohne Beweise und Schlüsse unmittelbar zu erkennen.*[10] Alle nichtanschaulichen Operationen in der Astronomie wären dann, wie sonst immer, gleichsam bloß Brücken von einer anschaulichen Auffassung zur andern.

Man spürt bei dieser Erörterung, als welch jämmerlicher Notbehelf die Himmelsdynamik im Vergleich mit der Photographie erscheinen muß: eine Erfindung zur ›Aufbewahrung‹ dessen, was sonst nur von der je faktisch gegebenen Anschauung her in abstrakten Merkpunkten und konstruktiven Figuren erschlossen werden kann.

Das Erkenntnisideal, das sich abzeichnet, kann nicht der Dämon des Laplace sein, der den Wissenschaftsbegriff des 19. Jahrhunderts beherrschte und der auf Grund der Analyse des kosmischen Gesamtsystems in einem gegebenen Augenblick mit einer Formel den Zustand des Systems in jedem beliebigen anderen Augenblick anzugeben vermögend sein sollte. Laplace hatte dem Entwurf diese Idealfigur hinzugefügt, der menschliche Intellekt stelle in der Vervollkommnung, die er der Astronomie gegeben habe, dessen schwache Skizze dar. Alle seine Bemühungen der Suche nach Wahrheit liefen darauf hinaus, sich jenem Intellekt unablässig anzunähern. Aber dieser Intellekt, der gleichsam in der Position seiner gegenwärtigen oder einer Momentaneität verharrt und von ihr aus in Vergangenheit und Zukunft extrapoliert, ist für Schopenhauer armselig im Vergleich zu seinem Ideal: Ubiquität der Anschauung im Raum und in der Zeit. Sie brauchte sich keiner Differentialgleichungen zu bedienen.

Die Photographie wird erahnbar als das neue Instrumentarium sol-

9 A.a.O., 115.
10 A.a.O., 113.

cher Ubiquität, die es dem Menschen ermöglicht, mit seiner Anschauung anwesend zu sein, ohne den Sessel zu wechseln, in dem er sich
gerade befindet. Ein rechnender Gott als Erfinder der Geometrie, das
ist zu wenig in der Konkurrenz mit dem Menschen, insofern er die
Photographie besitzt. *Die gänzliche und durchgängige Relativität der
Welt als Vorstellung* hat zur Konsequenz, daß *Sonnen und Planeten
ohne ein Auge, das sie sieht, und einen Verstand, der sie erkennt*, sich
zwar mit Worten bereden lassen, aber dann auch nicht mehr sind als
dies Gesagte.[11]

Die Welt, ganz zur Vorstellung geworden, ist in ihrem Dasein abhängig von dem ersten sich öffnenden Auge, mag dieses auch von der
Wissenschaft als Spätprodukt einer langen Evolution erkannt worden
sein. Die Tätigkeit des Menschen an der Welt ist ein schwacher Nachtrag zu dem, was er über sie verfügt, insofern sie nichts anderes als
Vorstellung ist. Die Bewunderung des Sternenhimmels ist definitiv
zur Bewunderung der Astronomie geworden, insofern sie die Konsequenz jenes ersten sich öffnenden Auges ist.

11 A.a.O., 65.

Die ausbleibenden Botschaften der Vernunft

Der Bedarf an Botschaften ist bei uns unerschöpflich. Jedes Relikt der Vergangenheit – und im Maße derselben – wird mit der Erwartung aufgehoben und umgedreht, auf seiner Unterseite, verwahrt gegen die bleichenden und verwitternden Einflüsse von Licht und Luft, könne oder gar müsse die Mitteilung stehen, wie glücklich man vorzeiten gewesen sei, und dazu noch, wie man es angestellt habe, es zu sein – mithin wieder anstellen könnte, es zu werden. Wie man nach Samoa auf ein Jahr fährt, um sich endgültig zu vergewissern, daß der Mensch harmlos sein würde, sofern er sich rechtzeitig und unbefangen mit seinem Sexus ins Benehmen setzte und diesen in unbeschränkter Heiterkeit in seinem Recht ließe.

Schließlich blicken wir sogar botschaftsgläubig ins Weltall, unseren letzten und äußersten ›Erwartungshorizont‹ für unverhoffte Mitteilungen von gelingenden Glücken. Es läßt sich niemals mit Sicherheit ausschließen, auf fernen Planeten anderer Sonnensysteme oder gar Galaxien sei aus der Vernunft mehr gemacht worden, oder besser: habe sie aus sich mehr gemacht, als dies hierzuerden gelungen ist, mit ihr oder ohne sie.

Die Formel für die bessere Lösung des Grundproblems der Rationalität mag dabei sein: die Selbsterhaltung des Lebens ohne den Preis des Lebens selbst zu gewährleisten. Das hörte sich widerspruchsfrei und vernünftig an, wäre es auch ohne die empirische Verunreinigung, die aus dem Prinzip der Evolution kommt und bestimmt, es gebe das, was da zu erhalten wäre und sich erhalten können soll, ohne sich preiszugeben, gar nicht, wenn nicht in jedem Schritt seit seinen Ursprüngen Leben für Leben aufgewendet worden wäre. Die Vernunft ist zwar ein Produkt dieses Lebens, aber doch gerade an dem Punkte seiner Evolution, wo das Prinzip der Selbsterhaltung sich gegen das der Evolution formieren kann, weil diese gar nicht mehr in Betrieb ist.

Der Gedanke, das Leben könne sich selbst erhalten, ohne dafür Leben aufzuwenden, ist eben ein Nachgedanke der entmachteten Evolution, der sich gegen das Erbe ihrer Motorik, gegen das hereditär gewordene Prinzip ihres Erfolges – und das heißt: gegen die Bedingungen der Möglichkeit von Vernunft selbst – stellt. Was von der Vernunft auf anderen Sternen erhofft wird, ist also der Widerspruch der Vernunft gegen das Erbe ihrer Herkunft aus dem Leben selbst.

Es genügt nicht, daß dies anderswo Realität geworden wäre. Die Botschaftserwartung nimmt als selbstverständlich an, daß die Rezeptur dieses utopischen Erfolgs nicht im eigenen Gebrauch und Genuß aufgeht, sondern mit missionarisch-kommunikativem Eifer verbunden ist. Dieser erst könnte den Antrieb ausmachen und inganghalten, sie zu einer universalverständlichen Heilsbotschaft zusammenzufassen und in Rundsprüchen weltweit auszustrahlen, von denen eines Tages unvermeidlich einer auf unseren Antennen eintreffen müßte. Wofür dann kein Etattitel zu hoch gewesen wäre, um diese Antennen zu bauen und deren Besatzungen zu alimentieren.

Aber daß wir so erwartungsvoll und lernbegierig sind, ist ein Teil unseres Mangels; und gerade das spricht dagegen, daß es ohne diesen Mangel den Betriebseifer gäbe, auf andere Welten zu blicken und zu warten. Im Wesen der Vernunft liegt es nicht. Ist sie ganz mit sich im Reinen und im Einklang, kann sie des Erlernbaren vergessen und würde es wohl immer. Glück ist der Feind der Überschüsse, die es stören könnten – das lehrt doch schon Rousseau mit dem Blick auf einen Urzustand des Unbedarfs an Wissen und Kultur. Glück und Vernunft konvergieren auf den einen Punkt, den schon die alten Griechen als einzige Definition des Zustands ihrer Götter kannten: auf Autarkie, auf Unbedürftigkeit, auf Selbstgenuß. Weshalb sollten die, die glücklich sind, damit rechnen, daß es anderswo nicht genauso gehen könne und müsse – weshalb sollten sie sich missionarischem Eifer widmen und Botschaften in ein All aussenden, in dem Botschaftsgläubige nicht einmal vermutet werden müssen – also solche nicht, die die Vernunft besäßen, Botschaften zu verstehen.

Es stimmt nicht, daß es keinen edleren Trieb der Vernunft geben kann als den, sie auszubreiten; keine dringendere Qualität der Wahrheit als die, von ihr Mitteilung zu machen. Das gilt nur, solange man aus eigener ›Quelle‹ zu verstehen glaubt, was Bedürftigkeit nach diesen Gütern und Bildung als deren Erwerb infolge Bedürftigkeit sind.

Der Denkfehler liegt in der Ungeprüftheit der Voraussetzung, die überall gleiche Vernunft müsse auch unter allen Bedingungen ihres ›Sitzes im Leben‹ dieselben Propagationsbedürfnisse haben, an denen teilzunehmen die Basis aller kosmisch-intermundanen Botschaftsgläubigkeit ausmacht. Wer aber durch irgendeine Begünstigung des

Weltgeistes zur vollen Vereinbarkeit von Leben und Vernunft hinge-
funden hätte, besäße wohl, zu aller anderen Verhängnis, am wenigsten
die Motivation zu ergründen, wie dies gelungen sei und wie es andere
zustandebringen könnten. Wem dies aber nicht gelungen wäre, dessen
Mitteilungen über die Dürftigkeit seines Zustandes rechtfertigten wieder nicht Interesse und Aufwand, davon Kenntnis zu erlangen und
nur wiederzufinden, wovon wir schon genug geplagt sind.
Der Drang zur Mission könnte nur aus derselben Wurzel kommen
wie der Wunsch, missioniert zu werden – und da träfen sich auf der
Weltallwelle nur die fatalen Verstärkungen der Resignation, es ginge
wohl nicht anders mit dem Verhältnis von Leben und Vernunft.
Haben wir vergessen, daß schon der Gott des Aristoteles gänzlich
unfähig und unbereit gewesen war, sich dem Kosmos mitzuteilen, so
daß es auf dessen Seite lag, den unbewegten Beweger im Eros der
Kreisbewegung für unerfüllte Ewigkeit zu lieben, ohne von ihm geliebt werden zu können? So hätten uns auch die wahrhaft Glücklichen
der Vorzeit, falls es sie gegeben haben sollte, so wenig geliebt, daß sie
uns keine Tafeln mit Botschaften hinterließen, wie es ihnen gelungen
war, was Rousseau ihnen zutraute, ohne auch nur ein Quentchen von
Beweis oder einen Hauch von Wahrscheinlichkeit.

Darf man für die Wahrheit sterben?

Unter dem Großartigen, was zu Gedenktagen bedeutender Männer der Theorie gesagt zu werden pflegt, fehlt selten die Formel, wir könnten von ihnen zwar wegen der inzwischen eingetretenen Fortschritte der Wissenschaft sachlich nichts mehr lernen, wohl aber könne uns ihre Haltung zur Erkenntnis selbst vorbildlich bleiben: ihre Bereitschaft, für die Wahrheit mit dem dürftigsten Leben und schließlich sogar mit dessen Negation vorlieb zu nehmen. Wenn wir in der Sache von jenen bedeutenden Männern nichts mehr zu lernen haben, liegt das nach dem Eingeständnis eines Festredners zum 300. Todestag Spinozas allerdings daran, daß die Wahrheit, für die zu darben und zu sterben und nicht in den öffentlichen Dienst zu gehen er bereit gewesen sei, sich inzwischen als Unwahrheit herausgestellt habe – im Gegensatz etwa zu so bewährten Erkenntnissen wie denen des Alexander Fleming über das Penicillin. Auch wenn man sich nicht aufs Rechnen einläßt, um wieviel länger an Spinozas Wahrheit noch geglaubt worden ist als an die des Alexander Fleming, ergibt sich doch die beunruhigende Folgerung, daß uns eine Haltung als vorbildlich hingestellt werden soll, die uns soeben als Dienst am Irrtum erklärt worden ist.

Es mag ja wahr sein, alles Äußere sei nach dem Beispiel und Vorgang des Spinoza *bedeutungslos, wenn es um die Wahrheit geht*, und dieses Ethos habe *etwas unmittelbar Einleuchtendes und Verpflichtendes für uns*. Aber woher nehmen wir die Zuversicht, wissen zu können, ob und wann es eben um die Wahrheit geht?

Dabei weiß jeder, daß die Depressionen des Relativismus schrecklich sind. Sich hinzustellen und zu sagen, was man zu bieten habe, sei zwar von geringer Aussicht auf Widerlegung, aber gerade deswegen wissenschaftlich schlecht zu handhaben, da jede wissenschaftliche Behauptung mindestens dadurch ausgezeichnet sein müsse, daß es angebbare Möglichkeiten ihrer Widerlegung gibt – dieses ist nicht nur eine blamable Situation für jeden Lehrer von Wissenschaft, sondern auch von irritierender Wirkung auf alle, die ihn hören.

Der Ausdruck ›irritieren‹ ist dabei noch schwächlich. Keine Gefahr ist größer als die, daß beim Versagen der einen Wahrheit die andere ihre

Stunde bekommt, beim Versagen der wissenschaftlichen Wahrheit die ideologische, und das heißt doch am Ende immer: die Wahrheit, für die man zu sterben bereit sein könnte, wenn irgendjemand einem dazu Gelegenheit gäbe (und vielleicht läßt sich jemand dazu zwingen, diese Gelegenheit zu geben).

Nietzsche, der die wissenschaftliche Wahrheit und den ihr zugeordneten Erkenntnistrieb für zu geringfügig hielt, als daß sie den Menschen transformieren und in den Zustand schlechthinniger Entschlossenheit versetzen könnten, hätte doch der Zustimmung zum Erkenntnistrieb kaum widerstehen können, wenn er zum Sterben bereite Märtyrer dieses Triebs vor sich gesehen oder in Aussicht genommen hätte. Das ergibt ein unheilvolles Kriterium: *Wofür zu sterben niemand bereit ist, kann nicht die Wahrheit sein.*

Ich kenne nur eine Definition von Philosophie, der niemals widersprochen worden ist und auch nicht widersprochen werden dürfte: sie sei ein konsistenter Zusammenschluß unwiderlegbarer Sätze. Das ist es, was ihr jeder Positivismus zur Last legt, daß sie für ihre Sätze keine Bedingungen angeben kann, unter denen sie als widerlegt gelten müßten.

Wer hätte diesem Anspruch genügt, wenn nicht Spinoza? Ich widerspreche seinem Gedenkredner ganz entschieden, wenn er die Systeme kommen und gehen sieht wie die Jahreszeiten, während er dem Penicillin im Vergleich dazu die Dauerhaftigkeit fast einer ›ewigen Wahrheit‹ zubilligt. Spinozas Monosubstantialismus ist unwiderlegt und unwiderlegbar, die aus ihm gewonnenen Konsequenzen sind zwar unbewiesen und unbeweisbar, aber Grundlagen immer noch für die Denkungsart, ohne die wir nicht verstehen könnten, was das Wort ›Vernunft‹ bedeutet, und ohne die keine unserer positiven wahrheitsfündigen Disziplinen bestehen könnte. Kaum drei Jahrzehnte nach seiner Entdeckung ist das Penicillin obsolet geworden in der Konzeption wie in der Wirkung: Als Antibiotikum entdeckt, hat es sich als Probiotikum erwiesen, als Züchtungsfaktor einer unerwarteten Subkultur, in der man zu überleben gelernt hat, indem man die Information für die Erzeugung eines gegen Penicillin abschirmenden Enzyms erworben hat und sogar weiterzugeben vermag.

Das konnte Spinoza nicht passieren. Mehr als ein Jahrhundert nach seinem Tod erzeugte Friedrich Heinrich Jacobi eine bedrohliche Situation, indem er die Indiskretion beging, Lessing habe sich ihm

insgeheim als Anhänger des Spinoza offenbart. Mendelssohn mag an
der Erregung über die Ungeheuerlichkeit dieser Enthüllung – für die
Wahrheit also, sein Freund sei solches nicht gewesen – gestorben sein.
Die alte biologische Verwandtschaft zwischen dem Erkenntnistrieb
und dem Spieltrieb, zurück bis zu ihrer ursprünglichen Identität, ist
das, was im Grunde Nietzsche stört. Für ihn zeigt sich da ein Mangel
an Rücksichtslosigkeit, ein Unernst unter dem kosmischen Maßstab
der Wiederkunft des Gleichen, eine Verfallsbereitschaft ins Beliebige
und Antiquarische, ins Sammeln und Versetzen. Was alles dem Kriterium nicht gerecht wird, es müsse ans Leben und ins Leben selbst
gehen, wenn von Wahrheit soll gesprochen werden dürfen. Die neuzeitliche Wissenschaft, mit ihren Wurzeln in der sokratischen Wendung gegen Demokrit, erscheint als ein Phänomen der *Quantität*, der
Gleichheit alles Wißbaren, statt daß sie eines der *Intensität* zu sein
hätte und sein könnte.
Sollte ich es auf meine Weise ausdrücken, würde ich sagen: Nietzsches
normative Vorstellung von Erkenntnis läßt die Wahrheit nach Men-
schenopfern lechzen. Sie ist eine heidnische Gottheit. Aber wie das
Subjekt der positiven Wissenschaft nicht mehr das seine *Summa* voll-
ziehende Individuum sein konnte, sondern nur ein Raum und Zeit zur
Indifferenz bringender Verbund, ist auch der Gedanke der Opferung
für die Wahrheit als Steigerung ihres Wertes nicht mehr auf tollkühne
und todesmutige Individuen beziehbar. Vielleicht nicht einmal mehr
nur auf die Menschheit allein.
Wissenschaft ist eine Institution auch zur Ausschließung barbarischer
Gedanken. Nietzsche will solche erneuern. *Von allen Mitteln zur Erhebung sind es die Menschenopfer gewesen, welche zu allen Zeiten den
Menschen am meisten erhoben und gehoben haben.*[12] Das soll zu dem
›ungeheuren Gedanken‹ einer sich opfernden Menschheit führen, einem Grenzbegriff, der gerade noch gedacht werden kann. Wenn dann
die Frage unvermeidlich folgt, wem diese Menschheit sich zu ihrer
eigenen Erhebung und Steigerung opfern sollte, ergibt sich durch
bloße Exklusion, daß *die Erkenntnis der Wahrheit als das einzige ungeheure Ziel übrig geblieben sein wird, dem ein solches Opfer angemessen wäre, weil ihm kein Opfer zu groß ist.*

---

12 Friedrich Nietzsche, Morgenröthe. Gedanken über die moralischen Vorurtheile I,
§ 45; Musarion-Ausgabe Band X, 48.

Die Begründung ist vieldeutig. Nicht der Menschheit ist kein Opfer zu groß für die Wahrheit, sondern dem ungeheuren Ziel der Erkenntnis kein Opfer für sich. Ein Unterschied, der nur in der theologischen Sprache zu Hause sein kann. Es ist dies zugleich eine Eschatologie aus eigener Kraft: nicht der GAU, den sich neuere Eschatologen als die betriebsmäßige Steigerung der Verkehrsunfälle der Menschheit vorstellen. Für die Menschheit im ganzen verwandelt sich ihr Erkenntnistrieb in den Todestrieb. Beide Triebe konvergieren nach vorn, wie Spieltrieb und Erkenntnistrieb nach hinten, zur Vorgeschichte des Menschen hin, konvergieren. Die Menschheit nähert sich ihrem Untergang nicht nur sehenden Auges als einem Verhängnis, sondern als einem letzten Schritt der Erkenntnis, wenn die Frage noch nicht beantwortet werden kann, *welcher Erkenntnistrieb die Menschheit so weit treiben könnte, sich selber darzubringen, um mit dem Leuchten einer vorwegnehmenden Weisheit im Auge zu sterben.*
Aber es ist fast selbstverständlich, daß dies kein punktuelles, kein terrestrisches Lokalereignis sein und bleiben darf. In der Schlußvision dieser Notiz, die dem Prozeß der Erkenntnis die Größe des Ausgangs einer Tragödie zuschreiben will, nimmt Nietzsche die Selbstverständlichkeit der Aufklärung von einem durch Vernunftwesen überall besiedelten Universum auf. Wie dem 18. Jahrhundert die Möglichkeit höherer Weisheit als der menschlichen eine ganz naheliegende Folgerung aus der Verneinung der Sonderstellung des *homo sapiens* zu sein schien, so wird Nietzsche die höhere Affinität zur Größe der Tragödie bei den Bewohnern anderer Welten Voraussetzung dafür, daß der Mensch in Verbindung mit jenen zu etwas kommen könnte, was im 19. Jahrhundert als Resultat bürgerlicher Betriebsamkeit in Kleinerkenntnis ganz unwahrscheinlich bleibt.
Erst der kosmische Verbund zur Einheit des theoretischen Subjekts ist die in einem einzigen Satz entworfene Utopie, die noch den Übermenschen überspielt und zur Lokalübergröße macht: *Vielleicht, wenn einmal eine Verbrüderung mit Bewohnern anderer Sterne zum Zweck der Erkenntnis hergestellt ist und man einige Jahrtausende lang sich sein Wissen von Stern zu Stern mitgeteilt hat: vielleicht, daß dann die Begeisterung der Erkenntnis auf eine solche Fluth-Höhe kommt!*

Wartestand

Angenommen, aber auch wirklich nur angenommen, alle Botschaften der NASA ins Weltall und alle Lauschangriffe auf Signale aus dem All blieben ohne jedes Ergebnis – glaubt man etwa, damit sei die Sache erledigt und ablagereif?

Man wird es nicht dabei bewenden lassen und näher an die möglichen Kommunikatoren herangehen. Kostensparend, wie die ganze Astronautik nun einmal ist, wird man mit massenweiser Produktion und Aussendung von miniaturisierten Raumsonden arbeiten, die so mit ihren Sensoren programmiert sind, daß sie nur Planeten fremder Sonnensysteme ansteuern, deren physikalische und chemische Werte auf Bewohnbarkeit schließen lassen. Um Energie zu sparen, werden diese Minisonden auf dem Mond montiert und von dort gestartet. Der Mond eine einzige Basis für Weltraumstarts von Projektilen, die irgendwann Signale zur Bodenstation zurücksenden können, ob sie auf einem angeflogenen und umkreisten Fremdplaneten zumindest warmblütige Organismen angetroffen haben. Ein wohlberechneter *Swing by* wird die mehrfache Umsteuerung eines Beobachtungssatelliten bei negativen Resultaten ermöglichen; bei positivem Befund landet das Modul und liefert einen Fragebogen ab, der zur Erde zurückgefunkt werden kann.

Was das ganze Gedankenexperiment bei Realisierung noch mehr kosten würde als Geld, ist leider Zeit. Man hat davon schon viel zuviel mit Provisorien verloren, um nicht zu sagen: vergeudet. Andererseits hat man Zeit genug, sich von Mal zu Mal auf Enttäuschungen gefaßt zu machen, wie sie uns etwa der Marsboden schon bereitet hat. Wäre alles verloren, wenn Jahrhundert für Jahrhundert stereotyp das Signal bei den riesigen Antennen einliefe: Nichts, kein Leben – etwa wie der Ausguck auf den Schiffen der Entdeckungsjahrhunderte: Kein Land in Sicht?

Für *Science fiction* ist das zu wenig, mehr noch: das Ende. Aber ist es überhaupt nichts? Die nackte Wahrheit über die Absurdität des fixen Gedankens, im Weltall nicht allein sein zu wollen? Oder der bloße Triumph für die, die es immer schon gesagt haben, Gott habe sein Ebenbild und Gleichnis nur einmal geschaffen und dies auf dem Planeten, der auch die geeignete Schädelstätte anbot, auf der der Menschensohn für die Geschöpfe des Vaters gekreuzigt werden konnte? Es ist klar, daß in dem ganzen Raumerkundungsunternehmen zuviel Induktion bleibt, zuwenig an Sicherheit zu gewinnen ist, um endgültige Triumphe der einen oder anderen Seite zuzulassen. Immer wird man sagen können: Warten wir noch ein Jahrtausend ab.

Ernst Jünger hat das Ganze nachdenklicher behandelt und an seinem 95. Geburtstag eine Tagebuchnotiz vom 28. Februar 1983 preisgegeben: *Einer der Gedanken für das nächste Jahrhundert: vorerst muß die Erfahrung den Abstand aufholen. Etwa: Die Landung auf unbelebten Himmelskörpern hat manche Erwartungen enttäuscht. Sollte aber dort nicht mehr verborgen sein, als wir erhofften – Einsichten, vielleicht sogar eine Befriedigung über die faustische Unruhe hinaus??* Was das sein könnte, zwingt das Notat sogleich in die Sprache des Mythos: *Die Planeten als Götter. Keine Wiederholung, sondern ein Wiederfinden; auch das eine Perspektive aus der Synthesis und über sie hinaus.*[13]

Da wir ohnehin nicht wissen, was ein Gott ist, wissen wir auch nicht, worin sich Götter unterscheiden. Doch müßte es, auf die götternamigen Planeten angewendet, wohl anderes sein als das Ensemble ihrer physischen Eigenschaften wie ihrer biologischen Ausstattung. Anders gesagt: Die oberflächliche Ähnlichkeit, auf die gerade jenes besprochene Sondierungsprogramm gestützt und selektiv gerichtet wäre, müßte der trügerische Schein vor einer tieferen Unähnlichkeit sein. Das stereotype Signal gedachter Sonden: Nichts, kein Leben, wäre zu übersetzen in ein: Zwar nichts von dem Erwarteten, doch ein ganz anderes, das die Sensoren betäubt, blendet, stottern, verstummen macht. Dies gesagt ohne die Anmaßung, Ernst Jüngers dunkel-heraklitischen Spruch kommentieren zu wollen. Zur hermeneutischen Vorbereitung auf den ›Ernstfall‹ hat es Jahrhunderte Zeit.

Ein Haken ist bei dem Ganzen: Es wird nicht nur viel Zeit vergehen, bis die Absagen aus dem Umkreis fremder Sonnen eintreffen – die langsame Hinfahrt der Module mit Ionenstrahlantrieben nicht gerechnet, kostet auch die mit Funkwellengeschwindigkeit übermittelte Rückmeldung immer noch Jahre, Jahrhunderte, Jahrtausende allein innerhalb unserer Galaxis –, es wird sogar zuviel Zeit vergehen, um

---

13 Frankfurter Allgemeine Zeitung vom 24. März 1990: »Achtzig verweht«.

zuverlässig zu verbürgen, daß die Empfänger der Sendung nicht der
Verlegenheit verfallen, die sich vielleicht gerade noch in die Frage fassen lassen wird: Was war es doch, was wir wissen wollten? Nichts –
aber wovon nichts? Ob das dann auf Götter kommen ließe, wie es
dem Wilflinger Jahrhundertgenossen ahnbar zu sein scheint?

Nicht alle Enttäuschungen lösen sich in Göttern auf. Nicht allemal
das jederzeit fällige Fragen in der Geschichte: Was nur wollten wir, wo
wir nun angekommen sind?

XXI. Auf treibenden Schollen

Man muß gegen den Strom
gekämpft haben, um zu wissen,
was es bedeutet,
mit dem Strom zu fahren.

Nansen, In Nacht und Eis.

Der Lebensweltboden – eine treibende Scholle

Nun schleudern wir bald seit einem halben Jahrtausend mitwissend durch den Raum, wahnwitzig rotierend auf unserem kleinen Planeten und um die Sonne und um das Milchstraßenzentrum und ... wer weiß worum und wohin noch? Aber wir *wissen* das eben nur, es hat unsere Sprache nicht erreicht und unser Sehen nicht verändert, im Grunde unsere ›Geschichte‹ nicht berührt. Aber als in Lissabon 1755 dieselbe Erde sich aufbäumte und das Meer Flutwellen über das feste Land warf, da machte die Natur Geschichte. Konnte sie vielleicht nur machen, weil der Mensch sie in seinem metaphysischen Optimismus überschätzt und sich in seinem Weltvertrauen übernommen hatte. Liest man Humboldts Reisebericht aus Südamerika mit den Erdbebenreporten, wird man auch der unphilosophischen Schärfe solcher Erfahrungen gewahr: Den Lebensboden als instabil zu *empfinden*, zerreißt den Untergrund der Lebenswelt selbst: Das, worauf sich alle Orientierung bezieht, entzieht dem Orientierungsorgan, vor allem dem Gleichgewichtssinn, seine Bezugsfähigkeit.

Für das Erdbeben hat sich kein Kopernikaner gefunden, kein Newtonianer wie für die Kometen. Wer es überlebt, verbringt die nächste Zeit im Freien, das ist die Antwort geblieben. Auch wenn das Risiko für bestimmte tektonisch und vulkanisch gefährdete Zonen besser abgeschätzt werden kann, für ein von Tag zu Tag lebendes Wesen nützt es wenig, für die nächsten Jahre Schlimmes und Schlimmeres befürchten zu müssen. Da wird dann wieder zu bloßem *Wissen*, was in seiner Wirklichkeit die Welt des Wißbaren verhöhnt. Man kann nicht einmal sagen, dies liege doch in der Linie des ›kopernikanischen Komparativs‹ als der fortschreitenden Beziehung desselben Prinzips auf immer weitere Sachverhalte: Dasein an der Peripherie des großen Ganzen.

Etwas anderes, was sich auch auf die Bodenstabilität bezieht, liegt dennoch in der kopernikanischen Steigerung: die Entdeckung der Kontinentaldrift durch Alfred Wegener, an die Öffentlichkeit gebracht in einem Vortrag vor der »Geologischen Vereinigung« in Frankfurt 1912 und ausgebaut zu dem 1915 erschienenen Werk »Die Entstehung der Kontinente und Ozeane«. Der Bericht in »Nature« über das Buch führte zum ersten Vergleich der Theorie mit der koper-

nikanischen. Bei diesem Vergleich war es kaum auf die Ähnlichkeit der
theoretischen Mängel dort und hier abgesehen: Kopernikus hatte
nichts bewiesen, nur schlimmere Defizite verhindern können, und
Wegener verfuhr so konjektural wie Kopernikus, so morphologisch in
der Auslegung von Anschauung: die Passung der einander zugewand-
ten Rißlinien der Kontinente und in der Mitte dazwischen der unter-
seeische atlantische Höhenrücken als angenommene Rißgrenze. Wegener blieb ein Mann der atmosphärischen Optik, zu fern der
Geologie, um die Beweismittel seiner Theorie zu definieren, wie Kopernikus vor seinen Tafeln die Physik weder kannte noch entwarf, die
für seine Theorie nötig und lasttragend gewesen wäre. Deshalb auch
entsprechen sich die Warteräume dort wie hier. Zwar wurde keiner
von beiden ganz vergessen, aber an die Beweisbarkeit dachte man erst,
als es andere Theorien und Befunde ganz heterogener Herkunft gab.
Kopernikus mußte fast ein Jahrhundert auf Galilei warten, und selbst
da genügte die Physik noch nicht, von Beweisen zu schweigen, die
vollgültig erst die Parallaxennachweise an Fixsternörtern und die Ab-
plattungsmessung am Erdkörper brachten. Wegener wiederum starb
1930, verschollen im grönländischen Inlandeis, eingeholt und erschlagen nicht von der Beweislast für seine alte und zu dieser Zeit beinahe
erledigte Theorie, sondern vom Wettlauf mit der Zeit vor dem einbre-
chenden Winter. Das Martyrium für die Wissenschaft hat seiner
Theorie nicht aufgeholfen, sie konnte nur durch neue Befunde wie-
derbelebt werden: sie brauchte geologischen festen Grund. Die Entdeckung von Magnetisierungsrichtungen im Gestein ließ glaubhaft
werden, daß die Kontinente wie die Erdachse nicht stabil waren. Die
Meeresforschung schließlich brachte den neuen Durchbruch, indem
sie das morphologische Verfahren in ein kausales zu transformieren
vermochte: Sie fand den Motor für die Motorik der Platten, auf denen
die Kontinente drifteten. Es war Wegeners Abrißlinie in ›Gestalt‹ des
atlantischen Tiefseerückens. Nur war dieser jetzt nicht mehr der ste-
hengebliebene ›Rest‹ des Urkontinents, sondern die aus der Tiefe
aufgestiegene Masse des Erdinneren, die nicht nur das Substrat war,
auf dem die Schollen schwammen, sondern auch die auf sie drük-
kende, gegen sie strömende und sie auseinandertreibende Urmasse
von eigenwilliger Dynamik.
Es schien eine Art Koordination von Wegeners These mit anderen
Ereignissen von lebensweltlicher Verunsicherung zu geben, denn nahe

vor dem Ersten Weltkrieg war sie aufgekommen, inmitten des Krieges stabilisiert, am Ende des Zweiten Weltkriegs als Sieg der ›Stabilisten‹ über die ›Mobilisten‹ mit Aufatmen totgesagt worden: Die Kontinentaldrift sei ein Märchen, schrieb ein amerikanisches Organ, und man kann die Erleichterung noch nachempfinden, daß wieder einmal so ein störender Deutscher, wie auch Kopernikus ganz literarisch genannt worden war, unrecht behalten hatte. Als der Sputnik gerade seinen Schock versetzt hatte, hielt man wieder *alles* für möglich, und das ist lebensweltlich schlimm, theoretisch aber förderlich. Man würde die Erde vom Mond her sehen, und jedermann konnte das morphologische Faktum erblicken, nach dessen Erklärung Wegener gesucht hatte.

Womit wir es hier zu tun haben, ist aus philosophischer Optik eher ein Neuer Heraklitismus als ein kopernikanischer Komparativ. *Alles fließt*, noch immer und erst recht. Die Menschheit treibt mit ihren Lebensräumen auf dem Magma, und wieder merkt sie von den Zentimetergeschwindigkeiten nichts. In der Starre des Inlandeises ruht Alfred Wegener – aber auch diese gewaltige Eismasse fließt und drückt vor sich her, was am Rande eines Tages als Eisberg ausgetrieben wird, vergehend in der Wärme der Ozeane zwischen den treibenden Kontinenten.

Im Raum nichts Neues

Wann hat die Astronautik begonnen? Diese Frage, verschiedenen Adressaten gestellt, findet wechselnde Antworten – vom bemannten ballistischen Flug bis zur Mondumkreisung –, aber nur eine überraschende: Sie hat überhaupt noch nicht begonnen.

Alles Bisherige habe sich im Nahbereich der Erde abgespielt, und selbst der Mond sei nur deren Trabant, ein Ausflugsziel, von dem her die Vertrautheitsqualität der Startbasis noch zu deutlich, zu greifbar wahrgenommen werde, um sich als von ihr wirklich ›entfernt‹ zu empfinden. Erst wo die Erde als Stern unter Sternen am Himmel stände, wäre der Raum zur indifferenten Größe entfremdet. Nur im Wissen, nicht mehr in der Wahrnehmung wäre Wiedererreichbarkeit der Erde ein Datum des Bewußtseins.

Denkt man diese Differenz zu Ende, so beginnt der Weltraum in aller Bewußtseinswirklichkeit erst dort, wo der Blick zurück sinnlos geworden wäre, weil keine Aussicht besteht, innerhalb einer Lebenszeit zurückzukehren. Nur als das mehr oder weniger schmal eingeschätzte Risiko des technischen Desasters ist dieser Gedanke bei den Mondflügen der sechziger Jahre aufgetaucht, und wohl nur durch Neugierde und professionelle Härte des journalistischen Gewerbes überhaupt ausgesprochen worden. Bei der Pressekonferenz vor dem Start zur ersten Mondlandung wurde Armstrong gefragt, was die Besatzung der Landefähre tun würde, wenn der Rückstart von der Mondoberfläche nicht gelingen sollte. Seine Antwort war: *Zum gegenwärtigen Zeitpunkt wüßte ich, wenn dieser Fall eintreten sollte, keine Möglichkeit für uns, etwas zu tun.* Das also lag außerhalb aller ernsthafteren Bedenken, außerhalb jeder möglichen Planung.

Es bezeichnet die Grenzlinie, die die gefährdete Exkursion in den Raum trennt von einer Unternehmung, in der sich die Übergröße dieses Weltraums darin bemerkbar machen würde, daß die Rückkehr einzuplanen – auch wenn sie technisch möglich wäre – einfach nicht mehr realistisch sein könnte. Noch innerhalb des Sonnensystems werden Reisen zu den äußersten Planeten denkbar, für deren Dauer das Verhältnis zwischen Zeitaufwand und Lebenserwartung die zwingende Vorfrage werden muß. Die einfache Fahrt zum Saturn, den letzten der klassischen Planeten, kostet, unter Ausnutzung des *Swing by*, etwa sieben Jahre.

Erst recht aber, wenn man ein Verlassen des Sonnensystems und damit der kosmischen Heimat im noch immer engeren Sinne ins Auge faßt. Der nächste Fixstern ist vier Lichtjahre entfernt, das sind etwa 38 Billionen Kilometer. Selbst wenn man die technische Kühnheit in Anspruch nimmt, sich eine Beschleunigung des Raumfahrzeugs auf die Stundengeschwindigkeit vorzustellen, die das Licht als Sekundengeschwindigkeit hat, also 300 000 Kilometer/h, würde die Reise, für die das Licht vier Jahre benötigt, 14 500 Jahre dauern.

Will man sich hier nicht in *Science Fiction* verlieren, wird man zumindest die Feststellung treffen müssen, daß auch bei relativer Annäherung an die Lichtgeschwindigkeit jeder die Erde verlassende Astronaut seine Lebenserwartung überfordert sähe. Er könnte also nur hoffen, durch seine der Menschheit von dieser Reise ohne Wiederkehr übermittelten Berichte einen Nutzen zu stiften, der den Einsatz seines Lebens rechtfertigte. Hier darf man sich den Kopf zerbrechen, welcher Nutzen das sein könnte.

Aber die Raumfahrt hätte begonnen: eine der Ungeheuerlichkeit des Raumes nun wirklich sich aussetzende, ohne Rückhalt angetretene Unternehmung. Sie könnte den Zurückbleibenden wenigstens eine Ahnung vom kosmischen Realismus vermitteln – wenn nicht die Gefahr bestände, daß sie ihren Repräsentanten nach wenigen Tagen und Wochen eintreffender gleichförmiger Befundmeldungen von Bord des Vehikels schlechtweg vergessen würde.

Und dies wäre wohl auch für den einen Exponenten des menschheitlichen Wagemuts die schlimmste Befürchtung: die seiner Demütigung durch Vergessenheit, da er doch nachrichtenfähige Neuigkeiten erst am Ziel seiner Fahrt zu übermitteln hätte. Dazwischen ist Leere. Ein Leben lang zurückzumelden: Im Raum nichts Neues.

Raumschiff Erde?

Wir sollten uns nicht zu ernsthaft dagegen wehren, daß große menschheitliche Ereignisse ihren Unterhaltungswert haben. In alten Zeiten hatten sie ihn erst lange hinterher, wenn sie Geschichte geworden waren. Neuerdings gewinnen sie ihn etwas schneller. Aber das ist ein äußerlich-quantitativer Unterschied, über den keine Erregung lohnt. Die Raumfahrt hat uns auch gut unterhalten. Wann hat es je eine Nacht gegeben, die man auf dem ganzen Erdball einmütig nicht hatte versäumen wollen?

Ebenso richtig ist, daß der Unterhaltungswert seinen Preis hat. Abstriche an Ernsthaftigkeit und Dignität müssen gemacht werden. Gibt es eine Grenze? Die der Verfälschung etwa, an der das Ereignis für das menschheitliche Bewußtsein die falsche Direktion bekommt?

Der Mann, der den Zeichentrickfilm mit seiner Mickey Mouse zu einer Weltgröße gemacht hat, indem er die absolute Fiktionalität begriff, die in die Geschichte der Menschheit erstmals mit den sprechenden Tieren der Fabel eingeführt worden war, hat auch die technische Simulation als das große Rezept, das einzige, der totalen Belustigung erkannt und in seinen Vergnügungsparks realisiert. Denn Vergnügen findet im Maße der Entlastung von der Wirklichkeit statt. Das werden nur die beklagen und verdammen, die dem Glauben keinen Eintrag zugefügt sehen möchten, die Wirklichkeit selbst könne zum Medium der Entlastung gemacht werden. Darauf wollte es Walt Disney offenbar nicht ankommen lassen.

Die Verschmelzung von Märchen und Utopie hat fast zwei Jahrzehnte nach dem Tod ihres Erfinders, aber auch fast ebenso lange nach der ersten Landung des Menschen auf dem Mond (an deren Realität noch immer Millionen angeblich nicht glauben), eine letzte Steigerung gefunden in einer »Experimentellen Urbildsiedlung von morgen« beim Magic Kingdom des Vergnügungsparks von Orlando (EPCOT). Mittelpunkt und Signatur dieses Sozialartefakts ist eine von Aluminiumschuppen blinkende riesige Kugel, die nach Konzept und Willen ihrer Konstrukteure die Erde als Raumschiff versinnlichen soll. Innerhalb dieser Kugel durchfährt eine Bahn die Geschichte der Menschheit bis in deren Zukunft innerhalb einer Viertelstunde. Es ist bezeichnend, daß das, was in den Höhlen der Erde begonnen haben soll, in der gewaltigen Kunsthöhlung eines Technodroms seine vorgebliche Vollendung findet. Das Künstliche verliert immer noch ohne den Schutz des geschlossenen Raums.

›Raumschiff Erde‹, das ist eine Verleumdung. Erde heißt es gerade dort, wohin alle Raumschiffe zurückkehren, sofern sie nicht bloße Roboter oder Sonden sind. Die Erde ist das Gegenteil eines Raumschiffs. Sie ist der Nullpunkt aller Koordinatensysteme, in denen sich bewußte Raumfahrten bewegen könnten. Die kleine Sensation von Florida, die Erde selbst einmal gleichsam von außen zu sehen, sie erlebbar gefunden zu haben, ist mit der Verfälschung ihrer Bodenfunktion erkauft.

Auch die Fahrt durch Raum und Zeit in EPCOT endet nach offizieller Beschreibung an Earth Station als Endstation, nachdem man das fünfzig Meter im Durchmesser große Raumschiff Erde von innen und außen besichtigt, am Höhlenmenschentum wie an der Mondlandung teilgenommen hat und diejenigen Blicke in die Zukunft tun konnte, die offenbar nicht überall erschreckend sein müssen. Aber wird man nach 16 Minuten verwirrender Durchkreuzung aller Dimensionen noch das ›Erlebnis‹ haben können, daß für den Menschen der Name ›Erde‹ nichts mit Raumschiff und Weltfahrt, sondern mit festem Boden unter den Füßen als der Bedingung alles Zur-Ruhe-Kommens zu tun hat?

Sollten einige Passagiere der Weltkreuzfahrt den gebotenen Ansichten und Aussichten eher mit Furcht als mit Vergnügen begegnet sein, wird am Ende durch allerlei technisches Spielzeug auf Heiterkeit hingewirkt. Die Leute sollten hinterher über ihre Furcht lachen können, lautet das Konzept.

Das ist ein gutes Stück des Humors, vielleicht seine archaische Wurzel, über gehabte Furcht als eine Nichtigkeit hintendrein lachen zu können. Sogar die theologischen Eschatologien beruhen auf der Verheißung solcher Erleichterung: Wenn die Schrecken und Ängste des Weltuntergangs durchgestanden sind, gibt es den Rückblick aus endgültigen Paradiesen, von deren Heiterkeit man aus Gründen des Ernstes nicht ausführlicher sprechen mochte. Durfte man etwa in der Ewigkeit lachen?

Es wäre gut zu wissen, daß über jede Furcht hintendrein gelacht werden kann. In den eschatologischen Szenarien des ausgehenden zweiten

Jahrtausends sieht es nicht so aus, als gäbe es hintendrein etwas zu lachen. Wo sollte es stattfinden und wer sollte es tun?

Da ist etwas verbesserungsbedürftig.

Aspekte derselben Sache

Unter dem Gesichtspunkt wissenschaftlicher Verantwortlichkeit muß die Propaganda, der Austausch von telegraphischen Botschaften mit Bewohnern anderer Welten außerhalb unseres Sonnensystems sei nur eine Frage der Zeit und vor allem des Geldes, gelinde gesagt als Scharlatanerie bezeichnet werden. Sollte die nächste vernünftig besiedelte Erde um eine der Sonnen unseres Milchstraßensystems kreisen, so wäre bei Annahme einer durchschnittlichen Entfernung die Wartezeit für die erste Antwort auf eine ausgeschickte Frage länger als die ganze bekannte Geschichte menschlicher Kultur.

Anders gesagt: man würde die *Antwort* schon deshalb nicht verstehen können, weil man nicht mehr wissen würde, was die *Frage* gewesen war.

Nicht nur wäre das Problem, ob die anderen uns und wir die anderen überhaupt verstehen könnten, sondern ob wir uns selbst noch verstehen würden hinsichtlich der Absicht, die mit der Aussendung der Botschaft verbunden gewesen war. Die Wahrscheinlichkeit geschichtlichen Verstehens des Menschen gegenüber seinen eigenen früheren Äußerungen und Intentionen schwindet durchaus mit der Länge der Zeit, über die hinweg die Anstrengung zu verstehen unternommen wird.

Schiebt man nun solche Einwände mit der Entschlossenheit derer beiseite, die es überhaupt allein für wissenswert und der endgültigen Klärung bedürftig halten, ob Vernunftwesen irgendwo sonst im Universum existieren – gleichgültig, ob sie uns oder wir sie jemals verstehen und zur Beantwortung von Fragen nach ihrer Eigenart und Einsicht veranlassen könnten –, so bleibt immer noch das zu Unrecht ausgeschlossene Problem, ob das nackte Wissen von der Existenz anderer vernünftiger Lebewesen im Weltraum Folgen für eine in dessen Besitz gekommene Menschheit haben würde, und gegebenen Falles: welche.

Der terrestrische Mensch ist unerwartet in die Lage versetzt worden, seine Existenz hoch einzuschätzen, weil er sich vor sich selbst zu schützen nötig hat. Ein Wesen, welches sich als zufälliges Produkt der Evolution zu akzeptieren lernen mußte und sich damit nicht mehr

vorzuwerfen hatte, mindestens so tierisch wie die Tiere – wenn nicht,
nach des Dichters Wort: tierischer als jedes Tier – zu sein, geriet in die
gegenpolige Verlegenheit, seine Selbstauslöschung aus der Welt durch
die Mittel der intellektuell fortgesetzten Evolution zum Inbegriff aller
Greuel, zum niederträchtigsten Verrat an der Natur, zum Todesstoß
gegen die Schöpfung, zum brutalen Krieg gegen den Weltgeist zu erklären.

Das alles wäre es immer gewesen, solange es unmöglich war. Denn
dieses Wesen war sich, aus diesem oder jenem unzureichenden
Grunde, seiner vorbedachten oder folgerichtigen Einzigartigkeit in
der Welt gewiß. Das konnte sogar so bleiben, wenn eine solide Naturwissenschaft ihm gestattete, das Vorkommen von seinesgleichen trotz
der Milliardengröße von Sonnen im Universum und vielleicht sie umkreisender Planeten als extrem unwahrscheinlich anzusehen. Wobei es
auf die Möglichkeit oder Unmöglichkeit technischer Nachprüfung
nicht angekommen wäre – bei so fragiler Lage von Leben und Vernunft im Kosmos wäre die Ruchlosigkeit des Verstoßes gegen ihre
Existenz ohnehin evident gewesen. Ein kostbares Rarissimum wäre
der Welt zu bewahren, wie man einzigartige Hervorbringungen ohnehin zu hüten sich verpflichtet weiß.

Sollte man aber zu der Gewißheit gelangen können, das Vorkommen
von unseresgleichen sei derart zur Alltäglichkeit des Universums gehörig, daß im raumzeitlich vertretbaren Nahbereich irdischer Sender
und Empfänger mit solchen Wesen und ihren adäquat ausgerüsteten
Kulturen zu rechnen Grund besteht, entfiele das einschneidendste Argument, das der Mensch sich vorzuhalten vermag und von dem er sich
gedrängt fühlt, seiner etwa möglichen oder möglich werdenden
Selbstauslöschung Einhalt zu gebieten.

Damit soll nicht gesagt sein, es gebe nicht mehr oder weniger gute
Gründe genug, was Menschenantlitz trägt, vor Schmerz und Tod zu
schützen, dem Unheil technischer Machtausübung in den Arm zu
fallen und leben zu lassen, was leben will. Um diese vergleichsweise
konventionellen Gründe aufrichtiger Moralität geht es nicht. Es geht
letztlich um die Frage, ob es *bessere* Gründe als die der überkomme-
nen Moral oder die der zehn Gebote vom Sinai gibt, Katastrophen
oder die Katastrophe durch Menschenhand von der Menschheit fernzuhalten. Es geht um die Behauptung, es gebe bessere Gründe, sogar
den besten Grund für den Menschen, sich selbst als Gattung zu erhal-

ten: deren Unizität als göttliches Dekret oder als äußerste Unwahrscheinlichkeit der Duplizität.

Dieses Argument ist es, das sich schlechthin nicht verträgt mit der freundlichen Aussicht, die von betriebsamen Spekulanten der Kosmologie erweckt wird: die gewaltigen Antennen, in die bereits die Mittel auf Grund ihrer Spekulationen investiert worden sind, würden morgen oder übermorgen aus dem eintönigen kosmischen Geräusch jene Regelmäßigkeiten herausfiltern, die als Signale ferner Vernunftwelten zweifelsfrei zu deuten wären.

Der Mensch brauchte auf sich nicht zu verzichten. Aber er wäre der Welt entbehrlicher geworden.

Was die Phrase vom ›brutalen Krieg gegen die Schöpfung‹ angeht: Einem Schöpfer dürfte nicht angesonnen oder unterstellt werden, er ließe es bei der kostbarsten Gattung seiner Geschöpfe auf das Risiko einer einzigen Erde ankommen, wenn er deren Billionen zu besetzbarer Verfügung hätte oder sich machen könnte. Im Selbstbewußtsein eines ausgesuchten Geschöpfes ist sich der Mensch durch die Erkenntnis in die Quere gekommen, daß die Übergröße des Weltalls und die Überzahl seiner Sonnen sich mit der Hinfälligkeit seiner hiesigen Existenz nicht mehr gut vereinbaren läßt. Die Schöpfung ist zu gewaltig geworden, um es mit ihr auf den Menschen ankommen zu lassen, sollte dieser Schöpfer nicht ein Vabanquespieler sein.

So bleibt als ernstzunehmende Ernsthaftigkeit der Selbsteinschätzung nur, dem Spekulantentum mit dem von Vernunftwesen gesprenkelten Weltall genauer auf die Finger und der Drohung schärfer ins Auge zu sehen, die unbewohnbaren Weltkörper ringsum in diesem Sonnensystem könnten nur die Vorposten und Vorboten einer milliardenhaften Wüstenei von Welten sein. Das erst machte zum absoluten Unrecht, den Weltkörper Erde zur Exekution des Prinzips der Gleichheit zu verurteilen.

XXII. Was ist Astronoetik?

Fehlte es mir nicht am Geschmack für den Hochmut, Widmungstitel aus- oder zuzuteilen, gehörte dieses Buch dem Andenken an Wolfgang Bargmann, den Hirnanatomen, der 1978 starb, nicht ohne zuvor im Wege seiner souveränen Ironie an der Begründung der vormals inexistenten Disziplin ›Astronoetik‹ gewirkt zu haben, die hernach wieder in die schöne Inexistenz alles Platonischen sich verflüchtigte. Das war genau 20 Jahre vor seinem Tod.

An einer damals so kleinen Universität wie der Christiana Albertina in Kiel, die dazu noch im Winter den Schwund der sommerlichen SegelsportfreundeInnen zu überstehen hatte, brauchte die Interdisziplinarität nicht eigens erfunden zu werden. Die Forschenden und Lehrenden fast aller Fächer amtierten auf engstem Raum und liefen sich über den Weg wie in die Denkstuben. Man zeigte sich, was man hatte, und beschrieb einander, was man noch nicht hatte und kannte, aber demnächst zu fassen bekommen würde. Fast alle wußten von fast allen fast alles. Das war riskant, wenn man nichts in der Hand hatte, wovon Kunde sich verbreiten konnte. Wolfgang Bargmann verstand sich früh auf die Organisation von Forschungsmitteln, verfügte über ein Elektronenmikroskop und wußte sogar, was damit anzufangen war. Er wurde bald Vizepräsident der Deutschen Forschungsgemeinschaft, deren Mandat er am Ort vertrat.

Wurde man von ihm an die Grenzen der Hirnanatomie herangeführt, kam man fast zwanglos auf den Begriff der Forschung durch reines Denken, schon im Hinblick auf die Gerätschaften, die doch nicht jeder haben konnte, wie es hernach der Fall wurde. Je nach Friedlichkeit oder polemischer Ader war das Bestehen auf der Brotlosigkeit des reinen Denkens Übermut oder Trotz, von beiden Seiten mit Humor genommen. Dabei kam man leicht in die Zange des Wissenschaftspolitikers, der den eben als Verdacht aufgekommenen ›Forschungsrückstand‹ – Vorläufer der ›Bildungskatastrophe‹ – mit teuren wie mit billigeren Mitteln aufzuholen entschlossen war. Die Rundschreiben waren berüchtigt, in denen er zu Programmen und Förderungsanträgen aufforderte, und sie bekamen einen neuen, dringenderen Ton, als im Oktober 1957 der erste falsche Komet, der piepende Kunstmond

namens »Sputnik« die Erde umkreiste und den nach ihm benannten
Sputnik-Schock auslöste. Die ›Astronoetik‹ war die ironische Antwort auf die allseits gestellte Frage: »Und was haben wir Vergleichbares?« So kam es zu den Anfragen und Umfragen, wie und was man
denn diesseits zu forschen habe, begleitet von der Ermunterung: Holen wir auf! Stellen Sie Anträge!
Wer mit der Unbedürftigkeit der nackten Hirnfunktion in Verlegenheit kam, mußte eben diese schließlich nutzen, um das Aufholgebaren
wenigstens zu simulieren. Diesem Umtrieb gab der Autor nach und
beantragte Mittel in noch unbestimmter Höhe zwecks Erforschung
der Rückseite des Mondes durch reines Denken. Die Ergebnisse sollten laufend in einem entsprechend modernistisch benannten Organ
»Current Topics on Astronoetics« publiziert werden.
Niemand dachte daran, daß es nur eine Frage der Zeit sein würde, bis
man die Rückseite des Mondes mit demselben astronautischen Instrument photographieren und erdseitig rezipieren könnte. So gab es eine
Menge Ernsthaftigkeit, aber auch den Anlauf zur Elefantiasis der Wissenschaft unter dem Stichwort, jenen Rückstand zur allgegenwärtigen
Zustandsbestimmung zu machen und ein Volumen zu verdoppeln,
von dem keiner wußte, woher und wozu es kommen sollte. Die Texte
dieses Buches sind in fast drei Jahrzehnten entstanden, als leise Ausbildung einer Umkreisung des Begriffs von Theorie aus der instrumentellen Ohnmacht und dem Schwund des Spektakulären heraus:
Wie befand man sich in dieser Welt von Welten und zu ihr? Was blieb
den Daheimgebliebenen der Astronautik? Sicher nicht nur, Glossen
zu machen, aber doch auch als heitere Kompensation dafür, daß dieses
Daheim nicht gemütlicher werden wollte. Auf Gemütlichkeit ist es
dennoch gelegentlich und öfter abgesehen: Noch war nicht die Anmaßung aufgekommen, der Mensch würde sich aus der Episode seiner
Existenz zum ›Schöpfungsbewahrer‹ aufschwingen – doch war er
nicht schon irgendwann mal der ›Hirt des Seins‹ genannt worden?
Zwischen pastoraler Idylle, schutzgewährendem Pathos und blanker
Zurüstung des präzisen Wissens behauptet oder verliert sich die Posi-
tion dieser schwankenden Gestalt der ›Astronoetik‹, die niemals ein
Lehrbuch oder einen Hörsaal füllen wird, aber unter dem Schirm des
Für und Wider zu irgendeiner ›Metaphysik‹ Wetterschutz genug fin-
den mag für solche, die Heiterkeit des Gemüts nicht verachten. Unser
Zuwachs an Wissen und Können hat unser Denken nur unverhältnis-

mäßig wenig beeinflußt: Das gilt nicht nur für die ›Technikfolgen-abwägung‹, es gilt auch für die Wissenseinschätzung, die es mit Harmloserem zu tun zu haben scheint. Aber auch zu tun hat?

Namenregister